"十二五"普通高等教育本科国家级规划教材配套参考书

无机及分析化学

（第三版）学习指导

浙江大学化学系 编

U0184989

主 编 沈 宏
副主编 边平凤 商志才
参 编 邬建敏 曾秀琼
刘 润 岳林海

高等教育出版社·北京

内容提要

本书是与浙江大学编写的"十二五"普通高等教育本科国家级规划教材《无机及分析化学》(第三版)配套的学习指导用书。全书以章作为基本单元,每章包括学习要求、内容概要、典型例题、思考题解答和习题解答五个部分,书后提供了两套模拟试卷及参考答案和补充资料。

本书可供理工农医各专业开设"无机及分析化学"课程使用,也可作为相关专业研究生入学考试的参考书。

图书在版编目(CIP)数据

无机及分析化学(第三版)学习指导／浙江大学化学系编;沈宏主编. --北京:高等教育出版社,2022.1

ISBN 978 - 7 - 04 - 057226 - 1

Ⅰ.①无… Ⅱ.①浙… ②沈… Ⅲ.①无机化学-高等学校-教学参考资料②分析化学-高等学校-教学参考资料 Ⅳ.①O61②O65

中国版本图书馆 CIP 数据核字(2021)第 216014 号

WUJI JI FENXI HUAXUE(DI-SANBAN)XUEXI ZHIDAO

策划编辑 郭新华	责任编辑 郭新华	封面设计 王 鹏	版式设计 童 丹
插图绘制 黄云燕	责任校对 胡美萍	责任印制 朱 琦	

出版发行	高等教育出版社	网 址 http://www.hep.edu.cn
社 址	北京市西城区德外大街 4 号	http://www.hep.com.cn
邮政编码	100120	网上订购 http://www.hepmall.com.cn
印 刷	北京市联华印刷厂	http://www.hepmall.com
开 本	787mm×1092mm 1/16	http://www.hepmall.cn
印 张	17.25	
字 数	390 千字	版 次 2022 年 1 月第 1 版
购书热线	010-58581118	印 次 2022 年 1 月第 1 次印刷
咨询电话	400-810-0598	定 价 39.00 元

前　言

　　浙江大学编写的《无机及分析化学》自 2003 年出版以来,一直深受广大师生好评。据统计,至今发行量已达几十万册。该书第二版和第三版为"十二五"普通高等教育本科国家级规划教材,并被国内众多高校的近化类专业选为基础课教材。

　　随着近年来分析化学的知识技术水平及仪器装置配备的不断提升和发展,仪器分析已逐渐代替经典的化学分析,成为分析化学的主流技术和分析手段。同时,自《无机及分析化学》(第二版)出版以来,全国高中化学新课程的改革已轰轰烈烈地展开,高中化学新教材知识的深度、广度比以往高中教材有较大提高。学生通过课堂内外的学习,获取的化学知识比以往高中学生明显增多,通过探究性学习等活动,学生的自主学习能力也得到了提高,日益丰富的网络教学资源使高中毕业生的科学视角比以往更为开阔。针对这种形势,面向高校近化类专业的"无机及分析化学"课程,需要通过自身的改革发展,转变教学内容和教学理念,把控化学学科的发展趋势,以适应当今学生的学习能力和知识水平,才能继续为培养高质量的大学生贡献力量。

　　因此,《无机及分析化学》(第三版)教材内容进行了大幅度修订。此次修订坚持通用性、适用性、实用性和先进性有机结合的原则,在保持原有体系基础上对《无机及分析化学》(第二版)的内容进行了大幅度重组和修正,调整后的第一章至第四章为无机化学知识,第五章为化学分析知识,第六章至第九章为仪器分析知识,第十章和第十一章分别为采样与试样预处理和化学信息的网络检索。

　　本书是与《无机及分析化学》(第三版)配套的学习指导用书,出版本书旨在为教师备课及学生学习提供辅导。面对培养创新人才的需求,从培养自主学习能力的角度出发,希望学生通过对本书的学习,促进对所涉及知识的梳理、总结和归纳,并在此基础上实现知识的巩固、升华和拓展。

　　为使本书能够更好地促进教师备课和辅导学生开展自主学习,编者从多年的教学经验出发,参考了高等教育出版社提供的广大教材使用单位的反馈意见,在学习要求、内容概要、典型例题、思考题解答、习题解答、模拟试卷等多方面入手,阐述教学重点,归纳知识要点,列举应用实例,解答典型例题,给出习题求解,并增补一些综合性的、与实际相结合的模拟试卷;其中每一章所列举的内容和习题,均与所学知识直接相关,且难度适中。

　　本书由沈宏主编,各章撰稿人分别为:第一章——边平凤、岳林海;第二章——商志才;第三章——边平凤、刘润;第四章——商志才、曾秀琼;第五章——边平凤、曾秀琼;第六章、第七章和第九章——沈宏;第八章和第十章——邬建敏。在此,对各位撰稿人在繁忙的科研和教学工作中挤出时间,以认真负责的态度完成书稿,表示衷心感谢。同时,本书在编写过程中,也得到浙江大学本科生院、浙江大学化学系、浙江大学分析化学研究所的支持,谨此一并致谢。

当然,由于编者的水平有限,本书难免会有错误和不足之处,恳请读者批评指正。

沈　宏

2021 年 7 月

目　　录

第一章　物质的聚集状态

学习要求

1. 了解分散系的分类及主要特征。
2. 掌握理想气体状态方程和气体分压定律。
3. 掌握稀溶液的通性及其应用。
4. 熟悉胶体的基本概念、结构及其性质等。
5. 了解高分子溶液、表面活性物质、乳状液的基本概念和特征。

内容概要

1.1　分散系

1.1.1　系统和相

研究的对象(包括物质和空间)称为系统。系统中物理性质和化学性质完全相同并且组成均匀的部分叫作相。它可以分为气相、液相和固相,相与相之间有明显的界面。

1.1.2　分散系的基本概念

一种(或多种)物质分散于另一种物质中所形成的系统称之为分散系。在分散系中,被分散了的物质称为分散质(也称为分散相),而容纳分散质的物质称为分散剂(也称为分散介质)。

1.1.3　分散系的分类

分散相和分散介质可以是固体、液体或气体,故按分散相和分散介质的聚集状态分类,分散系可以有九种。按分散相粒子的大小,常把液态分散系分为三类:粗分散系(>100 nm)、胶体分散系(1~100 nm)和低分子或离子分散系(<1 nm)。

1.2　气体

1.2.1　理想气体状态方程

当压力不太高(小于 101.325 kPa)、温度不太低(大于 0 ℃)的情况下,气体的压力、体积、温度及物质的量之间的关系可近似地用理想气体状态方程来表示。

$$pV = nRT$$

式中:p 为气体的压力,SI 单位为 Pa;V 为气体的体积,SI 单位为 m^3;n 为物质的量,SI 单位为 mol;T 为气体的热力学温度,SI 单位为 K;R 为摩尔气体常数,$R = 8.314\ Pa \cdot m^3 \cdot mol^{-1} \cdot K^{-1} = 8.314\ J \cdot mol^{-1} \cdot K^{-1}$。

1.2.2　分压定律

在一定温度下,混合气体中任一组分气体 B 占有整个混合气体容器时所呈现的压力,称为该气体的分压力 p_B。在一定温度下,混合气体的总压等于组成混合气体的各组分气体的分压之和,这一关系被称为分压定律。可表示为

$$p = \sum p_B$$

式中:p 为气体的总压;p_B 为组分气体 B 的分压。

混合气体组分 B 的分压等于组分 B 的摩尔分数与混合气体总压之乘积,这是分压定律的另一种表现形式,即

$$p_B = x_B p$$

在同温同压的条件下,混合气体组分 B 的分压等于组分 B 的体积分数与混合气体总压之乘积:

$$p_B = \frac{V_B}{V} p$$

1.3　溶液浓度的表示方法

1.3.1　物质 B 的物质的量浓度(c_B)

物质 B 的物质的量浓度是指物质 B 的物质的量(n_B)除以混合物的体积(V),用符号 c_B 表示,即

$$c_B = \frac{n_B}{V}$$

常用单位为 $mol \cdot L^{-1}$。

1.3.2　溶质 B 的质量摩尔浓度(b_B)

溶液中溶质 B 的物质的量除以溶剂的质量(m_A),称为溶质 B 的质量摩尔浓度。其数学表达式为

$$b_B = \frac{n_B}{m_A}$$

其 SI 单位为 $mol \cdot kg^{-1}$,由于物质的质量不受温度的影响,所以溶液的质量摩尔浓度是一个与温度无关的物理量。

1.3.3　物质 B 的摩尔分数(x_B)

物质 B 的物质的量与混合物的物质的量(n)之比,称为物质 B 的摩尔分数,其数学表达

式为

$$x_B = \frac{n_B}{n}$$

x_B 的量纲为 1。

1.3.4 物质 B 的质量分数(w_B)

物质 B 的质量(m_B)与混合物的质量(m)之比,称为物质 B 的质量分数,其数学表达式为

$$w_B = \frac{m_B}{m}$$

w_B 的量纲为 1。

1.4 稀溶液的通性

难挥发、非电解质稀溶液的某些性质(蒸气压下降、沸点升高、凝固点降低和渗透压)与一定量的溶剂中所含溶质的物质的量成正比,而与溶质的本性无关。

1.4.1 溶液蒸气压下降

在一定温度下,难挥发非电解质稀溶液的蒸气压下降值(Δp)与溶质的摩尔分数(x_B)成正比,通常称这个结论为拉乌尔定律。

$$\Delta p = p^0 x_B$$

式中:p^0 为溶剂的饱和蒸气压,单位为 Pa。

1.4.2 溶液沸点升高和凝固点降低

当液相的蒸气压等于外界压力(大气压)时,液体开始沸腾,此时液体的温度称为该液体的沸点。在一定外压下,一切纯物质的固相和液相蒸气压相等时的温度称为该物质的凝固点。

一切纯物质都有一定的沸点和凝固点。而溶液则由于蒸气压下降,其蒸气压低于外界压力,必须升高温度才能使其蒸气压达到外界压力,因此引起溶液沸点的升高。固相蒸气压随温度变化要比液相大,由于溶液的蒸气压下降,要使固相和液相蒸气压相等必须降低温度,因此引起溶液凝固点降低。

难挥发、非电解质稀溶液的沸点升高和凝固点降低的定量关系可表示如下:

$$\Delta T_b = K_b b_B$$
$$\Delta T_f = K_f b_B$$

式中:ΔT_b 为溶液沸点升高值,ΔT_f 为溶液凝固点降低值,单位为 K 或 ℃;K_b 为溶剂沸点升高常数,K_f 为溶剂凝固点降低常数,单位为 K·kg·mol^{-1} 或 ℃·kg·mol^{-1};b_B 为溶质的质量摩尔浓度,单位为 mol·kg^{-1}。

1.4.3 溶液的渗透压

物质自发地由高浓度向低浓度迁移的现象称为扩散。能有选择地允许或阻止某些粒子通

过的膜称为半透膜。由某种物质粒子通过半透膜单向扩散的现象称为渗透。阻止渗透作用进行时所需加给溶液的额外压力称为渗透压。

稀溶液的渗透压可通过下式定量计算:

$$\Pi = c_B RT$$

式中:Π 是溶液的渗透压,单位为 kPa;c_B 是溶液的浓度,单位为 mol·L^{-1};R 是摩尔气体常数,$R = 8.314 \times 10^3$ Pa·L·mol^{-1}·K^{-1};T 是系统的温度,单位为 K。

1.5　电解质溶液的通性

电解质溶液,或者浓度较大的非电解质溶液也具有蒸气压下降、沸点升高、凝固点降低和渗透压等性质。但是,稀溶液所表达的这些依数性与溶液浓度的定量关系不适用于浓溶液或电解质溶液。在浓溶液中,由于溶质的粒子较多,溶质粒子之间的相互影响及溶质粒子与溶剂之间的相互影响大大加强,使得稀溶液定律所表达的定量关系产生了偏差。在电解质溶液中,这种偏差则是由电解质的解离所引起的。

对于同浓度的各种溶液来说,其沸点高低或渗透压的大小顺序为

A_2B 或 AB_2 型强电解质溶液>AB 型强电解质溶液>弱电解质溶液>非电解质溶液

蒸气压或凝固点的顺序则相反。

1.6　胶体溶液

1.6.1　胶团的结构

硅胶的胶团结构式可表示如下:

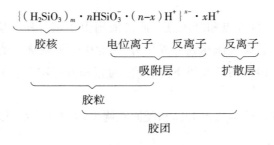

$$\{(H_2SiO_3)_m \cdot nHSiO_3^- \cdot (n-x)H^+\}^{x-} \cdot xH^+$$

胶核为了减小其表面能,就会吸附体系中的和其组成有关的其他离子,被胶核吸附的离子使胶核带电荷,称为电位离子。

1.6.2　胶体溶液的性质

光学性质——丁铎尔现象,这是由于溶胶粒子对光的散射作用的结果。可以通过此效应来鉴别溶液与胶体。

动力学性质——布朗运动,即溶胶粒子在分散介质中的不规则运动。

电学性质——电泳,即在电场中,溶胶系统的溶胶粒子在分散介质中发生的定向迁移。可以通过溶胶粒子在电场的迁移方向来判断溶胶粒子的带电性。

1.6.3 溶胶的聚沉

如果溶胶的动力学稳定性与聚结稳定性遭到破坏,胶粒就会因碰撞而聚结沉淀,这种胶体分散系中的分散相从分散介质中分离出来的过程称为聚沉。造成溶胶聚沉的因素很多,如溶胶本身浓度过高;溶胶被长时间加热;在溶胶中加入强电解质等。对溶胶的聚沉起作用的主要是电解质中那些与胶粒所带电荷相反的离子,并且离子电荷越高,对溶胶的聚沉作用就越大。

例如,使 $Fe(OH)_3$ 正溶胶聚沉的负离子的聚沉能力为

$$PO_4^{3-} > SO_4^{2-} > Cl^-$$

使 As_2S_3 负溶胶聚沉的正离子的聚沉能力为

$$Al^{3+} > Ca^{2+} > Na^+$$

对带有相同电荷的离子来说,随着离子半径的减小,其水化半径相应增加,因而离子的聚沉能力就会减弱。例如,在相同阴离子的条件下,对带负电荷溶胶的聚沉能力大小为

$$Rb^+ > K^+ > Na^+ > Li^+$$
$$Ba^{2+} > Sr^{2+} > Ca^{2+} > Mg^{2+}$$

1.7 高分子溶液和乳状液

1.7.1 高分子溶液

高分子化合物是指相对分子质量在 10 000 以上的有机化合物。当高分子化合物溶解在适当的溶剂中,就形成高分子溶液。高分子溶液由于其溶质的颗粒大小与溶胶粒子相近,属于胶体分散系,所以它表现出某些溶胶的性质。

盐析 通过加入大量电解质使高分子化合物聚沉的作用称为盐析。

高分子溶液对溶胶的保护作用 在溶胶中加入适量的高分子化合物,就会提高溶胶对电解质的稳定性。

表面活性剂 凡是溶于水后能显著地降低水的表面能的物质称为表面活性剂。表面活性剂的分子是由极性基团(亲水)和非极性基团(疏水)两大部分构成。极性部分通常是—OH,—COOH,—NH₂,≡NH,—NH₃⁺ 等基团构成。而非极性部分主要是由碳氢组成的长链或芳香基团所构成。由于表面活性剂特殊的分子结构,所以它具有一种既能进入水相,又能进入油相的能力。表面活性剂可作为乳化剂、洗涤剂和润湿剂等。

1.7.2 乳状液

乳状液是分散相和分散介质均为液体的粗分散系。乳状液又可分为两大类:

一类是"油"(通常指有机物)分散在水中所形成的系统,以油/水(O/W)型表示,如牛奶、豆浆、农药乳化剂等。制备油/水型乳状液需要亲水性乳化剂(如钾肥皂、钠肥皂、蛋白质、动物胶等)。

另一类是水分散在"油"中形成的水/油(W/O)型乳状液,如石油。制备水/油型乳状液需要亲油性乳化剂(如钙肥皂、高级醇类、高级酸类、石墨等)。

典 型 例 题

例 1-1 比较下列水溶液凝固点和渗透压的大小:

$0.1\ mol \cdot L^{-1} Na_2SO_4$ 溶液;$0.1\ mol \cdot L^{-1} CH_3COOH$ 溶液;$0.1\ mol \cdot L^{-1} C_6H_{12}O_6$ 溶液;$0.1 mol \cdot L^{-1} NaCl$ 溶液

解: 稀溶液通性的计算公式不适用于浓溶液和电解质溶液,但可以根据单位体积的溶液中溶质的粒子的多少来大致地判断溶液的凝固点的高低和渗透压的大小。单位体积内的粒子数则根据溶液的浓度和溶质的解离情况而定。同浓度的溶液中电解质的粒子数最多,弱电解质其次,非电解质最少。因此:

凝固点(从高到低):$0.1\ mol \cdot L^{-1} C_6H_{12}O_6$ 溶液,$0.1\ mol \cdot L^{-1} CH_3COOH$ 溶液,$0.1\ mol \cdot L^{-1} NaCl$ 溶液,$0.1\ mol \cdot L^{-1} Na_2SO_4$ 溶液。

渗透压(从小到大):$0.1\ mol \cdot L^{-1} C_6H_{12}O_6$ 溶液,$0.1\ mol \cdot L^{-1} CH_3COOH$ 溶液,$0.1\ mol \cdot L^{-1} NaCl$ 溶液,$0.1\ mol \cdot L^{-1} Na_2SO_4$ 溶液。

例 1-2 将 4.50g 某化合物溶于 250 g 水中,水的沸点升高了 0.051 K。已知该化合物的组成为:含 C 40.07%,H 6.60%,O 53.33%,K_b(水)$= 0.52\ K \cdot kg \cdot mol^{-1}$。求该化合物的相对分子质量和分子式。

解: ΔT_b(水)$= K_b$(水)$\cdot b$(未知物)$= K_b$(水)$\cdot m$(未知物)$/[M$(未知物)$\cdot m$(水)$]$

M(未知物)$= K_b$(水)$\cdot m$(未知物)$/[\Delta T_b \cdot m$(水)$]$

$\qquad = 0.52\ K \cdot kg \cdot mol^{-1} \times 1\ 000\ g \cdot kg^{-1} \times 4.50\ g/(0.051\ K \times 250\ g)$

$\qquad = 184\ g \cdot mol^{-1}$

$n(C) : n(H) : n(O) = (184 \times 40.07\%/12.011) : (184 \times 6.60\%/1.008) :$

$\qquad\qquad\qquad (184 \times 53.33\%/16.00) = 6 : 12 : 6$

所以该物质的相对分子质量是 184,分子式是 $C_6H_{12}O_6$。

例 1-3 试分别比较 $MgSO_4$,$K_3[Fe(CN)_6]$ 和 $AlCl_3$ 三种电解质对下列两种溶胶的聚沉能力:

(1) $0.01\ mol \cdot L^{-1} AgNO_3$ 溶液和 $0.02\ mol \cdot L^{-1} KCl$ 溶液等体积混合制成 AgCl 溶胶;

(2) $0.02\ mol \cdot L^{-1} AgNO_3$ 溶液和 $0.01\ mol \cdot L^{-1} KCl$ 溶液等体积混合制成 AgCl 溶胶。

解:(1) KCl 溶液过量,AgCl 溶胶吸附 Cl^- 带负电荷,正电荷起聚沉作用。因此聚沉能力从大到小的顺序为:$AlCl_3 > MgSO_4 > K_3[Fe(CN)_6]$。

(2) $AgNO_3$ 溶液过量,AgCl 溶胶吸附 Ag^+ 带正电荷,负电荷起聚沉作用。因此聚沉能力从大到小的顺序为：$K_3[Fe(CN)_6]>MgSO_4>AlCl_3$。

例 1-4 配制 0.25%（质量分数）$ZnSO_4$ 滴眼液 1 000 g，需要加入多少克 H_3BO_3 才能使溶液的渗透压与人体体液的渗透压相等？已知该水溶液（滴眼液）的凝固点降低值为 0.52 K，水的 $K_f=1.86$ K·kg·mol^{-1}，$ZnSO_4$ 的摩尔质量为 161.4 g·mol^{-1}，H_3BO_3 的摩尔质量为 61.8 g·mol^{-1}。

解： 按题意，没有给出人体体液的渗透压及溶液的密度，只能从给出的 ΔT_f 直接计算溶液浓度。

$$\Delta T_f = K_f \cdot b$$
$$0.52 \text{ K} = 1.86 \text{ K·kg·mol}^{-1} \cdot b$$

所以 $b=0.280$ mol·kg^{-1}

设 m 为加入 H_3BO_3 的质量，则

$$1\ 000 \text{ g 滴眼液中水的质量} = 1\ 000 \text{ g} - 0.25\% \times 1\ 000 \text{ g} - m$$
$$= 997.5 \text{ g} - m$$

$$\left(\frac{0.25\% \times 1\ 000 \text{ g} \times 2}{161.4 \text{ g·mol}^{-1}} + \frac{m}{61.8 \text{ g·mol}^{-1}}\right) \times \frac{1\ 000 \text{ g·kg}^{-1}}{997.5 \text{ g} - m} = 0.280 \text{ mol·kg}^{-1}$$

设全部 $ZnSO_4$ 解离为 Zn^{2+} 和 SO_4^{2-}，而 H_3BO_3 解离度很小，作为非电解质处理，$m=15.1$ g，所以需要加入 15.1 g H_3BO_3。

例 1-5 将 26.3 g $CdSO_4$ 固体溶解在 1 000 g 水中，其凝固点比纯水降低了 0.285 K，计算 $CdSO_4$ 在水溶液中的解离度。已知 H_2O 的 $K_f=1.86$ K·kg·mol^{-1}；相对原子质量为 Cd:112.4，S:32.06。

解： 本题除了考虑稀溶液的依数性外，由于 $CdSO_4$ 是电解质，还要考虑其解离过程。

$$b=\frac{26.3 \text{ g}/(112.4+32.06+16.00\times4) \text{ g·mol}^{-1}}{1 \text{ kg}} = 0.126 \text{ mol·kg}^{-1}$$

将 26.3 g $CdSO_4$ 溶解在 1 000 g 水中，其质量摩尔浓度通过 $\Delta T_f=K_f \cdot b$ 求出 b 后，再利用 b 来计算解离度。

根据凝固点降低数值 $\Delta T_f=K_f \cdot b$，则实验所得质量摩尔浓度

$$b=0.285 \text{ K}/(1.86 \text{ K·kg·mol}^{-1}) = 0.153 \text{ mol·kg}^{-1}$$
$$CdSO_4 \Longrightarrow Cd^{2+} + SO_4^{2-}$$

设有 x mol $CdSO_4$ 解离，则

$$x+x+(0.126-x)=0.153$$
$$x=0.027$$

所以，$CdSO_4$ 的解离度为 0.027 mol/0.126 mol = 0.21

例 1-6 3.50 g 溶质 B 溶于 50.0 g 水所形成溶液的体积为 52.5 mL，凝固点比纯水降低了 -0.86 K，

（1）试求 B 的质量摩尔浓度、摩尔分数和物质的量浓度；

（2）计算 B 的相对分子质量。

解:(1) 质量摩尔浓度 $b = \Delta T_f / K_f = 0.86\ K/(1.86\ K \cdot kg \cdot mol^{-1}) = 0.46\ mol \cdot kg^{-1}$

摩尔分数 $x_B = 0.46\ mol \cdot kg^{-1}/[(0.46+55.5)\ mol \cdot kg^{-1}] = 0.008\ 2$

溶液的密度为 $(50.0\ g + 3.50\ g)/(52.5\ mL) = 1.02\ g \cdot mL^{-1}$

每千克水中溶质 B 的质量为 $3.50\ g \times 1\ 000\ g/(50.0\ g) = 70.0\ g$

每千克溶液的总体积为 $(1\ 000 + 70.0)\ g \times (1\ mL/1.02\ g) = 1.05\ L$

所以,物质的量浓度 $c_B = 0.46\ mol/(1.05\ L) = 0.44\ mol \cdot L^{-1}$

(2) $70.0\ g/0.46\ mol = 152\ g \cdot mol^{-1}$,即 B 的相对分子质量为 152。

思考题解答

1-1　为什么稀溶液依数性不适用于浓溶液和电解质溶液?

【解答或提示】 稀溶液依数性的计算公式,严格地,只适用于非电解质的稀溶液。因为当溶液为浓溶液时,溶质与溶质之间相互作用不可忽略,拉乌尔定律将发生偏离;当溶质是电解质时,电解质溶液由于溶质发生解离,使溶液中溶质粒子数增加,所以对浓溶液和电解质溶液都需要在有关公式中引入校正因子。

1-2　难挥发物质的溶液,在不断沸腾时,它的沸点是否恒定?在冷却过程中它的凝固点是否恒定?为什么?

【解答或提示】 不断沸腾时沸点不恒定,不断沸腾造成溶剂量减少,溶液浓度不断增大,沸点将不断升高,直至溶液达到饱和后沸点恒定。而冷却过程中溶液的溶质的量没有变化,溶液浓度也没有发生变化,因此,凝固点降低值恒定,所以凝固点也恒定。

1-3　把一块冰放在温度为 273.15 K 的水中,另一块冰放在 273.15 K 的盐水中,问有什么现象?

【解答或提示】 冰放在 273.15 K 的水中形态不变,放在同温度的盐水中很快融化,因为盐水的凝固点低于 273.15 K。

1-4　什么是渗透压?产生渗透压的原因和条件是什么?

【解答或提示】 半透膜两边水位差所表示的静压就称为溶液的渗透压。渗透压是为了阻止溶剂渗透而必须在溶液上方所需要施加的最小额外压力。产生渗透压的原因和条件是:① 有半透膜存在;② 半透膜两边有浓度差。

1-5　什么是分散系?液体分散系可以分为哪几类?

【解答或提示】 一种(或多种)物质分散于另一种物质中所形成的系统称之为分散系。按分散质粒子的大小,常把液态分散质分为三类:粗分散系、胶体分散系、低分子或离子分散系。

1-6　如何解释胶粒的带电性?

【解答或提示】 胶粒具有双电层结构。

1-7　盐析作用和聚沉作用有什么区别?

【解答或提示】 盐析作用和聚沉作用都是在分散系中加入电解质而产生沉降的现象,只是加入电解质的量明显不同。聚沉是加入少量的电解质使胶粒聚集而发生沉降,过程不可逆;盐析则是在高分子溶液中加入较多的电解质通过溶解度变化而发生沉降的现象,加入溶剂沉淀可以溶解。

1-8 说明表面活性剂用作乳化剂的原理。

【解答或提示】 水油两种极性相差很大的物质,通过机械分散方式很难形成一个均匀稳定的单相系统,当表面活性剂作为乳化剂加入水油混合物之后,其亲水基可进入水相,疏水基则进入油相,在水相或油相的表面形成一层保护膜,这样能明显降低表面张力,起到防止被分散物质重新碰撞而聚结的作用。

1-9 解释下列现象:

(1)明矾为什么能净水?

(2)用井水洗衣服时,为什么肥皂水的去污能力比较差?

(3)江河入海口为什么常形成三角洲?

【解答或提示】 (1)明矾(十二水合硫酸铝钾)遇水生成氢氧化铝正溶胶浮于水中,当与带负电荷的天然水胶粒相遇,则互相吸引凝聚而产生沉淀,从而使水被净化。

(2)因为井水中含有大量的钙、镁等金属离子,通常称为"硬水",肥皂的亲水端和亲油端会与离子发生反应而失去活性,故去污能力较差。

(3)江河奔流中所裹挟的泥沙等杂质,在入海口处遇到含盐量较高的海水会凝絮淤积,逐渐成为河口岸边新的湿地,继而形成三角洲。

1-10 利用溶液的依数性设计一个测定溶质相对分子质量的方法。

【解答或提示】 可用凝固点降低法,或者渗透压法。

1-11 什么是表面活性物质?它在结构上有什么特点?

【解答或提示】 能够显著降低表面张力,使一些极性相差较大的物质也能相互均匀分散、稳定存在的物质称为表面活性剂。表面活性剂在结构上的特点是:它由极性基团和非极性基团两大部分构成。极性部分通常是由—OH,—COOH,—NH$_2$,=NH,—NH$_3^+$ 等基团构成,而非极性部分主要是由碳氢组成的长链或芳香基团所构成。由于表面活性剂特殊的分子结构,所以它具有一种既能进入水相又能进入油相的能力,能很好地在水相或油相的表面形成一个保护膜,降低水相或油相的表面能,起到防止被分散物质重新碰撞而聚结的作用。

1-12 胶体溶液和真溶液有什么区别?

【解答或提示】 区别在两方面:第一是颗粒大小不同,溶胶颗粒大小是 1~100 nm,而真溶液是<1 nm;第二胶体溶液一般是指溶胶体系,它是非均相溶液,而真溶液是均相溶液。

1-13 在实验中常用冰、盐混合物做制冷剂。试解释当把食盐放入 0 ℃的冰、水平衡系统中时,系统为什么会自动降温?降温的程度是否有限制? 为什么?

【解答或提示】 把食盐加入 0 ℃的冰、水平衡系统中,形成食盐水溶液,它能使水的凝固点降低,促使冰溶解并吸收热量,降低系统温度,从而达到降温目的。但降温的程度有限,因为,根据 $\Delta T_f = K_f b_B$,b_B 质量摩尔浓度是有限的。

习 题 解 答

一、基本题

1-1 有一混合气体,总压为 150 Pa,其中 N_2 和 H_2 的体积分数分别为 0.25 和 0.75,求 H_2 和 N_2 的分压。

解:根据分压定律,有

$$p_B = \frac{V_B}{V} p$$

$$p(N_2) = 0.25p = 0.25 \times 150 \text{ Pa} = 37.5 \text{ Pa}$$

$$p(H_2) = 0.75p = 0.75 \times 150 \text{ Pa} = 112.5 \text{ Pa}$$

1-2 液化气主要成分是甲烷。某 10.0 m^3 贮罐能贮存 -164 ℃、100 kPa 下的密度为 415 kg·m^{-3} 的液化气。计算此气罐容纳的液化气在 20 ℃、100 kPa 下的气体的体积。

解:甲烷的物质的量为

$$n = 415 \times 1\,000 \text{ g·m}^{-3} \times 10.0 \text{ m}^3/(16.04 \text{ g·mol}^{-1}) = 2.59 \times 10^5 \text{ mol}$$

所以

$$V = \frac{nRT}{p} = \frac{2.59 \times 10^5 \text{ mol} \times 8.314 \text{ Pa·m}^3 \cdot \text{mol}^{-1} \cdot \text{K}^{-1} \times 293 \text{ K}}{100 \times 10^3 \text{ Pa}}$$

$$= 6\,309 \text{ m}^3$$

1-3 用作消毒剂的过氧化氢溶液中过氧化氢的质量分数为 0.030,这种水溶液的密度为 1.0 g·mL^{-1},计算这种水溶液中过氧化氢的质量摩尔浓度、物质的量浓度和摩尔分数。

解:1 L 溶液中,$m(H_2O_2) = 1\,000 \text{ mL} \times 1.0 \text{ g·mL}^{-1} \times 0.030 = 30 \text{ g}$

$$m(H_2O) = 1\,000 \text{ mL} \times 1.0 \text{ g·mL}^{-1} \times (1 - 0.030) = 9.7 \times 10^2 \text{ g}$$

$$n(H_2O_2) = 30 \text{ g}/(34 \text{ g·mol}^{-1}) = 0.88 \text{ mol}$$

$$n(H_2O) = 970 \text{ g}/(18 \text{ g·mol}^{-1}) = 54 \text{ mol}$$

$$b(H_2O_2) = 0.88 \text{ mol}/(0.97 \text{ kg}) = 0.91 \text{ mol·kg}^{-1}$$

$$c(H_2O_2) = 0.88 \text{ mol}/(1 \text{ L}) = 0.88 \text{ mol·L}^{-1}$$

$$x(H_2O_2) = 0.88/(0.88 + 54) = 0.016$$

1-4 计算 5.0% 的蔗糖($C_{12}H_{22}O_{11}$)水溶液与 5.0% 的葡萄糖($C_6H_{12}O_6$)水溶液的沸点。

解:$b(C_{12}H_{22}O_{11}) = 5.0 \text{ g}/(342 \text{ g·mol}^{-1} \times 0.095 \text{ kg}) = 0.15 \text{ mol·kg}^{-1}$

$$b(C_6H_{12}O_6) = 5.0 \text{ g}/(180 \text{ g·mol}^{-1} \times 0.095 \text{ kg}) = 0.29 \text{ mol·kg}^{-1}$$

蔗糖溶液沸点升高:

$$\Delta T_b = K_b \cdot b(C_{12}H_{22}O_{11}) = 0.52 \text{ K·kg·mol}^{-1} \times 0.15 \text{ mol·kg}^{-1} = 0.078 \text{ K}$$

蔗糖溶液沸点为　　　　　　　373.15 K+0.078 K=373.23 K

葡萄糖溶液沸点升高：

$$\Delta T_b = K_b \cdot b(C_6H_{12}O_6) = 0.52 \ \text{K} \cdot \text{kg} \cdot \text{mol}^{-1} \times 0.29 \ \text{mol} \cdot \text{kg}^{-1} = 0.15 \ \text{K}$$

葡萄糖溶液沸点为　　　　　　373.15 K+0.15 K=373.30 K

1-5　比较下列各水溶液的指定性质的高低（或大小）次序。

（1）凝固点：0.1 mol·kg^{-1} C$_{12}$H$_{22}$O$_{11}$ 溶液，0.1 mol·kg^{-1} CH$_3$COOH 溶液，0.1 mol·kg^{-1} KCl 溶液；

（2）渗透压：0.1 mol·L^{-1} C$_6$H$_{12}$O$_6$ 溶液，0.1 mol·L^{-1} CaCl$_2$ 溶液，0.1 mol·L^{-1} KCl 溶液，1 mol·L^{-1} CaCl$_2$ 溶液。（提示：从溶液中的粒子数考虑。）

解：（1）凝固点从高到低为

0.1 mol·kg^{-1} C$_{12}$H$_{22}$O$_{11}$ 溶液>0.1 mol·kg^{-1} CH$_3$COOH 溶液>0.1 mol·kg^{-1} KCl 溶液

（2）渗透压从小到大：

0.1 mol·L^{-1} C$_6$H$_{12}$O$_6$ 溶液<0.1 mol·L^{-1} KCl 溶液<0.1 mol·L^{-1} CaCl$_2$ 溶液<1 mol·L^{-1} CaCl$_2$ 溶液

1-6　在 20 ℃时，将 5 g 血红素溶于适量水中，然后稀释到 500 mL，测得渗透压为 0.366 kPa，试计算血红素的相对分子质量。

解：根据 $\Pi = cRT$

$$c = \Pi/RT = [0.366/(8.314 \times 293.15)] \ \text{mol} \cdot \text{L}^{-1} = 1.50 \times 10^{-4} \ \text{mol} \cdot \text{L}^{-1}$$
$$500 \times 10^{-3} \text{L} \times 1.50 \times 10^{-4} \ \text{mol} \cdot \text{L}^{-1} = 5.00 \ \text{g}/M$$
$$M = 6.67 \times 10^4 \ \text{g} \cdot \text{mol}^{-1}$$

所以血红素的相对分子质量为 6.67×10^4。

1-7　在严寒的季节里，为了防止仪器中的水冰结，欲使其凝固点降低到-3.00 ℃，试问在 500 g 水中应加甘油（C$_3$H$_8$O$_3$）多少克？

解：
$$\Delta T_f = K_f(H_2O) \times b(C_3H_8O_3)$$
$$b(C_3H_8O_3) = \Delta T_f/K_f(H_2O)$$
$$= (3.00/1.86) \ \text{mol} \cdot \text{kg}^{-1}$$
$$= 1.61 \ \text{mol} \cdot \text{kg}^{-1}$$
$$m(C_3H_8O_3) = 1.61 \times 0.500 \times 92.09 \ \text{g}$$
$$= 74.1 \ \text{g}$$

1-8　硫化砷溶胶是通过将硫化氢气体通到 H$_3$AsO$_3$ 溶液中制备得到：
$$2H_3AsO_3 + 3H_2S \longrightarrow As_2S_3 + 6H_2O$$
试写出该溶胶的胶团结构式。

解：
$$[(As_2S_3)_m \cdot nHS^- \cdot (n-x)H^+]^{x-} \cdot xH^+$$

1-9　将 10.0 mL 0.01 mol·L^{-1} 的 KCl 溶液和 10.0 mL 0.05 mol·L^{-1} 的 AgNO$_3$ 溶液混合以制备 AgCl 溶胶。试问该溶胶在电场中向哪极运动？并写出胶团结构。

解：AgNO$_3$ 溶液是过量的，胶核优先吸附 Ag$^+$，胶粒带正电荷，因此该溶胶在电场中向负极

运动。胶团结构为

$$[(AgCl)_m \cdot nAg^+ \cdot (n-x)NO_3^-]^{x+} \cdot xNO_3^-$$

1-10 用 $0.1\ mol \cdot L^{-1}$ 的 KI 和 $0.08\ mol \cdot L^{-1}$ 的 $AgNO_3$ 两种溶液等体积混合,制成溶胶,在 4 种电解质 NaCl、Na_2SO_4、$MgCl_2$、Na_3PO_4 中,对溶胶的聚沉能力最强的是哪一种?

解: KI 溶液过量,溶胶吸附 I^-,溶胶带负电荷,阳离子对溶胶的聚沉起作用,因此 $MgCl_2$ 对溶胶的聚沉能力最强。

二、提高题

1-11 为了节约宇宙飞船中水的供应,有人建议用氢气来还原呼出的 CO_2,使其转变为水。每个宇航员每天呼出的 CO_2 约 1.00 kg。气体转化器以 $600\ mL \cdot min^{-1}$(标准状态下)的速率还原 CO_2。为了及时转化一个宇航员每天呼出的 CO_2,此转化器的工作时间百分比为多少?

解: 转化器一天还原的 CO_2 为

$(600\ mL \cdot min^{-1} \times 60\ min \cdot h^{-1} \times 24\ h \times 10^{-3}\ L \cdot mL^{-1} / 22.4\ L \cdot mol^{-1}) \times 44\ g \cdot mol^{-1} = 1.70 \times 10^3\ g$

此转化器的工作时间百分比为 $1\ 000\ g / 1\ 700\ g = 0.588$

1-12 人体肺泡气中 N_2,O_2,CO_2 的体积分数分别为 80.5%、14.0% 和 5.50%,假如肺泡总压力为 100 kPa,在人体正常温度下,水的饱和蒸气压为 6.28 kPa,计算人体肺泡中各组分气体的分压。

解: $p = 100\ kPa - 6.28\ kPa = 93.7\ kPa$

$p(N_2) = 0.805p = 0.805 \times 93.7\ kPa = 75.4\ kPa$

$p(O_2) = 0.140p = 0.140 \times 93.7\ kPa = 13.1\ kPa$

$p(Ar) = 0.055\ 0p = 0.055\ 0 \times 93.7\ kPa = 5.15\ kPa$

1-13 将某绿色植物经光合作用产生的干燥纯净气体收集在 65.301 g 的容器中,在 30 ℃ 及 106.0 kPa 下称量为 65.971 g,若已知该容器的体积为 0.500 L,计算此种气体的相对分子质量,并判断可能是何种气体。

解: 气体的质量为 $m = 65.971\ g - 65.301\ g = 0.67\ g$

$n = pV/RT = 106.0 \times 10^3\ Pa \times 0.5\ L / (8.314 \times 10^3\ Pa \cdot L \cdot mol^{-1} \cdot K^{-1} \times 303.15\ K)$

$= 0.021\ 0\ mol$

$$M = m/n = 0.67\ g / 0.021\ 0\ mol = 31.9\ g \cdot mol^{-1}$$

气体的相对分子质量为 31.9,该气体可能为氧气。

1-14 医学上用的葡萄糖($C_6H_{12}O_6$)注射液是血液的等渗溶液,测得其凝固点比纯水降低了 0.543 ℃,

(1) 计算葡萄糖溶液的质量分数;

(2) 如果血液的温度为 37 ℃,血液的渗透压是多少?

解: (1) $\Delta T_f = K_f(H_2O) \times b(C_6H_{12}O_6)$

$b(C_6H_{12}O_6) = \Delta T_f / K_f(H_2O)$

$= 0.543\ K / 1.86\ K \cdot kg \cdot mol^{-1}$

$$= 0.292 \ mol \cdot kg^{-1}$$
$$w = 0.292 \times 180 / (0.292 \times 180 + 1\ 000)$$
$$= 0.049\ 9$$

（2）$\Pi = cRT$

$$= 0.292\ mol \cdot L^{-1} \times 8.314\ kPa \cdot L \cdot mol^{-1} \cdot K^{-1} \times (273.15 + 37)\ K$$
$$= 753\ kPa$$

1-15 孕甾酮是一种雌性激素，它含有 9.5% H、10.2% O 和 80.3% C，在 5.00 g 苯中含有 0.100 g 的孕甾酮的溶液在 5.18 ℃时凝固。问孕甾酮的相对分子质量是多少？分子式是什么？

解：$\Delta T_f = T_f - T_f' = [278.66 - (273.15 + 5.18)]\ K = 0.33\ K$

$$\Delta T_f = K_f(苯) \times b(孕甾酮) = K_f(苯) \cdot m(孕甾酮) / [M(孕甾酮) \cdot m(苯)]$$
$$M(孕甾酮) = K_f(苯) \cdot m(孕甾酮) / [\Delta T_f \cdot m(苯)]$$
$$= [5.12 \times 0.100 / (0.33 \times 0.005\ 00)]\ g \cdot mol^{-1}$$
$$= 310\ g \cdot mol^{-1}$$

$$n(C) : n(H) : n(O) = (310 \times 80.3\% / 12.011) : (310 \times 9.5\% / 1.008) : (310 \times 10.2\% / 16.00)$$
$$= 21 : 29 : 2$$

所以孕甾酮的相对分子质量是 310，分子式是 $C_{21}H_{29}O_2$。

1-16 海水中含有下列离子，它们的质量摩尔浓度分别为

$b(Cl^-) = 0.57\ mol \cdot kg^{-1}$；$b(SO_4^{2-}) = 0.029\ mol \cdot kg^{-1}$；$b(HCO_3^-) = 0.002\ mol \cdot kg^{-1}$；

$b(Na^+) = 0.49\ mol \cdot kg^{-1}$；$b(Mg^{2+}) = 0.055\ mol \cdot kg^{-1}$；$b(K^+) = 0.011\ mol \cdot kg^{-1}$；

$(Ca^{2+}) = 0.011\ mol \cdot kg^{-1}$。试计算海水的近似凝固点和沸点。

解：
$$\Delta T_f = K_f(H_2O) \times b$$
$$= [1.86 \times (0.57 + 0.029 + 0.002 + 0.49 + 0.055 + 0.011 + 0.011)]\ K$$
$$= 2.17\ K$$
$$T_f = 273.15\ K - 2.17\ K$$
$$= 270.98\ K$$
$$\Delta T_b = K_b(H_2O) \cdot b$$
$$= [0.52 \times (0.57 + 0.029 + 0.002 + 0.49 + 0.055 + 0.011 + 0.011)]\ K$$
$$= 0.61 K$$
$$T_b = 373.15K + 0.61\ K$$
$$= 373.76\ K$$

所以海水的近似凝固点和沸点分别为 270.98 K 和 373.76 K。

1-17 取同一种溶胶各 20.00 mL 分别置于三支试管中。欲使该溶胶聚沉，至少在第一支试管加入 4.0 mol·L⁻¹ 的 KCl 溶液 0.53 mL，在第二支试管中加入 0.05 mol·L⁻¹ 的 Na₂SO₄ 溶液 1.25 mL，在第三支试管中加入 0.003 3 mol·L⁻¹ 的 Na₃PO₄ 溶液 0.74 mL，计算每种电解质溶液的聚沉值，并确定该溶胶的电性。

解:第一支试管聚沉值:$4.0 \times 0.53 \times 1\,000/(20.00+0.53)$ mmol $\cdot$ L^{-1} $=1.0 \times 10^2$ mmol $\cdot$ L^{-1}

第二支试管聚沉值:$0.050 \times 1.25 \times 1\,000/(20+1.25)$ mmol $\cdot$ L^{-1} $=2.9$ mmol $\cdot$ L^{-1}

第三支试管聚沉值:$0.003\,3 \times 0.74 \times 1\,000/(20+0.74)$ mmol $\cdot$ L^{-1} $=0.12$ mmol $\cdot$ L^{-1}

Na_3PO_4 的聚沉值最小,负电荷起作用,说明溶胶带正电荷。

1-18   The sugar fructose contains 40.0% C, 6.7% H, and 53.3% O by mass. A solution of 11.7 g of fructose in 325 g of ethanol has a boiling point of 78.59 ℃. The boiling point of ethanol is 78.35 ℃, and K_b for ethanol is 1.20 K $\cdot$ kg $\cdot$ mol^{-1}. What is the molecular formula of fructose?

Solution: $\Delta T_b = T_b - T'_b = (78.59-78.35)$ K $= 0.24$ K

$$\Delta T_b = K_b(\text{ethanol}) \times b(\text{fructose})$$

$$= K_b(\text{ethanol}) \times m(\text{fructose})/M(\text{fructose}) \cdot m(\text{ethanol})$$

$$M(\text{fructose}) = K_b(\text{ethanol}) \times m(\text{fructose})/\Delta T_b \cdot m(\text{ethanol})$$

$$= [1.20 \times 11.7/(0.24 \times 0.325)] \text{ g} \cdot \text{mol}^{-1} = 180 \text{ g} \cdot \text{mol}^{-1}$$

$$n(\text{C}) : n(\text{H}) : n(\text{O}) = (180 \times 40\%/12.011) : (180 \times 6.75\%/1.008) : (180 \times 53.32\%/16.00)$$

$$= 6 : 12 : 6$$

Molecular formula of fructose is $C_6H_{12}O_6$.

1-19   A sample of $HgCl_2$ weighing 9.41 g is dissolved in 32.75 g of ethanol, C_2H_5OH. The boiling-point elevation of the solution is 1.27 ℃. Is $HgCl_2$ an electrolyte in ethanol? Show your calculations. ($K_b = 1.20$ K $\cdot$ kg $\cdot$ mol^{-1})

Solution: If $HgCl_2$ is not an electrolyte in ethanol

$$b(HgCl_2) = [9.41/(271.5 \times 0.032\,75)] \text{ mol} \cdot \text{kg}^{-1}$$

$$= 1.06 \text{ mol} \cdot \text{kg}^{-1}$$

now, $\Delta T_b = K_b(\text{ethanol}) \times b(HgCl_2)$

$$b(HgCl_2) = \Delta T_b/K_b(\text{ethanol})$$

$$= (1.27/1.20) \text{ mol} \cdot \text{kg}^{-1}$$

$$= 1.06 \text{ mol} \cdot \text{kg}^{-1}$$

Therefore, $HgCl_2$ is not an electrolyte in ethanol.

1-20   Calculate the percent by mass and the molality in terms of $CuSO_4$ for a solution prepared by dissolving 11.5 g of $CuSO_4 \cdot 5H_2O$ in 0.100 0 kg of water. Remember to consider the water released from the hydrate.

Solution: $m(CuSO_4) = (11.5 \times 159.6/249.68)$ g $= 7.35$ g

$$m(H_2O) = [11.5-7.35]\text{g} = 4.15 \text{ g}$$

Percent by mass: $7.35/(100.0+4.15) = 0.071$

$$b = [7.35/(159.6 \times 0.104\,2)] \text{ mol} \cdot \text{kg}^{-1} = 0.442 \text{ mol} \cdot \text{kg}^{-1}$$

1-21   The cell walls of red and white blood cells are semipermeable membranes. The concentration of solute particles in the blood is about 0.6 mol $\cdot$ L^{-1}. What happens to blood cells that are placed in pure water? In a 1mol · L^{-1} sodium chloride solution?

Solution：In pure water：Water will entry the cell.

In a 1 mol · L^{-1} sodium chloride solution：The cell will lose water.

1-22　1946 年，George Scatchard 用溶液的渗透压测定了牛血清蛋白的相对分子质量。他将 9.63 g 蛋白质配成 1.00 L 水溶液，测得该溶液在 25 ℃时的渗透压为 0.385 kPa，计算牛血清蛋白的相对分子质量。如果该溶液的密度近似为 1.00 g · ml^{-1}，能否用凝固点降低法测定牛血清蛋白的相对分子质量？为什么？

解：$\Pi = cRT$

$c = \Pi/RT = 0.385 \text{ kPa}/(8.314 \text{ kPa} \cdot \text{L} \cdot \text{mol}^{-1} \cdot \text{K}^{-1} \times 298.15 \text{ K}) = 1.44 \times 10^{-4} \text{ mol} \cdot \text{L}^{-1}$

$M = m/n = 9.63 \text{ g}/1.44 \times 10^{-4} \text{ mol} = 6.69 \times 10^4 \text{ g} \cdot \text{mol}^{-1}$

如果用凝固点降低法测定牛血清蛋白的相对分子质量，将质量摩尔浓度近似看作 $1.44 \times 10^{-4} \text{ mol} \cdot \text{kg}^{-1}$

$$\Delta T_f = K_f(\text{H}_2\text{O}) \times b$$
$$= 1.86 \times 1.44 \times 10^{-4} \text{ K}$$
$$= 2.70 \times 10^{-4} \text{ K}$$

因为降低值太小，一般温度计已不能准确测量，故不能用凝固点降低法测定。

第二章 化学反应的一般原理

学 习 要 求

1. 理解反应进度 ξ、系统与环境、状态与状态函数的概念。

2. 掌握热与功的概念和计算,掌握热力学第一定律的概念。

3. 掌握 Q_p, ΔU, $\Delta_r H_m$, $\Delta_r H_m^{\ominus}$, $\Delta_f H_m^{\ominus}$, $\Delta_r S_m$, $\Delta_r S_m^{\ominus}$, $S_m^{\ominus}$, $\Delta_r G_m$, $\Delta_r G_m^{\ominus}$, $\Delta_f G_m^{\ominus}$ 的概念及有关计算和应用。

4. 掌握标准平衡常数 $K^{\ominus}$ 的概念及表达式的书写;掌握 $\Delta_r G_m^{\ominus}$ 与 $K^{\ominus}$ 的关系及有关计算。

5. 掌握反应速率、基元反应、反应级数的概念;掌握质量作用定律;掌握简单反应级数的反应物浓度与时间的关系及半衰期;掌握温度对反应速率影响的阿伦尼乌斯方程。

6. 理解活化分子、活化能、催化剂的概念。

内 容 概 要

2.1 基本概念

2.1.1 化学反应进度 ξ

若系统发生有限化学反应,则

$$n_B(\xi) - n_B(\xi_0) = \nu_B(\xi - \xi_0) \quad \text{或} \quad \Delta n_B = \nu_B \Delta \xi$$

式中:$n_B(\xi)$、$n_B(\xi_0)$ 分别代表反应进度为 ξ 和 ξ_0 时的物质 B 的物质的量;ξ_0 为反应起始的反应进度,一般为 0,则有

$$\Delta n_B = \nu_B \xi$$

即化学反应进度 ξ 为

$$\xi = \nu_B^{-1} \Delta n_B$$

式中:ν_B 为化学反应计量方程式中 B 物质的化学计量数,规定反应物的 ν_B 为负值。

2.1.2 系统和环境

人们把研究的对象称为系统,而系统以外与系统密切相关的部分则称为环境。

系统可分为:

(1) 敞开系统——系统与环境之间可以既有物质、又有能量交换;

(2) 封闭系统——系统与环境之间可以有能量的交换,但无物质交换;

（3）隔离系统——也称孤立系统,系统与环境之间既无物质的交换,也无能量的交换,是一种理想系统。

2.1.3　状态和状态函数

系统的状态是指系统所处的状况。热力学中用系统的宏观性质如压力(p)、温度(T)、密度(ρ)、体积(V)、物质的量(n)及热力学能(U)、焓(H)、熵(S)、吉布斯函数(G)等来描述系统的状态。将这些描述系统宏观性质的物理量称为状态函数。

状态函数的最重要特点是它的数值仅仅取决于系统的状态,当系统状态发生变化时,状态函数的数值也随之改变。但状态函数的变化值(增量)只取决于系统的始态与终态,而与系统变化的途径无关。

2.1.4　过程与途径

当系统发生一个任意的变化时,系统就经历了一个过程。系统状态变化的不同条件被称为不同的途径,如系统有等温过程、等压过程和等容过程等。

2.1.5　热和功

热和功是系统状态发生变化时与环境之间的两种能量交换形式。

系统与环境之间因存在温度差异而发生的能量交换形式称为热(或热量)Q;系统与环境之间除热以外的其他各种能量交换形式统称为功W。

热力学规定:

系统向环境吸热,Q取正值;系统向环境放热,Q取负值。

环境对系统做功,W取正值;系统对环境做功,W取负值。

由于系统体积变化而与环境产生的功称体积功,用$-p\Delta V$表示;除体积功以外的所有其他功都称为非体积功W_f(也叫有用功)。因此

$$W = -p\Delta V + W_f$$

热和功都不是系统的状态函数,除了与系统的始态、终态有关以外还与系统状态变化的具体途径有关。

2.1.6　热力学能与热力学第一定律

热力学能U是系统内部各种形式能量的总和,是系统的状态函数。

热力学第一定律的数学表达式为

$$\Delta U = Q + W$$

2.2　热化学

2.2.1　化学反应热效应

（1）定容反应热Q_V

在等温条件下,若系统发生化学反应是在容积恒定的容器中进行,且不做非体积功的过程,则该过程中系统与环境之间交换的热量就是定容反应热Q_V。

$$Q_V = \Delta U$$

（2）定压反应热 Q_p 与焓变 ΔH

在等温条件下，若系统发生化学反应是在恒定压力下进行，且为不做非体积功的过程，则该过程中系统与环境之间交换的热量就是定压反应热 Q_p。

$$Q_p = \Delta U + p\Delta V$$
$$= U_2 - U_1 + p(V_2 - V_1)$$
$$= (U_2 + p_2 V_2) - (U_1 + p_1 V_1)$$

定义

$$H = U + pV$$

H 称为焓。

$$Q_p = H_2 - H_1 = \Delta H$$

ΔH 称为焓变，$\Delta H > 0$，表明系统是吸热的；$\Delta H < 0$，表明系统是放热的。

2.2.2 赫斯定律

任何一个化学反应，在不做其他功和处于定压或定容的情况下，不论该反应是一步完成还是分几步完成的，其化学反应的热效应总值相等。即在不做其他功和定压或定容时，化学反应热效应仅与反应的始、终态有关而与具体途径无关。

赫斯定律的热力学依据是 $Q_V = \Delta U$ 和 $Q_p = \Delta H$ 两个关系式，热虽然是一种途径函数，两关系式却表明指定条件下 Q_V 与 Q_p 分别与状态函数增量相等（指定的条件已经分别用下标 V 与 p 表示），因此它们的数值就只与系统的始、终状态有关而与途径无关，即具有状态函数增量的性质，也可以说，赫斯定律是状态函数性质变化的必然结果。

2.2.3 反应焓变的计算

（1）物质的标准态

标准状态是在温度 T 及标准压力 $p^{\ominus}(p^{\ominus} = 100 \text{ kPa})$ 下的状态，简称标准态。右上标"$\ominus$"表示标准态；当系统处于标准态时，指系统中诸物质均处于各自的标准态。对具体的物质而言，相应的标准态如下：

- 纯理想气体物质的标准态是该气体处于标准压力 $p^{\ominus}$ 下的状态；混合理想气体中任一组分的标准态是该气体组分的分压为 $p^{\ominus}$ 时的状态（在常温常压下的气体均近似作理想气体）。
- 纯液体或纯固体物质的标准态就是标准压力 $p^{\ominus}$ 下的纯液体或纯固体。
- 溶液中溶质的标准态是指标准压力 $p^{\ominus}$ 下溶质的浓度为 $c^{\ominus}(c^{\ominus} = 1 \text{ mol} \cdot \text{L}^{-1})$ 的溶液。

初学者对标准态的理解往往会觉得比较枯燥，但标准态在本课程中是很重要的，在本章及第四章（如电化学平衡等）都有涉及。学习时需要注意与中学所学理想气体的标准体积中的"标准"相区别。

（2）反应的摩尔焓变 $\Delta_r H_m$ 与反应的标准摩尔焓变 $\Delta_r H_m^{\ominus}$

反应的摩尔焓变

$$\Delta_r H_m = \frac{\Delta_r H}{\xi}$$

当化学反应处于温度 T 时的标准态时，该反应的摩尔焓变称为反应的标准摩尔焓变

$\Delta_r H_m^{\ominus}(T)$。

（3）标准摩尔生成焓 $\Delta_f H_m^{\ominus}$

在温度 T 及标准态下,由参考状态的单质生成物质 B 的反应,其反应进度为 1 mol 且 $\nu_B = 1$ 时反应的标准摩尔焓变即为物质 B 在温度 T 时的标准摩尔生成焓 $\Delta_f H_m^{\ominus}(B,\beta,T)$。

水合离子标准摩尔生成焓定义为:在温度 T 及标准态下由参考状态纯态单质生成溶于大量水(形成无限稀薄溶液)的水合离子 B(aq) 的标准摩尔反应焓变,并规定水合氢离子的标准摩尔生成焓为零,即在 298.15K,标准状态时由单质 $H_2(g)$ 生成水合氢离子的标准摩尔反应焓变为零。

（4）标准摩尔燃烧焓 $\Delta_c H_m^{\ominus}$

在温度 T 及标准态下物质 B 完全燃烧(或完全氧化)的化学反应,当反应进度为 1 mol 且 $\nu_B = 1$ 时反应的标准摩尔焓变为物质 B 的标准摩尔燃烧焓 $\Delta_c H_m^{\ominus}$。所谓完全燃烧(或完全氧化)是指物质 B 中的 C 变为 $CO_2(g)$,H 变为 $H_2O(l)$,S 变为 $SO_2(g)$,N 变为 $N_2(g)$,Cl_2 变为 HCl(aq)。

（5）反应的标准摩尔焓变的计算

对任一化学反应
$$0 = \sum_B \nu_B B$$

其标准摩尔焓变为
$$\Delta_r H_m^{\ominus} = \sum_B \nu_B \Delta_f H_m^{\ominus}(B)$$

也可用标准摩尔燃烧焓计算
$$\Delta_r H_m^{\ominus} = \sum_B (-\nu_B) \Delta_c H_m^{\ominus}(B)$$

2.3 化学反应的方向与限度

2.3.1 熵(S)

$$S = \kappa \ln \Omega$$

熵也是状态函数,系统的混乱度越大,熵值就越大。

对完美晶体
$$S^*(0\ K) = 0$$

摩尔规定熵 $S_m(B,T)$
$$\Delta_r S_m(B) = S_m(B,T) - S_m^*(B,0\ K) = S_m(B,T)$$

在标准态下的摩尔规定熵称标准摩尔熵,用 $S_m^{\ominus}(B,T)$ 表示。

水合离子的标准摩尔熵以 $S_m^{\ominus}(H^+,aq) = 0$ 为基准。

物质的熵值有如下规律:

• 物质的熵值与系统的温度、压力有关。温度升高,系统的混乱度增加,熵值增大;压力增大,微粒被限制在较小体积内运动,熵值减小(压力对液体和固体的熵值影响较小)。

• 熵与物质的聚集状态有关。对同一种物质的熵值有 $S^{\ominus}(B,g,T) > S^{\ominus}(B,l,T) > S^{\ominus}(B,s,T)$。

- 相同状态下,分子结构相似的物质,随相对分子质量的增大,熵值增大;当物质的相对分子质量相近时,分子结构复杂的分子其熵值大于简单分子;当分子结构相似且相对分子质量相近时,熵值相近。

2.3.2　标准摩尔反应熵变 $\Delta_r S_m^{\ominus}(T)$

对任一化学反应

$$0 = \sum_B \nu_B B$$

其标准摩尔反应熵变为

$$\Delta_r S_m^{\ominus} = \sum_B \nu_B S_m^{\ominus}(B)$$

2.3.3　吉布斯函数与吉布斯函数变

吉布斯函数 G

$$G = H - T \cdot S$$

G 为状态函数。

在等温等压非体积功等于零的状态变化中,吉布斯函数变

$$\Delta G = G_2 - G_1 = \Delta H - T \Delta S$$

2.3.4　化学反应方向的判据

ΔG 可以作为判断化学反应能否自发进行的判据。即

$$\Delta G < 0 \quad 自发进行$$
$$\Delta G = 0 \quad 平衡状态$$
$$\Delta G > 0 \quad 不能自发进行(其逆过程是自发的)$$

2.3.5　标准摩尔生成吉布斯函数 $\Delta_f G_m^{\ominus}$ 与标准摩尔反应吉布斯函数变 $\Delta_r G_m^{\ominus}$

在温度 T 及标准态下,由参考状态的单质生成物质 B 的反应,其反应进度为 1 mol 且 $\nu_B = 1$ 的标准摩尔反应吉布斯函数变 $\Delta_r G_m^{\ominus}$ 即为物质 B 的标准摩尔生成吉布斯函数 $\Delta_f G_m^{\ominus}(B, \beta, T)$。

对任一化学反应

$$0 = \sum_B \nu_B B$$

$$\Delta_r G_m^{\ominus} = \sum_B \nu_B \Delta_f G_m^{\ominus}(B)$$

也可从吉布斯函数的定义计算:

$$\Delta_r G_m^{\ominus}(T) = \Delta_r H_m^{\ominus} - T \Delta_r S_m^{\ominus}$$

当反应温度不为 298.15K 时:

$$\Delta_r G_m^{\ominus}(T) \approx \Delta_r H_m^{\ominus}(298.15\ K) - T \Delta_r S_m^{\ominus}(298.15\ K)$$

2.4　化学平衡

2.4.1　可逆反应与化学平衡

(1)可逆反应

在一定的反应条件下,一个化学反应既能从反应物变为生成物,在相同条件下也能由生成

物变为反应物,即在同一条件下能同时向正、逆两个方向进行的化学反应称为可逆反应。习惯上,把从左向右进行的反应称为正反应,把从右向左进行的反应称为逆反应。

（2）化学平衡

在等温等压且非体积功为零时,可用化学反应的吉布斯函数变 $\Delta_r G_m$ 来判断化学反应进行的方向。当 $\Delta_r G_m = 0$ 时,反应达到最大限度,系统内物质 B 的组成不再改变,称该系统达到了热力学平衡态,简称化学平衡。

化学平衡具有以下特征:

- 化学平衡是一个动态平衡。

- 化学平衡是相对的,同时也是有条件的。一旦维持平衡的条件发生了变化(例如,温度、压力的变化),系统的宏观性质和物质的组成都将发生变化。原有的平衡将被破坏,代之以新的平衡。

- 在一定温度下化学平衡一旦建立,以化学反应方程式中化学计量数为幂指数的反应方程式中各物种的浓度(或分压)的乘积为一常数,叫作平衡常数。在同一温度下,同一反应的化学平衡常数相同。

2.4.2　平衡常数

（1）实验平衡常数

对任一可逆化学反应

$$0 = \sum_B \nu_B B$$

在一定温度下,达到平衡时,浓度平衡常数 K_c 为

$$K_c = \prod_B (c_B)^{\nu_B}$$

若为气相反应也可用压力平衡常数表示

$$K_p = \prod_B (p_B)^{\nu_B}$$

上述浓度平衡常数 K_c 和压力平衡常数 K_p 都是根据实验数据计算得到的,所以又称为实验平衡常数。实验平衡常数的单位通常不为 1,其单位取决于化学计量方程式中生成物与反应物的单位及相应的化学计量数。

（2）标准平衡常数 $K^\ominus$

在标准平衡常数表达式中,有关组分的浓度(或分压)都必须用相对浓度(或相对分压)来表示,即反应方程式中各物种的浓度(或分压)均须分别除以其标准态的量,即除以 $c^\ominus$ (或 $p^\ominus$)。由于相对浓度(或相对分压)的量纲为 1,所以标准平衡常数的量纲为 1,单位为"1",可省略。

对气相反应

$$0 = \sum_B \nu_B B(g)$$

$$K^\ominus = \prod_B (p_B/p^\ominus)^{\nu_B}$$

若为溶液中溶质的反应

$$0 = \sum_B \nu_B B(aq)$$

$$K^{\ominus} = \prod_B (c_B/c^{\ominus})\nu_B$$

对于多相反应的标准平衡常数表达式，反应组分中的气体用相对分压$(p_B/p^{\ominus})$表示；溶液中的溶质用相对浓度$(c_B/c^{\ominus})$表示；固体和纯液体为"1"，可省略。

通常如无特殊说明，平衡常数一般均指标准平衡常数。在书写和应用平衡常数表达式时应注意：

- 平衡常数表达式中各组分的分压（或浓度）应为平衡状态时的分压（或浓度）。
- 由于平衡常数表达式以反应计量方程式中各物种的化学计量数ν_B为幂指数，所以$K^{\ominus}$与化学反应方程式有关；同一化学反应，反应方程式不同，其$K^{\ominus}$值也不同。

（3）多重平衡规则

一个给定化学反应计量方程式的平衡常数，不取决于反应过程中经历的步骤，无论反应分几步完成，其平衡常数表达式完全相同，这就是多重平衡规则。也就是说当某总反应为若干个分步反应之和时，则总反应的平衡常数为这若干个分步反应平衡常数的乘积。

$$K^{\ominus} = \prod_i K_i^{\ominus}$$

多重平衡规则说明$K^{\ominus}$值与系统达到平衡的途径无关，仅取决于系统的状态——反应物（始态）和生成物（终态）。

掌握多重平衡规则，对于学习第四章溶液中的化学平衡很有帮助。相关的综合计算题通过多重平衡规则求解往往是最简捷的。

（4）化学反应的限度

化学反应达到平衡时，系统中物质B的浓度不再随时间而改变，此时反应物已最大限度地转变为生成物。通过平衡常数可以计算化学反应进行的最大限度，即化学平衡组成。在化工生产中常用转化率(α)来衡量化学反应进行的限度。

某反应物的转化率是指该反应物已转化为生成物的百分数，即

$$\alpha = \frac{某反应物已转化的量}{某反应物的总量} \times 100\%$$

化学反应达平衡时的转化率称平衡转化率，平衡转化率是理论上该反应的最大转化率。

2.4.3　平衡常数与标准摩尔吉布斯函数变

（1）标准平衡常数与标准摩尔吉布斯函数变

在等温等压、任意状态下化学反应的$\Delta_r G_m$与其标准态$\Delta_r G_m^{\ominus}$的关系为

$$\Delta_r G_m = \Delta_r G_m^{\ominus} + RT\ln Q$$

式中：Q称为化学反应的反应商，简称反应商。反应商Q的表达式与标准平衡常数$K^{\ominus}$的表达式完全一致，不同之处在于Q表达式中的浓度或分压为任意态的（包括平衡态），而$K^{\ominus}$表达式中的浓度或分压是平衡态的。

平衡时，$\Delta_r G_m = 0$

$$\Delta_r G_m^{\ominus} = -RT\ln K^{\ominus}$$

此式是前述多重平衡规则的理论基础。

（2）化学反应等温式

化学反应等温式：

$$\Delta_r G_m = -RT\ln K^{\ominus} + RT\ln Q$$

（3）反应商判据

化学反应进行方向的反应商判据：

$$Q < K^{\ominus} \qquad \Delta_r G_m < 0 \qquad 反应正向进行$$

$$Q = K^{\ominus} \qquad \Delta_r G_m = 0 \qquad 平衡状态$$

$$Q > K^{\ominus} \qquad \Delta_r G_m > 0 \qquad 反应逆向进行$$

2.4.4　影响化学平衡的因素——平衡移动原理

（1）浓度（或气体分压）对化学平衡的影响

对一个在一定温度下已达化学平衡的反应系统,增加反应物的浓度（或其分压）或降低生成物的浓度（或其分压）,化学平衡向生成物方向移动。

反之,若降低反应物浓度（或其分压）或增加生成物浓度（或其分压）,则平衡将向反应物方向移动。

（2）压力对化学平衡的影响

对无气体参与的反应,改变压力对平衡影响很小,可以不予考虑。

对有气体参与的反应,若气体化学计量数之和 $\sum \nu_B(g) \neq 0$,增加压力,平衡向气体分子数较少的一方移动;降低压力,平衡向气体分子数较多的一方移动。显然,如果反应前后气体分子数没有变化,即 $\sum \nu_B(g) = 0$,则改变总压对化学平衡没有影响。

（3）温度对化学平衡的影响

$$\ln \frac{K_1^{\ominus}(T_1)}{K_2^{\ominus}(T_2)} = -\frac{\Delta_r H_m^{\ominus}}{R}\left(\frac{1}{T_1} - \frac{1}{T_2}\right)$$

在不改变浓度、压力的条件下,升高平衡系统的温度时,平衡向着吸热反应的方向移动;反之,降低温度时,平衡向着放热反应的方向移动。

（4）勒夏特列原理

勒夏特列原理:如果改变平衡系统的条件之一（如浓度、压力或温度）,平衡就向着能减弱这个改变的方向移动。即如果对平衡系统施加影响,则平衡将沿着减小这种影响的方向移动。

必须注意,勒夏特列原理只适用于已经处于平衡状态的系统,而对于未达平衡状态的系统则不适用。

2.5　化学反应速率

2.5.1　化学反应速率的概念

对任一化学反应 $\qquad\qquad 0 = \sum_B \nu_B B$

其化学反应速率为

$$\dot{\xi} = \frac{d\xi}{dt}$$

$$= \frac{1}{\nu_B} \times \frac{dn_B}{dt}$$

即反应速率为反应进度随时间的变化率。

对定容反应,例如,密闭反应器中的反应,或液相反应,体积值不变,所以反应速率(基于浓度的速率)的定义为

$$v = \frac{\dot{\xi}}{V}$$

$$= \frac{1}{\nu_B} \times \frac{dn_B}{Vdt}$$

若反应过程体积不变,则有

$$v = \frac{1}{\nu_B} \times \frac{dc_B}{dt}$$

式中:dc_B/dt 对某一指定的反应物来说,它是该反应物的消耗速率;对某一指定的生成物来说,它是该生成物的生成速率,一般提到的反应速率多为此速率。

2.5.2 反应历程与基元反应

(1)反应历程与基元反应

人们把反应物转变为生成物的具体途径、步骤称为反应历程。

由反应物分子(或离子、原子及自由基等)直接碰撞发生作用而生成产物的反应称为基元反应(elementary reaction,也称元反应),即基元反应为一步完成的简单反应。基元反应是组成一切化学反应的基本单元。基元反应代表了反应所经过的历程。所谓反应历程(或反应机理)一般是指该反应是由哪些基元反应组成的。

(2)质量作用定律与基元反应的速率方程

在一定温度下,基元反应的反应速率与各反应物浓度幂($c^{-\nu_B}$)的乘积成正比,浓度的幂次为基元反应方程式中反应物组分的化学计量数的负值($-\nu_B$)。基元反应的这一规律称为质量作用定律。

若反应

$$aA + bB + \cdots \longrightarrow gG + dD + \cdots$$

为基元反应,则该基元反应的速率方程式为

$$v = kc_A^a c_B^b \cdots$$

(3)反应级数

基元反应速率方程式中各浓度项的幂次 $a, b, \cdots$ 分别称为反应物组分 A,B,$\cdots$ 的反应级数。该反应总的反应级数 n 则是各反应物组分 A,B,$\cdots$ 的反应级数之和,即

$$n = a + b + \cdots$$

对于基元反应,反应级数与它们的化学计量数是一致的。而对于非基元反应,速率方程式

中的反应级数一般不等于$(a+b+\cdots)$。

（4）反应速率常数

反应速率方程式中的比例系数 k 称为反应速率常数。不同的反应有不同的 k 值。k 值与反应物的浓度无关,而与温度的关系较大。温度一定,速率常数为定值。速率常数表示反应速率方程中各有关浓度项均为单位浓度时的反应速率。同一温度、相同浓度下不同化学反应的 k 值可反映出反应进行的相对快慢。

书写速率方程式时还须注意:稀溶液中的溶剂、固体或纯液体参加的化学反应,其速率方程式的数学表达式中不必列出它们的浓度项。

2.5.3　反应速率理论

（1）碰撞理论

能量因素　碰撞理论把那些能够发生反应的碰撞称为有效碰撞,能够发生有效碰撞的分子称为活化分子。要使普通分子（即具有平均能量的分子）成为活化分子所需的最小能量称为活化能 E_a。在一定温度下,反应的活化能越大,其活化分子百分数越小,反应速率就越小;反之反应的活化能越小,其活化分子百分数就越大,反应则越快。

方位因素（或概率因素）　碰撞理论认为发生化学反应不仅要求分子有足够的能量,而且要求这些分子要有适当的取向（或方位）才有可能发生反应。对复杂的分子,方位因素的影响更大。

碰撞理论认为反应物分子必须具有足够的能量和适当的碰撞方向,才能发生反应。

（2）过渡态理论

过渡态理论认为,化学反应并不是通过反应物分子之间的简单碰撞就能完成的,其间必须经过一个中间过渡状态,即反应物分子间首先形成活化配合物。活化配合物的特点是能量高、不稳定、寿命短,它一经形成,就很快分解。该活化配合物只在反应过程中形成,很难分离出来,它既可以分解成为生成物,也可以分解成为原来的反应物。

活化配合物与反应物分子的能量差为正反应的活化能,活化配合物与生成物分子的能量差为逆反应的活化能。正、逆反应的活化能差为该化学反应的热效应:

$$\Delta_r H_m = E_{a,正} - E_{a,逆}$$

2.5.4　影响化学反应速率的因素

（1）浓度对反应速率的影响

增大反应物的浓度将加快反应速率。

反应速率与反应物浓度之间的定量关系,不能简单地从反应的计量方程式获得,它与反应进行的具体过程即反应历程有关。反应速率与反应物浓度的关系是通过反应速率方程式定量反映出来的。

（2）温度对反应速率的影响

在温度变化不大或不需精确数值时,可用范托夫规则粗略估算:

$$\frac{v(T+10\ \mathrm{K})}{v(T)} = \frac{k(T+10\ \mathrm{K})}{k(T)} = 2 \sim 4$$

阿伦尼乌斯方程:

$$k = Ae^{-\frac{E_a}{RT}}$$

$$\ln \frac{k_1}{k_2} = -\frac{E_a}{R}\left(\frac{1}{T_1} - \frac{1}{T_2}\right)$$

（3）催化剂对反应速率的影响

催化剂   一种只要少量存在就能显著改变反应速率,但不改变化学反应的平衡位置,而且在反应结束时,其自身的质量、组成和化学性质基本不变的物质。

催化剂能显著地加快化学反应速率,是由于在反应过程中催化剂与反应物之间形成一种能量较低的活化配合物,改变了反应的途径,与无催化反应的途径相比较,所需的活化能显著地降低,从而使活化分子百分数和有效碰撞次数增多,导致反应速率加快。

均相催化与多相催化   催化剂与反应物同处于一个相中的催化反应称均相催化。催化剂与反应物处于不同相中的催化反应叫多相催化。多相催化反应发生在催化剂表面(相界面),催化剂表面积越大,催化效率越高,反应速率越快。

酶及其催化作用   酶是一类结构和功能特殊的蛋白质,它在生物体内所起的催化作用称为酶催化。酶催化作用有以下特点:

• 酶催化的特点之一是高效。酶的催化效率比普通无机或有机催化剂高 $10^6 \sim 10^{10}$ 倍。

• 酶催化的另一特点是高度的专一性。催化剂一般都具有专一性,但作为生物催化剂的酶其专一性更强,一种酶往往只对一种特定的反应有效。

• 此外,酶催化反应所需的条件要求较高。人体内的酶催化反应一般在体温 37 ℃和血液 pH 为 7.35 ~ 7.45 的条件下进行的。若遇到高温、强酸、强碱、重金属离子或紫外线照射等因素,都会使酶失去活性。

典 型 例 题

例 2-1   某理想气体在恒定外压(100 kPa)下吸热膨胀。向环境吸收 75 kJ 的热量,其体积从 25 L 膨胀到 135 L,试计算系统和环境热力学能的变化。

解:

$$\Delta U(系统) = Q + W$$
$$= Q - p\Delta V$$
$$= 75 \text{ kJ} - 100 \text{ kPa} \times (135-25) \text{ L}$$
$$= 75 \text{ kJ} - 1.00 \times 10^5 \text{ Pa} \times 1.10 \times 10^2 \times 10^{-3} \text{ m}^3$$
$$= 75 \text{ kJ} - 11.0 \text{ kJ}$$
$$= 64 \text{ kJ}$$
$$\Delta U(环境) = Q - p\Delta V$$

$$= -75 \text{ kJ} - 100 \text{ kPa} \times (25 - 135) \text{ L}$$

$$= -75 \text{ kJ} + 1.00 \times 10^5 \text{ Pa} \times 1.10 \times 10^2 \times 10^{-3} \text{ m}^3$$

$$= -75 \text{ kJ} + 11.0 \text{ kJ} = -64 \text{ kJ}$$

$$\Delta U(系统) + \Delta U(环境) = 0 \quad (能量守恒)$$

（该题的关键是要确定 Q 与 W 的符号:吸热 $Q>0$,放热 $Q<0$;$W=-p\Delta V$）

例 2-2 已知下列反应:

① $2H_2O_2(l) \longrightarrow 2H_2O(l) + O_2(g)$ 　　　$\Delta_r H_m^{\ominus} = -196.1 \text{ kJ} \cdot \text{mol}^{-1}$

② $H_2O(l) \longrightarrow H_2O(g)$ 　　　$\Delta_r H_m^{\ominus} = 44.01 \text{ kJ} \cdot \text{mol}^{-1}$

求（1）180g $H_2O_2(l)$ 分解的反应焓变 $\Delta_r H^{\ominus}$。

（2）反应 $H_2O_2(l) \longrightarrow H_2O(l) + \dfrac{1}{2}O_2(g)$ 的 $\Delta_r H_m^{\ominus}$。

（3）反应 $2H_2O(l) + O_2(g) \longrightarrow 2H_2O_2(l)$ 的 $\Delta_r H_m^{\ominus}$。

（4）反应 $H_2O_2(l) \longrightarrow H_2O(g) + \dfrac{1}{2}O_2(g)$ 的 $\Delta_r H_m^{\ominus}$。

解:（1）$\xi = \Delta n(H_2O_2)/\nu(H_2O_2)$

$$= [-180 \text{ g}/(34.01 \text{ g} \cdot \text{mol}^{-1})]/(-2)$$

$$= 2.65 \text{ mol}$$

$$\Delta_r H^{\ominus} = \xi \cdot \Delta_r H_m^{\ominus}$$

$$= 2.65 \text{ mol} \times (-196.1 \text{ kJ} \cdot \text{mol}^{-1})$$

$$= -520 \text{ kJ}$$

（2）该反应为反应①的 1/2,所以

$$\Delta_r H_m^{\ominus} = (-196.1 \text{ kJ} \cdot \text{mol}^{-1})/2$$

$$= -98.05 \text{ kJ} \cdot \text{mol}^{-1}$$

（3）该反应为反应①的逆反应,所以

$$\Delta_r H_m^{\ominus} = -\Delta_r H_m^{\ominus}①$$

$$= 196.1 \text{ kJ} \cdot \text{mol}^{-1}$$

（4）该反应 = 反应①/2 + 反应②,所以

$$\Delta_r H_m^{\ominus} = (-196.1 \text{ kJ} \cdot \text{mol}^{-1})/2 + 44.01 \text{ kJ} \cdot \text{mol}^{-1}$$

$$= -54.04 \text{ kJ} \cdot \text{mol}^{-1}$$

例 2-3 在 298.15 K、100 kPa 下,2.0 mol $H_2(g)$ 和 1.0 mol $O_2(g)$ 反应,生成 2.0 mol $H_2O(g)$,放出 483.6 kJ 热量,计算该反应热力学能变 ΔU,并计算反应 $H_2(g) + \dfrac{1}{2}O_2(g) \rightarrow H_2O(g)$ 的 $\Delta_r H_m^{\ominus}$。

解:反应进度 　　　　　$\xi = \Delta n_B/\nu_B$

$$= 2.0 \text{ mol}/1 = 2.0 \text{ mol}$$

因反应在等压下进行,所以

$$\Delta H = Q_p = -483.6 \text{ kJ}$$

由
$$\Delta H = \Delta U + \Delta n(\text{g})RT$$

得
$$\Delta U = \Delta H - \Delta n(\text{g})RT$$
$$= \Delta H - \xi \cdot \sum_B \nu_B(\text{g})RT$$
$$= -483.6 \text{ kJ} - 2 \text{ mol} \times (1-1-1/2) \times 8.314 \times 10^{-3} \text{ kJ} \cdot \text{K}^{-1} \text{ mol}^{-1} \times 298.15 \text{ K}$$
$$= -481.1 \text{ kJ}$$

$$\Delta_r H_m^{\ominus} = \Delta_r H^{\ominus}/\xi$$
$$= -483.6 \text{ kJ}/(2.0 \text{ mol})$$
$$= -241.8 \text{ kJ} \cdot \text{mol}^{-1}$$

例 2-4 反应 $2NO_2(\text{g}) \longrightarrow N_2O_4(\text{g})$，假设 $NO_2(\text{g})$、$N_2O_4(\text{g})$ 均为理想气体。在 298.15 K、100 kPa 下，该反应分别按以下两种途径完成：(1) 不做功、放热 57.2 kJ·mol^{-1}；(2) 做功、放热 11.3 kJ·mol^{-1}。计算两种途径的 Q、W、ΔU 和 ΔH。

解:(1) 因为不做功,所以 $W = 0$
$$Q = -57.2 \text{ kJ} \cdot \text{mol}^{-1}$$
$$\Delta U = Q + W$$
$$= -57.2 \text{ kJ} \cdot \text{mol}^{-1}$$
$$\Delta H = \Delta U + \Delta n(\text{g})RT$$
$$= -59.7 \text{ kJ} \cdot \text{mol}^{-1}$$

(2) 因为 U、H 为状态函数,所以 ΔU、ΔH 与途径无关,与途径(1)相等:
$$\Delta U = -57.2 \text{ kJ} \cdot \text{mol}^{-1}$$
$$\Delta H = -59.7 \text{ kJ} \cdot \text{mol}^{-1}$$
$$Q = -11.3 \text{ kJ} \cdot \text{mol}^{-1}$$
$$W = \Delta U - Q$$
$$= -57.2 \text{ kJ} \cdot \text{mol}^{-1} - (-11.3 \text{ kJ} \cdot \text{mol}^{-1})$$
$$= -45.9 \text{ kJ} \cdot \text{mol}^{-1}$$

例 2-5 已知下列物质的标准摩尔生成焓变:

	$CH_3COOH(l)$	$CO_2(\text{g})$	$H_2O(l)$
$\Delta_f H_m^{\ominus}/(\text{kJ} \cdot \text{mol}^{-1})$	−484.5	−393.509	−285.830

计算 $CH_3COOH(l)$ 的标准摩尔燃烧焓 $\Delta_c H_m^{\ominus}$。

解:$CH_3COOH(l)$ 的燃烧反应为
$$CH_3COOH(l) + 2O_2(\text{g}) \longrightarrow 2CO_2(\text{g}) + 2H_2O(l)$$

$$\Delta_c H_m^{\ominus}[CH_3COOH(l)] = \Delta_r H_m^{\ominus} = \sum_B \nu_B \Delta_f H_m^{\ominus}(B)$$
$$= [2 \times (-393.509) + 2 \times (-285.830) + 484.5] \text{ kJ} \cdot \text{mol}^{-1}$$
$$= -874.2 \text{ kJ} \cdot \text{mol}^{-1}$$

例 2-6 在标准状态、298.15 K 时,利用有关物质的热力学数据计算下列反应的标准摩尔焓变 $\Delta_r H_m^\ominus$,标准摩尔反应熵变 $\Delta_r S_m^\ominus$ 和标准摩尔反应吉布斯函数变 $\Delta_r G_m^\ominus$,并判断此时的反应方向。

(1) $N_2(g) + O_2(g) \longrightarrow 2NO(g)$

(2) $CO(g) + NO(g) \longrightarrow CO_2(g) + 1/2N_2(g)$

解:有关热力学数据如下:

	$N_2(g)$	$O_2(g)$	$NO(g)$	$CO(g)$	$CO_2(g)$
$\Delta_f H_m^\ominus/(kJ \cdot mol^{-1})$	0	0	90.25	-110.525	-393.509
$S_B^\ominus/(J \cdot mol^{-1} \cdot K^{-1})$	191.61	205.138	210.761	197.674	213.74
$\Delta_f G_m^\ominus/(kJ \cdot mol^{-1})$	0	0	86.55	-137.168	-394.359

(1)
$$\Delta_r H_m^\ominus = \sum_B \nu_B \Delta_f H_m^\ominus(B)$$
$$= (2\times90.25 - 1\times0 - 1\times0) \text{ kJ} \cdot mol^{-1}$$
$$= 180.5 \text{ kJ} \cdot mol^{-1}$$

$$\Delta_r S_m^\ominus = \sum_B \nu_B S_m^\ominus(B)$$
$$= (2\times210.761 - 191.61 - 205.138) \text{ kJ} \cdot mol^{-1} \cdot K^{-1}$$
$$= 24.77 \text{ J} \cdot mol^{-1} \cdot K^{-1}$$

$$\Delta_r G_m^\ominus = \sum_B \nu_B \Delta_f G_m^\ominus(B) \quad (此式仅适用于 298.15 K)$$
$$= (2\times86.55 - 1\times0 - 1\times0) \text{ kJ} \cdot mol^{-1}$$
$$= 173.1 \text{ kJ} \cdot mol^{-1}$$

或
$$\Delta_r G_m^\ominus = \Delta_r H_m^\ominus - T \cdot \Delta_r S_m^\ominus$$
$$= 180.5 \text{ kJ} \cdot mol^{-1} - 298.15 \text{ K} \times 24.77 \times 10^{-3} \text{ kJ} \cdot mol^{-1} \cdot K^{-1}$$
$$= 173.1 \text{ kJ} \cdot mol^{-1}$$

(运用此式应注意 $\Delta_r H_m^\ominus$ 与 T, $\Delta_r S_m^\ominus$ 的单位一致。)

因 $\Delta_r G_m^\ominus > 0$,所以反应逆向进行。

(2)
$$\Delta_r H_m^\ominus = \sum_B \nu_B \Delta_f H_m^\ominus(B)$$
$$= \left(-393.509 + \frac{1}{2}\times0 + 110.525 - 90.25\right) \text{ kJ} \cdot mol^{-1}$$
$$= -373.23 \text{ kJ} \cdot mol^{-1}$$

$$\Delta_r S_m^\ominus = \sum_B \nu_B S_m^\ominus(B)$$
$$= \left(213.74 + \frac{1}{2}\times191.61 - 197.674 - 210.761\right) \text{ J} \cdot mol^{-1} \cdot K^{-1}$$
$$= -98.89 \text{ J} \cdot mol^{-1} \cdot K^{-1}$$

$$\Delta_r G_m^\ominus = \sum_B \nu_B \Delta_f G_m^\ominus(B)$$

$$= (-394.359-86.55+137.168) \text{ kJ} \cdot \text{mol}^{-1}$$
$$= -343.74 \text{ kJ} \cdot \text{mol}^{-1}$$

或　　$\Delta_r G_m^\ominus = \Delta_r H_m^\ominus - T \cdot \Delta_r S_m^\ominus$

$$= -373.23 \text{ kJ} \cdot \text{mol}^{-1} - 298.15 \text{ K} \times (-98.89 \times 10^{-3}) \text{ kJ} \cdot \text{mol}^{-1} \cdot \text{K}^{-1}$$
$$= -343.75 \text{ kJ} \cdot \text{mol}^{-1}$$

因 $\Delta_r G_m^\ominus < 0$，所以反应正向进行。(该反应可用于汽车尾气的无害化处理。)

例 2-7 已知

	Cu(s)	O₂(g)	CuO(s)	Cu₂O(s)
$\Delta_f H_m^\ominus / (\text{kJ} \cdot \text{mol}^{-1})$	0	0	−157.3	−168.6
$S_B^\ominus / (\text{J} \cdot \text{mol}^{-1} \cdot \text{K}^{-1})$	33.150	205.138	42.63	93.14
$\Delta_f G_m^\ominus / (\text{J} \cdot \text{mol}^{-1})$	0	0	−129.7	−146.0

(1) 金属铜在空气中的反应为

$$\text{Cu}(s) + \frac{1}{2}\text{O}_2(g) \longrightarrow \text{CuO}(s)$$

计算在 373.15 K、$p(\text{O}_2) = 21.0$ kPa 时反应的吉布斯函数变 $\Delta_r G_m$。

(2) 当加热超过一定温度后，黑色 CuO 转变为红色 Cu₂O，其反应为

$$2\text{CuO}(s) \longrightarrow \text{Cu}_2\text{O}(s) + \frac{1}{2}\text{O}_2(g)$$

求标准状态下该反应自发进行的温度条件。

(3) 在更高温度时，氧化层又消失，其反应为

$$\text{Cu}_2\text{O}(s) \longrightarrow 2\text{Cu}(s) + \frac{1}{2}\text{O}_2(g)$$

求标准状态下该反应自发进行的温度条件。

解: (1) $\Delta_r H_m^\ominus = \Delta_f H_m^\ominus(\text{CuO}, s)$

$$= -157.3 \text{ kJ} \cdot \text{mol}^{-1}$$

$\Delta_r S_m^\ominus = \sum_B \nu_B S_m^\ominus(B)$

$$= [42.63 - 33.150 - 205.138/2] \text{ J} \cdot \text{mol}^{-1} \cdot \text{K}^{-1}$$
$$= -93.09 \text{ J} \cdot \text{mol}^{-1} \cdot \text{K}^{-1}$$

$\Delta_r G_m^\ominus = \Delta_r H_m^\ominus - T \cdot \Delta_r S_m^\ominus$

$$= -157.3 \text{ kJ} \cdot \text{mol}^{-1} - 373.15 \text{ K} \times (-93.09 \times 10^{-3}) \text{ kJ} \cdot \text{mol}^{-1} \cdot \text{K}^{-1}$$
$$= -122.6 \text{ kJ} \cdot \text{mol}^{-1}$$

$\Delta_r G_m = \Delta_r G_m^\ominus + RT \ln Q$

$$= \Delta_r G_m^\ominus + RT \ln [p(\text{O}_2)/p^\ominus]^{-1/2}$$
$$= -122.6 \text{ kJ} \cdot \text{mol}^{-1} + 8.314 \times 10^{-3} \text{ kJ} \cdot \text{mol}^{-1} \cdot \text{K}^{-1} \times 373.15 \text{ K} \cdot \ln (21.0/100)^{-1/2}$$

$$= -120.2 \text{ kJ} \cdot \text{mol}^{-1}$$

（2）

$$\Delta_r H_m^\ominus = \sum_B \nu_B \Delta_f H_m^\ominus(B)$$

$$= [(-168.6) + 1/2 \times 0 - 2 \times (-157.3)] \text{ kJ} \cdot \text{mol}^{-1}$$

$$= 146 \text{ kJ} \cdot \text{mol}^{-1}$$

$$\Delta_r S_m^\ominus = \sum_B \nu_B S_m^\ominus(B) = \left[93.14 + \frac{1}{2} \times (205.138) - 2 \times 42.63\right] \text{ J} \cdot \text{mol}^{-1} \cdot \text{K}^{-1}$$

$$= 110.45 \text{ J} \cdot \text{mol}^{-1} \cdot \text{K}^{-1}$$

$$\Delta_r H_m^\ominus - T\Delta_r S_m^\ominus < 0$$

$$\Delta_r H_m^\ominus < T\Delta_r S_m^\ominus$$

即

$$146 \text{ kJ} \cdot \text{mol}^{-1} < (110.45 \times 10^{-3} \text{kJ} \cdot \text{mol}^{-1} \cdot \text{K}^{-1})T$$

$$T > 1\ 322 \text{ K}$$

（3）

$$\Delta_r H_m^\ominus = \sum_B \nu_B \Delta_f H_m^\ominus(B)$$

$$= [0 - (-168.6)] \text{ kJ} \cdot \text{mol}^{-1}$$

$$= 168.6 \text{ kJ} \cdot \text{mol}^{-1}$$

$$\Delta_r S_m^\ominus = \sum_B \nu_B S_m^\ominus(B) = \left(2 \times 33.150 + \frac{1}{2} \times 205.138 - 93.14\right) \text{ J} \cdot \text{mol}^{-1} \cdot \text{K}^{-1}$$

$$= 75.73 \text{ J} \cdot \text{mol}^{-1} \cdot \text{K}^{-1}$$

$$\Delta_r H_m^\ominus - T\Delta_r S_m^\ominus < 0$$

$$\Delta_r H_m^\ominus < T\Delta_r S_m^\ominus$$

即

$$168.6 \text{ kJ} \cdot \text{mol}^{-1} < (75.73 \times 10^{-3} \text{kJ} \cdot \text{mol}^{-1} \cdot \text{K}^{-1})T$$

$$T > 2\ 226 \text{ K}$$

例 2-8　已知 $\Delta_f G_m^\ominus(NH_3, g) = -16.45 \text{ kJ} \cdot \text{mol}^{-1}$，计算合成氨反应

$$N_2(g) + 3H_2(g) \longrightarrow 2NH_3(g)$$

在 298.15 K、标准状态时反应的 $\Delta_r G_m^\ominus$ 及标准平衡常数 $K^\ominus$。

解：

$$\Delta_r G_m^\ominus = \sum_B \nu_B \Delta_f G_m^\ominus(B)$$

$$= 2 \times (-16.45) \text{ kJ} \cdot \text{mol}^{-1}$$

$$= -32.90 \text{ kJ} \cdot \text{mol}^{-1}$$

根据

$$\Delta_r G_m^\ominus = -RT\ln K^\ominus$$

$$\ln K^\ominus = -\Delta_r G_m^\ominus / RT$$

$$= 32.90 \text{ kJ} \cdot \text{mol}^{-1} / (8.314 \times 10^{-3} \text{ kJ} \cdot \text{mol}^{-1} \cdot \text{K}^{-1} \times 298.15 \text{ K})$$

$$= 13.27$$

$$K^\ominus = 5.8 \times 10^5$$

例 2-9　在 523.15 K 时，将 0.70mol $PCl_5(g)$ 置于 2.0L 密闭容器中，待其达到平衡

$$PCl_5(g) \rightleftharpoons PCl_3(g) + Cl_2(g)$$

经测定 $PCl_5(g)$ 的物质的量为 0.20 mol。

(1) 求该反应的标准平衡常数 $K^{\ominus}$ 及 $PCl_5(g)$ 的平衡转化率 α

(2) 在 523.15 K 的恒定温度下,在上述平衡系统中再加入 0.10 mol $PCl_5(g)$,求重新达平衡后各物种的平衡分压。

解:(1)　　　　　　　$PCl_5(g) \rightleftharpoons PCl_3(g) + Cl_2(g)$

起始 n_B/mol　　　　0.70　　　　0　　　　0

平衡 n_B/mol　　　　0.20　　　　0.50　　0.50

由　　　　　　　　　$pV = nRT$

得:　$p(PCl_5) = 0.20 \text{ mol} \times 8.314 \text{ Pa} \cdot \text{m}^3 \cdot \text{mol}^{-1} \cdot \text{K}^{-1} \times 523.15 \text{ K}/(2.0 \times 10^{-3} \text{ m}^3)$

　　　　　　　$= 4.3 \times 10^5 \text{ Pa}$

　　$p(PCl_3) = 0.50 \text{ mol} \times 8.314 \text{ Pa} \cdot \text{m}^3 \cdot \text{mol}^{-1} \cdot \text{K}^{-1} \times 523.15 \text{ K}/(2.0 \times 10^{-3} \text{ m}^3)$

　　　　　　　$= 1.1 \times 10^6 \text{ Pa}$

　　$p(Cl_2) = p(PCl_3) = 1.1 \times 10^6 \text{ Pa}$

　　$K^{\ominus} = \prod_B (p/p^{\ominus})^{\nu_B}$

　　　　$= (1.1 \times 10^6/1.0 \times 10^5)^2 (4.3 \times 10^5/1.0 \times 10^5)^{-1}$

　　　　$= 28$

　　$\alpha(PCl_5) = 0.50/0.70 \times 100\% = 71\%$

(2)　　　　　　　$PCl_5(g) \rightleftharpoons PCl_3(g) + Cl_2(g)$

起始 n_B/mol　0.20+0.10　　0.50　　　0.50

平衡 n_B/mol　　0.30−x　　　0.50+x　0.50+x

$$K^{\ominus} = \prod_B (p/p^{\ominus})^{\nu_B}$$

$$28 = \left[\frac{(0.50+x)RT}{Vp^{\ominus}} \right]^2 \cdot \left[\frac{(0.30-x)RT}{Vp^{\ominus}} \right]^{-1}$$

$$x = 0.059 (\text{mol})$$

$p(PCl_3) = p(Cl_2)$

　　　$= (0.50+x) \text{ mol} \cdot RT/V$

　　　$= (0.50+0.059) \text{ mol} \times 8.314 \text{ Pa} \cdot \text{m}^3 \cdot \text{mol}^{-1} \cdot \text{K}^{-1} \times 523.15 \text{ K}/(2.0 \times 10^{-3} \text{ m}^3)$

　　　$= 1.2 \times 10^6 \text{ Pa}$

$p(PCl_5) = (0.30-x) \text{ mol} \cdot RT/V$

　　　$= (0.30-0.059) \text{ mol} \times 8.314 \text{ Pa} \cdot \text{m}^3 \cdot \text{mol}^{-1} \cdot \text{K}^{-1} \times 523.15 \text{ K}/(2.0 \times 10^{-3} \text{ m}^3)$

　　　$= 5.2 \times 10^5 \text{ Pa}$

例 2-10　已知反应

$$CaCO_3(s) \longrightarrow CaO(s) + CO_2(g)$$

在 973 K 时,$K^{\ominus} = 3.00 \times 10^{-2}$;在 1 173 K 时,$K^{\ominus} = 1.00$。问:

(1) 该反应是吸热反应还是放热反应?

（2）该反应的 $\Delta_r H_m^\ominus$ 是多少？

解：（1）因为该反应的 $K^\ominus$ 值随温度升高而增大，所以该反应为吸热反应。

（2）
$$\ln \frac{K_1^\ominus(T_1)}{K_2^\ominus(T_2)} = -\frac{\Delta_r H_m^\ominus}{R}\left(\frac{1}{T_1} - \frac{1}{T_2}\right)$$

$$\ln \frac{3.00 \times 10^{-2}}{1.00} = -\frac{\Delta_r H_m^\ominus}{8.314\ J \cdot mol^{-1} \cdot K^{-1}}\left(\frac{1}{973\ K} - \frac{1}{1\ 173\ K}\right)$$

$$\Delta_r H_m^\ominus = 1.66 \times 10^5\ J \cdot mol^{-1} = 166\ kJ \cdot mol^{-1}$$

由 $\Delta_r H_m^\ominus > 0$ 也可判断该反应为吸热反应。

例 2-11　在 660 K 时，反应

$$2NO(g) + O_2(g) \longrightarrow 2NO_2(g)$$

的实验数据如下：

初始浓度/($mol \cdot L^{-1}$)		初始速率/($mol \cdot L^{-1} \cdot s^{-1}$)
$c(NO)$	$c(O_2)$	（NO 消耗速率）
0.010	0.010	2.5×10^{-3}
0.010	0.020	5.0×10^{-3}
0.030	0.020	45×10^{-3}

（1）写出该反应的速率方程，该反应的反应级数是多少？

（2）计算速率常数。

（3）当 $c(NO) = 0.015\ mol \cdot L^{-1}$，$c(O_2) = 0.025\ mol \cdot L^{-1}$ 时，反应速率为多少？

解：（1）反应的速率方程为

$$v = k \cdot c^x(NO) \cdot c^y(O_2)$$

当 $c(O_2)$ 不变时，$\dfrac{5.0 \times 10^{-3}}{45 \times 10^{-3}} = \left(\dfrac{0.010}{0.030}\right)^x$；$x = 2$

当 $c(NO)$ 不变时，$\dfrac{2.5 \times 10^{-3}}{5.0 \times 10^{-3}} = \left(\dfrac{0.010}{0.020}\right)^y$；$y = 1$

所以，速率方程为

$$v = k \cdot c^2(NO) \cdot c(O_2)$$

反应级数为　　　　　　　　　　$2 + 1 = 3$

（2）因为　　　　　　　$v = k \cdot c^2(NO) \cdot c(O_2)$

所以　　　　$k = \dfrac{v}{c^2(NO) \cdot c(O_2)}$

$$= \frac{2.5 \times 10^{-3}\ mol \cdot L^{-1} \cdot s^{-1}}{(0.010\ mol \cdot L^{-1})^2 \times 0.010\ mol \cdot L^{-1}} = 2.5 \times 10^3\ mol^{-2} \cdot L^2 \cdot s^{-1}$$

（3）$v = k \cdot c^2(NO) \cdot c(O_2)$

$$= 2.5 \times 10^3 \ mol^{-2} \cdot L^2 \cdot s^{-1} \times (0.015 \ mol \cdot L^{-1})^2 \times (0.025 \ mol \cdot L^{-1})$$

$$= 1.4 \times 10^{-2} \ mol \cdot L^{-1} \cdot s^{-1}$$

例 2-12 $HI(g)$ 的分解反应在 836 K 时的速率常数 k 为 0.001 05 s^{-1},在 943 K 时的速率常数 k 为 0.002 68 s^{-1}。试计算:

(1) 该反应的活化能 E_a;

(2) 在 773 K 时的速率常数 k。

解:(1) 根据阿伦尼乌斯方程:

$$\ln \frac{k_1}{k_2} = -\frac{E_a}{R} \left(\frac{1}{T_1} - \frac{1}{T_2} \right)$$

$$\ln \frac{0.001\ 05}{0.002\ 68} = -\frac{E_a}{8.314 \times 10^{-3} \ kJ \cdot mol^{-1} \cdot K^{-1}} \left(\frac{1}{836 \ K} - \frac{1}{943 \ K} \right)$$

$$E_a = 57.4 \ kJ \cdot mol^{-1}$$

(2) $$\ln \frac{0.001\ 05 \ s^{-1}}{k_{773\ K}} = -\frac{57.4 \ kJ \cdot mol^{-1}}{8.314 \times 10^{-3} \ kJ \cdot mol^{-1} \cdot K^{-1}} \left(\frac{1}{836 \ K} - \frac{1}{773 \ K} \right)$$

$$k_{773\ K} = 0.000\ 536 \ s^{-1} \quad (注意:E_a 与 R 的单位应一致)$$

思考题解答

2-1 试说明下列术语的含义:

反应进度;化学计量数;状态函数;自发反应;系统与环境;过程与途径;标准状态;热力学能;热与功;焓、熵、吉布斯函数;反应速率;基元反应;反应级数;半衰期;活化能;催化反应;酶与酶催化

【解答或提示】 参见相关章节的阐述。

2-2 指出下列等式成立的条件:

(1) $\Delta_r H = Q$ (2) $\Delta_r U = Q$ (3) $\Delta_r H = \Delta_r U$

【解答或提示】(1) 等温、等压且不做非体积功。(2) 等温、等容且不做非体积功。(3) 因为 $H = U + pV$,所以 $\Delta_r H = \Delta_r U + \Delta(pV)$。显然,当 $\Delta(pV) = 0$ 时 $\Delta_r H = \Delta_r U$。简单的数学推导可以给出完美的答案,在此不要纠结于是等温、等压还是等容过程。

2-3 恒压条件下,温度对反应的自发性有何影响?举例说明。

【解答或提示】 可以借用公式 $\Delta_r G_T^\ominus = \Delta_r H_{298.15\ K}^\ominus - T\Delta_r S_{298.15\ K}^\ominus$,结合教材表 2-1 讨论,也可以借用公式 $\ln K^\ominus = -\frac{\Delta_r H_m^\ominus}{RT} + \frac{\Delta_r S_m^\ominus}{R}$ 讨论。

2-4 符号 ΔH, $\Delta_r H$, $\Delta_r H_m$, $\Delta_r H_m^\ominus$, $\Delta_f H_m^\ominus$, $S_m^\ominus$, ΔS, $\Delta_r S$, $\Delta_r S_m$, $\Delta_r S_m^\ominus$, ΔG, $\Delta_r G$, $\Delta_r G_m$, $\Delta_r G_m^\ominus$, $\Delta_f G_m^\ominus$ 代表什么含义?相互间有何联系?

【解答或提示】具体含义见教材相关内容。相关联系可以根据定义 $G=H-TS$ 进行讨论。

2-5　标准平衡常数与实验平衡常数的区别?

【解答或提示】　最重要的差别可能有两点:(1)标准平衡常数是没有单位的(量纲为1),这既可以采用数学表达式 $\Delta_r G^{\ominus} = -RT\ln K^{\ominus}$ 判断,做对数运算的标准平衡常数 $K^{\ominus}$ 不应该有单位;也可以从 $K^{\ominus}$ 的书写规定中判断,参加化学反应的各物种的分压(浓度)与标准压力(标准浓度)相除后,单位已经被消去了。而实验平衡常数 K 一般情况下是量纲不为1的。(2)来源有差别,$K^{\ominus}$ 当然可以通过对实验平衡常数作标准化处理后得到,但更重要的是可以通过 $\Delta_r G^{\ominus}$ 获得(第四章还会学到从 $E^{\ominus}$ 获得)。

2-6　比较增加反应物压力、浓度、反应物温度和催化剂的使用对化学反应平衡常数和反应速率常数的影响。

【解答或提示】参见题 2-7。

2-7　反应速率理论主要有哪两种?其主要内容是什么?

【解答或提示】碰撞理论和过渡态理论,相关内容见教材。

2-8　某可逆反应 $A(g)+B(g) \rightleftharpoons 2C(g)$ 的 $\Delta_r H_m^{\ominus}<0$,平衡时,若改变下述各项条件,试将其他各项发生的变化填入下表:

改变条件	正反应速率	速率常数 $k_{正}$	平衡常数	平衡移动方向
增加 A 的分压	增加	不变	不变	正方向
增加 C 的浓度	不变	不变	不变	逆方向
降低温度	下降	变小	变大	正方向
使用催化剂	增大	变大	不变	不移动

【解答或提示】为了避免考虑复杂,可以在认为此题的正、逆反应均为基元反应(简单反应)的条件下进行讨论。

2-9　比较反应 $N_2(g)+O_2(g) \rightleftharpoons 2NO(g)$ 和 $N_2(g)+3H_2(g) \rightleftharpoons 2NH_3(g)$ 在 427 ℃ 时反应自发进行的可能性的大小。联系反应速率理论,提出最佳的固氮反应的思路与方法。

【解答或提示】利用教材允许的近似式 $\Delta_r G_T^{\ominus} = \Delta_r H_{298.15 K}^{\ominus} - T\Delta_r S_{298.15 K}^{\ominus}$ 计算 427 ℃(600 K),通过比较两个反应的 $\Delta_r G_{600 K}^{\ominus}$ 的数值大小判断哪个反应的自发可能性更大。从影响化学反应速率的因素(压力、温度、催化剂等)入手,探讨最佳的固氮反应的思路与方法。

习 题 解 答

基本题

2-1　苯和氧按下式反应:

$$C_6H_6(l)+\frac{15}{2}O_2(g) \longrightarrow 6CO_2(g)+3H_2O(l)$$

在 25 ℃ ,100 kPa 下,0.25 mol 苯在氧气中完全燃烧放出 817 kJ 的热量,求 C_6H_6 的标准摩尔燃烧焓 $\Delta_c H_m^{\ominus}$ 和该燃烧反应的 $\Delta_r U_m^{\ominus}$。

解: $\xi = \nu_B^{-1} \Delta n_B = (-0.25 \text{ mol})/(-1) = 0.25 \text{ mol}$

$$\Delta_c H_m^{\ominus} = \Delta_r H_m^{\ominus} = \frac{\Delta_r H}{\xi}$$

$$= -817 \text{ kJ}/0.25 \text{ mol} = -3\ 268 \text{ kJ} \cdot \text{mol}^{-1}$$

$$\Delta_r U_m^{\ominus} = \Delta_r H_m^{\ominus} - \sum_B \nu_{B(g)} \cdot RT$$

$$= -3\ 268 \text{ kJ} \cdot \text{mol}^{-1} - (6-15/2) \times 8.314 \times 10^{-3} \times 298.15 \text{ kJ} \cdot \text{mol}^{-1}$$

$$= -3\ 264 \text{ kJ} \cdot \text{mol}^{-1}$$

2-2   利用附录Ⅲ的数据,计算下列反应的 $\Delta_r H_m^{\ominus}$:

(1) $Fe_3O_4(s) + 4H_2(g) \longrightarrow 3Fe(s) + 4H_2O(g)$

(2) $2NaOH(s) + CO_2(g) \longrightarrow Na_2CO_3(s) + H_2O(l)$

(3) $4NH_3(g) + 5O_2(g) \longrightarrow 4NO(g) + 6H_2O(g)$

(4) $CH_3COOH(l) + 2O_2(g) \longrightarrow 2CO_2(g) + 2H_2O(l)$

解:(1) $\Delta_r H_m^{\ominus} = [4 \times (-241.818) - (-1\ 118.4)] \text{ kJ} \cdot \text{mol}^{-1} = 151.1 \text{ kJ} \cdot \text{mol}^{-1}$

(2) $\Delta_r H_m^{\ominus} = [(-285.830) + (-1\ 130.68) - (-393.509) - 2 \times (-425.609)] \text{ kJ} \cdot \text{mol}^{-1}$

$$= -171.8 \text{ kJ} \cdot \text{mol}^{-1}$$

(3) $\Delta_r H_m^{\ominus} = [6 \times (-241.818) + 4 \times 90.25 - 4 \times (-46.11)] \text{ kJ} \cdot \text{mol}^{-1} = -905.5 \text{ kJ} \cdot \text{mol}^{-1}$

(4) $\Delta_r H_m^{\ominus} = [2 \times (-285.830) + 2 \times (-393.509) - (-485.76)] \text{ kJ} \cdot \text{mol}^{-1} = -872.9 \text{ kJ} \cdot \text{mol}^{-1}$

2-3   已知下列化学反应的标准摩尔反应焓变,求乙炔(C_2H_2, g)的标准摩尔生成焓 $\Delta_f H_m^{\ominus}$。

(1) $C_2H_2(g) + \dfrac{5}{2}O_2(g) \longrightarrow 2CO_2(g) + H_2O(g)$; $\Delta_r H_m^{\ominus} = -1\ 246.2 \text{ kJ} \cdot \text{mol}^{-1}$

(2) $C(s) + 2H_2O(g) \longrightarrow CO_2(g) + 2H_2(g)$; $\Delta_r H_m^{\ominus} = +90.9 \text{ kJ} \cdot \text{mol}^{-1}$

(3) $2H_2O(g) \longrightarrow 2H_2(g) + O_2(g)$; $\Delta_r H_m^{\ominus} = +483.6 \text{ kJ} \cdot \text{mol}^{-1}$

解:2×反应(2)-反应(1)-2.5×反应(3)为

$$2C(s) + H_2(g) \longrightarrow C_2H_2(g)$$

$$\Delta_f H_m^{\ominus}(C_2H_2, g) = \Delta_r H_m^{\ominus} = 2 \times \Delta_r H_m^{\ominus}(2) - \Delta_r H_m^{\ominus}(1) - 2.5 \times \Delta_r H_m^{\ominus}(3)$$

$$= [2 \times 90.9 - (-1\ 246.2) - 2.5 \times 483.6] \text{ kJ} \cdot \text{mol}^{-1}$$

$$= 219.0 \text{ kJ} \cdot \text{mol}^{-1}$$

2-4   求下列反应在 298.15 K 的标准摩尔反应焓变 $\Delta_r H_m^{\ominus}$。

(1) $Fe(s) + Cu^{2+}(aq) \longrightarrow Fe^{2+}(aq) + Cu(s)$

(2) $AgCl(s) + Br^-(aq) \longrightarrow AgBr(s) + Cl^-(aq)$

(3) $Fe_2O_3(s) + 6H^+(aq) \longrightarrow 2Fe^{3+}(aq) + 3H_2O(l)$

(4) $Cu^{2+}(aq) + Zn(s) \longrightarrow Cu(s) + Zn^{2+}(aq)$

解：$\Delta_r H_m^{\ominus}(1) = [-89.1-64.77]$ kJ·mol^{-1} $= -153.9$ kJ·mol^{-1}

$\Delta_r H_m^{\ominus}(2) = [-167.159-100.37-(-121.55)-(-127.068)]$ kJ·mol^{-1}

$= -18.91$ kJ·mol^{-1}

$\Delta_r H_m^{\ominus}(3) = [2\times(-48.5)+3\times(-285.830)+824.2]$ kJ·mol^{-1} $= -130.3$ kJ·mol^{-1}

$\Delta_r H_m^{\ominus}(4) = [-153.89-64.77]$ kJ·mol^{-1} $= -218.66$ kJ·mol^{-1}

2-5　计算下列反应在 298.15 K 的 $\Delta_r H_m^{\ominus}$，$\Delta_r S_m^{\ominus}$ 和 $\Delta_r G_m^{\ominus}$，并判断哪些反应在标准状态下能自发向右进行。

（1）$2CO(g)+O_2(g) \longrightarrow 2CO_2(g)$

（2）$4NH_3(g)+5O_2(g) \longrightarrow 4NO(g)+6H_2O(g)$

（3）$Fe_2O_3(s)+3CO(g) \longrightarrow 2Fe(s)+3CO_2(g)$

（4）$2SO_2(g)+O_2(g) \longrightarrow 2SO_3(g)$

解：（1）$\Delta_r H_m^{\ominus} = [2\times(-393.509)-2\times(-110.525)]$ kJ·mol^{-1} $= -565.968$ kJ·mol^{-1}

$\Delta_r S_m^{\ominus} = [2\times213.74-2\times197.674-205.138]$ J·mol^{-1}·K^{-1} $= -173.01$ J·mol^{-1}·K^{-1}

$\Delta_r G_m^{\ominus} = [2\times(-394.359)-2\times(-137.168)]$ kJ·mol^{-1} $= -514.382$ kJ·mol^{-1}

（2）$\Delta_r H_m^{\ominus} = [4\times90.25+6\times(-241.818)-4\times(-46.11)]$ kJ·mol^{-1} $= -905.47$ kJ·mol^{-1}

$\Delta_r S_m^{\ominus} = [4\times210.761+6\times188.825-4\times192.45-5\times205.138]$ J·mol^{-1}·K^{-1}

$= 180.50$ J·mol^{-1}·K^{-1}

$\Delta_r G_m^{\ominus} = [4\times86.55+6\times(-228.575)-4\times(-16.45)]$ kJ·mol^{-1} $= -959.45$ kJ·mol^{-1}

（3）$\Delta_r H_m^{\ominus} = [3\times(-393.509)-3\times(-110.525)-(-824.2)]$ kJ·mol^{-1} $= -24.8$ kJ·mol^{-1}

$\Delta_r S_m^{\ominus} = (2\times27.28+3\times213.74-3\times197.674-87.4)$ J·mol^{-1}·K^{-1} $= 15.4$ J·mol^{-1}·K^{-1}

$\Delta_r G_m^{\ominus} = [3\times(-394.359)-3\times(-137.168)-(-742.2)]$ kJ·mol^{-1} $= -29.4$ kJ·mol^{-1}

（4）$\Delta_r H_m^{\ominus} = [2\times(-395.72)-2\times(-296.830)]$ kJ·mol^{-1} $= -197.78$ kJ·mol^{-1}

$\Delta_r S_m^{\ominus} = [2\times256.76-2\times248.22-205.138]$ J·mol^{-1}·K^{-1} $= -188.06$ J·mol^{-1}·K^{-1}

$\Delta_r G_m^{\ominus} = [2\times(-371.06)-2\times(-300.194)]$ kJ·mol^{-1} $= -141.73$ kJ·mol^{-1}

$\Delta_r G_m^{\ominus}$ 均小于零，反应均为自发反应。

2-6　由软锰矿二氧化锰制备金属锰可采取下列两种方法：

（1）$MnO_2(s)+2H_2(g) \longrightarrow Mn(s)+2H_2O(g)$

（2）$MnO_2(s)+2C(s) \longrightarrow Mn(s)+2CO(g)$

上述两个反应在 25 ℃，标准状态下是否能自发进行？如果考虑工作温度越低越好的话，则制备锰采用哪一种方法比较好？

解：$\Delta_r G_m^{\ominus}(1) = [2\times(-228.575)-(-466.14)]$ kJ·mol^{-1} $= 8.99$ kJ·mol^{-1}

$\Delta_r G_m^{\ominus}(2) = [2\times(-137.168)-(-466.14)]$ kJ·mol^{-1} $= 191.80$ kJ·mol^{-1}

两反应在标准状态、298.15 K 均不能自发进行。计算欲使其自发进行的温度：

$\Delta_r H_m^{\ominus}(1) = [2\times(-241.818)-(-520.03)]$ kJ·mol^{-1}

$= 36.39$ kJ·mol^{-1}

$$\Delta_r S_m^{\ominus}(1) = (2\times188.825+32.01-2\times130.684-53.05)\ \text{J}\cdot\text{mol}^{-1}\cdot\text{K}^{-1}$$
$$= 95.24\ \text{J}\cdot\text{mol}^{-1}\cdot\text{K}^{-1}$$

$$\Delta_r H_m^{\ominus}(1)-T_1\Delta_r S_m^{\ominus}(1)=0$$

$$T_1 = 36.39\ \text{kJ}\cdot\text{mol}^{-1}/(95.24\times10^{-3}\ \text{kJ}\cdot\text{mol}^{-1}\cdot\text{K}^{-1}) = 382.1\ \text{K}$$

$$\Delta_r H_m^{\ominus}(2) = [\,2\times(-110.525)-(-520.03)\,]\text{kJ}\cdot\text{mol}^{-1} = 298.98\ \text{kJ}\cdot\text{mol}^{-1}$$

$$\Delta_r S_m^{\ominus}(2) = (2\times197.674+32.01-2\times5.740-53.05)\ \text{J}\cdot\text{mol}^{-1}\cdot\text{K}^{-1} = 362.83\ \text{J}\cdot\text{mol}^{-1}\cdot\text{K}^{-1}$$

$$\Delta_r H_m^{\ominus}(2)-T_1\Delta_r S_m^{\ominus}(2)=0$$

$$T_2 = 298.98\ \text{kJ}\cdot\text{mol}^{-1}/(362.83\times10^{-3}\ \text{kJ}\cdot\text{mol}^{-1}\cdot\text{K}^{-1}) = 824.02\ \text{K}$$

$$T_1 < T_2$$

故反应(1)更合适,可在较低温度下使其自发进行,能耗较低。

2-7 不用热力学数据定性判断下列反应的 $\Delta_r S_m^{\ominus}$ 是大于零还是小于零。

(1) $Zn(s)+2HCl(aq)\longrightarrow ZnCl_2(aq)+H_2(g)$

(2) $CaCO_3(s)\longrightarrow CaO(s)+CO_2(g)$

(3) $NH_3(g)+HCl(g)\longrightarrow NH_4Cl(s)$

(4) $CuO(s)+H_2(g)\longrightarrow Cu(s)+H_2O(l)$

解:反应(1)、反应(2)均有气体产生,为气体分子数增加的反应,$\Delta_r S_m^{\ominus}>0$;反应(3)、反应(4)气体反应后分别生成固体与液体,$\Delta_r S_m^{\ominus}<0$。

2-8 计算 25 ℃,100 kPa 下反应 $CaCO_3(s)\longrightarrow CaO(s)+CO_2(g)$ 的 $\Delta_r H_m^{\ominus}$ 和 $\Delta_r S_m^{\ominus}$ 并判断:

(1) 上述反应能否自发进行?

(2) 对上述反应,是升高温度有利?还是降低温度有利?

(3) 计算使上述反应自发进行的最低温度。

解:(1) $\Delta_r H_m^{\ominus} = (-393.509-635.09+1\,206.92)\ \text{kJ}\cdot\text{mol}^{-1} = 178.32\ \text{kJ}\cdot\text{mol}^{-1}$

$$\Delta_r S_m^{\ominus} = (213.74+39.75-92.9)\ \text{J}\cdot\text{mol}^{-1}\cdot\text{K}^{-1} = 160.6\ \text{J}\cdot\text{mol}^{-1}\cdot\text{K}^{-1}$$

$$\Delta_r G_m^{\ominus} = (178.32-298.15\times160.6\times10^{-3})\ \text{kJ}\cdot\text{mol}^{-1} = 130.4\ \text{kJ}\cdot\text{mol}^{-1}>0$$

因此反应不能自发进行。

(2) $\Delta_r H_m^{\ominus}>0$,$\Delta_r S_m^{\ominus}>0$,升高温度对反应有利,有利于 $\Delta_r G_m^{\ominus}<0$。

(3) 自发反应的条件为 $T>\Delta_r H_m^{\ominus}/\Delta_r S_m^{\ominus}$

$$T = (178.32/160.6\times10^{-3})\ \text{K} = 1\,110\ \text{K}$$

2-9 写出下列各化学反应的平衡常数 $K^{\ominus}$ 表达式。

(1) $CaCO_3(s)\rightleftharpoons CaO(s)+CO_2(g)$　　　　(2) $2SO_2(g)+O_2(g)\rightleftharpoons 2SO_3(g)$

(3) $C(s)+H_2O(g)\rightleftharpoons CO(g)+H_2(g)$　　　　(4) $AgCl(s)\rightleftharpoons Ag^+(aq)+Cl^-(aq)$

(5) $HAc(aq)\rightleftharpoons H^+(aq)+Ac^-(aq)$

(6) $SiO_2(s)+6HF(aq)\rightleftharpoons H_2[SiF_6](aq)+2H_2O(l)$

(7) $Hb(aq)(血红蛋白)+O_2(g)\rightleftharpoons HbO_2(aq)(氧合血红蛋白)$

（8）$2MnO_4^-(aq)+5SO_3^{2-}(aq)+6H^+(aq) \Longrightarrow 2Mn^{2+}(aq)+5SO_4^{2-}(aq)+3H_2O(l)$

解：（1）$K^\ominus = \prod_B (p_B/p^\ominus)^{\nu_B} = p(CO_2)/p^\ominus$

（2）$K^\ominus = [p(SO_3)/p^\ominus]^2[p(O_2)/p^\ominus]^{-1}[p(SO_2)/p^\ominus]^{-2}$

（3）$K^\ominus = [p(CO)/p^\ominus][p(H_2)/p^\ominus][p(H_2O)/p^\ominus]^{-1}$

（4）$K^\ominus = [c(Ag^+)/c^\ominus][c(Cl^-)/c^\ominus]$

（5）$K^\ominus = [c(H^+)/c^\ominus][c(Ac^-)/c^\ominus][c(HAc)/c^\ominus]^{-1}$

（6）$K^\ominus = [c(H_2[SiF_6])/c^\ominus][c(HF)/c^\ominus]^{-6}$

（7）$K^\ominus = [c(HbO_2)/c^\ominus][c(Hb)/c^\ominus]^{-1}[p(O_2)/p^\ominus]^{-1}$

（8）$K^\ominus = [c(Mn^{2+})/c^\ominus]^2[c(SO_4^{2-})/c^\ominus]^5[c(MnO_4^-)/c^\ominus]^{-2}[c(SO_3^{2-})/c^\ominus]^{-5}[c(H^+)/c^\ominus]^{-6}$

2-10 已知下列化学反应在298.15 K时的平衡常数，计算反应 $CuO(s) \Longrightarrow Cu(s) + \frac{1}{2}O_2(g)$ 的平衡常数 $K^\ominus$。

（1）$CuO(s)+H_2(g) \Longrightarrow Cu(s)+H_2O(g)$ $K_1^\ominus = 2\times10^{15}$

（2）$\frac{1}{2}O_2(g)+H_2(g) \Longrightarrow H_2O(g)$ $K_2^\ominus = 5\times10^{22}$

解：反应（1）-反应（2）为所求反应，根据多重平衡规则：
$$K^\ominus = K_1^\ominus/K_2^\ominus = 2\times10^{15}/(5\times10^{22}) = 4\times10^{-8}$$

2-11 已知下列反应在298.15 K时的平衡常数，计算反应 $2CO(g)+SnO_2(s) \Longrightarrow Sn(s)+2CO_2(g)$ 在298.15 K时的平衡常数 $K^\ominus$。

（1）$SnO_2(s)+2H_2(g) \Longrightarrow 2H_2O(g)+Sn(s)$ $K_1^\ominus = 21$

（2）$H_2O(g)+CO(g) \Longrightarrow H_2(g)+CO_2(g)$ $K_2^\ominus = 0.034$

解：反应（1）+2×反应（2）为所求反应：
$$K^\ominus = K_1^\ominus \times (K_2^\ominus)^2 = 21\times0.034^2 = 2.4\times10^{-2}$$

2-12 密闭容器中反应 $2NO(g)+O_2(g) \Longrightarrow 2NO_2(g)$ 在1 500 K条件下达到平衡。若始态 $p(NO)=150$ kPa，$p(O_2)=450$ kPa，$p(NO_2)=0$；平衡时 $p(NO_2)=25$ kPa。试计算平衡时 $p(NO)$，$p(O_2)$的分压及标准平衡常数 $K^\ominus$。

解：V、T不变，各平衡分压为

$p(NO)=(150-25)$ kPa$=125$ kPa； $p(O_2)=(450-25/2)$ kPa$=437.5$ kPa，则
$$K^\ominus = [p(NO_2)/p^\ominus]^2[p(NO)/p^\ominus]^{-2}[p(O_2)/p^\ominus]^{-1}$$
$$= (25/100)^2(125/100)^{-2}(437.5/100)^{-1} = 9.1\times10^{-3}$$

2-13 密闭容器中的反应 $CO(g)+H_2O(g) \Longrightarrow CO_2(g)+H_2(g)$ 在750 K时其 $K^\ominus=2.6$，求：

（1）当原料气中 $H_2O(g)$和$CO(g)$的物质的量之比为1:1时，$CO(g)$的平衡转化率为多少？

（2）当原料气中 $H_2O(g):CO(g)$的物质的量之比为4:1时，$CO(g)$的平衡转化率为多少？说明什么问题？

解:(1)V、T 不变

$$CO(g) + H_2O(g) \rightleftharpoons CO_2(g) + H_2(g)$$

起始 n/mol	1	1	0	0
平衡 n/mol	$1-x$	$1-x$	x	x
平衡分压	$\dfrac{1-x}{2}p_{总}$	$\dfrac{1-x}{2}p_{总}$	$\dfrac{x}{2}p_{总}$	$\dfrac{x}{2}p_{总}$

$$\sum n = 2(1-x) + 2x = 2$$

$$K^{\ominus} = [p(H_2)/p^{\ominus}][p(CO_2)/p^{\ominus}][p(H_2O)/p^{\ominus}]^{-1}[p(CO)/p^{\ominus}]^{-1}$$

$$2.6 = \left(\frac{x}{2}\right)^2 \left(\frac{1-x}{2}\right)^{-2}$$

$$x = 0.62$$

$$\alpha(CO) = 62\%$$

(2)V、T 不变

$$CO(g) + H_2O(g) \rightleftharpoons CO_2(g) + H_2(g)$$

起始 n/mol	1	4	0	0
平衡 n/mol	$1-x$	$4-x$	x	x
平衡分压	$\dfrac{1-x}{5}p_{总}$	$\dfrac{4-x}{5}p_{总}$	$\dfrac{x}{5}p_{总}$	$\dfrac{x}{5}p_{总}$

$$\sum n = 1-x+4-x+2x = 5$$

$$K^{\ominus} = [p(H_2)/p^{\ominus}][p(CO_2)/p^{\ominus}][p(H_2O)/p^{\ominus}]^{-1}[p(CO)/p^{\ominus}]^{-1}$$

$$2.6 = (x/5)^2 [(1-x)/5]^{-1} [(4-x)/5]^{-1}$$

$$x = 0.90$$

$$\alpha(CO) = 90\%$$

$H_2O(g)$ 浓度增大,$CO(g)$ 转化率增大,利用廉价的 $H_2O(g)$,使 $CO(g)$ 反应完全。

2-14　在 317 K,反应 $N_2O_4(g) \rightleftharpoons 2NO_2(g)$ 的平衡常数 $K^{\ominus} = 1.00$。分别计算当系统总压为 400 kPa 和 800 kPa 时 $N_2O_4(g)$ 的平衡转化率,并解释计算结果。

解:

$$N_2O_4(g) \rightleftharpoons 2NO_2(g)$$

起始 n/mol	1	0
平衡 n/mol	$1-x$	$2x$
平衡相对分压	$\dfrac{1-x}{1+x} \times \dfrac{400}{100}$	$\dfrac{2x}{1+x} \times \dfrac{400}{100}$

$$\left(\frac{8.00x}{1+x}\right)^2 \Big/ \frac{4.00(1-x)}{1+x} = 1.00$$

$$x = 0.243$$

$$\alpha(N_2O_4) = 24.3\%$$

当总压为 800 kPa 时
$$\left(\frac{16.0x}{1+x}\right)^2 \Big/ \frac{8.00(1-x)}{1+x} = 1.00$$

$$x = 0.174$$
$$\alpha(N_2O_4) = 17.4\%$$

增大压力,平衡向气体分子数减少的方向移动,$\alpha(N_2O_4)$下降。

2-15　已知尿素 $CO(NH_2)_2$ 的 $\Delta_f G_m^\ominus = -197.15\ kJ\cdot mol^{-1}$,求尿素的合成反应在298.15 K 时的 $\Delta_r G_m^\ominus$ 和 $K^\ominus$。

$$2NH_3(g)+CO_2(g) \Longrightarrow H_2O(g)+CO(NH_2)_2(s)$$

解:　$\Delta_r G_m^\ominus = (-197.15-228.575+394.359+2\times16.45)\ kJ\cdot mol^{-1} = 1.53\ kJ\cdot mol^{-1}$

$$\lg K^\ominus = -\Delta_r G_m^\ominus/(2.303RT) = -1.53\times10^3/(2.303\times8.314\times298.15) = -0.268$$

$$K^\ominus = 0.540$$

2-16　25 ℃时,反应 $2H_2O_2(g) \Longrightarrow 2H_2O(g)+O_2(g)$ 的 $\Delta_r H_m^\ominus$ 为$-210.9\ kJ\cdot mol^{-1}$,$\Delta_r S_m^\ominus$ 为 131.8 J·mol^{-1}·K^{-1}。试计算该反应在 25 ℃和 100 ℃时的 $K^\ominus$,计算结果说明什么问题?

解: $\Delta_r G_m^\ominus = \Delta_r H_m^\ominus - T\Delta_r S_m^\ominus$

$$\Delta_r G_{m,298.15\ K}^\ominus = -210.9\ kJ\cdot mol^{-1}-298.15\ K\times131.8\times10^{-3}\ kJ\cdot mol^{-1}\cdot K^{-1}$$
$$= -250.2\ kJ\cdot mol^{-1}$$

$$\lg K^\ominus = -\Delta_r G_m^\ominus/(2.303RT) = 250.2\times10^3/(2.303\times8.314\times298.15) = 43.83$$

$$K_{298.15\ K}^\ominus = 6.8\times10^{43}$$

$$\Delta_r G_{m,373.15\ K}^\ominus = -210.9\ kJ\cdot mol^{-1}-373.15\ K\times131.8\times10^{-3}\ kJ\cdot mol^{-1}\cdot K^{-1}$$
$$= -260.1\ kJ\cdot mol^{-1}$$

$$\lg K^\ominus = -\Delta_r G_m^\ominus/(2.303RT) = 260.1\times10^3/(2.303\times8.314\times373.15) = 36.40$$

$$K_{373.15\ K}^\ominus = 2.5\times10^{36}$$

该反应为放热反应,对放热反应,温度升高,$K^\ominus$下降。

2-17　在一定温度下 Ag_2O 的分解反应为 $Ag_2O(s) \Longrightarrow 2Ag(s)+\dfrac{1}{2}O_2(g)$。假定反应的 $\Delta_r H_m^\ominus$,$\Delta_r S_m^\ominus$ 不随温度的变化而改变,估算 Ag_2O 在标准状态的最低分解温度。

解: $\Delta_r H_m^\ominus = -\Delta_f H_m^\ominus(Ag_2O) = 31.05\ kJ\cdot mol^{-1}$

$$\Delta_r S_m^\ominus = (2\times42.5+205.138/2-121.3)\ J\cdot mol^{-1}\cdot K^{-1} = 66.27\ J\cdot mol^{-1}\cdot K^{-1}$$

$$T = \Delta_r H_m^\ominus/\Delta_r S_m^\ominus = 31.05\ kJ\cdot mol^{-1}/(66.27\times10^{-3}\ kJ\cdot mol^{-1}\cdot K^{-1}) = 468.5\ K$$

此时,$\Delta_r G_m^\ominus = 0\ kJ\cdot mol^{-1}$,　$K^\ominus = 1$,　$K^\ominus = [p(O_2)/p^\ominus]^{1/2}$,　$p(O_2) = 100\ kPa$。

2-18　已知反应 $2SO_2(g)+O_2(g) \longrightarrow 2SO_3(g)$ 在427 ℃和527 ℃时的 $K^\ominus$ 值分别为 1.0×10^5 和 1.1×10^2,求该温度范围内反应的 $\Delta_r H_m^\ominus$。

解:
$$\ln\frac{K_1^\ominus}{K_2^\ominus} = -\frac{\Delta_r H_m^\ominus}{R}\left(\frac{1}{T_1}-\frac{1}{T_2}\right)$$

$$\ln\frac{1.0\times10^5}{1.1\times10^2} = -\frac{\Delta_r H_m^\ominus}{8.314\times10^{-3}\ kJ\cdot mol^{-1}}\left(\frac{1}{427+273.15}-\frac{1}{527+273.15}\right)$$

$$\Delta_r H_m^\ominus = -3.2\times10^2\ kJ\cdot mol^{-1}$$

2-19　已知反应 $2H_2(g)+2NO(g) \longrightarrow 2H_2O(g)+N_2(g)$ 的速率方程 $v=kc(H_2)\cdot c^2(NO)$，在一定温度下，若使容器体积缩小到原来的 1/2 时，问反应速率如何变化？

解：体积缩小为 1/2，浓度增大 2 倍：

$$v_2 = k2c(H_2)\cdot(2c)^2(NO)=8v_1$$

2-20　某基元反应 $A+B \longrightarrow C$，在 1.20 L 溶液中，当 A 为 4.0 mol，B 为 3.0 mol 时，v 为 0.004 2 mol $\cdot$ L^{-1} $\cdot$ s^{-1}，计算该反应的速率常数，并写出该反应的速率方程式。

解：
$$v=kc_A c_B$$

$k=0.004\ 2\ mol\cdot L^{-1}\cdot s^{-1}/[(4.0\ mol/1.20\ L)\times(3.0\ mol/1.20\ L)]=5.0\times10^{-4}\ mol^{-1}\cdot L\cdot s^{-1}$

2-21　某一级反应，若反应物浓度从 1.0 mol $\cdot$ L^{-1} 降到 0.20 mol $\cdot$ L^{-1} 需 30 min，问：

（1）该反应的速率常数 k 是多少？

（2）反应物浓度从 0.20 mol $\cdot$ L^{-1} 降到 0.040 mol $\cdot$ L^{-1} 需用多少分钟？

解：（1）$\ln\dfrac{c_B}{c_0}=-kt$

$$\ln\frac{0.20}{1.0}=-k\cdot 30\ min$$

$$k=0.054\ min^{-1}$$

（2）$\ln\dfrac{0.04}{0.20}=(-0.054\ min^{-1})t$

$$t=30\ min$$

2-22　From reactions (1)—(5) below, select, without any thermodynamic calculations those reactions which have：(1) large negative standar entropy changes, (2) large positive standar entropy changes, (3) small entropy changes which might be either positive or negative.

（1）$Mg(s)+Cl_2(g) \Longrightarrow MgCl_2(s)$

（2）$Mg(s)+I_2(s) \Longrightarrow MgI_2(s)$

（3）$C(s)+O_2(g) \Longrightarrow CO_2(g)$

（4）$Al_2O_3(s)+3C(s)+3Cl_2(g) \Longrightarrow 2AlCl_3(g)+3CO(g)$

（5）$2NO(g)+Cl_2(g) \Longrightarrow 2NOCl(g)$

Solution：(1) large negative standar entropy changes：(1)，(5)

（2）large positive standar entropy changes：(4)

（3）small entropy changes which might be either positive or negative(2)，(3)

2-23　Calculate the value of the thermodynamic decomposition temperature (T_d) reaction $NH_4Cl(s) \Longrightarrow NH_3(g)+HCl(g)$ at the standard state.

Solution：
$$\Delta_r H_m^{\ominus}=(-46.11-92.307+314.43)\ kJ\cdot mol^{-1}$$
$$=176.01\ kJ\cdot mol^{-1}$$
$$\Delta_r S_m^{\ominus}=(192.45+186.908-94.6)\ J\cdot mol^{-1}\cdot K^{-1}$$
$$=284.758J\cdot mol^{-1}\cdot K^{-1}$$

$$T = \Delta_r H_m^\ominus / \Delta_r S_m^\ominus$$
$$= 176.01 \text{ kJ} \cdot \text{mol}^{-1} / (284.758 \times 10^{-3} \text{ kJ} \cdot \text{mol}^{-1} \cdot \text{K}^{-1})$$
$$= 618.10 \text{ K}$$

2-24 Calculate $\Delta_r G_m^\ominus$ at 298.15 K for the reaction $2NO_2(g) \longrightarrow N_2O_4(g)$. Is this reaction spontaneous?

Solution:
$$\Delta_r G_m^\ominus = (97.89 - 2 \times 51.31) \text{ kJ} \cdot \text{mol}^{-1}$$
$$= -4.73 \text{ kJ} \cdot \text{mol}^{-1} < 0$$

The reaction is spontaneous.

2-25 The following gas phase reaction follows first-order kinetics:
$$FClO_2 \longrightarrow FClO(g) + O(g)$$

The activation energy of this reaction is measured to be 186 kJ·mol^{-1}. The value of k at 322 ℃ is determined to be 6.76×10^{-4} s^{-1}.

(1) What would be the value of k for this reaction at 25 ℃?

(2) At what temperature would this reaction have a k value of 6.00×10^{-2} s^{-1}?

Solution: (1)
$$\ln \frac{6.76 \times 10^{-4} \text{ s}^{-1}}{k_2} = -\frac{186 \times 10^3 \text{ J} \cdot \text{mol}^{-1}}{8.314 \text{ J} \cdot \text{mol}^{-1} \cdot \text{K}^{-1}} \left(\frac{1}{322+273.15} - \frac{1}{25+273.15} \right)$$
$$k_2 = 3.70 \times 10^{-20} \text{ s}^{-1}$$

(2)
$$\ln \frac{6.76 \times 10^{-4} \text{ s}^{-1}}{6.00 \times 10^{-2} \text{ s}^{-1}} = -\frac{186 \times 10^3 \text{ J} \cdot \text{mol}^{-1}}{8.314 \text{ J} \cdot \text{mol}^{-1} \cdot \text{K}^{-1}} \left(\frac{1}{322+273.15} - \frac{1}{T} \right)$$
$$T = 676 \text{ K}$$

提高题

2-26 某理想气体在恒定外压(101.3 kPa)下吸热膨胀,其体积从 80 L 变到 160 L,同时吸收 25 kJ 的热量,试计算系统热力学能的变化。

解:
$$\Delta U = Q + W$$
$$= Q - p\Delta V$$
$$= 25 \text{ kJ} - 101.3 \text{ kPa} \times (160-80) \times 10^{-3} \text{ m}^3 = 25 \text{ kJ} - 8.104 \text{ kJ} = 17 \text{ kJ}$$

2-27 蔗糖($C_{12}H_{22}O_{11}$)在人体内的代谢反应为
$$C_{12}H_{22}O_{11}(s) + 12O_2(g) \longrightarrow 12CO_2(g) + 11H_2O(l)$$

假设在标准状态时其反应热有30%可转化为有用功,试计算体重为 70 kg 的人登上 3 000 m 高的山(按有效功计算),若其能量完全由蔗糖转换,需消耗多少蔗糖? [$\Delta_f H_m^\ominus (C_{12}H_{22}O_{11}) = -2\ 222 \text{ kJ} \cdot \text{mol}^{-1}$]

解:
$$W = -70 \text{ kg} \times 3\ 000 \text{ m}$$
$$= -2.1 \times 10^5 \text{ kg} \cdot \text{m} = -2.1 \times 10^5 \times 9.8 \text{ J} = -2.1 \times 10^3 \text{ kJ}$$
$$\Delta_r H^\ominus = -2.1 \times 10^3 \text{ kJ} / 30\% = -7.0 \times 10^3 \text{ kJ}$$
$$\Delta_r H_m^\ominus = 11 \times (-285.830 \text{ kJ} \cdot \text{mol}^{-1}) + 12 \times (-393.509 \text{ kJ} \cdot \text{mol}^{-1}) - (-2\ 222 \text{ kJ} \cdot \text{mol}^{-1})$$
$$= -5\ 644 \text{ kJ} \cdot \text{mol}^{-1}$$

$$\xi = \Delta_r H / \Delta_r H_m^\ominus$$

$$= -7.0\times10^3 \text{ kJ}/(-5\ 644 \text{ kJ} \cdot \text{mol}^{-1}) = 1.2 \text{ mol}$$

$$m(C_{12}H_{22}O_{11}) = n(C_{12}H_{22}O_{11}) \times M(C_{12}H_{22}O_{11})$$

$$= 1.2 \text{ mol}\times342.3 \text{ g} \cdot \text{mol}^{-1} = 4.1\times10^2 \text{ g}$$

2-28 人体靠下列一系列反应去除体内酒精影响：$\Delta_f H_m^\ominus(CH_3CHO,l) = -192.2 \text{ kJ} \cdot \text{mol}^{-1}$

$$CH_3CH_2OH(aq) \xrightarrow{O_2} CH_3CHO(aq) \xrightarrow{O_2} CH_3COOH(aq) \xrightarrow{O_2} CO_2(g)$$

计算人体去除 1 mol C_2H_5OH 时各步反应的 $\Delta_r H_m^\ominus$ 及总反应的 $\Delta_r H_m^\ominus$（温度近似用 $T = 298.15$ K）。

解：
$$CH_3CH_2OH(l) + \frac{1}{2}O_2(g) \longrightarrow CH_3CHO(l) + H_2O(l)$$

$$\Delta_r H_m^\ominus(1) = (-285.830-192.2+277.69) \text{ kJ} \cdot \text{mol}^{-1} = -200.34 \text{ kJ} \cdot \text{mol}^{-1}$$

$$CH_3CHO(l) + \frac{1}{2}O_2(g) \longrightarrow CH_3COOH(l)$$

$$\Delta_r H_m^\ominus(2) = (-484.5+192.2) \text{ kJ} \cdot \text{mol}^{-1} = -292.3 \text{ kJ} \cdot \text{mol}^{-1}$$

$$CH_3COOH(l) + O_2(g) \longrightarrow 2CO_2 + 2H_2O(l)$$

$$\Delta_r H_m^\ominus(3) = [2\times(-285.830)+2\times(-393.509)+484.5] \text{ kJ} \cdot \text{mol}^{-1} = -874.2 \text{ kJ} \cdot \text{mol}^{-1}$$

$$\Delta_r H_m^\ominus(总) = \Delta_r H_m^\ominus(1) + \Delta_r H_m^\ominus(2) + \Delta_r H_m^\ominus(3)$$

$$= (-200.34-292.3-874.2) \text{ kJ} \cdot \text{mol}^{-1} = -1\ 366.8 \text{ kJ} \cdot \text{mol}^{-1}$$

2-29 Calculate the values of $\Delta_r H_m^\ominus$, $\Delta_r S_m^\ominus$, $\Delta_r G_m^\ominus$ and $K^\ominus$ at 298.15 K for the reaction

$$NH_4HCO_3(s) \Longrightarrow NH_3(g) + H_2O(g) + CO_2(g)$$

Solution：
$$\Delta_r H_m^\ominus = (-46.11-241.818-393.509+849.4) \text{ kJ} \cdot \text{mol}^{-1}$$

$$= 168.0 \text{ kJ} \cdot \text{mol}^{-1}$$

$$\Delta_r S_m^\ominus = (192.45+188.825+213.74-120.9) \text{ J} \cdot \text{mol}^{-1} \cdot \text{K}^{-1}$$

$$= 474.1 \text{ J} \cdot \text{mol}^{-1} \cdot \text{K}^{-1}$$

$$\Delta_r G_m^\ominus = (-16.45-228.572-394.359+665.9) \text{ kJ} \cdot \text{mol}^{-1}$$

$$= 26.5 \text{ kJ} \cdot \text{mol}^{-1}$$

$$\lg K^\ominus = -\Delta_r G_m^\ominus/(2.303RT)$$

$$= -26.5 \text{ kJ} \cdot \text{mol}^{-1}/(2.303\times8.314\times10^{-3} \text{ kJ} \cdot \text{mol}^{-1} \cdot \text{K}^{-1}\times298.15 \text{ K})$$

$$= -4.64$$

$$K^\ominus = 2.29\times10^{-5}.$$

2-30 蔗糖在人体中的新陈代谢过程如下：

$$C_{12}H_{22}O_{11}(s) + 12O_2(g) \longrightarrow 12CO_2(g) + 11H_2O(l)$$

若反应的吉布斯函数变 $\Delta_r G_m^\ominus$ 有 30% 能转化为有用功，则一匙蔗糖（约 3.8 g）在体温 37 ℃ 时进行新陈代谢，可得多少有用功？（已知 $C_{12}H_{22}O_{11}$ 的 $\Delta_r H_m^\ominus = -2\ 222 \text{ kJ} \cdot \text{mol}^{-1}$ $S_m^\ominus = 360.2 \text{ J} \cdot \text{mol}^{-1} \cdot \text{K}^{-1}$）

解：
$$C_{12}H_{22}O_{11}(s) \quad + \quad 12O_2(g) \longrightarrow 12CO_2(g)+11H_2O(l)$$

$\Delta_f H_m^{\ominus}/(kJ \cdot mol^{-1})$　　　$-2\,222$　　　　　0　　　　-393.509　-285.830

$S_m^{\ominus}/(J \cdot mol^{-1} \cdot K^{-1})$　　　360.2　　　　205.138　　213.74　　69.91

$$\Delta_r H_m^{\ominus} = [11\times(-285.830)+12\times(-393.509)-(-2\,222)] \text{ kJ} \cdot mol^{-1}$$
$$= -5\,644 \text{ kJ} \cdot mol^{-1}$$

$$\Delta_r S_m^{\ominus} = (11\times69.91+12\times213.74-12\times205.138-360.2) \text{ J} \cdot mol^{-1} \cdot K^{-1}$$
$$= 512.0 \text{ J} \cdot mol^{-1} \cdot K^{-1}$$

$$\Delta_r G_m^{\ominus} = \Delta_r H_m^{\ominus}-T\Delta_r S_m^{\ominus}$$
$$= -5\,644 \text{ kJ} \cdot mol^{-1}-(37+273.15) \text{ K}\times512.0\times10^{-3} \text{ kJ} \cdot mol^{-1} \cdot K^{-1}$$
$$= -5\,803 \text{ kJ} \cdot mol^{-1}$$

$$\xi = \Delta n_B/\nu_B = [0-n(C_{12}H_{22}O_{11})]/\nu(C_{12}H_{22}O_{11})$$
$$= -(3.8 \text{ g}/342 \text{ g} \cdot mol^{-1})/(-1)$$
$$= 1.11\times10^{-2} \text{ mol}$$

$$W_{有用功} = 30\%\Delta_r G^{\ominus} = 30\%\Delta_r G_m^{\ominus}\xi = 30\%\times(-5\,803 \text{ kJ} \cdot mol^{-1})\times1.11\times10^{-2} \text{ mol} = -19 \text{ kJ}$$
负号表示系统对环境做功。

2-31 在 2 033 K 和 3 000 K 的温度条件下混合等摩尔的 N_2 和 O_2，发生如下反应：
$$N_2(g)+O_2(g) \Longleftrightarrow 2NO(g)$$
平衡混合物中 NO 的体积百分数分别是 0.80% 和 4.5%。计算两种温度下反应的 $K^{\ominus}$，并判断该反应是吸热反应还是放热反应。

解：
$$K^{\ominus} = [p(NO)/p^{\ominus}]^2[p(O_2)/p^{\ominus}]^{-1}[p(N_2)/p^{\ominus}]^{-1}$$
体积分数等于摩尔分数　$V_i/V=n_i/n=x_i, p_i=x_ip$
$$K_{2\,033\,K}^{\ominus} = 0.008\,0^2[(1-0.008\,0)/2]^{-2} = 2.6\times10^{-4}$$
$$K_{3\,000\,K}^{\ominus} = 0.045^2[(1-0.045)/2]^{-2} = 8.9\times10^{-3}$$

T 升高，$K^{\ominus}$ 增大，该反应为吸热反应。

2-32 ^{14}C 的半衰期为 5 730 a（a：年的时间单位）。考古测定某古墓木质试样的 ^{14}C 含量为原来的 63.8%。问此古墓距今已有多少年？

解： 放射性同位素的衰变为一级反应 $\ln \dfrac{c_B}{c_0} = -kt$
$$\ln 50\% = -k\times5\,730a$$
$$k = 1.210\times10^{-4} \text{ a}^{-1}$$
$$\ln 63.8\% = -1.210\times10^{-4}a^{-1}\times t$$
$$t = 3\,714 \text{ a}$$

2-33 在 301 K 时鲜牛奶大约 4.0 h 变酸，但在 278 K 的冰箱中可保持 48 h 不变酸。假定反应速率与变酸时间成反比，求牛奶变酸反应的活化能。

解：
$$\ln \frac{(1/4.0)}{(1/48)} = -\frac{E_a}{8.314 \text{ J} \cdot mol^{-1} \cdot K^{-1}}\left(\frac{1}{301}-\frac{1}{278}\right) \text{ K}^{-1}$$

$$E_a = 7.5 \times 10^4 \; \text{J} \cdot \text{mol}^{-1} = 75 \; \text{kJ} \cdot \text{mol}^{-1}$$

2-34 已知青霉素 G 的分解反应为一级反应,37 ℃时其活化能为 84.8 kJ·mol^{-1},指前因子 A 为 4.2×10^{12} h^{-1},求 37 ℃时青霉素 G 分解反应的速率常数。

解:
$$k = A \cdot e^{-\frac{E_a}{RT}}$$

$$= 4.2 \times 10^{12} \text{h}^{-1} \times e^{-\frac{84.8 \; \text{kJ} \cdot \text{mol}^{-1}}{8.314 \times 10^{-3} \; \text{kJ} \cdot \text{mol}^{-1} \cdot \text{K}^{-1} \times (273.15 + 37) \text{K}}}$$

$$= 4.2 \times 10^{12} \text{h}^{-1} \times 5.2 \times 10^{-15}$$

$$= 2.2 \times 10^{-2} \; \text{h}^{-1}$$

2-35 某患者发烧至 40 ℃时,使体内某一酶催化反应的速率常数增大为正常体温(37 ℃)时的 1.25 倍,求该酶催化反应的活化能。

解:
$$\ln \frac{1}{1.25} = -\frac{E_a}{8.314 \times 10^{-3} \; \text{kJ} \cdot \text{mol}^{-1} \cdot \text{K}^{-1}} \times \left(\frac{1}{310 \; \text{K}} - \frac{1}{313 \; \text{K}} \right)$$

$$E_a = 60.0 \; \text{kJ} \cdot \text{mol}^{-1}$$

2-36 某二级反应,其在不同温度下的反应速率常数如下:

T/K	645	675	715	750
$k \times 10^3 / (\text{mol}^{-1} \cdot \text{L} \cdot \text{min}^{-1})$	6.15	22.0	77.5	250

(1) 作 $\ln k - 1/T$ 图计算反应活化能 E_a;

(2) 计算 700 K 时的反应速率常数 k。

解:(1) 用 EXCEL 换算得

$1/T$	1.55×10^{-3}	1.48×10^{-3}	1.40×10^{-3}	1.33×10^{-3}
$\ln k$	-5.09	-3.82	-2.56	-1.39

用 EXCEL 回归作图:

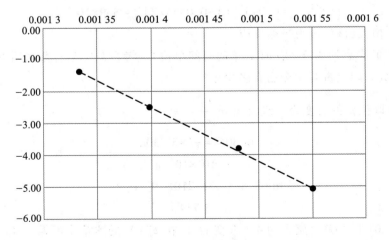

回归方程为 $\ln k = -16\,832 \; K(1/T) + 21.041$,$R^2 = 0.998\,6$

从回归方程得 $E_a / R = 16\,832$ K

$$E_a = 8.314 \; \text{J} \cdot \text{mol}^{-1} \cdot \text{K}^{-1} \times 16\,832 \; \text{K} = 1.40 \times 10^5 \; \text{J} \cdot \text{mol}^{-1} = 140 \; \text{kJ} \cdot \text{mol}^{-1}$$

（2）$\ln k = -16\ 832\ \text{K} \times (1/700) + 21.041 = -3.00$

$$k = 4.98 \times 10^{-2}\ \text{mol}^{-1} \cdot \text{L} \cdot \text{min}^{-1}$$

2-37　It is difficult to prepare many compounds directly from the elements, so $\Delta_f H_m^{\ominus}$ values for these compounds cannot be measured directly. For many organic compounds, it is easier to measure the standard enthalpy of combustion $\Delta_c H_m^{\ominus}$ by reaction of the compounds with excess $O_2(g)$ to form $CO_2(g)$ and $H_2O(l)$. From the following standard enthalpies of combustion at 298.15 K, determine $\Delta_f H_m^{\ominus}$ for the compound.

（1）cyclohexane, $C_6H_{12}(l)$, a useful organic solvent: $\Delta_c H_m^{\ominus} = -3\ 920\ \text{kJ} \cdot \text{mol}^{-1}$

（2）phenol, $C_6H_5OH(s)$, used as a disinfectant and in the production of thermo-setting plastics: $\Delta_c H_m^{\ominus} = -3\ 053\ \text{kJ} \cdot \text{mol}^{-1}$

Solution:（1）$C_6H_{12}(l) + 9O_2(g) \xrightleftharpoons{\quad\quad} 6CO_2(g) + 6H_2O(l)$

$$\Delta_r H_m^{\ominus} = \Delta_c H_m^{\ominus} = \sum_B \nu_B \Delta_f H_m^{\ominus}(B)$$

即$-3\ 920\ \text{kJ} \cdot \text{mol}^{-1} = [6 \times (-393.509) + 6 \times (-285.830) - \Delta_f H_m^{\ominus}(C_6H_{12}(l))]\ \text{kJ} \cdot \text{mol}^{-1}$

$$\Delta_f H_m^{\ominus}(C_6H_{12}(l)) = -156\ \text{kJ} \cdot \text{mol}^{-1}$$

（2）$C_6H_5OH(s) + O_2(g) \xrightleftharpoons{\quad\quad} 6CO_2(g) + 3H_2O(l)$

$$\Delta_r H_m^{\ominus} = \Delta_c H_m^{\ominus} = \sum_B \nu_B \Delta_f H_m^{\ominus}(B)$$

即$-3\ 053\ \text{kJ} \cdot \text{mol}^{-1} = [6 \times (-393.509) + 3 \times (-285.830) - \Delta_f H_m^{\ominus}(C_6H_5OH(s))]\ \text{kJ} \cdot \text{mol}^{-1}$

$$\Delta_f H_m^{\ominus}(C_6H_5OH(s)) = -166\ \text{kJ} \cdot \text{mol}^{-1}$$

第三章　物质结构基础

学习要求

1. 理解原子核外电子运动的特性;了解波函数表达的意义;掌握四个量子数的符号和表示的意义及其取值规律;掌握原子轨道和电子云的角度分布图。

2. 掌握核外电子排布原则及方法;掌握常见元素的电子结构式;理解核外电子排布和元素周期系之间的关系;了解有效核电荷、电离能、电子亲和势、电负性、原子半径的概念。

3. 理解化学键的本质、离子键与共价键的特征及其区别;理解键参数的意义;掌握 O_2 和 F_2 的分子轨道,理解成键轨道、反键轨道、σ 键、π 键的概念及杂化轨道、等性杂化、不等性杂化的概念;掌握价层电子对互斥理论。

4. 了解金属键理论;理解分子间作用力的特征与性质;理解氢键的形成及对物性的影响;了解常见晶体类型、晶格结点间作用力及物性;了解离子晶体晶格能、离子极化作用对物性的影响。

内容概要

3.1 核外电子的运动状态

3.1.1 微观粒子(电子)的运动特征

(1)氢原子光谱与玻尔理论

氢原子光谱为线状光谱,适用于氢原子所有光谱区的里德伯公式为

$$v = R_H\left(\frac{1}{n_1^2} - \frac{1}{n_2^2}\right)$$

式中:n_1、n_2 为正整数,且 $n_2 > n_1$;$R_H = 3.289 \times 10^{15}\ s^{-1}$,称里德伯常量。

玻尔在普朗克的量子论和爱因斯坦的光子学说的基础上提出了原子结构模型(玻尔模型),其主要内容为

① 氢原子中,电子可处于多种稳定的能量状态(这些状态叫定态),每一种可能存在的定态,其能量大小必须满足

$$E_n = -2.179 \times 10^{-18}\frac{1}{n^2}\ J$$

式中:负号表示核对电子的吸引;n 为大于 0 的正整数 $1,2,3,\cdots,n=1$ 即氢原子处于能量最低的状态(称基态),其余为激发态。

② n 值越大,表示电子离核越远,能量就越高。$n=\infty$ 时,电子不再受原子核产生的势场的吸引,离核而去,这一过程叫电离。n 值的大小表示氢原子的能级高低。

③ 电子处于定态时的原子并不辐射能量,电子由一种定态(能级)跃迁到另一种定态(能级),在此过程中以电磁波的形式放出或吸收辐射能($h\nu$),辐射能的频率取决于两定态能级之间的能量之差:

$$\Delta E = E_2 - E_1 = h\nu$$

玻尔还求得氢原子基态时电子离核距离 $r=52.9$ pm,通常称为玻尔半径,以 $a_\circ$ 表示。

（2）波粒二象性

质量为 m、运动速度为 v 的微观粒子其相应的波长为

$$\lambda = h/(m \cdot v) \quad \text{或} \quad \lambda = h/p$$

式中:p 是粒子的动量;h 为普朗克常量。

（3）量子化

氢原子中电子的能量为

$$E_n = -2.179 \times 10^{-18} \frac{1}{n^2} \text{ J}$$

辐射能的频率取决于两定态能级之间的能量差,$\Delta E = h\nu$,$h\nu$ 称光子或量子。因此微观粒子的能量是量子化的,是以 $h\nu$ 或其整数倍递增(或递减)的。

（4）统计性

不确定原理

$$\Delta x \cdot \Delta p \geq h/4\pi$$

统计性　电子衍射实验表明电子的运动规律具有统计性。衍射图上衍射强度大的地方,就是电子出现概率大的地方,所以电子波又称概率波。

3.1.2　核外电子运动状态描述

（1）薛定谔方程

$$\frac{\partial^2 \psi}{\partial x^2} + \frac{\partial^2 \psi}{\partial y^2} + \frac{\partial^2 \psi}{\partial z^2} = -\frac{8\pi^2 m}{h^2}(E-V)\psi$$

式中:ψ 为波函数;E 是微观粒子的总能量即势能和动能之和;V 是势能;m 是微观粒子的质量;h 是普朗克常量;x,y,z 为空间坐标。

（2）波函数(ψ)与电子云 $|\psi|^2$

ψ 本身没有明确的物理意义,ψ 是描述核外电子运动状态的数学表达式,电子运动的规律受其控制。

波函数 ψ 绝对值的平方有明确的物理意义,它代表核外空间某点电子出现的概率密度。

$$\mathrm{d}p = |\psi|^2 \cdot \mathrm{d}\tau$$

电子云是($|\psi|^2$ 概率密度)的形象化描述。

（3）量子数

主量子数(n)　n 的取值为 $1,2,3,4,\cdots$。n 值越大,电子离核越远,能量越高。

根据 $n = 1, 2, 3, 4, 5, 6, 7, \cdots$,相应称为 K,L,M,N,O,P,Q,$\cdots$层。

轨道角动量量子数(l)   一般简称为角量子数。l 的取值受 n 的限制,l 可取的数为 $0, 1, 2, \cdots, n-1$,共可取 n 个,在光谱学中分别用符号 s,p,d,f,$\cdots$表示,相应为 s 亚层、p 亚层、d 亚层和 f 亚层等。

在多电子原子中,当 n 相同时,不同的轨道角动量量子数 l(即不同的电子云形状)也影响电子的能量大小。

磁量子数(m) m 的量子化条件受 l 值的限制,m 的取值为 $0, \pm 1, \pm 2, \pm 3, \cdots, \pm l$,共可取 $2l+1$ 个值。m 值反映原子轨道或电子云在空间的伸展方向,即取向数目。

自旋角动量量子数(s_i)   量子力学用自旋角动量量子数 $s_i = +1/2$ 或 $s_i = -1/2$ 分别表示电子的两种不同的自旋运动状态。

3.1.3　原子轨道和电子云的图像

(1)原子轨道的角度分布图

原子轨道的角度分布图表示波函数的角度部分 $Y_{l,m}(\theta, \phi)$ 随 θ 和 ϕ 变化的图像。只要量子数 l, m 相同,其 $Y_{l,m}(\theta, \phi)$ 函数式就相同,就有相同的原子轨道角度分布图。

(2)电子云的角度分布图

电子云的角度分布图是波函数角度部分函数 $Y_{l,m}(\theta, \phi)$ 的平方 $|Y|^2$ 随 θ, ϕ 角度变化的图形,反映出电子在核外空间不同角度的概率密度大小。

(3)电子云的径向分布图

电子云的径向分布图反映电子在核外空间出现的概率密度离核远近的变化。

电子云径向分布曲线上有 $n-l$ 个峰值。在轨道角动量量子数 l 相同时,随主量子数 n 增大,电子离核的平均距离越来越远;当主量子数 n 相同而轨道角动量量子数 l 不同时,电子离核的平均距离则较为接近。

3.2　多电子原子结构

3.2.1　核外电子排布规则

(1)鲍林近似能级图

$$E_{1s} < E_{2s} < E_{3s} < \cdots$$

$$E_{ns} < E_{np} < E_{nd} < E_{nf}$$

当主量子数 n 和轨道角动量量子数 l 都不同时,有能级交错现象:

$$E_{4s} < E_{3d} < E_{4p}$$

$$E_{5s} < E_{4d} < E_{5p}$$

$$E_{6s} < E_{4f} < E_{5d} < E_{6p}$$

(2)核外电子排布的一般原则

能量最低原理   多电子原子在基态时核外电子的排布将尽可能优先占据能量较低的轨道,以使原子能量处于最低。

泡利不相容原理　在同一原子中不可能有四个量子数完全相同的两个电子存在。或者说,在轨道量子数 n,l,m 确定的一个原子轨道上最多可容纳两个电子,而这两个电子的自旋方向必须相反,即自旋角动量量子数分别为 $+1/2$ 和 $-1/2$。

洪德规则　电子在能量相同的轨道(即简并轨道)上排布时,总是尽可能以自旋相同的方式分占不同的轨道,因为这样的排布方式原子的能量最低。此外,作为洪德规则的补充,当亚层的简并轨道被电子半充满、全充满或全空时最为稳定。

（3）原子的核外电子排布式与电子构型

用主量子数 n 的数值和轨道角动量量子数 l 的符号表示的式子称原子的核外电子排布式或电子构型(也称电子组态、电子结构式),相应轨道中的电子数用数字标在亚层轨道符号的右上角,如 $_7N$ 为 $1s^2 2s^2 2p^3$。也可用图示形式表示,常称轨道排布式。

3.2.2　电子层结构与元素周期律

（1）能级组与元素周期

周期	周期名称	能级组	能级组内各亚层电子填充次序	起止元素	所含元素个数
1	特短周期	1	$1s^{1\sim2}$	$_1H \sim {_2}He$	2
2	短周期	2	$2s^{1\sim2} \rightarrow 2p^{1\sim6}$	$_3Li \sim {_{10}}Ne$	8
3	短周期	3	$3s^{1\sim2} \rightarrow 3p^{1\sim6}$	$_{11}Na \sim {_{18}}Ar$	8
4	长周期	4	$4s^{1\sim2} \rightarrow 3d^{1\sim10} 4p^{1\sim6}$	$_{19}K \sim {_{36}}Kr$	18
5	长周期	5	$5s^{1\sim2} \rightarrow 4d^{1\sim10} 5p^{1\sim6}$	$_{37}Rb \sim {_{54}}Xe$	18
6	特长周期	6	$6s^{1\sim2} \rightarrow 4f^{1\sim14} 5d^{1\sim10} 6p^{1\sim6}$	$_{55}Cs \sim {_{86}}Rn$	32
7	特长周期	7	$7s^{1\sim2} \rightarrow 5f^{1\sim14} 6d^{1\sim10} 7p^{1\sim6}$	$_{87}Fr \sim {_{118}}Og$	32

（2）价电子构型与元素分区

3.2.3　原子性质的周期性

（1）有效核电荷（Z^*）

屏蔽效应　在多电子原子中,电子除受到原子核的吸引外,还受到其他电子的排斥,其余电子对指定电子的排斥作用可看成是抵消部分核电荷的作用,从而削弱了核电荷对某电子的吸引力,即使作用在某电子上的有效核电荷下降。这种抵消部分核电荷的作用叫屏蔽效应。

斯莱特规则:

a. 将原子中的电子按从左至右分成以下几组:

（1s）;（2s,2p）;（3s,3p）;（3d）;（4s,4p）;（4d）;（4f）;（5s,5p）;（5d）;（5f）;（6s,6p）等组。位于指定电子右边各组对该电子的屏蔽常数 $\sigma=0$,可近似看作无屏蔽作用。

b. 同组电子间的屏蔽常数 $\sigma=0.35$（1s组例外,$\sigma=0.30$）。

c. 对 nsnp组电子,$(n-1)$电子层中的电子对其的屏蔽常数 $\sigma=0.85$,$(n-2)$电子层及内层屏蔽常数 $\sigma=1.00$。

d. 对 nd或nf组电子,位于它们左边各组电子对其的屏蔽常数 $\sigma=1.00$。

有效核电荷

$$Z^* = Z - \sigma_i$$

多电子原子中,电子的能量为

$$E_i = -2.179\times10^{-18}\left(\frac{Z^*}{n^*}\right)^2 \text{ J} \quad \text{或} \quad E_i = -1\,312\left(\frac{Z^*}{n^*}\right)^2 \text{ kJ} \cdot \text{mol}^{-1}$$

n^* 为该电子的有效主量子数,n^* 与主量子数 n 的关系如下:

n	1	2	3	4	5	6
n^*	1.0	2.0	3.0	3.7	4.0	4.2

（2）原子半径（r）

共价半径　同种元素的两个原子以共价键结合时,其核间距的一半称为该原子的共价半径。

金属半径　金属晶体中相邻两个金属原子的核间距的一半称为金属半径。

范德瓦耳斯半径　当两个原子只靠范德瓦耳斯力（分子间作用力）互相吸引时,它们核间距的一半称为范德瓦耳斯半径。

原子半径的周期性　同一主族元素原子半径从上到下逐渐增大。副族元素的原子半径从上到下递变不是很明显;第一过渡系到第二过渡系的递变较明显;而第二过渡系到第三过渡系由于镧系收缩的原因,原子半径基本没变。

同一周期中原子半径的递变按短周期和长周期有所不同。在同一短周期中,由于有效核电荷的逐渐递增,核对电子的吸引作用逐渐增大,原子半径逐渐减小。在长周期中,过渡元素由于有效核电荷的递增不明显,因而原子半径减小缓慢。

镧系收缩　镧系元素从 La 到 Lu 整个系列的原子半径逐渐收缩,镧系以后的各元素如 Hf,Ta,W 等原子半径也相应缩小,致使它们的半径与上一个周期的同族元素 Zr,Nb,Mo 非常接近,相应的性质也非常相似。

（3）元素的电离能与电子亲和能

电离能（I） 使基态的气态原子失去一个电子形成+1氧化数气态离子所需要的能量,叫作第一电离能 I_1:

$$M(g) \longrightarrow M^+(g)+e^- \quad I_1 = \Delta E_1 = E_{M^+(g)} - E_{M(g)}$$

电离能的大小反映原子失去电子的难易程度,即元素的金属性的强弱。电离能越小,原子越易失去电子,元素的金属性越强。

电子亲和能（A） 处于基态的气态原子得到一个电子形成气态阴离子所放出的能量,为该元素原子的第一电子亲和能 A_1:

$$X(g)+e^- \longrightarrow X^- \quad A_1 = \Delta E_1 = E_{X^-(g)} - E_{X(g)}$$

电子亲和能的大小反映了原子得到电子的难易程度,即元素的非金属性的强弱。

（4）元素的电负性（x）

元素的电负性是指元素的原子在分子中吸引电子能力的相对大小,即不同元素的原子在分子中对成键电子吸引力的相对大小,它较全面地反映了元素金属性和非金属性的强弱。

3.3 化学键理论

3.3.1 离子键理论

（1）离子键

离子键的本质就是正、负离子间的静电吸引作用。离子键的特点是没有方向性和饱和性。

（2）晶格能

离子晶体的晶格能是指由气态正、负离子形成离子晶体时所放出的能量。通常为在标准压力和一定温度下,由气态离子生成离子晶体的反应其反应进度为 1 mol（且离子晶体的 $\nu_B = 1$）时所放出的能量,单位为 kJ·mol^{-1}。晶格能的数值越大,离子晶体越稳定。

晶格能可以根据波恩-哈伯循环来计算。

3.3.2 价键理论

（1）价键理论基本要点

① 两原子接近时,自旋相反的未成对价电子可以配对,形成共价键。

若 A 原子有能量合适的空轨道,B 原子有孤对电子,B 原子的孤对电子所占据的原子轨道和 A 原子的空轨道能有效地重叠,则 B 原子的孤对电子可以与 A 原子共享,这样形成的共价键称为共价配键,以符号 A←B 表示。

② 原子轨道叠加时,轨道重叠程度越大,电子在两核间出现的概率越大,形成的共价键也越稳定。因此,共价键应尽可能沿着原子轨道最大重叠的方向形成,这就是最大重叠原理。

（2）共价键的特征

饱和性 共价键的饱和性是指每个原子的成键总数或以单键相连的原子数目是一定的。

因为共价键的本质是原子轨道的重叠和共用电子对的形成,而每个原子的未成对电子数是一定的,所以形成共用电子对的数目也就一定。

方向性　根据最大重叠原理,在形成共价键时,原子间总是尽可能地沿着原子轨道最大重叠的方向成键。成键电子的原子轨道重叠程度越高,电子在两核间出现的概率密度也越大,形成的共价键就越稳固。除了s轨道呈球形对称外,其他的原子轨道(p,d,f)在空间都有一定的伸展方向。因此,在形成共价键时,除了s轨道和s轨道之间在任何方向上都能达到最大程度的重叠外,p,d,f原子轨道的重叠,只有沿着一定的方向才能发生最大程度的重叠。

3.3.3　分子轨道理论

(1) 物质的磁性

分子磁矩 μ 与分子中的未成对电子数 n 间的关系可用下式表示:

$$\mu = \sqrt{n(n+2)} \text{ B. M.}$$

磁矩(μ)可由实验测得,并由此可推断分子中的未成对电子数。

(2) 分子轨道理论的基本要点

分子轨道理论着眼于整个分子系统,电子不再属于某个原子而在整个分子中运动。分子中电子的运动状态用分子轨道波函数 Ψ 描述,分子轨道的数目等于组成分子的各原子轨道的数目之和,但轨道的能量发生了变化。形成分子轨道后能量下降的为成键轨道,能量升高的为反键轨道,而能量不变的为非键轨道。

为了有效地组成分子轨道,参与组成该分子轨道的原子轨道必须满足能量相近、轨道最大重叠和对称性匹配三个条件,简称成键三原则。

(3) 同核双原子分子的分子轨道能级图

分子轨道能级顺序主要来自光谱实验数据,将能级由低到高排列为分子轨道能级图。第二周期的同核双原子分子轨道能级图有两类:B_2,C_2,N_2 一类;O_2,F_2 一类。两类分子轨道能级图基本类似,仅前者 $E(\pi_{2p}) < E(\sigma_{2p})$,而 O_2,F_2 正好相反。

分子轨道中的电子排布　电子在分子轨道中的排布仍然服从核外电子排布三原则,即能量最低原理、泡利不相容原理和洪德规则。

(4) 分子轨道电子排布式

与原子轨道电子排布式类似,分子轨道的电子排布式从左往右按分子轨道能级从低到高排列,在相应轨道右上角标上轨道电子数。如 N_2 分子的分子轨道能级图为

$$N_2[(\sigma_{1s})^2(\sigma_{1s}^*)^2(\sigma_{2s})^2(\sigma_{2s}^*)^2(\pi_{2p_z})^2(\pi_{2p_y})^2(\sigma_{2p_x})^2]$$

内层满电子的电子层可用相应电子层符号表示。如 N_2 分子也可表示为

$$N_2[KK(\sigma_{2s})^2(\sigma_{2s}^*)^2(\pi_{2p_z})^2(\pi_{2p_y})^2(\sigma_{2p_x})^2]$$

3.3.4　共价键的类型

(1) 原子轨道和分子轨道的对称性

原子轨道的对称性　若以 x 轴为对称轴旋转180°,原子轨道正、负号不变的为 σ 对称性,原子轨道正、负号改变的为 π 对称性。显然,s原子轨道属 σ 对称。而d轨道则与p轨道类似,有 σ 对

称和 π 对称之分,以 x 轴为对称轴时,$d_{x^2-y^2}$,d_{z^2} 和 d_{yz} 轨道称为 σ 对称,d_{xy} 和 d_{xz} 轨道为 π 对称。

分子轨道的对称性　　以分子轨道的核间连线(即键轴)为对称轴,具有 σ 对称性(正、负号不变)的分子轨道称为 σ 分子轨道,具有 π 对称性(正、负号改变)的分子轨道则为 π 分子轨道。

(2)共价键的类型

共价键根据形成的分子轨道的对称性可分为 σ 键和 π 键。

σ 键　　如果原子轨道沿核间连线方向进行重叠形成共价键,具有以核间连线(键轴)为对称轴的 σ 对称性,则称为 σ 键。其特点为"头碰头"方式达到原子轨道的最大重叠,重叠部分集中在两核之间,对键轴呈圆柱形对称。

π 键　　形成的共价键若对键轴呈 π 对称,则称为 π 键。其特点是两个原子轨道"肩并肩"地达到最大重叠,重叠部分集中在键轴的上方和下方,对通过键轴的平面呈镜面反对称,在此平面上 $Y_{n,l}=0$(称为节面)。

大 π 键　　如果三个或三个以上用 σ 键连接起来的原子处于同一平面,其中的每个原子有一个 p 轨道且互相平行,p 轨道上的电子总数 m 小于轨道数 n 的两倍,这些 p 轨道相互重叠形成的 π 键称为大 π 键,记作 $\prod_n^m$。

3.3.5　共价键参数

(1)键级

$$键级 = \frac{成键轨道上的电子数 - 反键轨道上的电子数}{2}$$

分子的键级越大,表明共价键越牢固,分子也越稳定。

(2)键能

键能是从能量因素衡量化学键强弱的物理量。在标准状态下,将 1 mol 气态分子 AB(g)解离为气态原子 A(g),B(g)所需的能量称键能,用符号 E 表示,单位为 $kJ \cdot mol^{-1}$。键能的数值通常用一定温度下该反应的标准摩尔反应焓变表示,如不指明温度,应为 298.15 K。即

$$AB(g) \longrightarrow A(g) + B(g) \qquad \Delta_r H_m^{\ominus} = E(A—B)$$

一般说来键能越大,化学键越牢固。双键的键能比单键的键能大得多,但不等于单键键能的两倍;同样三键键能也不是单键键能的三倍。

(3)键长

分子中成键原子间的平均距离叫作键长,符号为 l,单位为 m 或 pm。键长数据一般由实验测定。同一原子在不同分子中形成同类型共价键的键长相近。键长数据越大,表明两原子间的平衡距离越远,原子间相互结合的能力越弱。

(4)键角

分子中相邻共价键之间的夹角称为键角,用符号 θ 表示,单位为"°"或"′"。键角数据可从分子光谱和 X 射线衍射法测得。

键角和键长是反映分子空间构型的重要参数。如果知道了某分子内全部化学键的键长和键角的数据,那么这些分子的几何构型便可确定。

3.4　多原子分子的空间构型

3.4.1　价层电子对互斥理论(VSEPR)

通常共价分子(或离子)可以通式 AX_mE_n 表示,其中 A 为中心原子,X 为配位原子或含有一个配位原子的基团(同一分子中可有不同的 X),m 为配位原子的个数(即中心原子的键电子对数,也即中心原子的 σ 键数),E 表示中心原子 A 的价电子层中的孤对电子,n 为孤电子对数。

① 价电子对:

$$VP = m+n$$

成键电子对:

$$BP = m$$

孤对电子:

$$LP = n = \frac{\text{中心原子 A 的价电子总数} - m \text{ 个基态配位原子的未成对电子数}}{2}$$

或

$$n = \frac{\text{中心原子 A 的价电子总数} \pm^{负}_{正} \text{离子电荷数} - m \text{ 个基态配位原子的未成对电子数}}{2}$$

② 价电子对 VP 的排布方式:

$VP = m+n$	2	3	4	5	6
VP 排布方式	直线形	平面三角形	正四面体形	三角双锥形	正八面体形

③ 在考虑价电子对排布时,还应考虑键电子对与孤对电子的区别。键电子对受两个原子核吸引,电子云比较紧缩;而孤对电子只受中心原子的吸引,电子云比较"肥大",对邻近的电子对的斥力就较大。所以在夹角相同的情况下不同电子对之间的斥力大小顺序为(一般考虑 90°夹角):

孤对电子与孤对电子>孤对电子与键电子对>键电子对与键电子对

此外,分子若含有双键、三键,由于重键电子较多,斥力也较大,对分子构型也有影响。

3.4.2　杂化轨道理论

(1)杂化轨道理论的要点

杂化轨道理论认为在原子间相互作用形成分子的过程中,同一原子中能量相近的不同类型的原子轨道(即波函数)可以相互叠加,重新组成同等数目、能量完全相等而成键能力更强的新的原子轨道,这些新的原子轨道称为杂化轨道。杂化轨道的形成过程称为杂化。杂化轨道在某些方向上的角度分布更集中,因而杂化轨道比未杂化的原子轨道成键能力增强,使形成的共价键更加稳定。不同类型的杂化轨道有不同的空间取向,从而决定了共价型多原子分子或离子的不同的空间构型。

(2)杂化轨道的类型

sp 杂化　由同一原子的一个 ns 原子轨道和一个 np 原子轨道组合得到的两个杂化轨道称

为 sp 杂化轨道。每个杂化轨道都包含着 1/2 的 s 成分和 1/2 的 p 成分,两个杂化轨道的夹角为 180°。

sp^2 杂化 sp^2 杂化是一个 ns 原子轨道与两个 np 原子轨道的杂化,每个杂化轨道都含 1/3 的 s 成分和 2/3 的 p 成分,轨道夹角为 120°,轨道的伸展方向指向平面三角形的三个顶点。

sp^3 杂化 sp^3 杂化是由一个 ns 原子轨道和三个 np 原子轨道参与杂化的过程。每个 sp^3 杂化轨道都含有 1/4 的 s 成分和 3/4 的 p 成分,这四个杂化轨道之间的夹角为 109.5°。

(3)不等性杂化

每个杂化轨道的 s,p,d 等成分均相同的杂化称为等性杂化。当参与杂化的原子轨道含有孤对电子时,形成的杂化轨道间所含的 s,p,d 成分就会不同,这样的杂化称为不等性杂化。

3.5 共价型物质的晶体

3.5.1 晶体的类型

(1)晶体的特征

特征 晶体内部质点呈有规律排布,并贯穿于整个晶体,为长程有序性。晶体内部的这种长程有序性,使得晶体具有区别于无定形体的一些共同的特征。晶体具有各向异性,具有一定的熔点,晶体还有规则的几何外形,具有均匀性,即一块晶体内各部分的宏观性质(如密度、化学性质等)相同。

晶格 晶体是由在空间排列得很有规则的结构单元(可以是离子、原子或分子等)组成的。人们把晶体中具体的结构单元抽象为几何学上的点(称结点),把它们连接起来,构成不同形状的空间网格,称晶格。

晶胞 晶胞是晶格的最小基本单位,是一个平行六面体。同一晶体中其相互平行的面上结构单元的种类、数目、位置和方向相同。但晶胞的三条边的长度不一定相等,也不一定互相垂直,晶胞的形状和大小可用晶胞参数(三个边的长度 a,b,c 和三个边之间的夹角 α,β,γ)表示。

(2)晶体的分类

按晶胞参数分七个晶系。

晶系	晶胞类型	实例
立方晶系	$a=b=c$ $\alpha=\beta=\gamma=90°$	$NaCl$、$CsCl$、CaF_2、金属 Cu
四方晶系	$a=b\neq c$ $\alpha=\beta=\gamma=90°$	SnO_2、TiO_2、$NiSO_4$、金属 Sn
六方晶系	$a=b\neq c$ $\alpha=\beta=90°,\gamma=120°$	AgI、石英(SiO_2)、ZnO、石墨
三方晶系	$a=b=c$ $\alpha=\beta=\gamma\neq90°<120°$	方解石($CaCO_3$)、Al_2O_3、As、Bi
正交晶系	$a\neq b\neq c$ $\alpha=\beta=\gamma=90°$	HIO_3、$NaNO_2$、$MgSiO_4$、斜方硫
单斜晶系	$a\neq b\neq c$ $\alpha=\beta=90°,\gamma>90°$	$KClO_3$、KNO_2、单斜 S
三斜晶系	$a\neq b\neq c$ $\alpha\neq\beta\neq\gamma\neq90°$	$CuSO_4\cdot5H_2O$、$K_2Cr_2O_7$、高岭土

按结构单元间作用力分四种晶体类型。

四种主要的晶体类型

晶体类型	晶胞结构单元	作用力	熔点	硬度
离子晶体	正、负离子	离子键	高	硬
原子晶体	原子	共价键	很高	很硬
分子晶体	分子	分子间力	低	软
金属晶体	原子、正离子	金属键	高、低均有	高、低均有

3.5.2　金属晶体——能带理论

能带　金属晶体中能量相同的原子轨道组合成的具有一定上限和一定下限的连续能量带。

价带　价层原子轨道重叠形成的能带。

导带　由未充满电子的能级所形成的能带。

空带　没有填入电子的空能级组成的能带。

禁带　在具有不同能量的能带之间通常有较大的能量差,以致电子不能从一个较低能量的能带进入相邻的较高能量的能带,这个能量间隔区为禁带,在禁带内不能充填电子。

导体　导体的特征是价带为导带,在外电场作用下,导体中的电子便会在能带内向高能级跃迁,因而导体能导电。

绝缘体　绝缘体的能带特征是价带为满带,与能量最低的空带之间有较宽的禁带,能隙 $E_g \geq 8.0 \times 10^{-19}$ J,在一般外电场作用下,不能将价带的电子激发到空带上去,从而不能使电子定向运动,即不能导电。

半导体　半导体的能带特征是价带也是满带,但与最低空带之间的禁带则较窄,能隙 $E_g < 4.8 \times 10^{-19}$ J。当温度升高时,通过热激发电子可以较容易地从价带跃迁到空带上,使空带中有了部分电子,成了导带,而价带中电子少了,出现了空穴。在外加电场作用下,导带中的电子从电场负端向正端移动,价带中的电子向空穴运动,留下新空穴,使材料有了导电性。

3.5.3　分子晶体

(1)分子极性及偶极矩

分子中正、负电荷中心不重合的分子叫极性分子。正、负电荷中心重合的分子叫非极性分子。

偶极矩　在极性分子中,正、负电荷中心的距离称偶极长,用符号 d 表示,单位为 m;正、负电荷所带电荷量为 $+q$ 和 $-q$,单位 C;系统偶极矩 μ 的大小等于 q 和 d 的乘积: $\mu = q \cdot d$,偶极矩是个矢量,它的方向规定为从正电荷中心指向负电荷中心。偶极矩的 SI 单位是库仑·米(C·m)。

分子极性的大小可用偶极矩 μ 来量度, μ 越大,分子极性越大。

(2)分子变形性　极化率

分子在外电场作用下,正、负电荷中心距离增大的现象,称为变形极化,由此产生的偶极称为诱导偶极。诱导偶极与外电场强度 E 成正比：

$$\boldsymbol{\mu}_{诱导} = \alpha \cdot E$$

式中：α 为极化率。如果外电场强度一定，则极化率越大，$\boldsymbol{\mu}_{诱导}$ 越大，分子的变形性也越大，所以极化率可表征分子的变形性。

（3）分子间的吸引作用

分子的极性和变形性，是产生分子间力的根本原因。分子间力一般包括三种力：色散力、诱导力和取向力。

色散力　任何分子由于其电子和原子核的不断运动，常发生电子云和原子核之间的瞬间相对位移，从而产生瞬间偶极。瞬间偶极之间的作用力称为色散力，所以色散力是分子间普遍存在的作用力。色散力与分子的变形性有关，分子的变形性越大，色散力越大；一般相对分子质量越大，分子变形性越大，色散力越大。

诱导力　当极性分子与非极性分子相邻时，极性分子就如同一个外电场，使非极性分子发生变形极化，产生诱导偶极。极性分子的固有偶极与诱导偶极之间的这种作用力称为诱导力。极性分子的偶极矩越大，非极性分子的变形性越大，产生的诱导力也越大；而分子间的距离越大，则诱导力越小。由于在极性分子之间也会相互诱导产生诱导偶极，所以极性分子之间也会产生诱导力。

取向力　极性分子与极性分子之间，由于同性相斥、异性相吸的作用，使极性分子间按一定方向排列而产生的静电作用力称为取向力。偶极矩越大，取向力越大；分子间距离越小，取向力越大。

分子间力与化学键不同。分子间力的本质基本上属静电作用，因而它既无方向性，也无饱和性。分子间力是一种永远存在于分子间的作用力，随着分子间距离的增加，分子间力迅速减小。分子间力主要影响物质的物理性质，如物质的熔点、沸点、溶解度等。

（4）氢键

形成氢键的条件：

① 氢原子与电负性很大的原子 X 形成共价键；

② 有另一个电负性很大且具有孤对电子的原子 X（或 Y）。

一般在 X—H⋯X(Y) 中，把 H⋯X(Y) 之间的键称为氢键。在化合物中，容易形成氢键的元素主要有高电负性的 F，O，N，有时还有 Cl，S。

氢键的特征：

氢键的键能一般在 40 kJ·mol^{-1} 以下，比化学键的键能小得多，与范德瓦耳斯力处于同一数量级。

但氢键有两个与范德瓦耳斯力不同的特点，那就是它的饱和性和方向性。氢键可以分为分子间氢键和分子内氢键两大类。分子内氢键由于分子结构原因通常不能保持直线形状。

氢键的形成对化合物的物理性质有很大影响，在生物大分子中起着重要作用。

3.6　离子型晶体

3.6.1　离子的电子层结构

正离子的电子层结构

正离子电子构型	外层电子排布	实　例	价层电子排布
无电子	$1s^0$	H^+	$1s^0$
2 电子构型	$1s^2$	Li^+,Be^{2+}	$1s^2$
8 电子构型(八隅体)	ns^2np^6	Na^+,Mg^{2+},Al^{3+}	$2s^22p^6$
		K^+,Ca^{2+}	$3s^23p^6$
18 电子构型	$ns^2np^6nd^{10}$	Cu^+,Zn^{2+},Ga^{3+}	$3s^23p^63d^{10}$
		Ag^+,Cd^{2+},In^{3+}	$4s^24p^64d^{10}$
		Au^+,Hg^{2+},Tl^{3+}	$5s^25p^65d^{10}$
(18+2)电子构型	$(n-1)s^2(n-1)p^6(n-1)d^{10}ns^2$	In^+,Sn^{2+},Sb^{3+}	$4s^24p^64d^{10}5s^2$
		Tl^+,Pb^{2+},Bi^{3+}	$5s^25p^65d^{10}6s^2$
(9~17)电子构型	$ns^2np^6nd^{1\sim9}$	Fe^{3+}	$3s^23p^63d^5$
		Cr^{3+}	$3s^23p^63d^3$
		Pt^{4+}	$5s^25p^65d^6$

　　稀有气体元素全充满的电子层结构其性质特别稳定,因而具有稀有气体 8 电子构型的离子被称为八隅体(也叫八隅律)。一般主族元素的金属或非金属元素在化学反应中均易失去或得到电子而趋于八隅体结构。

3.6.2　离子晶体

离子晶体晶格结点上排列的是正离子和负离子,晶格结点间的作用力是离子键。

(1) NaCl 型

NaCl 型晶体属于立方晶系,配位数之比是 6∶6。

属于 NaCl 型结构的离子晶体有碱金属的大多数卤化物、氢化物和碱土金属的氧化物、硫化物,AgCl 也属此类型。

(2) CsCl 型

CsCl 型晶体结构属于立方晶系。配位数之比是 8∶8。

属于 CsCl 型结构的离子晶体有 CsCl,CsBr,CsI,RbCl,ThCl,TlCl,NH₄Cl,NH₄Br 等。

(3) ZnS 型

ZnS 的晶体结构有两种形式,立方 ZnS 型和六方 ZnS 型。这两种形式的化学键的性质相同,基本上为共价键型,其晶体应为共价型晶体。但有一些 AB 型离子晶体具有立方 ZnS 型的晶体结构(正离子处于 Zn 的位置,负离子处于 S 的位置),所以结晶化学中以 ZnS 晶体结构作为一种离子晶体构型的代表。立方晶系的 ZnS 晶体,配位数之比为 4∶4。属立方 ZnS 型的离子晶体有:BeO,BeS,$BeSe$等。

（4）离子半径

离子晶体中相邻正、负离子之间存在着静电吸引作用和离子外层电子的排斥作用,当两种作用达到平衡时,离子间保持一定的接触距离,所以离子可近似看作具有一定半径的弹性球,弹性球的半径即称为离子半径。两个相互接触的球形离子的半径之和等于核间的平均距离。利用 X 射线可以精确测定出此值。

周期表中元素的离子半径有以下规律性:

① 同周期核外电子数相同的正离子半径随正电荷的增加而减小。

② s 区和 p 区同族元素的离子半径自上而下增加;

③ 周期表中主族元素处于相邻的左上方和右下方对角线上的正离子,其半径相近(对角线规则)。

④ 正离子的半径通常较小,一般为 $10 \sim 170$ pm。同一元素的正离子半径均小于该元素的原子半径,且随正离子的电荷增加而减小。

⑤ 同一元素的负离子半径则较该元素的原子半径大,一般在 $130 \sim 250$ pm。

（5）正、负离子半径比与配位数

正、负离子半径比与配位数的关系

r_+/r_-	配位数	晶体构型
$0.225 \rightarrow 0.414$	4	ZnS 型
$0.414 \rightarrow 0.732$	6	NaCl 型
$0.732 \rightarrow 1.00$	8	CsCl 型

正、负离子半径比只是影响晶体结构的一种因素,在复杂多样的离子晶体中,还有其他因素影响晶体的结构,如离子的电子层结构、原子间轨道的重叠,还有外界条件的改变等。所以,往往会出现离子半径比与晶型不符的情况。

3.6.3 离子极化作用

离子极化是离子键向共价键过渡的重要原因。当一个离子处于外电场中时,正、负电荷中心发生位移,产生诱导偶极,这一过程称为离子的极化。

（1）离子的极化能力与变形性

离子极化能力的大小取决于离子的半径、电荷和电子构型。离子电荷越高,半径越小,极化能力越强。此外,正离子的电子构型对极化能力也有影响,其极化能力大小顺序为

18,(18+2)及 2 电子构型>(9~17)电子构型>8 电子构型

离子的半径越大,变形性越大。用极化率 α 表示离子的变形性大小。因为负离子的半径一般比较大,所以负离子的极化率一般比正离子大;正离子的电荷数越高,极化率越小;负离子的电荷数越高,极化率越大。

离子的变形性也与离子的电子构型有关:

18,(18+2)及 2 电子构型>(9~17)电子构型>8 电子构型

在讨论离子的极化作用时,一般情况下,只需考虑正离子的极化能力和负离子的变形性。只有在遇到如 Ag^+,Hg^{2+} 等变形性很大的正离子及极化能力较大的负离子时,才考虑离子的附加极化作用。

(2)离子极化对晶体键型的影响

离子极化的结果使化合物的键型从离子键向共价键过渡。

(3)离子极化对化合物性质的影响

溶解度　离子极化的结果导致化合物在水中的溶解度下降。

颜色　一般化合物中离子极化程度越大,化合物的颜色越深。

熔点、沸点　离子极化的结果使化合物从离子键向共价键过渡,因而熔点、沸点下降。

3.7　配位化合物的组成

配位化合物简称配合物,其内界(中括号内部分)是由配体和中心离子(原子)构成,是配合物的特征部分。例如:

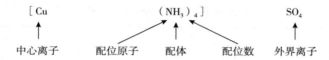

3.7.1　形成体

中心离子和中心原子统称形成体,中心离子主要是一些过渡金属元素的离子。硼、硅、磷等一些具有高氧化数的非金属元素也能作为中心离子,如 $Na[BF_4]$ 中的 $B(III)$、$K_2[SiF_6]$ 中的 $Si(IV)$ 和 $NH_4[PF_6]$ 中的 $P(V)$。也有不带电荷的原子作形成体的,如 $[Ni(CO)_4]$,$[Fe(CO)_5]$ 中的 Ni,Fe 都是中心原子。中心离子和中心原子具有空的轨道,可以接受配位原子提供的孤对电子而形成配位键。

3.7.2　配体和配位原子

和形成体结合的、含有孤对电子的中性分子或阴离子叫作配体,如 NH_3,H_2O,CN^-,X^-(卤素阴离子)等。配体围绕着中心离子按一定空间构型与中心离子以配位键结合。

配体中具有孤对电子的,直接与中心离子以配位键结合的原子称为配位原子,常见的配体及配位原子有:

含氮配体	NH_3,NCS^-	含氧配体	H_2O,OH^-
含卤素配体	F^-,Cl^-,Br^-,I^-	含碳配体	CN^-,CO
含硫配体	SCN^-		

在一个配体中只以一个配位原子和形成体配位的配体称单齿配体。有两个或两个以上的配位原子同时跟一个形成体配位的配体称多齿配体,如乙二胺($H_2N—CH_2—CH_2—NH_2$,en),草酸根($C_2O_4^{2-}$)等。

3.7.3　配位数

与形成体直接以配位键结合的配位原子数称为形成体的配位数。如果是单齿配体,那么形成体的配位数就是配体的数目,如$[Cu(NH_3)_4]SO_4$中,配位数就是配体NH_3分子的数目4;若配体是多齿的,那么配位数则是配体的数目与配位原子数的乘积,如乙二胺是双齿配体,在$[Pt(en)_2]^{2+}$中,Pt^{2+}的配位数为$2×2=4$。

3.7.4　配离子的电荷

配离子的电荷等于形成体电荷与配体总电荷的代数和。例如,$[Co(NH_3)_2(NO_2)_4]^-$配离子电荷数$=(+3)+0×2+(-1)×4=-1$。

3.8　配位化合物的命名

配合物的命名与一般无机化合物的命名原则相同。在含配离子的化合物中,都是阴离子名称在前,阳离子名称在后。若为配位阳离子化合物,则叫"某化某"或"某酸某";若为配位阴离子化合物,则在配位阴离子与外界之间用"酸"字连接。

配合物内界配离子的命名方法,通常可按如下顺序:配体数—配体名称—合—中心离子名称—中心离子的氧化数。不同配体名称之间用圆点"·"分开,用二、三、四等数字表示配体数。

若配体有多种,则先命名阴离子配体,再命名中性分子配体。

阴离子配体的次序为:简单离子—复杂离子—有机酸根离子。

中性分子则按配位原子元素符号的英文字母顺序排列。

3.9　配位化合物的类型和异构化

3.9.1　配位化合物的类型

（1）简单配合物

简单配合物是一类由单齿配体与形成体直接配位形成的配合物,是一类最常见的配合物。

（2）螯合物

由中心离子与多齿配体的两个或两个以上的配位原子键合而成,并具有环状结构的配合物称为螯合物。

螯合物与具有相同数目配位原子的简单配合物相比,具有特殊的稳定性。这种由于环状结构的形成而使螯合物具有的特殊的稳定性称为螯合效应。一般五元环或六元环比较稳定,而且环数越多越稳定。

（3）多核配合物

含有两个或两个以上的中心离子的配合物称为多核配合物,两个中心离子之间常以配体连接起来。可形成多核配合物的配体一般为—OH,—NH_2,—O—,—O_2—,Cl^-等。在这些配体中孤对电子数大于1的配位原子(O,N,Cl等)可以和两个或更多的金属原子配位。

（4）羰基配合物

以 CO 为配体的配合物称为羰基配合物（简称羰合物）。

（5）原子簇化合物

两个或两个以上的金属原子以金属–金属（M—M 键）直接结合形成的配合物叫原子簇化合物（简称簇合物）。

（6）夹心配合物

过渡金属原子和具有离域 π 键的分子（如环戊二烯和苯等）形成的配合物称为夹心配合物。

（7）大环配合物

环状骨架上含有 O，N，S，P 或 As 等多个配位原子的多齿配体所形成的配合物叫大环配合物。

3.9.2　配位化合物的异构现象

配合物中存在大量的异构现象，通常可分为结构异构和立体异构两大类。

（1）结构异构

由配合物中原子间连接方式不同引起的异构现象叫结构异构，主要有解离异构、键合异构、水合异构和配位异构等类型。

（2）立体异构

配合物中由配离子在空间的排布不同而产生的异构称为立体异构，通常可分为几何异构和旋光异构。

3.10　配位化合物的价键理论

3.10.1　配位化合物的形成

配合物的形成体 M 同配体 L 之间以配位键结合。配体提供孤对电子，是电子给予体。形成体提供空轨道，接受配体提供的孤对电子，是电子对的接受体。两者之间形成配位键，一般表示为 $M \leftarrow L$。

形成体用能量相近的轨道（如第一过渡金属元素 $3d, 4s, 4p, 4d$）杂化，以杂化的空轨道来接受配体提供的孤对电子形成配位键。配位离子的空间结构、配位数、稳定性等，主要取决于杂化轨道的数目和类型，如下所示。

配合物的杂化轨道和空间构型

配位数	杂化轨道类型	空间构型	配离子类型	实例
2	sp	直线形	外轨型	$[Ag(CN)_2]^-$，$[Cu(NH_3)_2]^+$
3	sp^2	平面三角形	外轨型	$[HgI_3]^-$，$[CuCl_3]^-$
4	sp^3	正四面体形	外轨型	$[Zn(NH_3)_4]^{2+}$，$[Co(SCN)_4]^{2-}$
4	dsp^2	平面正方形	内轨型	$[PtCl_4]^{2-}$，$[Cu(NH_3)_4]^{2+}$
6	sp^3d^2	正八面体形	外轨型	$[Fe(H_2O)_6]^{2-}$，$[FeF_6]^{3-}$
6	d^2sp^3	正八面体形	内轨型	$[Fe(CN)_6]^{4-}$，$[Cr(NH_3)_6]^{3+}$

3.10.2 外轨型和内轨型配合物

外轨型配合物 全部由最外层 ns、np、nd 轨道杂化所形成的配合物称外轨型配合物,该类配合物键能小,稳定性较低。

内轨型配合物 由次外层 $(n-1)d$ 轨道与最外层 ns、np 轨道杂化所形成的配合物称为内轨型配合物。该类配合物键能大,稳定性高。

形成外轨型或内轨型配合物的影响因素:

(1)中心离子的价电层结构

中心离子内层 d 轨道已全满,只能形成外轨型配合物。如 $Zn^{2+}(3d^{10})$、$Ag^+(3d^{10})$;中心离子 d^3 型,如 Cr^{3+},有空 $(n-1)d$ 轨道,$(n-1)d^2ns\,np^3$ 易形成内轨型配合物。

中心离子内层 d 轨道为 $d^4 \sim d^9$,内、外轨型配离子都可形成,取决于配体的类型。

(2)配体

CN^-、CO、NO_2^- 等配体易形成内轨型配合物;F^-、H_2O、OH^- 等配体易形成外轨型配合物;NH_3、Cl^- 两种类型都可能形成,与中心离子有关。

一般来说,结构相似的配合物,内轨型配合物比外轨型配合物稳定,这是因为在形成内轨型配合物时,配体提供的孤对电子深入到形成体的内层轨道,形成较强的配位键。如果配位原子电负性较小,如 C(在 CN^-,CO 中),N(在 NO_2^- 中)等,较易给出孤对电子,对形成体的影响较大,使其结构发生变化,$(n-1)d$ 轨道上的成单电子被强行配对,常生成内轨型配合物。电负性较大的配位原子如 F,O 等,不易给出孤对电子,对形成体的结构影响较小,常生成外轨型配合物。

若用价键理论还不能准确判断一个配合物究竟是内轨型还是外轨型,则可通过对配合物磁矩的测定来确定。磁矩 $\boldsymbol{\mu}$ 和物质中未成对电子数 n 之间具有下列近似关系式:

$$\boldsymbol{\mu} = \sqrt{n(n+2)} \quad \text{B.M.}$$

$\boldsymbol{\mu}$ 的单位为玻尔磁子(B.M.)。

利用配合物的磁矩计算未成对电子数,判断 d 电子是否发生重排,从而确定配合物属于内轨型还是外轨型。

3.11 配位化合物的晶体场理论

中心思想即静电理论 视中心离子和配体为点电荷,带正电荷的中心离子和带负电荷的配体以静电相互吸引,配体间相互排斥。考虑了带负电荷的配体对中心离子最外层的电子的排斥作用,把配体对中心离子产生的静电场称为晶体场。

3.11.1 基本要点

中心离子和配体之间仅有静电的相互吸引和排斥作用。中心离子的 5 个能量相同的 d 轨道受周围配体负电场的排斥作用程度不同,发生能级分裂,有的轨道能量升高,有的能量降低。由于 d 轨道的能级分裂,d 轨道的电子需重新排布,使系统能量降低,即给配合物带来了额外的稳定化能。d 轨道在正八面体场内的能级分裂如下图。

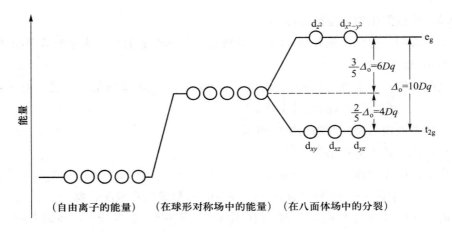

图 3-1　d 轨道在正八面体场内的能级分裂

晶体场分裂能:分裂后最高能级 e_g 和最低能级 t_{2g} 之间的能量差,用 Δ_o 或 $10Dq$ 表示。晶体场越强,d 轨道能级分裂程度越大。

3.11.2　影响分裂能的因素

(1) 对同一中心离子,不同的配体产生的晶体场分裂能 Δ_o 大小不同,顺序为:$I^- < Br^- < Cl^- \sim SCN^- < F^- < OH^- < C_2O_4^{2-} < H_2O < EDTA < NH_3 < SO_3^{2-} < CN^- \sim CO$,该顺序称为"光谱化学序"。

(2) 对于同一配体,同一金属原子高氧化态离子的 Δ_o 大于低氧化态离子。

(3) 在配体和金属离子的价态相同时,Δ_o 的大小还与金属离子所在的周期数有关,Δ_o 按下列顺序排列:第一过渡系元素<第二过渡系元素<第三过渡系元素。

晶体场稳定化能(CFSE)　CFSE(八面体) $= -[0.4n(t_{2g}) - 0.6n(e_g)]\Delta_o$

成对能 P 当一个轨道中已有一个电子时,若在该轨道填入相反的电子与之成对,而必须克服的电子与电子之间的静电排斥作用能称为成对能。

当 $P > \Delta_o$ 时,形成高自旋型配合物:电子平行自旋程度较高,单电子数较多,磁性较强;

当 $\Delta_o > P$ 时,形成低自旋型配合物:电子平行自旋程度较低,单电子数较少,磁性较低。

配合物的颜色　$\Delta_o = E(e_g) - E(t_{2g}) = h\nu = hc/\lambda = hc\sigma$　当 d 轨道未全满时,配合物吸收可见光某一波长光,d 电子从 t_{2g} 跃迁到 e_g 轨道(称为 d-d 跃迁),配合物呈现吸收波长的互补色。例如,过渡金属的水合离子,虽配体相同,但 e_g 与 t_{2g} 轨道的能级差不同,发生 d-d 跃迁时吸收可见光波长不同,所以其水溶液具有不同的颜色。中心离子 d 轨道全空(d^0)或全满(d^{10})时,不能发生 d-d 跃迁,其水合离子为无色。如 $[Zn(H_2O)_6]^{2+}$、$[Sc(H_2O)_6]^{3+}$。

典型例题

例 3-1　计算氢原子的电子从 $n = 4$ 跃迁到 $n = 2$ 所产生的谱线的波长。

解:解法 1　$E_4 = -2.179\times10^{-18}\dfrac{1}{4^2}$ J $= -1.36\times10^{-19}$ J

$$E_2 = -2.179\times10^{-18}\dfrac{1}{2^2} = -5.45\times10^{-19}\ \text{J}$$

$$\Delta E = E_4 - E_2 = \left[-1.36\times10^{-19} - (-5.45\times10^{-19})\right]\ \text{J} = 4.09\times10^{-19}\ \text{J}$$

由　　　　　　　　　　　　　$\Delta E = h\nu = hc/\lambda$

得　　　$\lambda = hc/\Delta E = 6.626\times10^{-34}\ \text{J}\cdot\text{s}\times2.998\times10^{8}\ \text{m}\cdot\text{s}^{-1}/(4.09\times10^{-19}\ \text{J})$

　　　　$= 4.86\times10^{-7}\text{m}$

　　　　$= 486\ \text{nm}$

解法 2　由里德伯公式计算 $\nu = R_{\text{H}}\left(\dfrac{1}{n_1^2} - \dfrac{1}{n_2^2}\right)$

$$= 3.289\times10^{15}\,\text{s}^{-1}\times\left(\dfrac{1}{2^2} - \dfrac{1}{4^2}\right)$$

$$= 6.17\times10^{14}\,\text{s}^{-1}$$

$$\lambda = c/\nu = 2.998\times10^{8}\ \text{m}\cdot\text{s}^{-1}/(6.17\times10^{14}\text{s}^{-1})$$

$$= 4.86\times10^{-7}\ \text{m}$$

$$= 486\ \text{nm}$$

例 3-2　量子力学中的原子轨道和玻尔理论中的原子轨道有何区别?

解: 量子力学中的原子轨道指解薛定谔方程得到的波函数 $\psi_{n,l,m}(r,\theta,\phi)$,是指 n,l,m 一定的用来描述核外电子在三维空间中的运动状态的一个数学函数式,ψ 本身没有明确的物理意义,$|\psi|^2$ 表示核外空间某处电子出现的概率密度。量子力学中常把波函数 $\psi_{n,l,m}(r,\theta,\phi)$ 称为原子轨道,所以原子轨道与波函数为同义词,并非电子运动的固定轨道。

玻尔理论中的原子轨道是指离核半径为 r 的圆球面轨道,是电子运动的固定轨迹。

显然两种原子轨道的含义是完全不同的。

例 3-3　把合适的量子数填入下表。

	n	l	m	s_i
(1)		3	+1	+1/2
(2)	3		-1	-1/2
(3)	4	0		
(4)	4		+3	-1/2

解:(1) $n \geqslant 4$;

(2) $l = 1$ 或 2(不能为 0,因为 $m = -1$);

(3) $m = 0$,$s_i = +1/2$ 或 $-1/2$;

(4) $l = 3$(因为 $m = +3$)。

注意:量子数的取值须符合其取值规律。

例 3-4　S 原子的电子构型为 $1s^2 2s^2 2p^6 3s^2 3p^4$,写出四个 3p 电子可能的各套量子数。

解:3p 电子,$n=3$,$l=1$,一个 3p 电子可能有下列六套量子数之一。

	n	l	m	s_i		n	l	m	s_i
A	3	1	1	+1/2	D	3	1	0	-1/2
B	3	1	1	-1/2	E	3	1	-1	+1/2
C	3	1	0	+1/2	F	3	1	-1	-1/2

3p 轨道共有三个,填充 4 个电子,根据泡利不相容原理和洪德规则,其中一个轨道电子应成对(此时 n、l、m 均相同,s_i 不同),另两个轨道的单电子相互平行自旋(s_i 相同),所以这四个 3p 电子可能具有的各套量子数为

(1) A、B、C、E;(2) A、B、D、F;(3) A、C、D、E;(4) B、C、D、F;(5) A、C、E、F;(6) B、D、E、F。

例 3-5　计算作用在 Zn 原子其中一个 4s 电子上的有效核电荷 Z^* 并计算该 4s 电子的能量。

解:Zn 原子的核外电子排布式　$1s^2 2s^2 2p^6 3s^2 3p^6 3d^{10} 4s^2$

按斯莱特规则分组为

$$(1s)^2 (2s2p)^8 (3s3p)^8 (3d)^{10} (4s)^2$$

对 4s 电子

$$\sigma = (10 \times 1.00) + (18 \times 0.85) + (1 \times 0.35) = 25.65$$

$$Z^* = Z - \sigma = 30 - 25.65 = 4.35$$

$$n^* = 3.7$$

$$E_{4s} = -2.179 \times 10^{-18} \left(\frac{Z^*}{n^*} \right)^2 \text{ J}$$

$$= -2.179 \times 10^{-18} \left(\frac{4.35}{3.7} \right)^2 \text{ J}$$

$$= -3.01 \times 10^{-18} \text{ J}$$

例 3-6　比较下列元素金属性(非金属性)的相对强弱:

$$K、Ca、Mg、Al、P、O、S、F、As。$$

解:同一周期元素从左到右金属性下降(非金属性增强):

$$Mg > Al > P > S;\quad K > Ca;\quad O > F;$$

同一主族元素从上到下金属性增强(非金属性下降):

$$Ca > Mg;\quad S > O;\quad As > P;$$

所以金属性由强到弱为:K>Ca>Mg>Al>As>P>S>O>F。

例 3-7　已知下列反应的标准摩尔反应焓变:

Mg(s) $\longrightarrow$ Mg(g)　　　　　　　　　　　$\Delta H_1^{\ominus} = 146 \text{ kJ} \cdot \text{mol}^{-1}$

Mg(g) $\longrightarrow$ Mg^{2+}(g)+2e$^-$　　　　　　$\Delta H_2^{\ominus} = 2\,178 \text{ kJ} \cdot \text{mol}^{-1}$

S(s) $\longrightarrow$ S(g)　　　　　　　　　　　　　$\Delta H_3^{\ominus} = 272 \text{ kJ} \cdot \text{mol}^{-1}$

$$S(g) + 2e^- \longrightarrow S^{2-}(g) \qquad\qquad \Delta H_4^{\ominus} = 332 \text{ kJ} \cdot \text{mol}^{-1}$$

$$Mg(s) + S(s) \longrightarrow MgS(s) \qquad\qquad \Delta_f H_m^{\ominus} = -347 \text{ kJ} \cdot \text{mol}^{-1}$$

计算 MgS(s) 的晶格能 U。

解:(1) 设计热力学循环

$$
\begin{array}{ccccc}
Mg(s) & + & S(s)_{\ominus} & \xrightarrow{\ \Delta_f H_m\ } & MgS(s) \\
\downarrow \Delta H_1^{\ominus} & & \downarrow \Delta H_3^{\ominus} & & \\
Mg(g) & & S(g) & & \\
\downarrow \Delta H_2^{\ominus} & & \downarrow \Delta H_4^{\ominus} & & \uparrow \Delta_r H_m^{\ominus} = U \\
Mg^{2+}(g) & + & S^{2-}(g) & \longrightarrow & \\
\end{array}
$$

$$\Delta_f H_m^{\ominus} = \Delta H_1^{\ominus} + \Delta H_2^{\ominus} + \Delta H_3^{\ominus} + \Delta H_4^{\ominus} + U$$

$$U = (-347 - 146 - 2\ 178 - 272 - 332) \text{ kJ} \cdot \text{mol}^{-1} = -3\ 275 \text{ kJ} \cdot \text{mol}^{-1}$$

例 3-8　用分子轨道理论判断 H_2^+,He_2,He_2^+,C_2,B_2,Be_2,N_2^+,O_2^+ 等分子或离子能否存在,并写出各自的分子轨道表达式,指出键型和键级。

解:H_2^+:$[(\sigma_{1s})^1]$,一个单电子 σ 键,键级 = 1/2 = 0.5,存在;

He_2:$[(\sigma_{1s})^2(\sigma_{1s}^*)^2]$,成键与反键轨道能量抵消,键级 = (2-2)/2 = 0,不能存在;

He_2^+:$[(\sigma_{1s})^2(\sigma_{1s}^*)^1]$,一个三电子 σ 键,键级 = (2-1)/2 = 0.5,存在;

C_2:$[KK(\sigma_{2s})^2(\sigma_{2s}^*)^2(\pi_{2p_y})^2(\pi_{2p_z})^2]$,两个二电子 π 键,键级 = 4/2 = 2,存在;

B_2:$[KK(\sigma_{2s})^2(\sigma_{2s}^*)^2(\pi_{2p_y})^1(\pi_{2p_z})^1]$,两个单电子 π 键,键级 = 2/2 = 1,存在;

Be_2:$[KK(\sigma_{2s})^2(\sigma_{2s}^*)^2]$,成键与反键轨道能量抵消,键级 = (2-2)/2 = 0,不能存在;

N_2^+:$[KK(\sigma_{2s})^2(\sigma_{2s}^*)^2(\pi_{2p_y})^2(\pi_{2p_z})^2(\sigma_{2p_x})^1]$,两个二电子 π 键,一个单电子 σ 键,键级 = 5/2 = 2.5,存在;

O_2^+:$[KK(\sigma_{2s})^2(\sigma_{2s}^*)^2(\sigma_{2p_x})^2(\pi_{2p_y})^2(\pi_{2p_z})^2(\pi_{2p_y}^*)^1(\pi_{2p_z}^*)^1]$,一个二电子 π 键,一个二电子 σ 键,一个三电子 π 键,键级 = (6-1)/2 = 2.5,存在。

例 3-9　已知　$C(s,石墨) \longrightarrow C(g)$　　　$\Delta H^{\ominus}(升华) = 714.36 \text{ kJ} \cdot \text{mol}^{-1}$

$\qquad\qquad\qquad H_2(g) \longrightarrow 2H(g)$　　　$\Delta H^{\ominus}(键能) = 436.00 \text{ kJ} \cdot \text{mol}^{-1}$

$\qquad\qquad\qquad C(s,石墨) + 2H_2(g) \longrightarrow CH_4(g)$　　$\Delta_f H_m^{\ominus} = -74.81 \text{ kJ} \cdot \text{mol}^{-1}$

计算 $CH_4(g)$ 中 C—H 键平均键能 $E(C—H)$。

解:设计热力学循环如下:

$$
\begin{array}{ccccc}
C(s,石墨) & + & 2H_2(g) & \xrightarrow{\ \Delta_f H_m^{\ominus}\ } & CH_4(g) \\
\downarrow \Delta H^{\ominus}(升华) & & \downarrow 2\Delta H^{\ominus}(键能) & & \uparrow \Delta H^{\ominus} = -4E(C—H) \\
C(g) & + & 4H(g) & \longrightarrow & \\
\end{array}
$$

$$\Delta_f H_m^{\ominus} = \Delta H^{\ominus}(升华) + 2\Delta H^{\ominus}(键能) - 4E(C—H)$$

$$E(C—H) = [(714.36+2\times436.00+74.81)/4] kJ \cdot mol^{-1}$$
$$= 415.29 \ kJ \cdot mol^{-1}$$

例 3-10 试用价层电子对互斥理论判断下列分子或离子的几何构型：

CCl_4, CS_2, NH_4^+, SO_4^{2-}, PCl_3, PCl_5, AlF_6^{3-}, XeF_4, $XeOF_4$, H_2S

解：

分子或离子	m(键电子对)	n(孤电子对)	$VP=m+n$	VP 排布	几何构型
CCl_4	4	$(4-4)/2=0$	4	正四面体形	正四面体形
CS_2	2	$(4-2\times2)/2=0$	2	直线形	直线形
NH_4^+	4	$(5-4\times1-1)/2=0$	4	正四面体形	正四面体形
SO_4^{2-}	4	$(6-4\times2+2)/2=0$	4	正四面体形	正四面体形
PCl_3	3	$(5-3\times1)/2=1$	4	正四面体形	三角锥形
PCl_5	5	$(5-5\times1)/2=0$	5	三角双锥形	三角双锥形
AlF_6^{3-}	6	$(3-6\times1+3)/2=0$	6	正八面体形	正八面体形
XeF_4	4	$(8-4\times1)/2=2$	6	正八面体形	平面正方形
$XeOF_4$	5	$(8-2-4\times1)=1$	6	正八面体形	四方锥形
H_2S	2	$(6-2\times1)/2=2$	4	正四面体形	V 形

例 3-11 试用价层电子对互斥理论和杂化轨道理论讨论 BF_3 和 NF_3 分子的成键状况与几何构型。

解：根据价层电子对互斥理论

BF_3：$m=3$ $n=(3-3)/2=0$ $VP=3$

因为 $n=0$，所以 VP 排布与几何构型一致，为平面三角形；

NF_3：$m=3$ $n=(5-3)/2=1$ $VP=3+1=4$

VP 排布为正四面体形，由于有一对孤对电子，几何构型为三角锥形。

由于 BF_3 分子中 B 原子的电子构型为 $1s^2 2s^2 2p^1$，VP 排布为平面三角形，所以 B 原子以 sp^2 杂化轨道与 F 原子成键，即 B 原子的一个 2s 电子首先激发到空的 2p 轨道，而后 sp^2 杂化，形成三个呈平面三角形排布的单电子杂化轨道，与三个 F 原子的单电子轨道重叠形成三个 σ 键，形成平面三角形的 BF_3 分子。

NF_3 分子中 N 原子的电子构型为 $1s^2 2s^2 2p^3$，VP 排布为正四面体形，所以 N 原子以不等性 sp^3 杂化轨道与 F 原子成键，即 N 原子的一个 2s 电子首先激发到 2p 轨道，而后 sp^3 杂化，形成四个指向正四面体顶点的杂化轨道，由于其中一个杂化轨道电子已成对，因而只能与三个 F 原子的单电子轨道重叠形成三个 σ 键，形成 NF_3 分子，因而 NF_3 的几何构型为三角锥形。

例 3-12 根据分子几何构型和成键原子的电负性说明下列各对分子的偶极矩大小：

(1) HCl, HBr；(2) CO_2, SO_2；(3) CCl_4, CH_4；(4) NH_3, PH_3；(5) BF_3, NF_3。

解：（1）HCl 与 HBr 均为线形分子，Cl 的电负性大于 Br，所以 HCl 分子的极性大于 HBr，HCl 分子的偶极矩大于 HBr，$\mu(HCl) > \mu(HBr)$。

（2）CO_2 根据价层电子对互斥理论，$m=2$，$n=(4-2\times2)/2=0$，$VP=2$，为直线形分子，分子对称，正、负电荷中心重合，为非极性分子，偶极矩 $\mu=0$。

SO_2 根据价层电子对互斥理论，$m=2$，$n=(6-2\times2)/2=1$，$VP=3$，为 V 形分子，是极性分子，偶极矩 $\mu\neq0$。

所以 $\mu(SO_2)>\mu(CO_2)$。

（3）CCl_4 与 CH_4 分子均为正四面体形的非极性分子，所以 $\mu(CCl_4)=\mu(CH_4)$。

（4）NH_3 与 PH_3 分子均为三角锥形的极性分子，而 N 的电负性大于 P 的电负性，所以 N—H 键的极性大于 P—H 键的极性，$\mu(NH_3)>\mu(PH_3)$。

（5）BF_3 与 NF_3 分子的几何构型分别为平面三角形与三角锥形（见例 3-11），BF_3 分子为对称结构，键的极性相互抵消，所以 $\mu(NF_3)>\mu(BF_3)$。

例 3-13 C 与 Si 均为第四主族元素，试解释为什么 SiO_2 的熔点高达 1 710 ℃，而 CO_2 的熔点很低，常温下为气体。

解：因为 SiO_2 中的 Si 原子采用 sp^3 杂化轨道与四面体顶角上的 O 原子成键，Si—O 四面体在三维空间重复排列，构成巨型分子，其晶体为原子晶体，键能很大，所以 SiO_2 熔点很高。

而 CO_2 中的 C 原子采用 sp 杂化轨道与 O 原子成键，形成非极性的 CO_2 小分子，在低温时其晶体为分子晶体，分子间仅存在色散力，作用力较弱，温度略微升高，分子间力就被破坏而成单个 CO_2 分子，所以 CO_2 在常温时为气体。

例 3-14 用离子极化理论解释为什么 Na_2S 晶体易溶于水而 ZnS 晶体难溶水。

解：Na^+ 的电子构型为 $1s^22s^22p^6$，因而 Na^+ 为 8 电子构型，其极化能力很弱；S^{2-} 虽然变形性很大，但 Na^+ 的极化能力很弱，所以 Na_2S 晶体的极化作用很弱，是离子晶体，易溶于水。

Zn^{2+} 的电子构型为 $1s^22s^22p^63s^23p^63d^{10}$，为 18 电子构型，不仅极化能力很大，而且变形性也较大，有较强的附加极化作用；同时 S^{2-} 又有很大的变形性，所以 ZnS 晶体的离子极化作用很强，键型从离子键向共价键过渡，难溶于水。

例 3-15 判断下列各组化合物的熔点高低，并简要说明理由。

（1）SiF_4，$SiCl_4$；（2）H_2O，H_2S；（3）SiO_2，SO_2，O_3；（4）NaCl，CaO，MgO，CuCl。

解：（1）SiF_4 与 $SiCl_4$ 结构相同，均为非极性分子，其为分子晶体，分子晶体熔点的高低取决分子间作用力的大小。

因为 $M(SiCl_4)>M(SiF_4)$，所以熔点 $SiCl_4>SiF_4$。

（2）H_2O 与 H_2S 均为极性分子，为分子晶体，按理由于 $M(H_2S)>M(H_2O)$，H_2S 的熔点应高于 H_2O。但由于 H_2O 分子间存在很强的氢键，晶体在熔化过程中还得克服氢键的作用，所以实际熔点 $H_2O>H_2S$。

（3）SiO_2 是原子晶体，而 SO_2 和 O_3 是分子晶体，原子晶体熔点高于分子晶体；SO_2 分子极性和相对分子质量大于 O_3，SO_2 熔点高于 O_3；所以熔点 $SiO_2>SO_2>O_3$。

（4）NaCl，CaO，MgO，CuCl 为离子晶体，CuCl 中 Cu^+ 为 18 电子构型，有较大的极化能力和附加极化作用,Cl^-也有一定的变形性,所以 CuCl 的极化作用较大,熔点最低。NaCl,CaO,MgO 为典型离子晶体,熔点依据晶格能的大小判断,晶格能的大小与离子电荷成正比,与正、负离子半径之和成反比。NaCl 为一价离子,晶格能小于 CaO,MgO;熔点低于 CaO,MgO;CaO,MgO 均为二价离子,但 Mg^{2+}半径小于 Ca^{2+},所以 MgO 晶格能大于 CaO,MgO 熔点高于 CaO。

所以熔点 MgO>CaO>NaCl>CuCl。

例 3-16   用晶体场理论解释 $Cu(NH_3)_4SO_4 \cdot H_2O$ 晶体是深蓝色的,而 $CuSO_4 \cdot 5H_2O$ 晶体是蓝色的。

解:$Cu(NH_3)_4SO_4 \cdot H_2O$ 的结构式为 $[Cu(NH_3)_4]SO_4 \cdot H_2O$,$CuSO_4 \cdot 5H_2O$ 的结构式为 $[CuSO_4(H_2O)_4] \cdot H_2O$。由于配体 NH_3 的场强比 H_2O 强,产生的分裂能也比较大,发生跃迁时,吸收光的波长比较短,前者吸收橙黄色的光(最大吸收在 622 nm),因此 $Cu(NH_3)_4SO_4 \cdot H_2O$ 晶体的颜色为深蓝色;后者吸收红橙色的光(最大吸收在 793 nm),因此 $CuSO_4 \cdot 5H_2O$ 晶体的颜色为蓝色。

思考题解答

3-1   试区别:

(1)线状光谱与连续光谱   (2)基态与激发态

(3)概率与概率密度   (4)电子云与原子轨道

【解答或提示】 (1)通过三角棱镜的分光作用,可使太阳或白炽灯发出的白光,形成红、橙、黄、绿、青、蓝、紫等连续波长的光谱,这种光谱叫连续光谱。气体原子(离子)受激发后产生不同种类的光,这些光经过三角棱镜分光后,得到分立的、彼此间隔的线状光谱或者称原子光谱。相对连续光谱,原子光谱为不连续光谱。

(2)原子处于最低的能量状态称为基态。处于最低能量状态的原子称为基态原子。基态原子的电子吸收能量后,电子跃迁至较高能级时的状态,处于较高能量状态(相对基态而言)则为激发态,处于激发态的原子称为激发态原子。

(3)概率是可能性的大小。概率密度是概率的疏密程度,即 $|\psi|^2$,或用电子云点的疏密表示概率密度的大小。

(4)通常人们把描述电子运动状态的波函数 ψ,称为原子轨道,它没有具体的物理意义。而 $|\psi|^2$ 有具体的物理意义,它代表核外空间某点电子出现的概率密度,可用点的疏密来表示 $|\psi|^2$ 值的大小,由此得到的图称电子云图,因此电子云是 $|\psi|^2$ 概率密度的形象化描述,$|\psi|^2$ 也称为电子云。

3-2   玻尔理论如何解释氢原子光谱是线状光谱?该理论有何局限性?

【解答或提示】 玻尔理论不但回答了氢原子稳定存在的原因,而且还成功地解释了氢原子和类氢原子的光谱现象。氢原子在正常状态时,核外电子处于能量最低的基态,在该状态下运动的电子既不吸收能量,也不放出能量,电子的能量不会减少,因而不会落到原子核上,原子不会毁灭。当氢原子从外界获得能量时,电子就会跃迁到能量较高的激发态,处于激发态的电子不稳定,就会自发地跃迁回能量较低的轨道,同时将能量以光的形式发射出来。由于两个轨道即两个能级间的能量差是确定的,且轨道的能量是不连续的,所以发射出光的频率有确定值,而且是不连续的,因此得到的氢原子光谱是线状光谱。

但是玻尔理论却无法说明多电子原子的光谱,甚至不能说明氢原子光谱的精细结构。也就是说,玻尔理论虽然引用了普朗克的量子化概念,却没有跳出经典力学的范围。而电子的运动并不遵循经典物理学的力学定律,而是具有微观粒子所特有的规律性,即波粒二象性。

3-3　试述下列名词的意义:

（1）能级交错　（2）量子化　（3）波粒二象性　（4）简并轨道　（5）泡利不相容原理　（6）洪德规则　（7）屏蔽效应　（8）电离能　（9）电负性　（10）镧系收缩

【解答或提示】（1）能级交错是指电子层数较大的某些轨道的能量反而低于电子层数较小的某些轨道的能量的现象。如 $E_{4s}<E_{3d}$。

（2）物理量只能采取某些分离数值的特征称为量子化。

（3）波粒二象性是量子粒子的特征,它是指微观粒子基于不同的环境,有时表现出波动性,而有时表现出粒子性。

（4）简并轨道是指原子中能量相同的一组轨道。

（5）在同一原子中不可能有四个量子数完全相同的两个电子存在,这就是泡利不相容原理。

（6）电子在能量相同的轨道（即简并轨道）上排布时,总是尽可能以自旋相同的方式分占不同的轨道,这就是洪德规则。

（7）在多电子原子中,电子除受到原子核的吸引外,还受到其他电子的排斥,其余电子对指定电子的排斥作用可看成是抵消部分核电荷的作用,从而削弱了核电荷对某电子的吸引力,使作用在某电子上的有效核电荷下降。这种抵消部分核电荷的作用叫屏蔽效应。

（8）使基态的气态原子失去一个电子,形成+1氧化态气态离子所需要的能量,称为第一电离能。电离能的大小反映了原子失去电子的难易程度。电离能越小,原子越容易失去电子,元素的金属性越强。

（9）元素的电负性是指元素的原子在分子中吸引电子能力的相对大小。反映元素金属性和非金属性的强弱。

（10）镧系元素从 La 到 Lu 整个系列的原子半径逐渐收缩,镧系以后的各元素如 Hf,Ta,W 等原子半径也相应缩小,致使它们的半径与上一个周期的同族元素 Zr,Nb,Mo 非常接近,相应的性质也非常相似。镧系相邻元素之间半径差值对于非过渡金属及其他过渡金属来说是反常的,这种现象称之为镧系收缩。

3-4　电子等实物微粒运动有何特性? 电子运动的波粒二象性是通过什么实验得到证实的?

【解答或提示】实物微粒运动特征是波粒二象性、量子化、具有统计性（概率波）。电子运动的波粒二象性可通过电子衍射实验和光电效应来验证。

3-5　试述四个量子数的意义及它们的取值规则

【解答或提示】主量子数(n)　n的取值为$1,2,3,4,\cdots$。n值越大,电子离核越远,能量越高。

轨道角动量量子数(l)　l的取值受n的限制,l可取的数为$0,1,2,\cdots,n-1$,共可取n个值。l不同,电子云的形状不同。在多电子原子中,当n相同时,不同的轨道角动量量子数l(即不同的电子云形状)也影响电子的能量大小。

磁量子数(m)　m的量子化条件受l值的限制,m的取值为$0,\pm1,\pm2,\pm3,\cdots,\pm l$,共可取$2l+1$个值。$m$值反映原子轨道或电子云在空间的伸展方向,即取向数目。

自旋角动量量子数(s_i)　量子力学用自旋角动量量子数$s_i=+1/2$或$s_i=-1/2$分别表示电子的两种不同的自旋运动状态。

3-6　试述原子轨道与电子云的角度分布图的含义有何不同,两种角度分布的图形有何差异?

【解答或提示】原子轨道角度分布图是指波函数的角度部分$Y_{l,m}(\theta,\phi)$随θ,ϕ变化的图像,电子云的角度分布图是指波函数的角度部分$Y_{l,m}(\theta,\phi)$模的平方($|Y|^2$)随θ,ϕ变化的图像。

两种角度分布的图形是相似的,主要区别在于:

(1)原子轨道角度分布图是指波函数中的$Y_{l,m}(\theta,\phi)$,有正、负之分,而电子云的角度分布图$|Y|^2$无正、负号,因为$|Y|^2$总是大于0

(2)因为$0<Y<1$,$|Y|^2$必定小于Y,因此,电子云的角度分布图比原子轨道角度分布图"瘦"一些。

3-7　多电子原子核外电子的填充依据什么规则?在能量相同的简并轨道上电子如何排布?

【解答或提示】依据的原则:能量最低原理、泡利不相容原理、洪德规则。

在能量相同的简并轨道上,电子首先分占各个轨道,然后再自旋方向相反配对。

3-8　什么叫电离能?它的大小与哪些因素有关?它与元素的金属性有什么关系?

【解答或提示】电离能是基态的气态原子失去电子变为气态离子所需要的能量,单位为$kJ\cdot mol^{-1}$。对于多电子原子,处于基态的气态原子生成气态离子所需要的能量,称为第一电离能,常用符号I_1表示。影响电离能大小的因素是:原子的有效核电荷、原子半径和原子的核外电子构型。电离能可以比较气态原子失去电子的难易,电离能越大,原子越难失去电子,其金属性越弱;反之金属性越强。所以它可以比较元素的金属性强弱。

3-9　原子半径通常有哪几种?其大小与哪些因素有关?

【解答或提示】原子半径通常有三种:共价半径、金属半径和范德瓦耳斯半径。原子半径的大小主要取决于原子的有效核电荷和核外电子层结构。

3-10　试举例说明元素性质的周期性递变规律,短周期与长周期元素性质的递变有何差异?主族元素与副族元素的性质递变有何差异?

【解答或提示】元素性质的周期性递变规律可主要从有效核电荷、原子半径、电离能、电子亲和能、电负性几个方面进行讨论。例如,第二周期,随着有效核电荷的增加,从 Li 到 F,原子半径从 152 pm 逐渐减小到 64 pm。长周期中,过渡元素由于有效核电荷的递增不明显,原子半径减小缓慢,甚至到 ⅠB、ⅡB 元素时,原子半径还略微增加。镧系收缩是镧系元素的原子半径和离子半径随着原子序数的增加而逐渐减小的现象。原子半径收缩得较为缓慢,相邻原子半径之差仅为 1 pm 左右,但从 La～Lu 经历 14 个元素,原子半径收缩累计约 14 pm。离子半径收缩要比原子半径明显得多。也由于镧系收缩,镧系以后的各元素如 Hf、Ta、W 等原子半径也相应缩小,致使它们的半径与上一周期的同族元素 Zr、Nb、Mo 等非常接近,性质也非常相似,在自然界中常共生,较难分离。

3-11 化学键的本质是什么? 一般有几种类型? 原子在分子中吸引电子能力的大小用什么来衡量?

【解答或提示】 化学键的本质:化学键在本质上是电性的,原子在形成分子时,外层电子发生了重新分布(转移、共用、偏移等),从而产生了正、负电性间的强烈作用力。但这种正、负电性间强烈作用力(电性作用)的方式和程度有所不同,所以又可将化学键分为离子键、共价键和金属键等。原子在分子中吸引电子能力的大小用电负性来表达。

3-12 根据元素的电负性及在周期表中的位置,指出哪些元素间易形成离子键,哪些元素间易形成共价键?

【解答或提示】 两个元素间电负性的差值>1.7,形成的化学键一般为离子键;两个元素间电负性的差值<1.7,形成的化学键一般为共价键。具体事例:略。

3-13 共价键的强度可用什么物理量来衡量? 试比较下列各物质的共价键强度,按由强到弱排列:H_2、F_2、O_2、HCl、N_2、C_2、B_2。

【解答或提示】 共价键的强度可用键能来衡量,一般来说键能越大,化学键越牢固。

共价键	键能/($kJ \cdot mol^{-1}$)
H—H	436.00
F—F	156.9±9.6
O—O	493.71±0.17
H—Cl	431.4
N≡N	948.9±6.3
C=C	610.0
B—B	297

共价键强度,按由强到弱排列为 N_2,C_2,O_2,H_2,HCl,B_2,F_2。

3-14 区别下列名词与术语:

(1)孤电子对与键电子对　(2)有效重叠与无效重叠　(3)原子轨道与分子轨道

(4)成键轨道与反键轨道　(5)σ 键与 π 键　(6)极性键与非极性键

(7)单键与单电子键　(8)三键与三电子键　(9)共价键与配位键

（10）键能与键级　　　　　（11）氢键与化学键　　　　（12）极性分子与非极性分子

（13）杂化轨道与分子轨道　　　　　　　　　　　　　（14）偶极矩与极化率

（15）固有偶极、诱导偶极与瞬时偶极　　　　　　　　（16）sp、sp²、sp³ 杂化

【解答或提示】 略。

3-15　下列叙述是否正确？若不正确则改正。

（1）s 电子与 s 电子间形成的是 σ 键，p 电子与 p 电子间形成的是 π 键；

（2）sp³ 杂化轨道指的是 1s 轨道和 3p 轨道混合形成 4 个 sp³ 杂化轨道。

【解答或提示】（1）不正确。s 电子与 s 电子间形成的是 σ 键，而 p 电子与 p 电子间既可以形成 σ 键也可以形成 π 键。

（2）不正确。sp³ 杂化轨道指的是能量相近的 1 个 s 轨道和 3 个 p 轨道相互叠加、混合形成 4 个 sp³ 杂化轨道。

3-16　常见晶体有哪几种基本类型？各类晶体性质如何？

【解答或提示】 常见的四种基本晶体类型：离子晶体、原子晶体、分子晶体和金属晶体，另外还有过渡型晶体和混合型晶体。

各类晶体性质

晶体类型		离子晶体	原子晶体	分子晶体	金属晶体
晶格离子		正、负离子	原子	极性或非极性分子	原子、正离子
晶粒间作用力		离子键	共价键	分子间力（非极性分子色散力）	金属键
物理性质	熔点、沸点，挥发性	熔点较高，沸点高，一般为低挥发性	熔、沸点高，无挥发性	低熔点、沸点，高挥发性	一般为高熔点、沸点，但有些为低熔点、沸点
	硬度	硬	很硬	软	一般高硬度，但个别较软，如 Sn
	机械加工性	差	差	脆	一般较好
	导电、导热性	固态不导电，熔化或溶于水导电	非导体或半导体（半导体导电）	非导体（极性分子晶体不导电，溶于水导电）	良导体
	溶解性	一般能溶于水，但晶格能太大难溶	不溶	极性分子易溶于极性溶剂，非极性分子易溶于非极性溶剂	不溶
	实例	NaCl，KNO₃，CaCl₂，MgO	金刚石，晶体硅，SiC，SiO₂，B₄C	SO₂，NH₃，冰，干冰，I₂	各种金属及合金

3-17　AB 型离子晶体有哪几种常见构型？用什么方法判断？

【解答或提示】　AB 型离子晶体最常见的基本结构有 NaCl 型、CsCl 型和 ZnS 型三种典型结构。根据正、负离子半径比与配位数的关系确定 AB 型离子晶体构型

r_+/r_-	配位数	晶体构型
0.225~0.414	4	ZnS 型
0.414~0.732	6	NaCl 型
0.732~1.00	8	CsCl 型

3-18　离子键无饱和性和方向性，而离子晶体中每个离子有确定的配位数，二者有无矛盾？

【解答或提示】　二者无矛盾。离子键无饱和性和方向性是由离子特征决定的。只要离子晶体里自带有不同电性的电荷就会有库仑作用，无论周围有多少带有相异电荷的离子，都会产生库仑吸引力，这就是所谓的离子键不饱和性；而电荷相异的离子在任意方向都可以有这种作用，即没有固定方向，也就是说无方向性。而离子在离子晶体中由于空间条件及离子本身大小的限制，使一个离子周围只能有确定数目的异号离子，即配位数一定。但相邻的离子间库仑引力依然存在，故二者不矛盾。

3-19　什么叫离子极化？离子极化作用对离子晶体的性质有何影响？

【解答或提示】　离子极化指的是在离子化合物中，一个离子处于外电场中时，正、负电荷中心发生位移，使正、负离子之间在原静电相互作用的基础上又附加一新的作用，产生诱导偶极，这一过程称为离子的极化。离子极化的结果使离子化合物中离子键成分减少，而共价键成分增加，从而产生一定的结构效应，影响化合物的物理、化学性质。例如，离子极化导致化合物在水中溶解度下降，熔点、沸点逐渐降低，等等。

3-20　解释下列现象：

（1）实验测定 AgI 晶体的配位数为 4:4，与其半径比结果不一致；

（2）NaCl 晶体易敲碎，而 Al、Ag、Cu 等金属晶体能打成薄片；

（3）MgO 可作耐火材料，石墨可作固体润滑剂，Cu(s) 能作导体；

（4）$BaSO_4$ 难溶于水，BaI_2 易溶于水，HgI_2 难溶于水，NH_3 易溶于水，CCl_4 难溶于水；

（5）HF 沸点高于 HCl，而 HCl 沸点低于 HI。

【解答或提示】　（1）如 AgI，按正、负离子半径比为 0.56，应属于 NaCl 型，但实测键长 299pm，远小于离子半径之和 337pm，键型已成为共价型，属于 ZnS 型晶体。

（2）NaCl 为离子晶体，略硬而脆，而 Al、Ag、Cu 等为金属晶体，机械加工性好。

（3）MgO 属于离子晶体，熔点较高，可作耐火材料；石墨为片状结构，层与层仅通过作用力较小的分子间作用力互相结合，当石墨受到平行于层结构的外力时，层与层间容易移动，这是石墨作为固体润滑剂的原因。Cu 属于金属晶体，具有较好的机械加工性能和导电性。

（4）碱土金属硫酸盐的溶解度随离子半径变化的规律有关，钡离子和硫酸根离子的半径可以使它们结合得非常牢固，所以很难被水分子解离，另外，$BaSO_4$ 的晶格能非常大，也影响

$BaSO_4$ 的溶解;BaI_2 是离子晶体,易溶于水;HgI_2 由于极化,键型由离子键转为共价键,又由于属于非极性分子,故难溶于极性的水;NH_3 是极性分子,且氨与水之间存在氢键,故氨易溶于极性的水中;CCl_4 属于非极性分子,难溶于极性的水。

(5) 极性分子间存在分子间作用力,而且以色散力为主,考虑色散力因素,沸点从低到高排序为:HF<HCl<HI,但由于 HF 分子间存在极强的氢键,使得 HF 沸点增高,既高于 HCl,也高于 HI。

3-21　下列说法是否正确?为什么?

(1) 极性分子之间只存在取向力,极性分子与非极性分子之间只存在诱导力,非极性分子之间只存在色散力;

(2) 氢键就是氢与其他元素间形成的化学键;

(3) 极性键构成极性分子,非极性键构成非极性分子;

(4) 偶极矩大的分子,正、负电荷中心离得远,所以极性大。

【解答或提示】 (1) 错。极性分子之间存在取向力、诱导力和色散力,极性分子与非极性分子之间存在诱导力和色散力,非极性分子之间只存在色散力。

(2) 错。形成氢键需要满足两个条件:一是氢原子与电负性大的原子 X 形成共价键;二是有另一个电负性大的原子 Y 且有孤电子对(X 有孤电子对也可与氢形成氢键)。

(3) 错。极性键构成的分子,如果结构不对称,则是极性分子(如 NH_3),如果结构对称,则是非极性分子(如 BCl_3)。

(4) 正确。

3-22　从电子排布指出价带、导带、禁带、满带和空带的区别。

【解答或提示】 满带,由已充满电子的轨道组成的低能量能带;导带,由未充满电子的轨道所形成的能带,也叫价带;空带,高能量没有填充电子的空轨道组成的能带;禁带,满带与导带间电子不允许存在的能量间隔区域。

3-23　试分析温度对导体和半导体的导电性的影响。

【解答或提示】 半导体的能带特征是价带也是满带。当温度升高时,通过热激发电子可以较容易地从价带跃迁到空带上,使空带中有了部分电子,使半导体导电性增强。而金属的导电性和半导体的导电性不同,在温度升高时,由于系统内质点的热运动加快。增大了电子运动的阻力,所以温度升高时,金属的导电性是减弱的。

3-24　举例说明下列术语的含义:

(1) 配体与配位原子　　　　(2) 配位数与配位比

(3) 单齿配体与多齿配体　　(4) 螯合物与螯合剂

【解答或提示】 (1) 在内界中与形成体结合的、含有孤电子对的中性分子或阴离子称为配体。如 NH_3,H_2O,CN^-,X^-(卤素阴离子)等。配体中具有孤电子对的,直接与中心离子以配位键结合的原子称为配位原子。它们大多是电负性较强的非金属原子。

(2) 与形成体直接以配位键键合的配位原子数称为形成体的配位数。如果是单齿配体,那么配位数就是配体的数目;如果配体是多齿的,那么配位数则是配体的数目与配位原子数的乘积。配位比是指中心离子的数目与配体数目之比。例略。

（3）只以一个配位原子和中心离子（或原子）配位的配体称单齿配体,如 NH_3。由两个或两个以上的配合原子同时和一个中心离子（或原子）配位的配体称多齿配体,如 en,EDTA 等。

（4）螯合物是由多齿配体与中心离子形成的配合物,具有环状结构特征,如 CuEDTA。能生成螯合物的配体物质叫螯合剂,也称为络合剂,如 EDTA。

3-25　配合物价键理论的要点是什么? 该理论如何说明配合物的稳定性和空间构型? 举例说明。

【解答或提示】配合物价键理论的要点:（1）在配合物中,中心离子 M（或原子）与配体 L 以配位键结合。配体提供孤电子对,是电子的给予体,中心离子提供空轨道,接受配体提供的孤电子对,是电子对的接受体。两者形成配位键。（2）为增强成键能力,中心离子用能量相近的轨道杂化,以杂化的空轨道接受配体提供的孤电子对形成配位键。

配离子的空间构型、配位数、稳定性等主要取决于杂化轨道的数目和类型。例如,同样都是六配位的 $[Fe(CN)_6]^{3-}$ 和 $[FeF_6]^{3-}$,采用的都是 1 个 s 轨道、3 个 p 轨道和 2 个 d 轨道,但是,$[Fe(CN)_6]^{3-}$ 采用的是 d^2sp^3 杂化,属于内轨型,而 $[FeF_6]^{3-}$ 采用的是 sp^3d^2 杂化,属于外轨型。尽管空间构型都是正八面体,但由于 $[Fe(CN)_6]^{3-}$ 内轨型杂化,体系能量要比 $[FeF_6]^{3-}$ 稳定得多。

3-26　试用晶体场理论说明 $[Cr(NH_3)_6]^{3+}$ 中 Cr(Ⅲ)的 d 轨道电子的排布情况,如果用 Br^- 代换 NH_3,情况将如何? 分裂能增大还是减小?

【解答或提示】$[Cr(NH_3)_6]^{3+}$ 中 Cr(Ⅲ)的 d 轨道电子的排布:$t_{2g}^3e_g^0$,如果用 Br^- 替换 NH_3,则 $[CrBr_6]^{3-}$:$t_{2g}^3e_g^0$。d 电子排布尽管没有变化,但由于 Br^- 系较弱配体场,故分裂能减小。

习 题 解 答

3-1　计算氢原子核外电子从第三能级跃迁到第二能级时产生的谱线 H_α 的波长与频率。

解:

$$\nu = R_H\left(\frac{1}{n_1^2} - \frac{1}{n_2^2}\right)$$

$$= 3.289\times10^{15}\left(\frac{1}{2^2} - \frac{1}{3^2}\right)\ s^{-1}$$

$$= 4.57\times10^{14}\ s^{-1}$$

$$\lambda = \frac{c}{\nu}$$

$$= \frac{2.998\times10^8\ m\cdot s^{-1}}{4.57\times10^{14}\ s^{-1}}$$

$$= 6.56\times10^{-7}\ m$$

$$= 656\ nm$$

3-2　计算氢原子的电离能 $I(\text{kJ}\cdot\text{mol}^{-1})$。

解：

$$I=\Delta E=h\nu$$

$$=6.626\times10^{-34}\text{ J}\cdot\text{s}\times3.289\times10^{15}\text{ s}^{-1}(1/1^2-1/\infty)$$

$$=2.179\times10^{-18}\text{ J}$$

3-3　下列各组量子数哪些是不合理的？为什么？

	n	l	m
(1)	2	1	0
(2)	2	2	-1
(3)	2	3	+2

解：(1) 合理；(2) l 取值不合理，应小于 n；

(3) l、m 取值不合理，l 应小于 n，m 取值为 $0,\pm1,\pm2,\cdots,\pm l$。

3-4　量子数为 $n=3,l=2,m=2$ 的能级可允许的最多电子数为多少？

解：2。

3-5　用合理的量子数表示：

(1) 3d 能级　(2) $4s^1$ 电子　(3) 3p 电子　(4) 5f 电子

解：(1) 3d 能级：$n=3,l=2$；(2) $4s^1$ 电子：$n=4,l=0,m=0$；(3) 3p 电子：$n=3,l=1,m=0,\pm1$；(4) 5f 电子：$n=5,l=4,m=0,\pm1,\pm2,\pm3,\pm4$。

3-6　分别写出下列元素基态原子的电子排布式，并分别指出各元素在元素周期表中的位置。

$$_9\text{F}\qquad_{10}\text{Ne}\qquad_{25}\text{Mn}\qquad_{29}\text{Cu}\qquad_{24}\text{Cr}\qquad_{55}\text{Cs}\qquad_{71}\text{Lu}$$

解：

$_9\text{F}$	$1s^22s^22p^5$	第二周期ⅦA族	$_{10}\text{Ne}$	$[\text{He}]2s^22p^6$	第二周期ⅧA族
$_{25}\text{Mn}$	$[\text{Ar}]3d^54s^2$	第四周期ⅦB族	$_{29}\text{Cu}$	$[\text{Ar}]3d^{10}4s^1$	第四周期ⅠB族
$_{24}\text{Cr}$	$[\text{Ar}]3d^54s^1$	第四周期ⅥB族	$_{55}\text{Cs}$	$[\text{Xe}]6s^1$	第六周期ⅠA族
$_{71}\text{Lu}$	$[\text{Xe}]4f^{14}5d^16s^2$	第六周期ⅢB族			

3-7　以(1)为例，完成下列(2)～(4)题。

(1) $\text{Na}(Z=11)$　　$[\text{Ne}]3s^1$　　　　　(3) _____$(Z=24)$　$[?]3d^54s^1$

(2) _____$1s^22s^22p^63s^23p^3$　　(4) $\text{Kr}(Z=\underline{\quad})$　$[?]3d^{10}4s^24p^6$

解：

(1) $\text{Na}(Z=11)$　　$[\text{Ne}]3s^1$　　　　　(3) ___Cr___$(Z=24)$　$[\text{Ar}]3d^54s^1$

(2) ___P$(Z=15)$___　$1s^22s^22p^63s^23p^3$　　(4) $\text{Kr}(Z=\underline{36})$　$[\text{Ar}]3d^{10}4s^24p^6$

3-8　写出下列离子的最外层电子排布式：

$$\text{S}^{2-}\qquad\text{K}^+\qquad\text{Pb}^{2+}\qquad\text{Ag}^+\qquad\text{Mn}^{2+}\qquad\text{Co}^{2+}$$

解：

S^{2-}	K^+	Pb^{2+}	Ag^+	Mn^{2+}	Co^{2+}
$3s^23p^6$	$3s^23p^6$	$6s^2$	$4s^24p^64d^{10}$	$3s^23p^63d^5$	$3s^23p^63d^7$

3-9 已知某副族元素 A 的原子,电子最后填入 3d 轨道,最高氧化数为 4;元素 B 的原子,电子最后填入 4p 轨道,最高氧化数为 5。

（1）写出 A、B 元素原子的电子排布式。

（2）根据电子排布,指出它们在元素周期表中的位置(周期、区、族)。

解:A 原子最后电子填入 3d 轨道,应为第四周期 d 或 ds 区元素,最高氧化数为 4,其价电子构型应为 $3d^2 4s^2$,为 $_{22}$Ti 元素。

B 原子最后电子填入 4p 轨道,应为第四周期 p 区元素,最高氧化数为 5,其价电子构型为 $4s^2 4p^3$,应为 $_{33}$As 元素。

（1）$_{22}$Ti:$[Ar]3d^2 4s^2$;$_{33}$As:$[Ar]4s^2 4p^3$。

（2）$_{22}$Ti:位于第四周期 d 区 ⅣB 族;$_{33}$As:位于第四周期 p 区 ⅤA 族。

3-10 试完成下表。

原子序数	价电子构型	各层电子数	周期	族	区
11					
21					
35					
48					
60					
82					

解:

原子序数	价电子构型	各层电子数	周期	族	区
11	$3s^1$	2,8,1	3	ⅠA	s
21	$3d^1 4s^2$	2,8,9,2	4	ⅢB	d
35	$4s^2 4p^5$	2,8,18,7	4	ⅦA	p
48	$4d^{10} 5s^2$	2,8,18,18,2	5	ⅡB	ds
60	$4f^4 6s^2$	2,8,18,22,8,2	6	ⅢB	f
82	$6s^2 6p^2$	2,8,18,32,18,4	6	ⅣA	p

3-11 第四周期的 A、B、C 三种元素,其价电子数依次为 1、2、7,其原子序数按 A、B、C 顺序增大。已知 A、B 次外层电子数为 8,而 C 次外层电子数为 18,根据结构判断:

（1）C 与 A 的简单离子是什么?

（2）B 与 C 两元素间能形成何种化合物? 试写出化学式。

解:依题意,A 应为 ^{19}K,B 应为 ^{20}Ca,C 应为 ^{35}Br。

（1）C 与 A 的简单离子是 Br^- 与 K^+;

（2）B 与 C 两元素间能形成离子型化合物:$CaBr_2$。

3-12　指出第四周期中具有下列性质的元素,并用元素符号表示。

(1) 最大原子半径　(2) 最大电离能　　(3) 最强金属性

(4) 最强非金属性　(5) 最大电子亲和势　(6) 化学性质最不活泼

解:(1) 最大原子半径:K;(2) 最大电离能:Kr;(3) 最强金属性:K;

(4) 最强非金属性:Br;(5) 最大电子亲和势:Br;(6) 化学性质最不活泼:Kr。

3-13　元素的原子其最外层仅有一个电子,该电子的量子数是 $n=4, l=0, m=0, s_i=+1/2$,问:

(1) 符合上述条件的元素有几种? 原子序数各为多少?

(2) 写出相应元素原子的电子排布式,并指出其在元素周期表中的位置。

解:(1) 符合上述条件的元素有三种:K、Cr、Cu;原子序数分别为 19、24、29。

(2) 相应元素原子的电子排布式为:$[Ar]4s^1$,$[Ar]3d^54s^1$,$[Ar]3d^{10}4s^1$。

分别位于元素周期表中第四周期的 s 区 I A、d 区 VIB、ds 区 I B。

3-14　在下面的电子构型中,通常第一电离能最小的原子具有哪一种构型?

(1) ns^2np^3　(2) ns^2np^4　(3) ns^2np^5　(4) ns^2np^6

解:通常第一电离能最小的原子具有 ns^2np^4 构型,该构型原子失去一个电子后成为 np 半满稳定构型,故其电离能较小。

3-15　某元素的原子序数小于 36,当此元素原子失去 3 个电子后,它的轨道角动量量子数等于 2 的轨道内电子数恰好半满:

(1) 写出此元素原子的电子排布式;

(2) 此元素属哪一周期、哪一族、哪一区? 写出其元素符号。

解:原子序数小于 36 应为前四周期元素;轨道角动量量子数等于 2,$l=2$,应为 d 轨道,前四周期只有第四周期有 d 轨道,因而应为第四周期元素。

(1) 失去 3 个电子后,3d 轨道内电子数半满,该元素应有 $3d^64s^2$ 构型,该元素原子的电子排布式应为 $[Ar]3d^64s^2$。

(2) 该元素属第四周期VIII族 d 区,元素符号 Fe。

3-16　写出下列元素中第一电离能最大和最小的元素。

(1) K　(2) Ca　(3) Na　(4) Mg　(5) N　(6)　P　(7) Al　(8) Si

解:电离能在元素周期表中从上到下下降,从左到右递增。所以第一电离能最大的是 N,第一电离能最小的是 K。

3-17　已知 $H_2O(g)$ 和 $H_2O_2(g)$ 的 $\Delta_f H_m^\ominus$ 分别为 $-241.8\ kJ\cdot mol^{-1}$ 和 $-136.3\ kJ\cdot mol^{-1}$;$H_2(g)$ 和 $O_2(g)$ 的解离能分别为 $436\ kJ\cdot mol^{-1}$ 和 $493\ kJ\cdot mol^{-1}$,求 H_2O_2 中 O—O 键的键能。

解:

$$H_2(g) + \frac{1}{2}O_2(g) \xrightarrow{\Delta_f H_m^\ominus(H_2O)} H_2O(g)$$

$$\Delta_f H_m^\ominus(H_2O) + 2\Delta H_b^\ominus(H-O) = \Delta H_b^\ominus(H-H) + \frac{1}{2}\Delta H_b^\ominus(O-O)$$

$$2\Delta H_b^{\ominus}(\text{H—O}) = \Delta H_b^{\ominus}(\text{H—H}) + 1/2\Delta H_b^{\ominus}(\text{O—O}) - \Delta_f H_m^{\ominus}(\text{H}_2\text{O})$$
$$= \left[436 + (1/2) \times 493 - (-241.8)\right] \text{kJ} \cdot \text{mol}^{-1}$$
$$= 924.3 \text{ kJ} \cdot \text{mol}^{-1}$$

$$\text{H}_2(\text{g}) + \text{O}_2(\text{g}) \xrightarrow{\Delta_f H_m^{\ominus}(\text{H}_2\text{O}_2)} \text{H}_2\text{O}_2(\text{g})$$

$$\downarrow \Delta H_b^{\ominus}(\text{H—H}) \qquad \downarrow \Delta H_b^{\ominus}(\text{O—O})$$

$$2\text{H}(\text{g}) + 2\text{O}(\text{g}) \longleftarrow \qquad \Delta_r H_m^{\ominus}$$

$$\Delta_f H_m^{\ominus}(\text{H}_2\text{O}_2) + \Delta_r H_m^{\ominus} = \Delta H_b^{\ominus}(\text{H—H}) + \Delta H_b^{\ominus}(\text{O—O})$$
$$\Delta_r H_m^{\ominus} = \Delta H_b^{\ominus}(\text{H—H}) + \Delta H_b^{\ominus}(\text{O—O}) - \Delta_f H_m^{\ominus}(\text{H}_2\text{O}_2)$$
$$= \left[436 + 493 - (-136.3)\right] \text{kJ} \cdot \text{mol}^{-1}$$
$$= 1\,065.3 \text{ kJ} \cdot \text{mol}^{-1}$$
$$\Delta_r H_m^{\ominus} = 2\Delta H_b^{\ominus}(\text{H—O}) + \Delta H_b^{\ominus}(\text{—O—O—})$$
$$\Delta H_b^{\ominus}(\text{—O—O—}) = \Delta_r H_m^{\ominus} - 2\Delta H_b^{\ominus}(\text{H—O})$$
$$= (1\,065.3 - 924.3) \text{kJ} \cdot \text{mol}^{-1}$$
$$= 141 \text{ kJ} \cdot \text{mol}^{-1}$$
$$= E(\text{—O—O—})$$

3-18 已知 $\text{NH}_3(\text{g})$ 的 $\Delta_f H_m^{\ominus} = -46 \text{ kJ} \cdot \text{mol}^{-1}$，$\text{H}_2\text{N—NH}_2(\text{g})$ 的 $\Delta_f H_m^{\ominus} = 95 \text{ kJ} \cdot \text{mol}^{-1}$，$E(\text{H—H}) = 436 \text{ kJ} \cdot \text{mol}^{-1}$，$E(\text{N}\equiv\text{N}) = 946 \text{ kJ} \cdot \text{mol}^{-1}$。计算 $E(\text{N—H})$ 和 $E(\text{H}_2\text{N—NH}_2)$。

解：
$$\frac{1}{2}\text{N}_2(\text{g}) + \frac{3}{2}\text{H}_2(\text{g}) \xrightarrow{\Delta_f H_m^{\ominus}(\text{NH}_3)} \text{NH}_3(\text{g})$$

$$\downarrow \frac{1}{2}\Delta H_b^{\ominus}(\text{N}_2) \qquad \downarrow \frac{3}{2}\Delta H_b^{\ominus}(\text{H}_2)$$

$$\text{N}(\text{g}) + 3\text{H}(\text{g}) \longleftarrow \qquad 3\Delta H_b^{\ominus}(\text{N—H})$$

$$\Delta_f H_m^{\ominus}(\text{NH}_3) + 3\Delta H_b^{\ominus}(\text{N—H}) = \frac{1}{2}\Delta H_b^{\ominus}(\text{N}_2) + \frac{3}{2}\Delta H_b^{\ominus}(\text{H}_2)$$

$$\Delta H_b^{\ominus}(\text{N—H}) = \frac{1}{3}\left[\frac{1}{2}\Delta H_b^{\ominus}(\text{N}_2) + \frac{3}{2}\Delta H_b^{\ominus}(\text{H}_2) - \Delta_f H_m^{\ominus}(\text{NH}_3)\right]$$
$$= \frac{1}{3}\left[\frac{1}{2} \times 946 + \frac{3}{2} \times 436 - (-46)\right] \text{kJ} \cdot \text{mol}^{-1}$$
$$= 391 \text{ kJ} \cdot \text{mol}^{-1}$$
$$= E(\text{N—H})$$

$$\text{N}_2(\text{g}) + 2\text{H}_2(\text{g}) \xrightarrow{\Delta_f H_m^{\ominus}(\text{N}_2\text{H}_4)} \text{N}_2\text{H}_4(\text{g})$$

$$\downarrow \Delta H_b^{\ominus}(\text{N}_2) \qquad \downarrow 2\Delta H_b^{\ominus}(\text{H}_2)$$

$$2\text{N}(\text{g}) + 4\text{H}(\text{g}) \longleftarrow \qquad \Delta_r H_m^{\ominus}$$

$$\Delta_f H_m^{\ominus}(\text{N}_2\text{H}_4) + \Delta_r H_m^{\ominus} = \Delta H_b^{\ominus}(\text{N}_2) + 2\Delta H_b^{\ominus}(\text{H}_2)$$
$$\Delta_r H_m^{\ominus} = \Delta H_b^{\ominus}(\text{N}_2) + 2\Delta H_b^{\ominus}(\text{H}_2) - \Delta_f H_m^{\ominus}(\text{N}_2\text{H}_4)$$

$$= (946+2\times436-95)\,kJ \cdot mol^{-1}$$

$$= 1\,723\ kJ \cdot mol^{-1}$$

$$\Delta_r H_m^{\ominus} = \Delta H_b^{\ominus}(H_2N{-}NH_2)+4\Delta H_b^{\ominus}(N{-}H)$$

$$\Delta H_b^{\ominus}(H_2N{-}NH_2) = \Delta_r H_m^{\ominus}-4\Delta H_b^{\ominus}(N{-}H)$$

$$= (1\,723-4\times391)\,kJ \cdot mol^{-1}$$

$$= 159\ kJ \cdot mol^{-1}$$

$$= E(H_2N{-}NH_2)$$

3-19　写出 O_2 分子的分子轨道表达式,据此判断下列双原子分子或离子: O_2^+、O_2、O_2^-、O_2^{2-} 各有多少单电子,将它们按键的强度由强到弱的顺序排列起来,并估算各自的磁性。

解: O_2 分子的分子轨道表达式为

$$O_2\left[(\sigma_{1s})^2(\sigma_{1s}^*)^2(\sigma_{2s})^2(\sigma_{2s}^*)^2(\sigma_{2p_x})^2(\pi_{2p_y})^2(\pi_{2p_z})^2(\pi_{2p_y}^*)^1(\pi_{2p_z}^*)^1\right]$$

O_2^+、O_2^-、O_2^{2-} 的分子轨道表达式为

$$O_2^+\left[(\sigma_{1s})^2(\sigma_{1s}^*)^2(\sigma_{2s})^2(\sigma_{2s}^*)^2(\sigma_{2p_x})^2(\pi_{2p_y})^2(\pi_{2p_z})^2(\pi_{2p_y}^*)^1\right]$$

$$O_2^-\left[(\sigma_{1s})^2(\sigma_{1s}^*)^2(\sigma_{2s})^2(\sigma_{2s}^*)^2(\sigma_{2p_x})^2(\pi_{2p_y})^2(\pi_{2p_z})^2(\pi_{2p_y}^*)^2(\pi_{2p_z}^*)^1\right]$$

$$O_2^{2-}\left[(\sigma_{1s})^2(\sigma_{1s}^*)^2(\sigma_{2s})^2(\sigma_{2s}^*)^2(\sigma_{2p_x})^2(\pi_{2p_y})^2(\pi_{2p_z})^2(\pi_{2p_y}^*)^2(\pi_{2p_z}^*)^2\right]$$

O_2^+、O_2、O_2^-、O_2^{2-} 的单电子数分别为 1、2、1 和 0,分别具有顺磁、顺磁、顺磁和抗(逆)磁性;

O_2^+、O_2、O_2^-、O_2^{2-} 的键级分别为

$$键级(O_2^+) = (8-3)/2 = 2.5, \quad 键级(O_2) = (8-4)/2 = 2,$$

$$键级(O_2^-) = (8-5)/2 = 1.5, \quad 键级(O_2^{2-}) = (8-6)/2 = 1$$

O_2^+、O_2、O_2^-、O_2^{2-} 的键强度依次下降。

3-20　第二周期某元素的单质是双原子分子,键级为1,是顺磁性物质。

(1) 推断出它的原子序号;

(2) 写出其分子轨道表示式。

解:(1) 应为 B_2 分子,含两个单电子 π 键,有顺磁性。其原子序号为 $_5B$;

(2) $B_2\left[(\sigma_{1s})^2(\sigma_{1s}^*)^2(\sigma_{2s})^2(\sigma_{2s}^*)^2(\pi_{2p_y})^1(\pi_{2p_z})^1\right]$。

3-21　下列双原子分子或离子,哪些可稳定存在? 哪些不可能稳定存在? 请将能稳定存在的双原子分子或离子按稳定性由大到小的顺序排列起来。

H_2　He_2　He_2^+　Be_2　C_2　N_2　　N_2^+

解:按分子轨道理论,相应的分子轨道表达式与键级为

$H_2\left[(\sigma_{1s})^2\right]$;键级 $= 2/2 = 1$。

$He_2\left[(\sigma_{1s})^2(\sigma_{1s}^*)^2\right]$;键级 $= (2-2)/2 = 0$。

$He_2^+\left[(\sigma_{1s})^2(\sigma_{1s}^*)^1\right]$;键级 $= (2-1)/2 = 0.5$。

$Be_2\left[(\sigma_{1s})^2(\sigma_{1s}^*)^2(\sigma_{2s})^2(\sigma_{2s}^*)^2\right]$;键级 $= (4-4)/2 = 0$。

$C_2\left[(\sigma_{1s})^2(\sigma_{1s}^*)^2(\sigma_{2s})^2(\sigma_{2s}^*)^2(\pi_{2p_y})^2(\pi_{2p_z})^2\right]$;键级 $= 4/2 = 2$。

$N_2[(\sigma_{1s})^2(\sigma_{1s}^*)^2(\sigma_{2s})^2(\sigma_{2s}^*)^2(\pi_{2p_y})^2(\pi_{2p_z})^2(\sigma_{2p_x})^2]$；键级 = 6/2 = 3。

$N_2^+[(\sigma_{1s})^2(\sigma_{1s}^*)^2(\sigma_{2s})^2(\sigma_{2s}^*)^2(\pi_{2p_y})^2(\pi_{2p_z})^2(\sigma_{2p_x})^1]$；键级 = (6-1)/2 = 2.5。

He_2、Be_2 不能稳定存在，其余均能稳定存在。

稳定性由大到小为 N_2、N_2^+、C_2、H_2、He_2^+。

3-22　写出下列化合物的结构式，并指出分子中相应的键型（σ，π 键）

（1）PH_3　　　（2）H_2S　　　（3）乙烯 C_2H_4　　　（4）N_2　　　（5）O_2

解：（1）PH_3：三角锥形，三个 P—Hσ 键；

（2）H_2S：V 形，两个 S—Hσ 键；

（3）乙烯 C_2H_4：平面形分子，四个 C—Hσ 键，一个 C—Cσ 键，一个 C—Cπ 键；

（4）N_2：双原子分子，一个 N—Nσ 键，两个 N—Nπ 键；

（5）O_2：双原子分子，一个 O—Oσ 键，两个 O—O 三电子 π 键。

3-23　试用价层电子对互斥理论判断下列分子或离子的空间构型（列表写出 VP，VP 空间排布，分子构型）。

NH_4^+　　CO_3^{2-}　　BCl_3　　$PCl_5(g)$　　SiF_6^{2-}　　H_3O^+　　XeF_4　　SO_2

解：

分子或离子	中心原子电子构型	n	VP	VP 空间排布	分子构型
NH_4^+	N　$2s^2 2p^3$	(5-1-4)/2 = 0	4	正四面体形	正四面体形
CO_3^{2-}	C　$2s^2 2p^2$	(4+2-6)/2 = 0	3	平面三角形	平面三角形
BCl_3	B　$2s^2 2p^1$	(3-3)/2 = 0	3	平面三角形	平面三角形
PCl_5	P　$3s^2 3p^3$	(5-5)/2 = 0	5	三角双锥形	三角双锥形
SiF_6^{2-}	Si　$3s^2 3p^2$	(4+2-6)/2 = 0	6	正八面体形	正八面体形
H_3O^+	O　$2s^2 2p^4$	(6-1-3)/2 = 1	4	正四面体形	三角锥形
XeF_4	Xe　$5s^2 5p^6$	(8-4)/2 = 2	6	正八面体形	平面四方形
SO_2	S　$3s^2 3p^4$	(6-4)/2 = 1	3	平面三角形	V 形

3-24　用杂化轨道理论解释为何 PCl_3 是三角锥形，且键角为 101°，而 BCl_3 却是平面三角形的几何构型。

解：P 原子的外层电子构型为 $3s^2 3p^3$，根据杂化轨道理论，P 原子以不等性 sp^3 杂化轨道与 Cl 原子成键，四个 sp^3 杂化轨道指向四面体的四个顶点，其中的三个轨道为单电子，与 Cl 原子的单电子配对成键；而另一个 sp^3 杂化轨道已为一对孤电子对占据，不可能再与 Cl 原子成键，因而 PCl_3 的分子构型为三角锥形。同时，由于孤对电子对键对电子的斥力，使 PCl_3 的键角小于 109.5°成为 101°。

而 BCl_3 中的 B 原子为 sp^2 杂化，三个杂化轨道指向平面三角形的三个顶点，与三个 Cl 原子的单电子配对，因而是平面三角形构型，键角为 120°。

3-25　用价层电子对互斥理论和杂化轨道理论指出下列各分子的空间构型和中心原子

的杂化轨道类型。

PCl_3　　SO_2　　NO_2^+　　SCl_2　　$SnCl_2$　　BrF_2^+

解：

分子	n	VP	VP 空间排布	杂化类型	分子构型
PCl_3	$(5-3)/2=1$	4	正四面体形	sp^3	三角锥形
SO_2	$(6-4)/2=1$	3	平面三角形	sp^2	V 形
NO_2^+	$(5-1-4)/2=0$	2	直线形	sp	直线形
SCl_2	$(6-2)/2=2$	4	正四面体形	sp^3	V 形
$SnCl_2$	$(4-2)/2=1$	3	平面三角形	sp^2	V 形
BrF_2^+	$(7-1-2)/2=2$	4	正四面体形	sp^3	V 形

3-26　根据电负性差值判断下列各对化合物中键的极性大小。

（1）FeO 和 FeS　　　　　　　　　（2）AsH_3 和 NH_3

（3）NH_3 和 NF_3　　　　　　　　（4）CCl_4 和 $SiCl_4$

解：（1）$\chi_O > \chi_S$，Fe—O 极性大于 Fe—S；

（2）$\chi_N > \chi_{As}$，N—H 极性大于 As—H；

（3）$\Delta\chi(N—H)=(3.0-2.1)=0.9$，$\Delta\chi(N—F)=(4.0-3.0)=1.0$，N—F 极性大于 N—H；

（4）$\chi_{Si} > \chi_C$，Si—Cl 极性大于 C—Cl。

3-27　写出下列离子的外层电子排布式，并指出属什么电子构型（2，8，9~17，18，18+2 电子构型）。

Mn^{2+}　　Hg^{2+}　　Bi^{3+}　　Sr^{2+}　　Be^{2+}　　B^{3+}

解：

离子	Mn^{2+}	Hg^{2+}	Bi^{3+}	Sr^{2+}	Be^{2+}	B^{3+}
外层电子排布式	$3s^23p^63d^5$	$5s^25p^65d^{10}$	$6s^2$	$4s^24p^6$	$1s^2$	$1s^2$
电子构型类型	9~17 电子构型	18 电子构型	18+2 电子构型	8 电子构型	2 电子构型	2 电子构型

3-28　试由下列各物质的沸点，推断它们分子间力的大小，列出分子间力由大到小的顺序，这一顺序与相对分子质量的大小有何关系？

Cl_2　　$-34.1℃$　　O_2　　$-183.0℃$　　N_2　　$-198.0℃$

H_2　　$-252.8℃$　　I_2　　$181.2℃$　　Br_2　　$58.8℃$

解：分子晶体的沸点高低取决于分子间力的大小。分子间力的大小顺序为

$$I_2 > Br_2 > Cl_2 > O_2 > N_2 > H_2$$

这一顺序与相对分子质量大小的顺序一致。对非极性分子，分子间力仅存在色散力，相对分子质量越大，色散力越大，分子间力越强，相应的熔点、沸点越高。

3-29　指出下列各组物质熔点由大到小的顺序。

(1) NaF　　KF　　CaO　　KCl　　　　　(2) SiF$_4$　　SiC　　SiCl$_4$

(3) AlN　　NH$_3$　　PH$_3$　　　　　　(4) Na$_2$S　　CS$_2$　　CO$_2$

解:(1) 均为离子晶体,从离子的电荷、半径考虑,熔点高低顺序:CaO>NaF>KF>KCl。

(2) SiC 为原子晶体,熔点最高;SiF$_4$ 和 SiCl$_4$ 为分子晶体,熔点主要由色散力决定。因此熔点由高到低为:SiC>SiCl$_4$>SiF$_4$。

(3) AlN 为原子晶体,熔点最高;NH$_3$ 和 PH$_3$ 为分子晶体,但 NH$_3$ 分子间存在氢键,因此熔点由高到低为:AlN>NH$_3$>PH$_3$。

(4) Na$_2$S 为离子晶体,CS$_2$ 和 CO$_2$ 为分子晶体,熔点顺序为:Na$_2$S>CS$_2$>CO$_2$。

3-30 已知 NH$_3$、H$_2$S、BeH$_2$、CH$_4$ 的偶极矩分别为 4.90×10^{-30} C·m、3.67×10^{-30} C·m、0 C·m、0 C·m,试说明下列问题:

(1) 分子极性的大小;(2) 中心原子的杂化轨道类型;(3) 分子的几何构型。

解:(1) 分子极性由大到小为:NH$_3$>H$_2$S>BeH$_2$=CH$_4$。

(2) 中心原子的杂化轨道类型分别为:不等性 sp^3 杂化、不等性 sp^3 杂化、sp 杂化、等性 sp^3 杂化。

(3) 分子的几何构型分别为:三角锥形、V 形、直线形、正四面体形。

3-31 下列分子中偶极矩不为零的有哪些?

CS$_2$　　CO$_2$　　CH$_3$Cl　　H$_2$S　　SO$_3$

解:

分子	CS$_2$	CO$_2$	CH$_3$Cl	H$_2$S	SO$_3$
杂化类型	sp	sp	sp^3	sp^3	sp^2
分子构型	直线形	直线形	四面体形	V 形	平面三角形
偶极矩 μ	0	0	>0	>0	0

3-32 判断下列各组分子之间存在着什么形式的分子间作用力。

(1) CO$_2$ 与 N$_2$　(2) HBr 蒸气　(3) N$_2$ 与 NH$_3$　(4) HF 水溶液

解:(1) CO$_2$ 与 N$_2$:均为非极性分子,只存在色散力;

(2) HBr 蒸气:为极性分子,存在色散力、诱导力和取向力,无氢键;

(3) N$_2$ 与 NH$_3$:为非极性分子与极性分子,存在色散力、诱导力;

(4) HF 水溶液:均为极性分子,存在色散力、诱导力和取向力,还有氢键。

3-33 根据三种典型离子晶体的半径比,推测下列离子晶体属何种类型。

MnS　CaO　AgBr　RbCl　CuS

解:

离子晶体	MnS	CaO	AgBr	RbCl	CuS
离子半径比	80/184=0.435	99/140=0.707	126/196=0.643	148/181=0.818	72/184=0.391
晶体类型	NaCl 型	NaCl 型	NaCl 型	CsCl 型	ZnS 型

3-34 比较下列各对离子极化率的大小,简单说明判断依据。

(1) Cl^-,S^{2-}　　　(2) F^-,O^{2-}　　　(3) Fe^{2+},Fe^{3+}

(4) Mg^{2+},Cu^{2+}　　(5) Cl^-,I^-　　　(6) K^+,Ag^+

解:(1) $Cl^-<S^{2-}$,(2) $F^-<O^{2-}$,负电荷越高,半径越大,极化率越大;

(3) $Fe^{2+}>Fe^{3+}$,正电荷越高,半径越小,极化率越小;

(4) $Mg^{2+}<Cu^{2+}$,电荷相同,半径相近,极化率 Cu^{2+}(9~17 电子构型)$>Mg^{2+}$(8 电子构型);

(5) $Cl^-<I^-$,I^-半径大于 Cl^-;

(6) $K^+<Ag^+$,电荷相同,半径相近,极化率 Ag^+(18 电子构型)$>K^+$(8 电子构型)。

3-35 判断下列各组离子的极化能力相对大小,并说明理由。

(1) Li^+,Na^+,K^+,Rb^+　　　(2) Na^+,Mg^{2+},Al^{3+},Si^{4+}

(3) Ca^{2+},Fe^{2+},Zn^{2+}　　　(4) Fe^{2+},Fe^{3+}

解:(1) Li^+,Na^+,K^+,Rb^+为碱金属离子,离子电荷相同,离子半径依次增大,极化能力依次下降。

(2) Na^+,Mg^{2+},Al^{3+},Si^{4+}为同一周期元素,从左到右正电荷依次升高、离子半径依次下降,离子的极化能力依次增强。

(3) Ca^{2+},Fe^{2+},Zn^{2+}为第四周期元素,电荷相同,半径相近。Ca^{2+}为 8 电子构型,Fe^{2+}为 9~17 电子构型,而 Zn^{2+}为 18 电子构型,离子的极化能力 8 电子构型<9~17 电子构型<18 电子构型,所以极化能力 $Ca^{2+}<Fe^{2+}<Zn^{2+}$。

(4) Fe^{2+},Fe^{3+}为同一元素的不同氧化态,同一元素不同氧化态的正离子,电荷越高,半径越小,极化能力越强,所以极化能力 $Fe^{2+}<Fe^{3+}$。

3-36 用离子极化理论讨论下列问题:

(1) AgF 在水中溶解度较大,而 $AgCl$ 则难溶于水。

(2) Cu^+的卤化物 CuX 的 $r_+/r_->0.414$,但它们都是 ZnS 型结构。

(3) Pb^{2+}、Hg^{2+}、I^-均为无色离子,但 PbI_2 呈金黄色,HgI_2 呈朱红色。

解:(1) 虽然 Ag^+是 18 电子构型,极化能力和变形性均很大,但 F^-半径很小,不易变形,因而 AgF 极化作用不强,是离子晶体,在水中溶解度较大;而 $AgCl$ 中,由于 Cl^-半径较大,变形性较大,$AgCl$ 的极化作用较强,共价成分较大,难溶于水。

(2) 由于 Cu^+是 18 电子构型,极化能力和变形性均很大,X^-又有较大极化率,易变形,因此 CuX 的离子极化作用较强,带有较大的共价成分,使之成为具有较大共价成分的 ZnS 型结构。

(3) Pb^{2+}、Hg^{2+}分别为 18+2 和 18 电子构型,极化能力和变形性均很大,I^-又有较大极化率,易变形,因而 PbI_2 和 HgI_2 的离子极化作用较强,由于离子极化作用的结果使相应化合物的颜色加深,分别生成金黄色和朱红色化合物。

3-37 列表写出下列配合物的名称、中心离子及氧化态、配离子电荷。

$Na_3[Ag(S_2O_3)_2]$　　$[Cu(CN)_4]^{3-}$　　$[Co(NH_3)_3Cl_3]$　　$[Cr(NH_3)_5Cl]^{2+}$

$Na_2[SiF_6]$　　　　$[Co(C_2O_4)_3]^{3-}$　　$[Pt(NH_3)_2Cl_4]$　　$[Zn(NH_3)_4](OH)_2$

解：

配合物	名称	中心离子及氧化态	配离子电荷
$Na_3[Ag(S_2O_3)_2]$	二硫代硫酸根合银（Ⅰ）酸钠	Ag^+	-3
$[Cu(CN)_4]^{3-}$	四氰合铜（Ⅰ）离子	Cu^+	-3
$[Co(NH_3)_3Cl_3]$	三氯·三氨合钴（Ⅲ）	Co^{3+}	0
$[Cr(NH_3)_5Cl]^{2+}$	一氯·五氨合铬（Ⅲ）离子	Cr^{3+}	$+2$
$Na_2[SiF_6]$	六氟合硅（Ⅳ）酸钠	Si^{4+}	-2
$[Co(C_2O_4)_3]^{3-}$	三草酸根合钴（Ⅲ）离子	Co^{3+}	-3
$[Pt(NH_3)_2Cl_4]$	四氯·二氨合铂（Ⅳ）	Pt^{4+}	0
$[Zn(NH_3)_4](OH)_2$	氢氧化四氨合锌（Ⅱ）	Zn^{2+}	$+2$

3-38 向含有$[Ag(NH_3)_2]^+$的溶液中分别加入下列物质：

（1）稀 HNO_3　　　（2）$NH_3 \cdot H_2O$　　　（3）Na_2S 溶液

请判断以下平衡的移动方向：

$$[Ag(NH_3)_2]^+ \Longleftrightarrow Ag^+ + 2NH_3$$

解：（1）向右移动；（2）向左移动；（3）向右移动。

3-39 已知有两种钴的配合物，它们具有相同的分子式 $Co(NH_3)_5BrSO_4$，其间的区别在于第一种配合物的溶液中加入 $BaCl_2$ 时产生 $BaSO_4$ 沉淀，但加 $AgNO_3$ 时不产生沉淀；而第二种配合物则与此相反。写出这两种配合物的化学式，并指出钴的配位数和氧化数。

解：（1）$[Co(NH_3)_5Br]SO_4$，钴的配位数为 6，氧化数为 +3；

（2）$[Co(NH_3)_5SO_4]Br$，钴的配位数为 6，氧化数为 +3。

3-40 根据配合物的价键理论，指出下列配离子其中心离子的电子排布、杂化轨道的类型和配离子的空间构型。

$[Mn(H_2O)_6]^{2+}$　　$[Ag(CN)_2]^-$　　$[Cd(NH_3)_4]^{2+}$　　$[Ni(CN)_4]^{2-}$　　$[Co(NH_3)_6]^{3+}$

解：

配合物	中心离子	电子排布	杂化轨道类型	配离子空间构型
$[Mn(H_2O)_6]^{2+}$	Mn^{2+}	$[Ar]3d^5 4s^0$	sp^3d^2 杂化	正八面体形
$[Ag(CN)_2]^-$	Ag^+	$[Kr]4d^{10}5s^0$	sp 杂化	直线形
$[Cd(NH_3)_4]^{2+}$	Cd^{2+}	$[Kr]4d^{10}5s^0$	sp^3 杂化	正四面体形
$[Ni(CN)_4]^{2-}$	Ni^{2+}	$[Ar]3d^8 4s^0$	dsp^2 杂化	平面正方形
$[Co(NH_3)_6]^{3+}$	Co^{3+}	$[Ar]3d^6 4s^0$	d^2sp^3 杂化	正八面体形

3-41 试确定下列配合物是内轨型配合物还是外轨型配合物，说明理由，并写出中心离子的电子排布。

（1）$K_4[Mn(CN)_6]$测得磁矩$\mu = 2.00B.M$；

（2）$(NH_4)_2[FeF_5(H_2O)]$测得磁矩$\mu = 5.78B.M$。

解：（1）$K_4[Mn(CN)_6]$,磁矩$\mu = 2.00B.M$,只有一个未成对电子；

$_{25}Mn^{2+}$,$3d^5 4s^0$,↑↓ ↑↓ ↑＿ ＿,d^2sp^3杂化,内轨型配合物；

（2）$(NH_4)_2[FeF_5(H_2O)]$,磁矩$\mu = 5.78B.M$,有五个未成对电子；

$_{26}Fe^{3+}$,$3d^5 4s^0$,↑ ↑ ↑ ↑ ↑,sp^3d^2杂化,外轨型配合物。

3-42　下列化合物中哪些可能作为有效的螯合剂？

H_2O,过氧化氢$(HO—OH)$,$H_2N—CH_2CH_2—NH_2$,联氨$(H_2N—NH_2)$

解：$H_2N—CH_2CH_2—NH_2$

3-43　（1）Write the possible values of l when $n = 5$.

（2）Write the allowed number of orbitals (a) with the quantum numbers $n = 4$, $l = 3$; (b) with the quantum numbers $n = 4$; (c) with the quantum numbers $n = 7, l = 6, m = 6$; (d) with the quantum numbers $n = 6, l = 5$.

Solution：（1）When $n = 5$,the possible values of l is 0, 1, 2, 3 and 4.

（2）(a) The allowed number of orbitals with the quantum numbers $n = 4, l = 3$ is 7.

（b）The allowed number of orbitals with the quantum numbers $n = 4$ is 16.

（c）The allowed number of orbitals with the quantum numbers $n = 7, l = 6, m = 6$ is 1.

（d）The allowed number of orbitals with the quantum numbers $n = 6, l = 5$ is 11.

3-44　How many unpaired electrons are in atoms of Na, Ne, B, Be, Se, and Ti?

Solution：

atom	Na	Ne	B	Be	Se	Ti
unpaired electrons	1	0	1	0	2	2

3-45　What is electronegativity? Arrange the nembers of each of the following sets of elements in order of increasing electronegativities：

（1）B, Ga, Al, In　（2）S, Na, Mg, Cl　（3）P, N, Sb, Bi　（4）S, Ba, F, Si

Solution：Electronegativity is a ability that a element's atom attracted electron in a molecular. The order of increasing electronegativities are

（1）In<Ga<Al<B;（2）Na<Mg<S<Cl;（3）Bi<Sb<P<N;（4）Ba<Si<S<F。

3-46　Write the electron configuration beyond a noble gas core for (for example, F [He] $2s^2 2p^5$) Rb, La, Cr, Fe^{2+}, Cu^{2+}, Tl, Po, Gd, Sn^{2+}, Ti^{3+} and Lu.

Solution：

Rb	La	Cr	Fe^{2+}	Cu^{2+}	Tl
$[Kr]5s^1$	$[Xe]5d^1 6s^2$	$[Ar]3d^5 4s^1$	$[Ar]3d^6$	$[Ar]3d^9$	$[Xe]4f^{14}5d^{10}6s^2 6p^1$

续表

Po	Gd	Sn^{2+}	Ti^{3+}	Lu
$[Xe]4f^{14}5d^{10}6s^26p^4$	$[Xe]4f^75d^16s^2$	$[Kr]4d^{10}5s^25p^2$	$[Ar]3d^1$	$[Xe]4f^{14}5d^16s^2$

3-47 Predict the geometry of the following species (by VSEPR theory): $SnCl_2$, I_3^-, $[BF_4]^-$, IF_5, SF_6, SO_4^{2-}, SiH_4, NCl_3, $AsCl_5$, PO_4^{3-}, ClO_4^-.

Solution:

	$SnCl_2$	I_3^-	$[BF_4]^-$	IF_5	SF_6	SO_4^{2-}
n	1	3	0	1	0	0
VP	3	5	4	6	6	4
geometry	angular	linear	tetrahedron	square pyramidal	octahedron	tetrahedron

	SiH_4	NCl_3	$AsCl_5$	PO_4^{3-}	ClO_4^-
n	0	1	0	0	0
VP	4	4	5	4	4
geometry	tetrahedron	trigonal pyramidal	trigonal bipyramidal	tetrahedron	tetrahedron

3-48 Use the appropriate molecular orbital energy diagram to write the electron configuration for each of the following molecules or ions, calculate the bond order of each, and predict which would exist.

(1) H_2^+　(2) He_2　(3) He_2^+　(4) H_2^-　(5) H_2^{2-}

Solution:(1) $H_2^+[(\sigma_{1s})^1]$, the bond order is 0.5;

(2) $He_2[(\sigma_{1s})^2(\sigma_{1s}^*)^2]$, the bond order is 0;

(3) $He_2^+[(\sigma_{1s})^2(\sigma_{1s}^*)^1]$, the bond order is 0.5;

(4) $H_2^-[(\sigma_{1s})^2(\sigma_{1s}^*)^1]$, the bond order is 0.5;

(5) $H_2^{2-}[(\sigma_{1s})^2(\sigma_{1s}^*)^2]$, the bond order is 0。

The (1),(3) and (4) would exist.

3-49 Which of these species would you expect to be paramagnetic?

(1) He_2^+　(2) NO　(3) NO^+　(4) N_2^{2+}　(5) CO　(6) F_2^+　(7) O_2

Solution: The species to be paramagnetic are He_2^+, NO, F_2^+ and O_2.

3-50 试用斯莱特规则:

(1) 分别计算原子序数为 19、20、21、24、26 的各元素中 4s 和 3d 能级的高低;

(2) 分别计算这些元素作用于 4s 电子的有效核电荷。

解:按斯莱特规则这些电子分组为$(1s);(2s2p);(3s3p);(3d);(4s)$。

19 号元素 K:$(1s)^2(2s2p)^8(3s3p)^8(3d)(4s)^1$

$E_{3d} = -2.179×10^{-18}×[(19-18×1.00)/3]^2 \text{ J} = -0.242×10^{-18} \text{ J}$

$E_{4s} = -2.179×10^{-18}×[(19-10×1.00-8×0.85)/3.7]^2 \text{ J} = -0.770×10^{-18} \text{ J}$

$E_{4s} < E_{3d}$

$Z_{4s}^* = 19-16.80 = 2.20, Z_{3d}^* = 19-18.00 = 1.00$。

20 号元素 Ca:$(1s)^2(2s2p)^8(3s3p)^8(3d)(4s)^2$

$E_{3d} = -2.179×10^{-18}×[(20-18×1.00)/3]^2 \text{ J} = -0.968×10^{-18} \text{ J}$

$E_{4s} = -2.179×10^{-18}×[(20-10×1.00-8×0.85-0.35)/3.7]^2 \text{ J} = -1.29×10^{-18} \text{ J}$

$E_{4s} < E_{3d}$

$Z_{3d}^* = 20-18.00 = 2.00, Z_{4s}^* = 20-17.15 = 2.85$。

21 号元素 Sc:$(1s)^2(2s2p)^8(3s3p)^8(3d)^1(4s)^2$

$E_{3d} = -2.179×10^{-18}×[(21-18×1.00)/3]^2 \text{ J} = -2.179×10^{-18} \text{ J}$

$E_{4s} = -2.179×10^{-18}×[(21-10×1.00-9×0.85-0.35)/3.7]^2 \text{ J} = -1.43×10^{-18} \text{ J}$

$E_{4s} > E_{3d}$

$Z_{3d}^* = 21-18.00 = 3.00, Z_{4s}^* = 21-18.00 = 3.00$。

24 号元素 Cr:$(1s)^2(2s2p)^8(3s3p)^8(3d)^5(4s)^1$

$E_{3d} = -2.179×10^{-18}×[(24-18×1.00-4×0.35)/3]^2 \text{ J} = -5.12×10^{-18} \text{ J}$

$E_{4s} = -2.179×10^{-18}×[(24-10×1.00-13×0.85)/3.7]^2 \text{ J} = -1.39×10^{-18} \text{ J}$

$E_{4s} > E_{3d}$

$Z_{3d}^* = 24-18×1.00-4×0.35 = 4.60, Z_{4s}^* = 24-10×1.00-13×0.85 = 2.95$。

26 号元素 Fe:$(1s)^2(2s2p)^8(3s3p)^8(3d)^6(4s)^2$

$E_{3d} = -2.179×10^{-18}×[(26-18×1.00-5×0.35)/3]^2 \text{ J} = -9.46×10^{-18} \text{ J}$

$E_{4s} = -2.179×10^{-18}×[(26-10×1.00-14×0.85-0.35)/3.7]^2 \text{ J} = -2.24×10^{-18} \text{ J}$

$E_{4s} > E_{3d}$

$Z_{3d}^* = 26-18×1.00-5×0.35 = 6.25, Z_{4s}^* = 26-10×1.00-14×0.85-0.35 = 3.75$。

3-51　以 x 轴为对称轴,判断原子轨道 $p_x, p_y, p_z, d_{xy}, d_{yz}, d_{xz}, d_{z^2}, d_{x^2-y^2}$ 的 σ 对称性与 π 对称性;若以 y 轴为键轴,判断 O_2 分子中各成键、反键轨道的 σ 对称性与 π 对称性。

解:以 x 轴为对称轴:$p_x, d_{z^2}, d_{x^2-y^2}, d_{yz}$ 具有 σ 对称性;p_y, p_z, d_{xy}, d_{xz} 具有 π 对称性;以 y 轴为键轴:O_2 分子中 $\sigma_{1s}, \sigma_{1s}^*, \sigma_{2s}, \sigma_{2s}^*, \sigma_{2p_y}, \sigma_{2p_y}^*$ 具有 σ 对称性;$\pi_{2p_x}, \pi_{2p_x}^*, \pi_{2p_z}, \pi_{2p_z}^*$ 具有 π 对称性。

3-52　下列分子中键角最小的是哪个?

(1) CH_4　　(2) NH_3　　(3) H_2O　　(4) BF_3　　(5) $HgCl_2$

解:CH_4,sp^3 杂化,正四面体形,键角 109.5°;

NH_3,不等性 sp^3 杂化,三角锥形,键角 107°;

H_2O,不等性 sp^3 杂化,V 形,键角 104.5°;

BF_3,等性 sp^2 杂化,平面三角形,键角 120°;

$HgCl_2$,等性 sp 杂化,直线形,键角 180°;

所以键角最小的是 H_2O 分子。

3-53　利用玻恩-哈伯循环计算 NaCl 的晶格能。

解:查手册可得 $\Delta H_s(Na)=101\ kJ\cdot mol^{-1}$,$I_1(Na)=494\ kJ\cdot mol^{-1}$,$D(Cl_2)=242.95\ kJ\cdot mol^{-1}$,$A_1(Cl)=-349.0\ kJ\cdot mol^{-1}$,$\Delta_f H_m^\ominus(NaCl)=-411.153\ kJ\cdot mol^{-1}$。

$$Na(s)\ +\ \frac{1}{2}Cl_2(g)\ \xrightarrow{\Delta_f H_m^\ominus(NaCl)}\ NaCl(s)$$

（循环图：$Na(s)\xrightarrow{\Delta H_s^\ominus(Na)}Na(g)\xrightarrow{I_1(Na)}Na^+$；$\frac{1}{2}Cl_2(g)\xrightarrow{\frac{1}{2}D(Cl_2)}Cl(g)\xrightarrow{A_1(Cl)}Cl^-$；$\Delta_r H_m^\ominus=-U$）

$$\Delta_f H_m^\ominus(NaCl)=\Delta H_s^\ominus(Na)+I_1(Na)+\frac{1}{2}D(Cl_2)+A_1(Cl)+\Delta_r H_m^\ominus$$

$$\Delta_r H_m^\ominus=-U=\Delta_f H_m^\ominus(NaCl)-\left[\Delta H_s^\ominus(Na)+I_1(Na)+\frac{1}{2}D(Cl_2)+A_1(Cl)\right]$$

$$=[-411.153-(101+494+242.95/2-349.00)]kJ\cdot mol^{-1}$$

$$=-779\ kJ\cdot mol^{-1}$$

$$U(NaCl)=779\ kJ\cdot mol^{-1}$$

3-54　根据下列数据计算氧原子接受两个电子变成 O^{2-} 的电子亲和能 $A(A_1+A_2)$。

$\Delta_f H_m^\ominus(MgO)=-601.7\ kJ\cdot mol^{-1}$;$D(O_2)=497\ kJ\cdot mol^{-1}$;

$U(MgO)=3\ 824\ kJ\cdot mol^{-1}$;Mg(g) 的电离能 $I_1=737.7\ kJ\cdot mol^{-1}$,$I_2=1\ 451\ kJ\cdot mol^{-1}$;Mg 的升华热 $\Delta H_s^\ominus=146.4\ kJ\cdot mol^{-1}$。

$$Mg(s)\ +\ \frac{1}{2}O_2(g)\ \xrightarrow{\Delta_f H_m^\ominus(MgO)}\ MgO(s)$$

（循环图：$Mg(s)\xrightarrow{\Delta H_s^\ominus}Mg(g)\xrightarrow{I_1+I_2}Mg^{2+}$；$\frac{1}{2}O_2(g)\xrightarrow{\frac{1}{2}D(O_2)}O(g)\xrightarrow{A_1+A_2}O^{2-}$；$\Delta_r H_m^\ominus=$）

$$\Delta_f H_m^\ominus(MgO)=\Delta H_s^\ominus(Mg)+I_1+I_2+\frac{1}{2}D(O_2)+A_1+A_2+\Delta_r H_m^\ominus$$

$$A_1+A_2=\Delta_f H_m^\ominus-\left(\Delta H_s^\ominus(Mg)+I_1+I_2+\frac{1}{2}D(O_2)+\Delta_r H_m^\ominus\right)$$

$$= [\,-601.7-146.4-737.7-1\,451-497/2+3\,824\,] \text{kJ} \cdot \text{mol}^{-1}$$

$$= 638.7 \text{ kJ} \cdot \text{mol}^{-1}$$

3-55 判断下列分子的几何构型、键角、中心原子的杂化轨道类型,并判断分子的极性。

(1) O_3 (2) BF_4^- (3) SO_3 (4) CO_2

解: (1) O_3: $n = (6-2\times2)/2 = 1$, $VP = 2+1 = 3$,为平面三角形排布,分子构型为 V 形;键角由于有一对孤对电子而小于 $120°$;中心 O 原子采用 sp^2 杂化轨道成键;为极性分子。

(2) BF_4^-: $n = (3+1-4)/2 = 0$, $VP = 4$,为正四面体排布,分子构型为正四面体形;键角 $109.5°$;中心 B 原子采用 sp^3 杂化轨道成键;为非极性分子。

(3) SO_3: $n = (6-3\times2)/2 = 0$, $VP = 3$,为平面三角形排布,分子构型为平面三角形;键角 $120°$;中心 S 原子采用 sp^2 杂化轨道成键;为非极性分子。

(4) CO_2: $n = (4-2\times2)/2 = 0$, $VP = 2$,为直线形排布,分子构型为直线形;键角 $180°$;中心 C 原子采用 sp 杂化轨道成键;为非极性分子。

3-56 试说明石墨的结构是一种多键型的晶体结构。利用石墨作电极或作润滑剂各与它的哪一部分结构有关?

解: 石墨是一种层状晶体,层与层之间靠分子间力结合在一起;而同一层内的 C 原子互相以 sp^2 杂化轨道形成共价键;同时同一层内每个 C 原子上还有一个垂直于 sp^2 杂化平面的 2p 轨道,每个未杂化的 2p 轨道上各有一个自旋方向相同的单电子,这些 p 轨道互相肩并肩重叠,形成大 π 键,因而石墨晶体中既有共价 σ 键和 π 键又有分子间力,为多键型分子。

利用石墨作电极与石墨晶体中同一层内 C 原子的大 π 键有关,同一层内每个 C 原子上未参与杂化的一个 2p 轨道各有一个单电子,平行自旋形成大 π 键,大 π 键上的电子属整个层的 C 原子共有,在外电场作用下能定向流动而导电,因而石墨可作电极。

石墨作润滑剂则与石墨晶体中层与层之间为分子间力有关,由于分子间力要比化学键弱得多,因此石墨晶体在受到平行于层结构的外力时,层与层之间很容易滑动,这是石墨晶体用作固体润滑剂的原因。

3-57 对下列物质的熔点递变规律予以合理解释。

氯化物	NaCl	$MgCl_2$	$AlCl_3$	$SiCl_4$	PCl_3	SCl_2	Cl_2
mp/℃	801	708	190	-70	-90	-78	-101

解: Na^+, Mg^{2+}, Al^{3+}, Si^{4+} 随正电荷的递增,半径逐渐收缩,离子极化作用明显增强,其氯化物的共价成分明显增加,熔点明显下降。实际上 $AlCl_3$ 已有很大共价成分,$SiCl_4$ 已是共价分子。而 PCl_3, SCl_2, Cl_2 为分子晶体,所以熔点很低,Cl_2 又是非极性分子,熔点特别低。

3-58 一配合物组成为 $CoCl_3(en)_2 \cdot H_2O$,相对分子质量为 330 g $\cdot$ mol^{-1},取 66.0 mg 配合物溶于水,加入氢型阳离子交换柱中,交换出的酸需 10.00 mL $0.040\,00$ mol $\cdot$ L^{-1}NaOH 才能中和,试写出配合物的化学式。

解: 与阳离子交换的是配阳离子,所以配合物的量为

$$66.0 \text{ mg} \times 10^{-3} \text{ g} \cdot \text{mg}^{-1} \div 330 \text{ g} \cdot \text{mol}^{-1} = 0.000\,200 \text{ mol}$$

交换出的 H^+ 的量为

$$10.00 \text{ mL} \times 10^{-3} \text{ L} \cdot \text{mL}^{-1} \times 0.040\ 00 \text{ mol} \cdot \text{L}^{-1} = 0.000\ 400\ 0 \text{ mol}$$

实验表明 1 mol 配合物可以交换出 2 mol 的 H^+，所以配阳离子的电荷为 +2，化学式为：$[\text{CoCl}(\text{en})_2 \cdot \text{H}_2\text{O}]\text{Cl}_2$。

3-59　实验室制备出一种铁的八面体配合物，用磁天平测定出该八面体配合物的摩尔磁化率。经计算，得其磁矩为 4.89B.M.。请估计铁的氧化数，并说明该配合物是高自旋型还是低自旋型。

解：已知该铁的八面体配合物的磁矩为 4.89 B.M.，用 $\mu \approx \sqrt{n(n+2)}$ B.M. 计算，得未成对电子数 $n=4$。如果铁的氧化数为 +3，d 电子数为 5，在 d 轨道上分布可能有两种情况，一种是 $t_{2g}^3 e_g^2$，未成对电子数为 5，另一种是 $t_{2g}^5 e_g^0$，未成对电子数为 1，因此不可能是氧化数为 +3。如果铁的氧化数为 +2，d 电子数为 6，在 d 轨道上分布仍然有两种可能，一种是 $t_{2g}^4 e_g^2$，未成对电子数为 4，应为高自旋；另一种是 $t_{2g}^6 e_g^0$，没有未成对电子，应属低自旋。由上述分析，估计铁的氧化数为 +2，形成的配合物为高自旋型。

3-60　试解释下列事实：

（1）用王水可溶解 Pt、Au 等贵金属，但单独用硝酸、盐酸却不能溶解；

（2）$[\text{Fe}(\text{CN})_6]^{4-}$ 为反磁性，而 $[\text{Fe}(\text{CN})_6]^{3-}$ 为顺磁性；

（3）$[\text{Fe}(\text{CN})_6]^{3-}$ 为低自旋，而 $[\text{FeF}_6]^{3-}$ 为高自旋；

（4）$[\text{Co}(\text{H}_2\text{O})_6]^{3+}$ 的稳定性比 $[\text{Co}(\text{NH}_3)_6]^{3+}$ 差得多。

解：（1）Pt、Au 等贵金属能用王水来溶解，是利用浓硝酸的氧化作用使 Pt 成为 Pt^{4+}，同时利用浓盐酸 Cl^- 的配位作用形成配合物，反应如下：

$$3\text{Pt} + 4\text{HNO}_3 + 18\text{HCl} = 3\text{H}_2[\text{PtCl}_6] + 4\text{NO}\uparrow + 8\text{H}_2\text{O}$$

（2）$[\text{Fe}(\text{CN})_6]^{4-}$ 中心离子为 Fe^{2+}，$3d^6 4s^0$，$\underline{\uparrow\downarrow}$ $\underline{\uparrow\downarrow}$ $\underline{\uparrow\downarrow}$ $\underline{\ \ }$，d^2sp^3 杂化，无未成对电子，反磁性；而 $[\text{Fe}(\text{CN})_6]^{3-}$ 中心离子为 Fe^{3+}，$3d^5 4s^0$，$\underline{\uparrow\downarrow}$ $\underline{\uparrow\downarrow}$ $\underline{\uparrow}$ $\underline{\ \ }$，d^2sp^3 杂化，有未成对电子，为顺磁性。

（3）根据光谱化学序，$[\text{Fe}(\text{CN})_6]^{3-}$ 中 CN^- 是一种强场配体，晶体场稳定化能 Δ 较大，d 电子分布为 $t_{2g}^5 e_g^0$，所以是低自旋；$[\text{FeF}_6]^{3-}$ 中 F^- 是一种弱场配体，晶体场稳定化能 Δ 较小，d 电子分布为 $t_{2g}^3 e_g^2$，所以是高自旋。

（4）配体场越强，Δ_o 值越大，配合物越稳定，H_2O 的配体场比 NH_3 弱得多，所以 $[\text{Co}(\text{H}_2\text{O})_6]^{3+}$ 的稳定性比 $[\text{Co}(\text{NH}_3)_6]^{3+}$ 差得多。

3-61　指出下列配合物之间属于哪种异构现象：

（1）$[\text{CoBr}(\text{NH}_3)_5]\text{SO}_4$ 与 $[\text{CoSO}_4(\text{NH}_3)_5]\text{Br}$

（2）$[\text{Cu}(\text{NH}_3)_4] \cdot [\text{PtCl}_4]$ 与 $[\text{Pt}(\text{NH}_3)_4] \cdot [\text{CuCl}_4]$

（3）$[\text{Cr}(\text{SCN})(\text{H}_2\text{O})_5]^{2+}$ 与 $[\text{Cr}(\text{NCS})(\text{H}_2\text{O})_5]^+$

（4）$[\text{CoCl}(\text{H}_2\text{O})(\text{NH}_3)_4]\text{Cl}_2$ 与 $[\text{CoCl}_2(\text{NH}_3)_4]\text{Cl} \cdot \text{H}_2\text{O}$

（5）

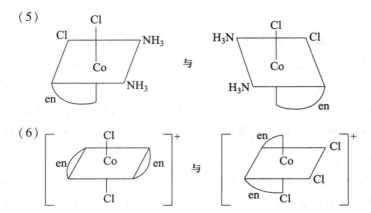

（6）

解：（1）电离异构；（2）配位异构；（3）键合异构；（4）水合异构；（5）手性异构；（6）几何异构。

3-62 For each of the following pairs indicate which substance is expected to be：

（1）More covalent：

$MgCl_2$ or $BeCl_2$	$CaCl_2$ or $ZnCl_2$	$CaCl_2$ or $CdCl_2$
$TiCl_3$ or $TiCl_4$	$SnCl_2$ or $SnCl_4$	$CdCl_2$ or CdI_2
ZnO or ZnS	NaF or $CuCl$	$FeCl_2$ or $FeCl_3$

（2）higher melting point：

NaF or $NaBr$	Al_2O_3 or Fe_2O_3	Na_2O or CaO

Solution：（1）More covalent：$MgCl_2 < BeCl_2$；$CaCl_2 < ZnCl_2$；$CaCl_2 < CdCl_2$；$TiCl_3 < TiCl_4$；$SnCl_2 < SnCl_4$；$CdCl_2 < CdI_2$；$ZnO < ZnS$；$NaF < CuCl$；$FeCl_2 < FeCl_3$.

（2）higher melting point：$NaF > NaBr$；$Al_2O_3 > Fe_2O_3$；$Na_2O < CaO$.

3-63 The boiling points of HCl, HBr and HI increase with increasing molecular weight. Yet the melting and boiling points of the sodium halides, NaCl, NaBr, and NaI, decrease with increasing formula weight. Explain why the trends opposite.

Solution：HCl, HBr and HI are all molecular crystal. There is a force in moleculars. The boiling points of HCl, HBr and HI increase with increasing molecular weight because the force in moleculars increase with increasing molecular weight. The melting and boiling points of the sodium halides, NaCl, NaBr, and NaI, decrease with increasing formula weight, because the ionicity of NaCl, NaBr, and NaI decrease with increasing formula weight.

3-64 How many unpaired electrons are present in each of the following?

（1）$[CoF_6]^{3-}$（high-spin）；　　　　　　（2）$[Co(en)_3]^{3+}$（low-spin）；

（3）$[Mn(CN)_6]^{3-}$（low-spin）；　　　　　（4）$[Mn(CN)_6]^{4-}$（low-spin）；

（5）$[MnCl_6]^{4-}$（high-spin）；　　　　　　（6）$[RhCl_6]^{3-}$（low-spin）。

Solution:

	complex	M	electron configuration	t_{2g}	e_g	unpaired electrons
(1)	$[CoF_6]^{3-}$	Co^{3+}	$3d^64s^0$	↑↓ ↑ ↑	↑ ↑	4
(2)	$[Co(en)_3]^{3+}$	Co^{3+}	$3d^64s^0$	↑↓ ↑↓ ↑↓	— —	0
(3)	$[Mn(CN)_6]^{3-}$	Mn^{3+}	$3d^44s^0$	↑↓ ↑ ↑	— —	2
(4)	$[Mn(CN)_6]^{4-}$	Mn^{2+}	$3d^54s^0$	↑↓ ↑↓ ↑	— —	1
(5)	$[MnCl_6]^{4-}$	Mn^{2+}	$3d^54s^0$	↑ ↑ ↑	↑ ↑	5
(6)	$[RhCl_6]^{3-}$	Rh^{3+}	$4d^65s^0$	↑↓ ↑↓ ↑↓	— —	0

3-65 Assume that you have a complex of a transition metal ion with a d^6 configuration. Can you tell weather the complex is octahedral or tetrahedral if measuring the magnetic moment establishes that it has no unpaired electrons?

Solution: The complex is octahedral.

第四章　溶液中的化学平衡

学 习 要 求

1. 掌握强电解质与弱电解质溶液的解离特性,理解活度与活度系数的概念,并能运用上述概念解释电解质平衡中的盐效应。

2. 掌握酸碱理论并判断物质的酸碱性及两性,掌握共轭酸碱对的概念及它们的解离平衡常数相互关系。熟练运用质子平衡式、弱酸弱碱平衡常数各型体分布系数推导弱酸弱碱、两性物质、缓冲溶液的 pH 计算公式,并能根据溶液条件合理运用 pH 计算的近似式和最简式。理解缓冲溶液维持溶液 pH 的原理;了解影响缓冲容量的因素;能根据溶液目标 pH 合理选择缓冲对及配比。

3. 掌握溶解平衡的基本概念、溶度积常数、溶度积与溶解度的相互换算。通过化学热力学和化学平衡基本理论理解溶度积原理,并在此基础上判断沉淀的生成与溶解条件,以及多种离子共存下分步沉淀的方法。掌握离子沉淀的溶液条件控制及相关计算。

4. 掌握配位平衡的基本特点及配位化合物解离平衡常数的表达方法;掌握影响配位平衡移动的因素,特别是酸碱平衡对配位平衡的影响。掌握 EDTA 等氨羧配位剂与金属离子配位的特点及配位平衡的移动,以及 EDTA 自身的解离平衡。

5. 掌握电极电势的基本概念,理解电极电势与物质氧化还原能力的相关性。掌握氧化还原原电池的表达方法和电动势的计算。能运用电极电势及电动势判断氧化还原的方向并计算平衡常数。了解元素电势图及其应用。

内 容 概 要

4.1　电解质溶液

强电解质在溶液中是全部解离的,在溶液中不存在分子与离子的解离平衡。然而,由于离子氛的存在,从实验所测得的强电解质在溶液中的解离度(degree of ionization)都小于 100%,称为"表观"解离度。

电解质溶液中,离子的有效浓度称为活度。活度 a 与电解质的理论浓度 c 之间存在下列关系:

$$a = \gamma c$$

活度系数 γ 与离子强度有关。

弱电解质在溶液中是部分解离的,在溶液中存在分子与离子的解离平衡。除常见的弱酸、弱碱外,还有弱电解质盐,如 $CdSO_4$、$Pb(Ac)_2$ 等。弱酸、弱碱的解离平衡是本章重点关注的内容之一。

在溶液中,一个电解质可能以多种型体(species,又称物种)存在。以多元弱酸为例,教材用 c(或 c_{H_nA})表示弱酸 H_nA 及其各型体的**总浓度**(total concentration,又称分析浓度 analytical concentration 或 formal concentration),用 $c(H_nA)$、$c(H_{n-1}A^-)$、$c(H_{n-2}A^{2-})$、$\cdots$、$c(A^{n-})$ 表示各型体的**平衡浓度**(equilibrium concentration),型体书写在括号内[①]。显然,有

$$c = c(H_nA) + c(H_{n-1}A^-) + c(H_{n-2}A^{2-}) + \cdots + c(A^{n-})$$

某型体的平衡浓度占其总浓度的分数为该型体的分布分数 δ。δ_{H_nA} 为型体 H_nA 的分布分数,$\delta_{H_{n-1}A^-}$ 为型体 $H_{n-1}A^-$ 的分布分数……有

$$\delta_{H_{n-m}A} = \frac{c(H_{n-m}A)}{c} = \frac{c(H^+)^{n-m} K_{a_1}^{\ominus} K_{a_2}^{\ominus} \cdots K_{a_m}^{\ominus}}{D} \quad (m = 0, 1, \cdots, n)$$

$$D = c^n(H^+) + K_{a_1}^{\ominus} c^{n-1}(H^+) + K_{a_1}^{\ominus} K_{a_2}^{\ominus} c^{n-2}(H^+) + \cdots + K_{a_1}^{\ominus} K_{a_2}^{\ominus} \cdots K_{a_n}^{\ominus}$$

各型体分布分数之和等于 1,即 $\sum_{m=0}^{n} \delta_{H_{n-m}A} = 1$。

型体分布分数与总浓度无关,但与各型体的平衡浓度及氢离子浓度有关。

一元酸(碱)溶液的分布分数:

若 c 为弱酸 HA 及其共轭碱 A^- 的总浓度。δ_{HA} 为 HA 的分布分数,δ_{A^-} 为 A^- 的分布分数,则

$$\delta_{HA} = \frac{c(HA)}{c} = \frac{c(HA)}{c(HA) + c(A)} = \frac{1}{1 + \dfrac{K_a^{\ominus}}{c(H^+)}} = \frac{c(H^+)}{c(H^+) + K_a^{\ominus}}$$

$$\delta_{A^-} = \frac{c(A^-)}{c} = \frac{c(A^-)}{c(HA) + c(A^-)} = \frac{K_a^{\ominus}}{c(H^+) + K_a^{\ominus}}$$

各型体分布分数之和等于 1,即 $\delta_{HA} + \delta_{A^-} = 1$。

在平衡体系中,型体的浓度对平衡状态、化学反应有着至关重要的作用。型体分布分数对于解决溶液中化学平衡的许多问题如弱酸的氢离子浓度计算公式的推导、占优型体的判断等有很好的帮助。在型体分布分数-pH 图中也包含了大量与分步滴定、滴定终点、缓冲范围等相关的信息。

型体分布分数概念不仅对酸碱解离平衡很重要,也可以推广至其他平衡如配位平衡发挥重要作用。

---

① 很多教材将型体写在方括号内用于表示型体的平衡浓度,如用 [Ac^-] 表示 Ac^- 的平衡浓度。

4.2　酸碱解离平衡

4.2.1　酸碱质子理论

（1）酸碱质子理论

酸碱质子理论认为：凡能给出质子（H^+）的物质是酸；凡能接受质子的物质是碱（酸碱定义）。酸给出质子后转变成其对应的共轭碱；碱接受质子后转变成其对应的共轭酸。酸和碱依质子相互转变的关系成为共轭关系（酸碱共轭关系）。$HAc-Ac^-$、$NH_4^+-NH_3$、$H_2PO_4^--HPO_4^{2-}$、$HPO_4^{2-}-PO_4^{3-}$ 和 $H_3O^+-H_2O$ 分别为对应的共轭酸碱对，共轭酸碱对之间相差一个质子。

（2）酸碱的相对强弱

水中的质子不能独立存在。由于质子体积小和电荷密度高，或与碱结合形成酸，或与水分子结合形成水合质子（H_3O^+），为书写方便，往往将水合质子写成 H^+。如果给出质子与接受质子在水分子之间进行，则称为质子自递反应。例如：

$$H_2O+H_2O \rightleftharpoons H_3O^++OH^-$$

质子自递反应的平衡常数，称为水的质子自递平衡常数 $K_w^\ominus$（也称为水的离子积常数，简称水的离子积）：

$$K_w^\ominus=c(H_3O^+) \cdot c(OH^-)$$

在 25 ℃时，$K_w^\ominus=1.0\times10^{-14}$。由于 $K_w^\ominus$、$c(H_3O^+)$ 和 $c(OH^-)$ 在数值上较小，通常用常用对数的负值（小写字母符号 p）表示：

$$pK_w^\ominus=-\lg K_w^\ominus、pH=-\lg c(H_3O^+)、pOH=-\lg c(OH^-)$$

即

$$pK_w^\ominus=pH+pOH$$

当溶液为中性时，$c(H_3O^+)=c(OH^-)$，溶液的 pH 与 pOH 相等；当溶液为酸性时，$c(H_3O^+)>c(OH^-)$，溶液的 pH 小于 pOH；当溶液为碱性时，$c(H_3O^+)<c(OH^-)$，溶液的 pH 大于 pOH。由于 $K_w^\ominus$ 是温度的函数，只有在 25 ℃时，$K_w^\ominus=1.0\times10^{-14}$，中性溶液的 pH=pOH=7.00；在其他温度下，中性溶液的 pH=pOH≠7.00。

强酸容易给出质子，其共轭碱较弱；强碱容易接受质子，其共轭酸较弱。酸给出质子，必须在有另一种接受质子的碱存在时才能实现质子的转移（酸碱反应），所以，酸碱反应是两个共轭酸碱对共同作用的结果；酸碱反应的实质是质子转移反应。某酸的 $K_a^\ominus$ 值越大，酸性越强；某碱的 $K_b^\ominus$ 值越大，碱性越强。酸与其共轭碱的强度存在着如下关系：

$$K_a^\ominus \cdot K_b^\ominus=K_w^\ominus$$

由此可见，只要知道了酸的解离常数，就可以求得其共轭碱的解离常数，反之也同样。

4.2.2　酸碱平衡及水溶液中氢离子浓度的计算

（1）酸碱平衡及质子平衡式

酸（碱）的浓度，是指酸（碱）在溶液中的总的物质的量浓度，用 c 表示，单位为 $mol \cdot L^{-1}$。溶液的酸度，是指溶液中氢离子的浓度，严格来讲是指它们的活度，常用氢离子浓度的负对数表示,即 pH。如在 HAc 溶液中,由于醋酸部分解离,醋酸以 HAc 和 Ac⁻ 两种型体存在,解离反应达平衡后,醋酸的分析浓度 c 与上述两种型体平衡浓度之间的关系是

$$c = c(\text{HAc}) + c(\text{Ac}^-)$$

酸(碱)在溶液中的解离程度以它的解离常数(dissociation constant)表示。例如,二元酸 H_2B 分步解离为 HB^-,B^{2-}:

$$H_2B + H_2O \Longrightarrow H_3O^+ + HB^- \qquad K_{a_1}^{\ominus} = \frac{c(H^+)c(HB^-)}{c(H_2B)}$$

$$HB^- + H_2O \Longrightarrow H_3O^+ + B^{2-} \qquad K_{a_2}^{\ominus} = \frac{c(H^+)c(B^{2-})}{c(HB^-)}$$

其共轭碱的碱式解离为

$$B^{2-} + H_2O \Longrightarrow OH^- + HB^- \qquad K_{b_1}^{\ominus} = \frac{c(OH^-)c(HB^-)}{c(B^{2-})}$$

$$HB^- + H_2O \Longrightarrow OH^- + H_2B \qquad K_{b_2}^{\ominus} = \frac{c(OH^-)c(H_2B)}{c(HB^-)}$$

可见:$pK_{a_1}^{\ominus} + pK_{b_2}^{\ominus} = pK_{a_2}^{\ominus} + pK_{b_1}^{\ominus} = pK_w^{\ominus}$;通常,$K_{a_1}^{\ominus} > K_{a_2}^{\ominus}$,$K_{b_1}^{\ominus} > K_{b_2}^{\ominus} > \cdots$

质子平衡式用 PBE(proton balance equation)表示。要写出质子平衡式,必须选一些物质做参考,将其作为水准来考虑质子得失,这个水准称为参考水准。在平衡体系中,选作参考水准的物质通常是水溶液中大量存在并参与了质子转移的物质。根据得质子组分得质子的浓度等于失质子组分失质子的浓度,书写质子平衡式。

在处理涉及多级解离关系的物质时,有些物质与质子参考水准相比,质子转移数可能在 2 以上,此时则应在它们的浓度前乘上相应的系数。

例如,NaH_2PO_4 水溶液中,大量存在并参与了质子转移的物质是 H_2O 和 $H_2PO_4^-$,故选它们作为参考水准,它们的质子转移情况是

$$H_3O^+ \xleftarrow{+H^+} H_2O \xrightarrow{-H^+} OH^-$$

$$H_3PO_4 \xleftarrow{+H^+} H_2PO_4^- \xrightarrow{-H^+} HPO_4^{2-}$$

$$H_2PO_4^- \xrightarrow{-2H^+} PO_4^{3-}$$

所以,NaH_2PO_4 水溶液的质子平衡式是

$$c(H_3O^+) + c(H_3PO_4) = c(OH^-) + c(HPO_4^{2-}) + 2c(PO_4^{3-})$$

质子平衡式表明了溶液中各型体的质子授受关系,是计算溶液 pH 及由 pH 求算有关型体浓度相关公式的重要关系式,也是得到滴定曲线方程、终点误差公式的重要方程,必须掌握好。

(2)水溶液中氢离子浓度的计算

① 强酸(或强碱)溶液

以浓度为 $c(\text{mol} \cdot L^{-1})$ 的 HCl 溶液为例,它在水溶液中完全解离。溶液中质子来自 HCl 和 H_2O 的解离,其质子平衡式为

$$c(H^+) = c + c(OH^-)$$

当 c 较大,水解离所产生的氢离子浓度可以忽略不计,则质子平衡式简化为 $c(H^+)=c$。在这样的条件下,溶液中氢离子浓度等于酸的浓度(忽略离子强度的影响)。

② 一元弱酸 HB(或弱碱)溶液氢离子浓度计算

以浓度为 $c_a(mol \cdot L^{-1})$ 的一元弱酸 HB 溶液为例,溶液中的质子来自 HB 和 H_2O 的解离,其质子平衡式为

$$c(H^+)=c(B^-)+c(OH^-)$$

从质子平衡式可以推导出:

$$c(H^+)=\frac{K_a^\ominus \cdot c(HB)}{c(H^+)}+\frac{K_w^\ominus}{c(H^+)}$$

整理得到

$$c(H^+)=\sqrt{K_a^\ominus \cdot c(HB)+K_w^\ominus}$$

利用型体分布分数公式可以得出平衡浓度 $c(HB)$ 与分析浓度 c_a 的关系式:

$$c(HB)=c_a \cdot \frac{c(H^+)}{c(H^+)+K_a^\ominus}$$

代入前式经整理后推导出精确式:

$$c^3(H^+)+K_a^\ominus \cdot c^2(H^+)-(K_a^\ominus \cdot c_a+K_w^\ominus) \cdot c(H^+)-K_a^\ominus \cdot K_w^\ominus=0$$

理论上精确式可以适合任何条件下一元弱酸溶液中 $c(H^+)$ 的计算。

虽然此一元三次方程手工不易求解,但可用计算机程序如 EXCEL 求解。由于解离常数本身的精确度不高等原因,实际工作中精确求解并无必要,通常使用简化处理后的近似式或最简式。

若弱酸的浓度 c_a 和解离常数 $K_a^\ominus$ 较大,满足条件 $K_a^\ominus \cdot c_a \geq 20K_w^\ominus$ 时,则可忽略水的解离,即在质子平衡式中的 $c(OH^-)$ 项可以忽略,质子平衡式可简化为

$$c(H^+)=c(B^-)$$

相应地由精确式一元三次方程简化为一元二次方程,其有意义的根即为近似处理式:

$$c(H^+)=\frac{-K_a^\ominus+\sqrt{(K_a^\ominus)^2+4K_a^\ominus c_a}}{2}$$

在近似处理的条件下,若弱酸的浓度较大,$K_a^\ominus$ 相对较小时,即同时满足条件 $K_a^\ominus \cdot c_a \geq 20K_w^\ominus$ 和 $c_a/K_a^\ominus \geq 500$ 时,弱酸的平衡浓度近似等于弱酸的总浓度,$c(HB)=c_a-c(H^+) \approx c_a$,即

$$c(H^+)=\sqrt{K_a^\ominus \cdot c_a}$$

该式为计算一元弱酸溶液中氢离子浓度的最简式。

在满足条件下用近似式或最简式,就可以保证相对误差小于 5%。

③ 多元酸碱溶液及其 pH 的计算

多元酸碱是分步解离的,如二元酸 H_2B,其 $c(H^+)$ 计算的精确式为高次方程;然而,多元酸各型体所带的负电荷越高,解离产生带相反电荷的 H^+ 越不容易,因此第一级解离通常远比第二级及以后各级的解离显著,在近似计算中,往往只需考虑第一级的解离。

$$c(\text{H}^+)=\frac{-K_{a_1}^{\ominus}+\sqrt{(K_{a_1}^{\ominus})^2+4K_{a_1}^{\ominus}c_a}}{2}\quad\text{和}\quad c(\text{H}^+)=\sqrt{K_{a_1}^{\ominus}\cdot c_a}$$

具体计算见表 4-1。

表 4-1　水溶液中的质子转移平衡及有关计算

溶液	近似式	最简式	近似式使用条件
一元弱酸	$c(\text{H}^+)=\dfrac{-K_a^{\ominus}+\sqrt{(K_a^{\ominus})^2+4K_a^{\ominus}c_a}}{2}$	$c(\text{H}^+)=\sqrt{c_aK_a^{\ominus}}$	$c_aK_a^{\ominus}\geqslant 20K_w^{\ominus}$ $c_a/K_a^{\ominus}\geqslant 500$
一元弱碱	$c(\text{OH}^-)=\dfrac{-K_b^{\ominus}+\sqrt{(K_b^{\ominus})^2+4K_b^{\ominus}\cdot c_b}}{2}$	$c(\text{OH}^-)=\sqrt{c_b\cdot K_b^{\ominus}}$	$c_bK_b^{\ominus}\geqslant 20K_w^{\ominus}$ $c_b/K_b^{\ominus}\geqslant 500$
多元弱酸	$c(\text{H}^+)=\dfrac{-K_{a_1}^{\ominus}+\sqrt{(K_{a_1}^{\ominus})^2+4K_{a_1}^{\ominus}\cdot c_a}}{2}$	$c(\text{H}^+)=\sqrt{c_aK_{a_1}^{\ominus}}$	$K_{a_1}^{\ominus}/K_{a_2}^{\ominus}\gg 10^2$ $c_a/K_{a_1}^{\ominus}\geqslant 500$
多元弱碱	$c(\text{OH}^-)=\dfrac{-K_{b_1}^{\ominus}+\sqrt{(K_{b_1}^{\ominus})^2+4K_{b_1}^{\ominus}\cdot c_b}}{2}$	$c(\text{OH}^-)=\sqrt{c_b\cdot K_{b_1}^{\ominus}}$	$K_{b_1}^{\ominus}/K_{b_2}^{\ominus}\gg 10^2$ $c_b/K_{b_1}^{\ominus}\geqslant 500$
两性物质	$c(\text{H}^+)=\sqrt{\dfrac{K_{a_1}^{\ominus}(K_{a_2}^{\ominus}c+K_w^{\ominus})}{K_{a_1}^{\ominus}+c}}$	$c(\text{H}^+)=\sqrt{K_{a_1}^{\ominus}\cdot K_{a_2}^{\ominus}}$	$cK_{a_2}^{\ominus}\geqslant 20K_w^{\ominus}$ $c>20K_{a_1}^{\ominus}$

4.2.3　缓冲溶液

（1）缓冲溶液与作用机制

能够抵抗少量外加的酸、碱或适量的稀释而保持酸度基本不变的溶液，称为缓冲溶液。缓冲溶液平衡组成的浓度计算实际上是同离子效应的计算。组成缓冲溶液的成分实际上是它们的共轭酸碱对。如 HAc-NaAc 的缓冲体系，存在如下平衡：

$$\text{HAc}+\text{H}_2\text{O}\rightleftharpoons\text{Ac}^-+\text{H}_3\text{O}^+$$

由于同离子效应，互为共轭酸碱对的 HAc 和 Ac$^-$ 相互抑制了对方的解离，故 HAc 和 NaAc 溶液体系中有大量的 HAc 和 Ac$^-$。当外加少量的 OH$^-$ 或 H$^+$ 后，由于同离子效应，上述平衡体系将发生移动，从而抵消外加的少量 OH$^-$ 或 H$^+$ 所引起的氢离子浓度的变化。当加入水稀释时，一方面降低了溶液的 H$^+$ 浓度，但另一方面由于解离度的加大和同离子效应的减弱，又使平衡发生了向增大 H$^+$ 浓度的方向移动，而溶液的 H$^+$ 浓度变化不大，使 pH 基本不变。

（2）缓冲溶液的 pH 的计算

缓冲溶液的 pH（或 pOH）的计算取决于共轭酸（或碱）的 K_a（或 K_b）及共轭酸（或碱）的浓度：

$$\text{pH}=\text{p}K_a^{\ominus}+\lg\frac{c_b}{c_a},\quad \text{pOH}=\text{p}K_b^{\ominus}-\lg\frac{c_b}{c_a}$$

（3）缓冲溶液的配制

使缓冲溶液具有一定的 pH，要选择适当的缓冲体系，使所选的缓冲体系的缓冲范围

($pK_a^\ominus \pm 1$)尽可能接近所要求的 pH。使之具有最大的缓冲容量。要有适当的总浓度,一般使总浓度为 $0.050 \sim 0.20$ mol·L^{-1}。然后计算所需共轭酸、碱的量,按照计算结果,量取共轭酸、碱溶液并混合,即可配成一定体积所需 pH 的缓冲溶液。

4.3　沉淀溶解平衡

4.3.1　溶度积常数

本章的难溶电解质是指溶解度较小的强电解质,意味着溶解的部分是完全解离的,但解离产生的离子浓度较小。因此,在体系中没有加入其他电解质的情况下,离子的活度可以用离子浓度替代(即认为离子活度系数为 1)。

难溶电解质的沉淀溶解平衡可表示为

$$A_nB_m(s) = nA^{m+}(aq) + mB^{n-}(aq)$$

该解离反应的平衡常数表达式告诉我们,在一定温度时,难溶电解质的饱和溶液(即达到沉淀溶解平衡时)中,各离子浓度幂次方的乘积为常数,通常将该平衡常数称为溶度积常数,简称溶度积,用符号 $K_{sp}^\ominus$ 表示。

$$K_{sp}^\ominus = c^n(A^{m+}) \cdot c^m(B^{n-})$$

显然,$K_{sp}^\ominus$ 值的大小反映了难溶电解质的溶解程度。和其他平衡常数一样,其值与温度有关,与浓度无关。

4.3.2　溶度积常数和溶解度的关系

溶度积 $K_{sp}^\ominus$ 和溶解度 s 的数值都可以用来表示物质的溶解能力,它们之间可以互相换算。

AB 型　　　　　　　$K_{sp}^\ominus = s^2$　　　$s = \sqrt{K_{sp}^\ominus}$

A_2B 或 AB_2 型　　$K_{sp}^\ominus = 4s^3$　　$s = \sqrt[3]{\dfrac{K_{sp}^\ominus}{4}}$

AB_3 或 A_3B 型　　$K_{sp}^\ominus = 27s^4$　$s = \sqrt[4]{\dfrac{K_{sp}^\ominus}{27}}$

总之,对于任一型的难溶电解质 $A_nB_m(s)$,溶度积 $K_{sp}^\ominus$ 与溶解度 s 的关系为

$$s = \sqrt[m+n]{\frac{K_{sp}^\ominus}{m^m \cdot n^n}}$$

因此,对于同型难溶电解质,溶解度的大小可以直接根据溶度积的大小来作判断比较。但需要特别注意,对于不同型的难溶电解质,需要做相应计算后才可以正确比较溶解度的大小。

4.3.3　溶度积原理

难溶电解质溶液中,其离子浓度幂的乘积称为离子积,用 Q_i 表示,对于 A_nB_m 型难溶电解质,有

$$Q_i = c^n(A^{m+}) \cdot c^m(B^{n-})$$

对于某一给定的溶液,溶度积 $K_{sp}^{\ominus}$ 与离子积 Q_i 之间的关系可能有以下三种情况:

$\begin{cases} Q_i > K_{sp}^{\ominus} \text{ 时,溶液为过饱和溶液,生成沉淀(平衡向沉淀方向移动)。} \\ Q_i = K_{sp}^{\ominus} \text{ 时,溶液为饱和溶液(沉淀溶解处于平衡状态)。} \\ Q_i < K_{sp}^{\ominus} \text{ 时,溶液为未饱和溶液,沉淀溶解(平衡向溶解方向移动)。} \end{cases}$

以上规则称为溶度积原理,常用来判断化学反应中是否有沉淀产生或溶解。

溶度积原理的本质就是化学平衡移动原理中阐述的关于浓度对平衡的影响(见第二章)。

(1) 沉淀的溶解

向难溶电解质的饱和溶液中加入某种物质,如果可以降低难溶电解质相应的阴离子或阳离子的浓度,从而使难溶电解质的离子积小于溶度积,则难溶电解质的沉淀就会溶解。通常用来使沉淀溶解的方法有下列几种:

① 生成弱电解质使沉淀溶解。常见的有

• 难溶金属氢氧化物的酸溶解:

$$M(OH)_n(s) + nH^+(aq) \rightleftharpoons M^{n+}(aq) + nH_2O$$

$$K^{\ominus} = \frac{c(M^{n+})}{c^n(H^+)} = \frac{c(M^{n+})}{c^n(H^+)} \cdot \frac{c^n(OH^-)}{c^n(OH^-)} = \frac{K_{sp}^{\ominus}[M(OH)_n]}{(K_w^{\ominus})^n}$$

此式也可以根据多重平衡规则得出。

• MS 型难溶金属硫化物的酸溶解:

$$MS(s) + 2H^+(aq) \rightleftharpoons M^{n+}(aq) + H_2S(aq)$$

$$K^{\ominus} = \frac{c(M^{n+}) \cdot c(H_2S)}{c^2(H^+)} = \frac{c(M^{n+}) \cdot c(H_2S)}{c^2(H^+)} \cdot \frac{c(S^{2-})}{c(S^{2-})} = \frac{K_{sp}^{\ominus}(MS)}{K_{a_1}^{\ominus}(H_2S) \cdot K_{a_1}^{\ominus}(H_2S)}$$

此式也可以根据多重平衡规则得出。

相关习题求解中会涉及两个重要的知识点,一是 pH 足够小的溶液中,S^{2-} 基本上以 H_2S 的型态存在(可以用型体分布分数公式自行证明之。在 pH 不是足够小的情况下,仍可以计算出其型体分布分数值)。二是假定 H_2S 的饱和浓度是 $0.1\ mol \cdot L^{-1}$。严格意义上,一定温度下气体的溶解度(即饱和浓度)与气相中该气体的分压成正比,25 ℃、100 kPa 下,H_2S 的饱和浓度约为 $0.1\ mol \cdot L^{-1}$。假定是为了简化计算。

② 通过氧化还原反应使沉淀溶解。

③ 生成配合物使沉淀溶解。

(2) 分步沉淀

当溶液中同时存在几种离子时,依离子积达到溶度积的先后顺序,先后生成相应的难溶电解质沉淀。对于同一类型的难溶电解质,溶度积差别越大,利用分步沉淀就可以分离得越完全。

常根据金属氢氧化物溶解度间的差别,通过控制溶液的 pH,使某些金属氢氧化物沉淀出来,而使另一些金属离子仍保留在溶液中,从而达到分离的目的。也可以调节溶液的 pH 以控制 S^{2-} 浓度,使不同的难溶金属硫化物分步沉淀。

4.3.4 沉淀的转化

由一种沉淀转化为另一种沉淀的过程叫沉淀的转化。有些难溶强酸盐沉淀不溶于酸,也不能用配位溶解和氧化还原的方法将它溶解。这时，可以先将沉淀转化为难溶弱酸盐，然后再用酸溶解。

4.4　配位平衡

4.4.1　配位化合物的组成

配位化合物简称配合物（旧称络合物）。配合物内界（中括号内部分）是由配体和形成体构成，是配合物的特征部分。例如：

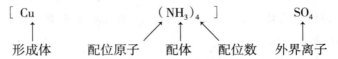

（1）形成体

形成体是中心离子和中心原子的统称。中心离子主要是一些过渡金属元素的离子。硼、硅、磷等一些具有高氧化数的非金属元素也能作为中心离子，如 $Na[BF_4]$ 中的 B（Ⅲ）、$K_2[SiF_6]$ 中的 Si（Ⅳ）和 $NH_4[PF_6]$ 中的 P（Ⅴ）。也有不带电荷的中性原子作形成体的，如 $[Ni(CO)_4]$，$[Fe(CO)_5]$ 中的 Ni，Fe 都是中性原子。形成体具有空的轨道，可以接受配位原子提供的孤对电子形成配位键。

（2）配体和配位原子

与形成体结合的、含有孤电子对的中性分子或阴离子叫作配体，如 NH_3，H_2O，CN^-，X^-（卤素阴离子）等。配体围着形成体按一定空间构型与形成体以配位键结合。

配体中具有孤电子对的，直接与形成体以配位键结合的原子称为配位原子，常见的配体及配位原子如下：

含氮配体中的氮原子　NH_3，NCS^-；　　　含氧配体中的氧原子　H_2O，OH^-

含碳配体中的碳原子　CN^-，CO；　　　　含硫配体中的硫原子　SCN^-

卤素配体中的卤原子　F^-，Cl^-，Br^-，I^-

在一个配体中只以一个配位原子和（或原子）配位的配体称单齿配体。有两个或两个以上的配位原子与形成体配位的配体称多齿配体，如乙二胺（NH_2—CH_2—CH_2—NH_2），草酸根（$C_2O_4^{2-}$）等。

（3）配位数

与形成体直接以配位键结合的配位原子数称为形成体的配位数。如果是单齿配体，那么形成体的配位数就是配体的数目，如 $[Cu(NH_3)_4]SO_4$ 中，配位数就是配体 NH_3 分子的数目 4；若配体是多齿的，那么配位数则是配体的数目与配位原子数的乘积，如乙二胺是双齿配体，在 $[Pt(en)_2]^{2+}$ 中，Pt^{2+} 的配位数为 $2\times2=4$。

（4）配离子的电荷

配离子的电荷等于形成体电荷与配体总电荷的代数和。例如，$[Co(NH_3)_2(NO_4)_4]^-$ 配离子电荷数 $=(+3)+0\times2+(-1)\times4=-1$。

4.4.2 配合物的命名

含配离子的化合物的命名与一般无机化合物(酸、碱、盐)的命名原则类同,都是阴离子名称在前,阳离子名称在后。若为配位阳离子化合物,则可将配位阳离子视为盐化合物中金属离子,叫"某化某"或"某酸某";若为配位阴离子化合物,则可将配位阴离子视为含氧酸盐或含氧酸中的酸根离子,命名时在配位阴离子与外界之间用"酸"字连接。

配合物内界配离子的命名方法,通常可照如下顺序:配体数—配体名称—合—形成体名称—形成体的氧化数。不同配体名称之间用圆点"·"分开,用二、三、四等数字表示配体数。

若配体有多种,则先命名阴离子配体,再命名中性分子配体。

阴离子配体的次序为简单离子—复杂离子—有机酸根离子。

中性分子则按配位原子元素符号的拉丁字母顺序排列。

对于无外界的配位化合物(即内界净电荷为 0),直接套用配合物内界配离子的命名方法即可。如$[Ni(CO)_4]$,命名为四羰基合镍。

还有更多的顺序规则,而且不乏例外,有兴趣的读者可研读《英汉化学化工词汇》的附录。从实际出发,复杂配合物不一定都要按复杂的规则给出名称,直接用化学式可能更简单、明了。

4.4.3 配位化合物的价键理论

(1)配合物的形成体 M 同配体 L 之间以配位键结合

配体提供孤对电子,是电子给予体。形成体提供空轨道,接受配体提供的孤对电子,是电子对的接受体。两者之间形成配位键,一般表示为 M←L。

形成体用能量相近的轨道(如第一过渡金属元素 3d、4s、4p、4d)杂化,以杂化的空轨道来接受配体提供的孤对电子形成配位键。配位离子的空间构型、配位数、稳定性等,主要取决于杂化轨道的数目和类型。

配位数	杂化轨道类型	空间构型	配离子类型	实 例
2	sp	直线形	外轨型	$[Ag(CN)_2]^-$,$[Ag(NH_3)_2]^+$
3	sp^2	平面三角形	外轨型	$[HgI_3]^-$,$[CuCl_3]^-$
4	sp^3	正四面体形	外轨型	$[Zn(NH_3)_4]^{2+}$,$[Co(SCN)_4]^{2-}$
4	dsp^2	平面正方形	内轨型	$[PtCl_4]^{2-}$,$[Cu(NH_3)_4]^{2+}$
6	sp^3d^2	正八面体形	外轨型	$[Fe(H_2O)_6]^{2+}$,$[FeF_6]^{3-}$
6	d^2sp^3	正八面体形	内轨型	$[Fe(CN)_6]^{4-}$,$[Cr(NH_3)_6]^{3+}$

(2)外轨型和内轨型配合物

形成配合物时,若形成体是以 ns,np,nd 轨道组成杂化轨道的,由于 nd 与 ns,np 属于同一外电子层,这类配合物称为外轨型配合物,由于电子没有重排,有较多的未成对电子,又称为高自旋配合物。若形成体是以$(n-1)d,ns,np$轨道组成杂化轨道的，由于$(n-1)d$是内层轨道，故这类配合物称为内轨型配合物，由于受到配体的影响，内层电子发生重排，未成对电子较少，又称为低自旋配合物。

一般来说，结构相似的配合物，内轨型配合物比外轨型配合物稳定，这是因为在形成内轨型配合物时，配体提供的孤对电子深入到形成体的内层轨道，形成较强的配位键。如果配位原子电负性较小，如C（在CN^-，CO中），N（在NO_2^-中）等，较易给出孤对电子，对形成体的影响较大，使其结构发生变化，$(n-1)d$轨道上的成单电子被强行配对，常生成内轨型配合物。电负性较大的配位原子如F，O等，不易给出孤对电子，对形成体的结构影响较小，常生成外轨型配合物。

若用价键理论还不能准确判断一个配合物究竟是内轨型还是外轨型，则可通过对配合物磁矩的测定来确定。磁矩μ和物质中未成对电子数n之间具有下列近似关系式：

$$\mu = \sqrt{n(n+2)}$$

μ的单位为玻尔磁子（B.M）。

利用配合物的磁矩计算未成对电子数，判断d电子是否发生重排，从而确定配合物属于内轨型还是外轨型。

4.4.4　配位化合物的类型和异构化

（1）配合物的类型

① 简单配合物

简单配合物是一类由单齿配体与形成体直接配位形成的配合物，是一类最常见的配合物。

② 螯合物

由中心离子与多齿配体的两个或两个以上的配位原子键合而成，并具有环状结构的配合物称为螯合物。

螯合物与具有相同数目配位原子的简单配合物相比，具有特殊的稳定性。这种由于环状结构的形成而使螯合物具有的特殊的稳定性称为螯合效应。一般五元环或六元环比较稳定，而且环数越多越稳定。

③ 多核配合物

含有两个或两个以上的中心离子的配合物称为多核配合物，两个中心离子之间常以配体连接起来。可形成多核配合物的配体一般为—OH，—NH_2，—O—，—O_2—，Cl^-等。在这些配体中孤对电子数大于1的配位原子（O，N，Cl等）可以和两个或更多的金属原子配位。

④ 羰基配合物

以CO为配体的配合物称为羰基配合物（简称羰合物）。

⑤ 原子簇化合物

两个或两个以上的金属原子以金属—金属（M—M键）直接结合形成的配合物叫原子簇化合物（简称簇合物）。

⑥ 夹心配合物

过渡金属原子和具有离域π键的分子（如环戊二烯和苯等）形成的配合物称为夹心配

合物。

⑦ 大环配合物

环状骨架上含有 O,N,S,P 或 As 等多个配位原子的多齿配体所形成的配合物叫大环配合物。

（2）配合物的异构现象

配合物中存在大量的异构现象，通常可分为结构异构和立体异构两大类。

① 结构异构

由配合物中原子间连接方式不同引起的异构现象叫作结构异构，主要有解离异构、键合异构、水合异构和配位异构等类型。

② 立体异构

配合物中由配离子在空间的排布不同而产生的异构称为立体异构，通常可分为几何异构和旋光异构。

4.4.5 配离子在溶液中的解离平衡

（1）稳定常数与不稳定常数

根据化学平衡的原理，Cu^{2+} 与 NH_3 分子形成配离子 $[Cu(NH_3)_4]^{2+}$ 的平衡常数为

$$K_f^{\ominus} = \frac{c([Cu(NH_3)_4]^{2+})}{c(Cu^{2+}) \cdot c^4(NH_3)}$$

$K_f^{\ominus}$ 为配合物的稳定常数，其值越大，配离子越稳定。

配离子 $[Cu(NH_3)_4]^{2+}$ 在水中的解离平衡为

$$[Cu(NH_3)_4]^{2+} \longrightarrow Cu^{2+} + 4NH_3$$

其平衡常数表达式为

$$K_d^{\ominus} = \frac{c(Cu^{2+}) \cdot c^4(NH_3)}{c([Cu(NH_3)_4]^{2+})}$$

$K_d^{\ominus}$ 为配合物的不稳定常数，其值越大，表示配离子越容易解离，即越不稳定。

$$K_f^{\ominus} = \frac{1}{K_d^{\ominus}}$$

（2）逐级稳定常数

ML_n 型配合物是逐步形成的。因此，每一步都有配位平衡和相应的稳定常数，这类稳定常数称为逐级稳定常数 $K_{f,n}^{\ominus}$。

$M+L \rightleftharpoons ML$，第一级逐级稳定常数为

$$K_{f,1}^{\ominus} = \frac{c(ML)}{c(M)c(L)}$$

$ML+L \rightleftharpoons ML_2$，第二级逐级稳定常数为

$$K_{f,2}^{\ominus} = \frac{c(ML_2)}{c(ML)c(L)}$$

$ML_{n-1}+L \rightleftharpoons ML_n$，第 n 级逐级稳定常数为

$$K_{f,n}^{\ominus} = \frac{c(\mathrm{ML}_n)}{c(\mathrm{ML}_{n-1})c(\mathrm{L})}$$

（3）累积稳定常数

$$\beta_1^{\ominus} = K_1^{\ominus} = \frac{c(\mathrm{ML})}{c(\mathrm{M})c(\mathrm{L})}$$

将逐级稳定常数依次相乘,可得到各级累积稳定常数。

最后一级累积稳定常数就是配合物的总的稳定常数,即 $\beta_n^{\ominus} = K_f^{\ominus}$。

$$\beta_2^{\ominus} = K_1^{\ominus}K_2^{\ominus} = \frac{c(\mathrm{ML}_2)}{c(\mathrm{M})c^2(\mathrm{L})}$$

$$\beta_n^{\ominus} = K_1^{\ominus} \cdot K_2^{\ominus} \cdot \cdots \cdot K_n^{\ominus} = \frac{c(\mathrm{ML}_n)}{c(\mathrm{M})c^n(\mathrm{L})}$$

（4）配位平衡的移动

如果配位平衡体系的条件(如浓度、酸度等)发生改变,平衡就会发生移动。因此溶液的 pH,沉淀反应、氧化还原反应的发生都会影响配位平衡的移动。配离子还能转化为另一种更稳定的配离子。

可以借助多重平衡规则获得总反应的平衡常数,再根据化学平衡移动原理讨论浓度等因素对平衡移动的影响。

① 酸度对配位平衡的影响

一些常见的配体都属于质子碱,可与 H^+ 结合生成相应的共轭酸。当溶液中 H^+ 浓度增加时,配体的浓度会下降,使配位平衡向解离方向移动。相反,当溶液中 H^+ 浓度降低到一定程度时,金属离子便会发生水解,也使配位平衡向解离方向移动。要使配离子稳定,溶液的酸度必须控制在一定范围内。

② 沉淀反应对配位平衡的影响

沉淀反应与配位平衡的关系,可看成是沉淀剂和配位剂共同争夺中心离子的过程。配位反应可促进沉淀的溶解,沉淀的生成也可以破坏配合物的形成。沉淀能否被溶解,配合物能否被破坏,主要取决于沉淀物的 $K_{sp}^{\ominus}$ 和配合物 $K_f^{\ominus}$ 值的大小,同时还与所加的配位剂和沉淀剂的用量有关。$K_f^{\ominus}$ 越小,$K_{sp}^{\ominus}$ 越小,则配离子转化为沉淀的趋势越大;如果 $K_f^{\ominus}$,$K_{sp}^{\ominus}$ 越大,则沉淀越容易溶解转化为配离子。

③ 氧化还原反应与配位平衡

在配位平衡体系中若加入能与金属离子发生氧化还原反应的氧化剂或还原剂,降低了金属离子的浓度,从而降低了配离子的稳定性。同样,如果金属离子在溶液中形成了配离子,金属离子的浓度降低,从而改变金属离子的氧化还原性和氧化还原反应的方向。

④ 配离子的转化

在配位反应中,一种配离子可以转化成更稳定的另一种配离子。

（5）EDTA 的性质

EDTA 即乙二胺四乙酸,是一种四元酸,通常用 H_4Y 表示。两个羧基上的 H^+ 转移到氨基氮上,形成双偶极离子。当溶液的酸度较大时,两个羧酸根可以再接受两个 H^+。这时的 EDTA 就相当于六元酸,用 H_6Y 表示。EDTA 在水溶液中存在着 H_6Y^{2+}、H_5Y^+、H_4Y、H_3Y^-、H_2Y^{2-}、HY^{3-} 和 Y^{4-} 七种型式,但是在不同的酸度下,各种型式的浓度是不同的。在 $pH \geq 12$ 的溶液中,才主要以 Y^{4-} 型式存在。

一般情况下 EDTA 与金属离子都是以 1∶1 的配位比相结合形成可溶性的配合物,使分析结果的计算十分方便。

（6）配合物的条件平衡常数

配位滴定中除了待测金属离子与 EDTA 的主反应外,还存在许多副反应,它们之间的平衡关系可用下式表示:

主反应   M   +   Y   ⇌   MY

副反应 M(OH) ⋯ M(OH)$_n$ ML ⋯ ML$_n$ HY ⋯ H$_6$Y   NY   MHY   MOHY

起主要作用的是由 H^+ 引起的酸效应和 L 引起的配位效应。

① 酸效应

随着酸度的增加,Y^{4-} 的分布系数减小,EDTA 的配位能力减小,这种现象称为酸效应。酸效应的大小用酸效应系数 $\alpha_{Y(H)}$ 来衡量,它是指未参加配位反应的 EDTA 各种存在型体的总浓度 $c(Y')$ 与能直接参与主反应的 Y^{4-} 的平衡浓度 $c(Y^{4-})$ 之比,即

$$\alpha_{Y(H)} = \frac{c(Y')}{c(Y^{4-})}$$

随着溶液的酸度升高,酸效应系数 $\alpha_{Y(H)}$ 增大,由酸效应引起的副反应也越大,EDTA 与金属离子的配位能力就越小。

② 配位效应

由于其他配位剂 L 与金属离子的配位反应而使主反应能力降低,这种现象叫配位效应。配位效应的大小用配位效应系数 $\alpha_{M(M)}$ 来表示,它是指未与滴定剂 Y^{4-} 配位的金属离子 M 的各种存在型体的总浓度 $c(M')$ 与游离金属离子浓度 $c(M)$ 之比,即

$$\alpha_{M(L)} = \frac{c(M')}{c(M)} = 1 + c(L)\beta_1 + c^2(L)\beta_2 + \cdots + c^n(L)\beta_n$$

OH^- 也可以看作一种配位剂,能和金属离子形成羟基配合物,而引起副反应,其羟合效应系数 $\alpha_{M(OH)}$ 可表示为

$$\alpha_{M(OH)} = \frac{c(M')}{c(M)} = 1 + c(OH)\beta_1 + c^2(OH)\beta_2 + \cdots + c^n(OH)\beta_n$$

如果溶液中其他的配位剂 L 和 OH^- 同时与金属离子发生副反应,其配位效应系数可表示为

$$\alpha_M = \alpha_{M(L)} + \alpha_{M(OH)} - 1$$

在配位滴定中,由于副反应的存在,配合物的实际稳定性下降,这样配合物的稳定性可用条件稳定常数 $\lg K_f^{\ominus'}$ 表示,它表示了在溶液酸度和其他配位剂影响下配合物的实际稳定

程度。

$$K_{MY}^{\ominus\prime} = \frac{K_{MY}^{\ominus}}{\alpha_{M(L)}\alpha_{Y(H)}}$$

或表示为

$$\lg K_{MY}^{\ominus\prime} = \lg K_{MY}^{\ominus} - \lg \alpha_{M(L)} - \lg \alpha_{Y(H)}$$

显然，酸效应和配位效应越大，$K_{MY}^{\ominus\prime}$ 越小，配合物的实际稳定性越小。

4.5 氧化还原平衡

4.5.1 氧化还原反应方程式配平中应注意的问题

氧化还原反应方程式的配平方法很多，其中有许多共同之处，这里主要说明离子-电子法配平时应注意的几个问题。

① 根据实验事实确定在反应条件下反应的生成物，这是正确写出反应方程式的重要前提。反应条件主要是指介质的酸碱性。随 pH 的改变，相同的反应物有可能生成不同的产物；有的反应甚至会改变反应方向。特别要指出的是，在酸性介质中进行的反应，配平的方程式中不应出现 OH^-；在碱性介质中进行的反应，其方程式中不能出现 H^+；在中性介质中进行的反应，通常参照酸性介质进行的反应，配平的方程式中不出现 OH^-。

② 配平的具体步骤如下：用离子形式写出基本的反应式→将总反应分为两个半反应，即氧化半反应（负极反应）和还原半反应（正极反应）→先分别将两个半反应两边的原子数配平，再用电子将电荷数配平→将两个半反应式分别乘以适当的系数使总反应中得失电子数相等→两个半反应式相加，消去相同部分即得配平的总反应式即电池反应式。

应该掌握在原电池表达式、电极反应式、电池反应式三者之间能够自由转换的基本技能。

4.5.2 原电池及电极电势

原电池是借助于氧化还原反应而产生电流的装置，是一种将化学能转变成电能的装置。在理论上和实际应用中原电池都有重要意义。任一自发的氧化还原反应原则上都可以被设计成原电池。原电池与氧化还原反应的对应关系如下：

氧化还原反应	半反应式	电对	氧化剂发生还原反应	还原剂发生氧化反应	电子由还原剂转给氧化剂
电池反应	电极反应	电极	正　极	负　极	电子由负极流向正极

在原电池中还原剂失电子被氧化的半反应和氧化剂得电子被还原的半反应分别在两处（负极和正极上）发生，两个半电池之间又有适当联系（如盐桥等）的情况下才能产生电流。盐桥的作用是接通电路和保持溶液的电中性。例如，原电池：

$$(-)Zn \mid Zn^{2+}(aq) \parallel H^+(aq) \mid H_2(g) \mid Pt(+)$$

如果把电极反应都写成还原反应：

$$2H^+(aq) + 2e^- \rightleftharpoons H_2(g)$$

$$Zn^{2+}(aq) + 2e^- \rightleftharpoons Zn(s)$$

则电池反应是正极反应与负极反应相减而得到的。

$$2H^+(aq) + Zn(s) \rightleftharpoons Zn^{2+}(aq) + H_2(g)$$

原电池之所以能产生电流是由于正、负极的电极电势不同。原电池的电动势 E 等于在原电池内无电流通过时正极的电极电势 $E_{(+)}$ 减负极的电极电势 $E_{(-)}$，即

$$E = E_{(+)} - E_{(-)}$$

电极电势是电极与溶液界面形成扩散双电层而测得的一个相对值。电动势和电极电势均受温度、压力、浓度等因素的影响。通常温度为 298 K，当系统中各物种都处于标准状态，相应的电动势、电极电势分别为标准电动势和标准电极电势。则有

$$E^\ominus = E^\ominus_{(+)} - E^\ominus_{(-)}$$

文献表列的标准电极电势通常是标准还原电极电势，它是将该电极与标准氢电极所组成原电池的电极电势相对值。指定 $E^\ominus(H^+/H_2) = 0.000\ 0$ V，故测得原电池的电动势数值，即为该电极的标准电极电势数值 $E^\ominus$。$E^\ominus$ 值的符号则取决于电池中该电极实际发生的是还原反应（正极）还是氧化反应（负极），前者为正值，后者为负值。

需要特别指出的是，正因为标准电极电势是与标准氢电极的相对比较值，因此，不论该电极在原电池中是作正极还是负极，标准电极电势值不变号，即始终采用与标准氢电极的相对比较值。

4.5.3　能斯特方程式

氧化还原反应方程式的通式可写为

$$a\text{ 氧化型}_1 + c\text{ 还原型}_2 \rightleftharpoons b\text{ 还原型}_1 + d\text{ 氧化型}_2$$

对应的电池的电动势：

$$E = E^\ominus - \frac{2.303RT}{nF} \lg Q$$

其中：

$$Q = \frac{c^b(\text{还原型}_1)\,c^d(\text{氧化型}_2)}{c^a(\text{氧化型}_1)\,c^c(\text{还原型}_2)}$$

即反应商。

此式被称为电池反应的能斯特（Nernst）方程式，表达的是指定温度下浓度对电动势的影响。

而对于电极反应（半电池反应）：

$$a\text{ 氧化型} + ne^- \rightleftharpoons b\text{ 还原型}$$

其能斯特方程式为

$$E = E^\ominus - \frac{2.303RT}{nF} \lg \frac{c^b(\text{还原型})}{c^a(\text{氧化型})}$$

式中 T 与 $E^\ominus$ 的 T 相同。在 298 K 下，则有

$$E = E^\ominus - \frac{0.059\ 2\ \text{V}}{n} \lg \frac{c^b(\text{还原型})}{c^a(\text{氧化型})}$$

按习惯,上式也被称为能斯特方程式,表达的是指定温度下浓度对电极电势的影响:c(还原型)减小,E 变大;c(氧化型)增大,E 也变大。

应特别指出的是:

① 由于 $c^\ominus = 1 \ mol \cdot L^{-1}$,$c/c^\ominus$ 简略写成 c,c(还原型)表示电极反应还原型一侧(电极反应方程式右边)各物种的 c_B(也包括气态物质的 $p_B/p^\ominus$);c(氧化型)表示氧化型一侧(电极反应方程式左边)各物种的 c_B(包括气态物质的 $p_B/p^\ominus$)。在含有含氧酸根或氢氧化物的电对中,H^+ 或 OH^- 也参与电极反应,因此 $c(H^+)$ 或 $c(OH^-)$ 的改变能使电极电势发生变化,这就是常说的酸度对电极电势的影响。

② 电对的氧化型或还原型形成难溶电解质、配合物、弱酸或弱碱时都能改变电极电势。

③ 电极电势是电极反应处于平衡时的电势。将电极反应理解为电极平衡,可以用平衡移动原理解释浓度对电极电势的影响,包括对诸如 $E^\ominus(Ag^+/Ag)$ 和 $E^\ominus(AgCl/Ag)$ 二者的数值大小的判断。

4.5.4　电极电势的应用

(1)判断氧化还原反应进行的方向

原电池的电动势 E 与电极电势的关系可表示如下:

$$E = E_{(+)} - E_{(-)} = E(氧化剂电对) - E(还原剂电对)$$

$E>0$,反应正向进行;$E<0$,反应逆向进行;$E=0$,反应达到平衡。这与化学反应的吉布斯函数变判据是一致的。

$E>0$,意味着在恒温、恒压不做非体积功(包括电功)条件下该反应能够自发进行。若利用该反应设计成原电池,这种能自发进行的倾向可以变成有用功(电功)。

但是,通常由标准电极电势得到 $E^\ominus$ 比较方便。正像用 $\Delta_r G_m^\ominus$ 近似代替 $\Delta_r G_m$ 一样,在大多数情况下,可用 $E^\ominus$ 近似代替 E 来判断氧化还原反应进行的方向。经验规则是:

$E^\ominus>0.2 \ V$,反应正向进行;$E^\ominus<-0.20 \ V$,反应逆向进行;$-0.2 \ V<E^\ominus<0.2 \ V$,则必须用 E 来判断反应方向。

当 $E^\ominus>0.2 \ V$ 时,如电极反应方程式中 $n=2$,则 $\Delta_r G_m^\ominus<-40 \ kJ \cdot mol^{-1}$。因此,$E^\ominus$ 与 $\Delta_r G_m^\ominus$ 判据的经验规则是一致的。

(2)计算标准平衡常数

$$\lg K^\ominus = \frac{nE^\ominus}{0.059 \ 2 \ V}$$

要特别注意,$E^\ominus = E^\ominus$(氧化剂电对)$- E^\ominus$(还原剂电对),这一点常被忽视。不少人错误地认为式中 $E^\ominus$ 一定是数值大的电极电势 $E^\ominus$ 减去数值小的电极电势 $E^\ominus$。其实在有些情况下,给定的氧化还原反应的标准平衡常数 $K^\ominus<1$,$E^\ominus<0$。

设计不同的浓差电池,求得电池反应的标准平衡常数 $K^\ominus$,就可以得到 $K_a^\ominus$,$K_{sp}^\ominus$ 和 $K_{MY}^\ominus$。

(3)氧化剂与还原剂相对强弱的比较

电极电势代数值越小,则该电对中的还原态物质还原能力越强,氧化态物质氧化能力越弱;电极电势代数值越大则该电对中还原态物质还原性越弱,氧化态物质氧化性越强。电极电势较大的电对中氧化态物质可以氧化电极电势较小的电对中的还原态物质。

（4）元素电势图

可以通过实验来测定电对的标准电极电势 $E^\ominus$，也可以由 $\Delta_r G_m^\ominus$（电极）来计算 $E^\ominus$。如同一元素三个不同氧化值的物种 A，B，C 所组成的三个电对 $E^\ominus$ 值间的关系：

① 电极反应 $A+n_1 e^- \Longrightarrow B$ $\quad E_1^\ominus$ $\quad$其作为正极与标准氢电极作为负极组成的电池反

应 $A+\dfrac{n_1}{2}H_2 \Longrightarrow B+n_1 H^+ + n_1 e^-$ $\quad \Delta_r G_{m,1}^\ominus = -n_1 F E_1^\ominus$

② 电极反应 $B+n_2 e^- \Longrightarrow C$ $\quad E_2^\ominus$ $\quad$其作为正极与标准氢电极作为负极组成的电池反

应 $B+\dfrac{n_2}{2}H_2 \Longrightarrow C+n_2 H^+ + n_2 e^-$ $\quad \Delta_r G_{m,2}^\ominus = -n_2 F E_2^\ominus$

③ 电极反应 $A+(n_1+n_2)e^- \Longrightarrow C$ $\quad E_3^\ominus$ $\quad$其作为正极与标准氢电极作为负极组成的

电池反应 $A+\dfrac{n_1+n_2}{2}H_2 \Longrightarrow C+(n_1+n_2)H^+ + (n_1+n_2)e^-$ $\quad \Delta_r G_{m,3}^\ominus = -(n_1+n_2)F E_3^\ominus$

注意，电极反应③=电极反应①+电极反应②，根据热力学计算原理（见第二章），$\Delta_r G_{m,3}^\ominus = \Delta_r G_{m,1}^\ominus + \Delta_r G_{m,2}^\ominus$，即 $-(n_1+n_2)F E_3^\ominus = -n_1 F E_1^\ominus - n_2 F E_2^\ominus$。显然，知道其中任意两个电对的 $E^\ominus$，即可求得未知电对的 $E^\ominus$。

将同一元素不同氧化值物质按其氧化值高低从左到右依次排列，并在元素的两种氧化态之间的连线上标出对应电对的标准电极电势，这种关系图称为元素电势图。

元素电势图既可用于从已知电对的 $E^\ominus$ 求出未知电对的 $E^\ominus$，也可以用于快速判断某物种能否发生歧化。当某物种 $E^\ominus$（右）>$E^\ominus$（左），该物种正好是 $E^\ominus$ 大的电对的氧化型又是 $E^\ominus$ 小的电对的还原型，即可以发生自身氧化还原反应（又称为歧化反应）。

典型例题

例 4-1 计算 $0.10 \ mol \cdot L^{-1} \ H_2SO_4$ 的溶液的 pH。

解：因为 $K_{a_1}^\ominus \gg 1$，第一级解离完全；$K_{a_2}^\ominus = 1.0 \times 10^{-2}$，$c=0.10 \ mol \cdot L^{-1}$，所以 H_2SO_4 溶液是强酸与弱酸的混合物，故根据解离常数表达式求解。

设第二步解离产生的氢离子浓度为 $x \ mol \cdot L^{-1}$，则

$$HSO_4^- \Longrightarrow H^+ + SO_4^{2-}$$

平衡时：$\quad\quad 0.10-x \quad\quad 0.10+x \quad\quad x$

$$K_{a_2}^\ominus = \frac{(0.10+x)x}{0.10-x} = 1.0 \times 10^{-2}$$

解得 $\quad\quad\quad\quad x = 8.5 \times 10^{-3}$

溶液中 $\quad\quad\quad\quad c(H^+) = 0.10 + 8.5 \times 10^{-3} = 0.11$

$$pH = 0.96$$

例 4-2   计算 $0.1\ mol \cdot L^{-1}\ Na_2S$ 溶液的 pH。

解：已知 $c = 0.10\ mol \cdot L^{-1}$，$Na_2S$ 为二元碱，硫化氢的 $K_{a_1}^{\ominus} = 1.07 \times 10^{-7}$，$K_{a_2}^{\ominus} = 1.26 \times 10^{-13}$。
由此可得到

$$K_{b_1}^{\ominus} = K_w^{\ominus}/K_{a_2}^{\ominus} = 0.08，\qquad K_{b_2}^{\ominus} = K_w^{\ominus}/K_{a_1}^{\ominus} = 9.3 \times 10^{-8}$$

由于 $K_{b_1}^{\ominus} > K_{b_2}^{\ominus}$，因而可以当作一元碱处理；但 $cK_{b_1}^{\ominus} \geqslant 20K_w^{\ominus}$，$c/K_{b_1}^{\ominus} < 500$，故采用近似式计算：

$$c(OH^-) = \frac{-K_{b_1}^{\ominus} + \sqrt{(K_{b_1}^{\ominus})^2 + 4K_{b_1}^{\ominus} \cdot c_b}}{2} = \frac{-0.08 + \sqrt{(0.08)^2 + 4 \times 0.08 \times 0.10}}{2}$$

$$= 0.058$$

$$pOH = 1.24$$

$$pH = 14 - pOH = 12.76$$

例 4-3   配制 $1.0\ L$ $pH = 9.80$，$c(NH_3) = 0.10\ mol \cdot L^{-1}$ 的缓冲溶液，需用 $6.0\ mol \cdot L^{-1}$ $NH_3 \cdot H_2O$ 多少升和固体 $(NH_4)_2SO_4$ 多少克？已知 $(NH_4)_2SO_4$ 摩尔质量为 $132\ g \cdot mol^{-1}$。

解：$pH = pK_a^{\ominus} + \lg \dfrac{c_b}{c_a}$，$9.80 = 14 - 4.74 + \lg \dfrac{0.10\ mol \cdot L^{-1}}{c}$，$c_a = 0.029\ mol \cdot L^{-1}$

加入固体 $(NH_4)_2SO_4$：$0.029\ mol \cdot L^{-1} \times 132\ g \cdot mol^{-1} \times 1/2 \times 1.0\ L = 1.9\ g$

$NH_3 \cdot H_2O$ 用量：$1.0\ L \times 0.10\ mol \cdot L^{-1} / (6.0\ mol \cdot L^{-1}) = 0.02\ L$

例 4-4   计算 $100.00\ mL$ 含有 $0.040\ mol \cdot L^{-1}$ HAc 和 $0.060\ mol \cdot L^{-1}$ NaAc 溶液的 pH，并计算分别向该溶液中加入 $10.00\ mL$ $0.050\ mol \cdot L^{-1}$ HCl、NaOH 溶液及 $10.00\ mL$ 水后溶液的 pH。

解：$\qquad pK_a^{\ominus} = 4.74 \qquad pH = pK_a^{\ominus} + \lg \dfrac{c_b}{c_a} = 4.74 + \lg \dfrac{0.060}{0.040} = 4.92$

加入 $10.00\ mL$ $0.050\ mol \cdot L^{-1}$ HCl 溶液：

$$pH = pK_a^{\ominus} + \lg \frac{c_b}{c_a} = 4.74 + \lg \frac{0.060 \times 0.10 - 0.100 \times 0.050}{0.040 \times 0.10 + 0.010 \times 0.050} = 4.83$$

加入 $10.00\ mL$ $0.050\ mol \cdot L^{-1}$ NaOH 溶液：

$$pH = pK_a^{\ominus} + \lg \frac{c_b}{c_a} = 4.74 + \lg \frac{0.060 \times 0.10 + 0.010 \times 0.050}{0.040 \times 0.10 - 0.010 \times 0.050} = 5.01$$

加入 $10.00\ mL$ 水：

$$pH = pK_a^{\ominus} + \lg \frac{c_b}{c_a} = 4.74 + \lg \frac{0.060 \times 0.10/(0.11 \times 1.0)}{0.040 \times 0.10/(0.11 \times 1.0)} = 4.92$$

例 4-5   计算 CaF_2 在下列溶液中的溶解度，已知 $K_{sp}^{\ominus}(CaF_2) = 3.4 \times 10^{-11}$，$K_a^{\ominus}(HF) = 6.6 \times 10^{-4}$。

（1）在纯水中（忽略水解）；

（2）在 $0.01\ mol \cdot L^{-1}$ $CaCl_2$ 的溶液中；

（3）在恒定 $pH = 2$ 的 HCl 溶液中。

解：设溶解度为 s，沉淀溶解平衡为

$$CaF_2 \rightleftharpoons Ca^{2+} + 2F^-$$

（1）在纯水中：

$$c(Ca^{2+}) = s; \quad c(F^-) = 2s$$

$$K_{sp}^{\ominus}(CaF_2) = c(Ca^{2+})c^2(F^-) = 4s^3$$

$$s = \sqrt[3]{\frac{K_{sp}^{\ominus}}{4}} = \sqrt[3]{\frac{3.4 \times 10^{-11}}{4}} = 2.04 \times 10^{-4}(mol \cdot L^{-1})$$

（2）在 $0.01\ mol \cdot L^{-1}\ CaCl_2$ 的溶液中：

$$c(Ca^{2+}) = s + 0.01; \quad c(F^-) = 2s$$

$$K_{sp}^{\ominus}(CaF_2) = c(Ca^{2+})c^2(F^-) = (s + 0.01)(2s)^2 \approx 0.01 \times (2s)^2$$

$$s = \sqrt{\frac{K_{sp}^{\ominus}}{4 \times 0.01}} = \sqrt{\frac{3.4 \times 10^{-11}}{0.04}} = 2.92 \times 10^{-5}(mol \cdot L^{-1})$$

（3）在恒定 $pH = 2$ 的 HCl 溶液中：

$$c(Ca^{2+}) = s; \quad c(F^-) = 2s$$

HF 是一弱电解质，应考虑 F^- 在溶液中的实际浓度。根据型体分布分数 $c(F^-) = 2s\delta(F^-)$，则

$$\delta(F^-) = \frac{K_a^{\ominus}}{c(H^+) + K_a^{\ominus}} = \frac{6.6 \times 10^{-4}}{10^{-2} + 6.6 \times 10^{-4}} = 0.062$$

$$K_{sp}^{\ominus} = s[2s\delta(F^-)]^2$$

$$s = \sqrt[3]{\frac{K_{sp}^{\ominus}}{4[\delta(F^-)]^2}} = \sqrt[3]{\frac{3.4 \times 10^{-11}}{4 \times 0.062^2}} = 1.3 \times 10^{-3}(mol \cdot L^{-1})$$

此小题也可以利用多重平衡规则求解，结果相同。

$$CaF_2 \rightleftharpoons Ca^{2+} + 2F^- \qquad K_{sp}^{\ominus} = 3.4 \times 10^{-11} \qquad (1)$$

$$HF \rightleftharpoons H^+ + F^- \qquad K_a^{\ominus} = 6.6 \times 10^{-4} \qquad (2)$$

（1）式 $-2\times$（2）式得

$$CaF_2 + 2H^+ \rightleftharpoons Ca^{2+} + 2HF \qquad K^{\ominus} = K_{sp}^{\ominus}/(K_a^{\ominus})^2 = 7.8 \times 10^{-5}$$

平衡浓度/$(mol \cdot L^{-1})$　　　　　　10^{-2}　　　　s　$2s\delta(HF)$

$$\delta(HF) = 1 - \delta(F^-) = 1 - 0.062 = 0.938$$

$$K^{\ominus} = \frac{c(Ca^{2+})[c(HF)]^2}{[c(H^+)]^2} = \frac{s \times [2s\delta(HF)]^2}{(10^{-2})^2} = 7.8 \times 10^{-5}$$

解得　　　　　　　　　　$s = 1.3 \times 10^{-3}(mol \cdot L^{-1})$

例 4-6　$0.1\ mol \cdot L^{-1}\ MgCl_2$ 溶液与 $0.1\ mol \cdot L^{-1}$ 氨水等体积混合后，是否有 $Mg(OH)_2$ 沉淀生成。已知 $K_b^{\ominus}(NH_3) = 1.74 \times 10^{-5}$，$K_{sp}^{\ominus}\{Mg(OH)_2\} = 1.8 \times 10^{-11}$。

解：等体积混合后，有

$$c(NH_3) = 0.05\ mol \cdot L^{-1}, \quad c(Mg^{2+}) = 0.05\ mol \cdot L^{-1}$$

$$c(OH^-) = \sqrt{K_b^{\ominus} \cdot c(NH_3)} = \sqrt{1.74 \times 10^{-5} \times 0.05} = 9.33 \times 10^{-4}(mol \cdot L^{-1})$$

$$c(Mg^{2+})c(OH^-)^2 = 0.05 \times (9.33 \times 10^{-4})^2 = 4.35 \times 10^{-8} > 1.8 \times 10^{-11}$$

所以有 $Mg(OH)_2$ 沉淀生成。

例 4-7 溶液中 AgSCN 和 AgBr 共存时,求各自的溶解度。

解:溶液中存在以下两个平衡:

(1) $\qquad\qquad K_{sp}^{\ominus}(AgSCN) = c(Ag^+)c(SCN^-) = 1.1 \times 10^{-12}$ $\qquad\qquad$ (1)

(2) $\qquad\qquad K_{sp}^{\ominus}(AgBr) = c(Ag^+)c(Br^-) = 5.0 \times 10^{-13}$ $\qquad\qquad$ (2)

(1)式除以(2)式得

$$c(SCN^-)/c(Br^-) = 2.2 \qquad\qquad (3)$$

电荷平衡式 $\qquad\qquad c(SCN^-) + c(Br^-) = c(Ag^+)$ $\qquad\qquad$ (4)

(4)式除以 $c(Br^-)$ 得

$$c(SCN^-)/c(Br^-) + c(Br^-)/c(Br^-) = c(Ag^+)/c(Br^-) \qquad (5)$$

将(3)式代入得 $\qquad\qquad 2.2 + 1.0 = 3.2 = c(Ag^+)/c(Br^-)$ $\qquad\qquad$ (6)

将(6)式代入(2)式并解之得 $c(Br^-) = 4.0 \times 10^{-7}$。将这一结果代入$(1)$式和$(2)$式得

$$c(Ag^+) = 1.2 \times 10^{-6}, \quad c(SCN^-) = 9 \times 10^{-7}$$

所以 AgSCN 和 AgBr 的溶解度分别为 9×10^{-7} mol·L^{-1} 和 4.0×10^{-7} mol·L^{-1}。

例 4-8 写出下列原电池的电池反应,并计算 25 ℃时的电动势和平衡常数 $K^{\ominus}$。

$$Ag \mid Ag^+(0.1 \text{ mol·}L^{-1}) \parallel NO_3^-(10 \text{ mol·}L^{-1}), \quad H^+(10 \text{ mol·}L^{-1}) \mid NO(100 \text{ kPa}) \mid Pt$$

解:负极反应为 $\qquad\qquad Ag(s) \longrightarrow Ag^+(aq) + e^-$

正极反应为 $\qquad NO_3^-(aq) + 4H^+(aq) + 3e^- \longrightarrow NO(g) + 2H_2O(l)$

电池反应为 $\quad 3Ag(s) + NO_3^-(aq) + 4H^+(aq) \longrightarrow 3Ag^+(aq) + NO(g) + 2H_2O(l)$

电池的电动势为 $\quad E = E^{\ominus} - \dfrac{0.0592 \text{ V}}{3} \lg \dfrac{[c(Ag^+)/c^{\ominus}]^3 \cdot p_{NO}/p^{\ominus}}{[c(NO_3^-)/c^{\ominus}] \cdot [c(H^+)/c^{\ominus}]^4}$

$$= (0.957 \text{ V} - 0.7996 \text{ V}) - \frac{0.0592 \text{ V}}{3} \lg \frac{(0.1/1)^3 \cdot (100/100)}{(10/1) \cdot (10/1)^4}$$

$$= 0.157 \text{ V} + \frac{0.0592 \text{ V}}{3} \times 8 = 0.315 \text{ V}$$

平衡常数只取决于 $E^{\ominus}$,且有关系式:

$$\lg K^{\ominus} = \frac{n_1 n_2 (E_1^{\ominus} - E_2^{\ominus})}{0.0592 \text{ V}} = \frac{3 \times 0.157 \text{ V}}{0.0592 \text{ V}} = 8.0$$

所以 $\qquad\qquad\qquad\qquad K^{\ominus} = 10^8$

例 4-9 在 25 ℃时测得下列电池的电动势为 0.28 V:

$$Pt \mid H_2(100 \text{ kPa}) \mid HAc(1 \text{ mol·}L^{-1}), \quad NaAc(1 \text{ mol·}L^{-1}) \parallel H^+(1 \text{ mol·}L^{-1}) \mid H_2(100 \text{ kPa}) \mid Pt$$

试计算 25 ℃时 HAc 的 $K_a^{\ominus}$。

解:正极和负极属同一电极反应,由于参加电极反应的物种浓度差别造成了电极电势的不同,故称其为浓差电池,其中负极为缓冲溶液介质。

设缓冲溶液中的 H^+ 浓度为 x,其他物质为标准态,电池反应为

$$H^+(1\ mol\cdot L^{-1}) \longrightarrow H^+(x), \quad E = E^\ominus - \frac{0.059\ 2\ V}{1}\lg\frac{x}{1} = 0.28\ V$$

$$\lg x = -0.28/0.059\ 2 = -4.73, \quad x = c(H^+) = 1.9\times10^{-5}(mol\cdot L^{-1})$$

因为
$$c(H^+) = K_a^\ominus\frac{c(HAc)}{c(NaAc)}$$

所以
$$K_a^\ominus = c(H^+)\frac{c(NaAc)}{c(HAc)} = 1.9\times10^{-5}\times1 = 1.9\times10^{-5}$$

值得一提的是,由于电物理量的测定相对精确,因此用这种方法获得的平衡常数通常可以保留更多位的有效数字。

例 4-10 已知 $E^\ominus(Pb^{2+}/Pb) = -0.126\ V$, $E^\ominus(Fe^{3+}/Fe^{2+}) = 0.771\ V$, $K_{sp}^\ominus(PbCl_2) = 1.6\times10^{-5}$。在金属铅和硝酸铅溶液组成的半电池系统中,加入 NaCl(aq),沉淀完全后。当 $c(Cl^-) = 1.0\ mol\cdot L^{-1}$ 时,该半电池的电极电势是多少?将该半电池与 Fe^{3+}/Fe^{2+} 标准半电池组成原电池。写出原电池符号及电池反应的离子方程式,并计算此原电池的标准电动势 $E^\ominus$(电池由正极和负极组成,半电池即指电极)。

解: 已知 $c(Cl^-) = 1.0\ mol\cdot L^{-1}$,则

$$c(Pb^{2+}) = K_{sp}^\ominus(PbCl_2)/c(Cl^-) = 1.6\times10^{-5}\ mol\cdot L^{-1}$$

$$E^\ominus(PbCl_2/Pb) = E^\ominus(Pb^{2+}/Pb) + \frac{0.059\ 2\ V}{2}\lg c(Pb^{2+})$$

$$= -0.126\ V + \frac{0.059\ 2\ V}{2}\lg(1.6\times10^{-5}) = -0.268\ V$$

注意:此式中 $E^\ominus(PbCl_2/Pb)$ 与 $E^\ominus(Pb^{2+}/Pb)$ 之间的关系推导可以参考例 4-11。

$$(-)Pb\mid PbCl_2\mid Cl^-(1.0\ mol\cdot L^{-1})\parallel Fe^{3+}(1.0\ mol\cdot L^{-1}),\quad Fe^{2+}(1.0\ mol\cdot L^{-1})\mid Pt(+)$$

$$2Fe^{3+}+Pb+2Cl^- =\!=\!= 2Fe^{2+}+PbCl_2$$

$$E^\ominus = 0.771\ V - (-0.268\ V) = 1.04\ V$$

例 4-11 已知 $E^\ominus(Ag^+/Ag) = 0.799\ V$, $E^\ominus([Ag(NH_3)_2]^+/Ag) = 0.372\ V$,计算 $[Ag(NH_3)_2]^+$ 的稳定平衡常数。

解:
$$Ag^+(aq)+e^- \rightleftharpoons Ag \tag{1}$$
$$E^\ominus(Ag^+/Ag) = 0.799\ V$$

$$[Ag(NH_3)_2]^+(aq)+e^- \rightleftharpoons Ag+2NH_3(aq) \tag{2}$$
$$E^\ominus([Ag(NH_3)_2]^+/Ag) = 0.372\ V$$

$$Ag^+(aq)+2NH_3(aq) \rightleftharpoons [Ag(NH_3)_2]^+(aq) \tag{3}$$

稳定平衡常数
$$K_f^\ominus = \frac{c([Ag(NH_3)_2]^+)}{c(Ag^+)\cdot c^2(NH_3)}$$

电极反应(1)与电极反应(2)的实质是一样的,但由于指定的标准条件不同(怎么不同,请读者自己思考之!),故它们的标准电极电势值不同。显然,如果处于同样的条件,二者的电极电势值应该相等。

根据能斯特方程，电极反应（1）若加入 NH_3 的水溶液，则

$$E(Ag^+/Ag) = E^{\ominus}(Ag^+/Ag) + (0.059\ 2\ V)\lg c(Ag^+)$$

$$= E^{\ominus}(Ag^+/Ag) + (0.059\ 2\ V)\lg \frac{c([Ag(NH_3)_2]^+)}{K_f^{\ominus} \cdot c^2(NH_3)}$$

若 $c([Ag(NH_3)_2]^+) = c(NH_3) = 1\ mol \cdot L^{-1}$，上式可以进一步化简，注意到这同时恰好又是电极反应（2）指定的标准条件，故在此条件下有

$$E(Ag^+/Ag) = E^{\ominus}(Ag^+/Ag) + (0.059\ 2\ V)\lg \frac{1}{K_f^{\ominus}} = E^{\ominus}([Ag(NH_3)_2]^+/Ag) \qquad (4)$$

解得
$$K_f^{\ominus} = 1.63 \times 10^7$$

以上解法紧抓两个电极反应实质相同及标准条件这两要点，得到了（4）式，掌握此式的来龙去脉，已知 $E^{\ominus}([Ag(NH_3)_2]^+/Ag)$，$E^{\ominus}(Ag^+/Ag)$，$K_f^{\ominus}$ 三者之二求剩下的一个未知量，可以变化出多种题型。

此题也可以用另外一种思路求解：

将电极反应（1）作为正极反应，电极反应（2）作为负极反应，（3）式即为电池反应式，其标准电动势为

$$E^{\ominus} = E^{\ominus}(Ag^+/Ag) - E^{\ominus}([Ag(NH_3)_2]^+/Ag)$$

由 $\lg K_f^{\ominus} = \dfrac{E^{\ominus}}{0.059\ 2\ V}$ 可以得到相同的结果。

氧化-还原平衡是教材中唯一没有明确引入多重平衡规则的章节。多重平衡规则不失为求解氧化-还原平衡相关习题的另一条途径，有时甚至是捷径。本题可以利用标准电极电势等于以此标准电极作还原电极（正极）、以标准氢电极作氧化电极（负极）的原电池的标准电动势这一知识点作切入点，进而利用多重平衡规则求解：

$$Ag^+(aq) + \frac{1}{2}H_2(g) \Longleftrightarrow Ag + H^+(aq) \qquad (5)$$

$$E_5^{\ominus} = E^{\ominus}(Ag^+/Ag) = 0.799\ V$$

$$\Delta G_5^{\ominus} = -nFE_5^{\ominus} = -RT\ln K_5^{\ominus}$$

$$[Ag(NH_3)_2]^+(aq) + \frac{1}{2}H_2(g) \Longleftrightarrow Ag + 2NH_3(aq) + H^+(aq) \qquad (6)$$

$$E_6^{\ominus} = E^{\ominus}([Ag(NH_3)_2]^+/Ag) = 0.372\ V$$

$$\Delta G_6^{\ominus} = -nFE_6^{\ominus} = -RT\ln K_6^{\ominus}$$

式（6）-式（5）即为式（3）：

$$Ag^+(aq) + 2NH_3(aq) \Longleftrightarrow [Ag(NH_3)_2]^+(aq) \qquad (3)$$

$$\Delta G_3^{\ominus} = \Delta G_6^{\ominus} - \Delta G_5^{\ominus}, \quad K_3^{\ominus} = K_f^{\ominus} = K_6^{\ominus}/K_5^{\ominus}$$

以上第二种解题思路实际上就是多重平衡规则的灵活运用。

例 4-12   在 $0.20\ mol \cdot L^{-1}\ NH_3 \cdot H_2O$ 和 $0.20\ mol \cdot L^{-1}\ NH_4Cl$ 的缓冲溶液中加入等体积

的 0.02 mol·L^{-1}[Cu(NH$_3$)$_4$]Cl$_2$溶液,问混合后能否有 Cu(OH)$_2$ 沉淀生成?已知 $K_{sp}^{\ominus}$[Cu(OH)$_2$]=2.2×10^{-20},$K_b^{\ominus}$(NH$_3$·H$_2$O)=1.8×10^{-5},[Cu(NH$_3$)$_4$]$^{2+}$的逐级稳定常数为 $K_{f_1}^{\ominus}$=2.0×10^4;$K_{f_2}^{\ominus}$=4.7×10^3;$K_{f_3}^{\ominus}$=1.1×10^3;$K_{f_4}^{\ominus}$=2.0×10^2。

解:混合后 c(NH$_3$)=0.10 mol·L^{-1},c(NH$_4^+$)=0.10 mol·L^{-1},$c\{$[Cu(NH$_3$)$_4$]$^{2+}\}$=0.01 mol·L^{-1}。设在溶液中 c(Cu^{2+})=x mol·L^{-1},可根据[Cu(NH$_3$)$_4$]$^{2+}$的配位平衡计算。

$$Cu^{2+} + 4NH_3 \rightleftharpoons [Cu(NH_3)_4]^{2+}$$

平衡浓度/(mol·L^{-1})　　　　x　　　0.10+4x　　　0.01−x

$$K_f^{\ominus}\{[Cu(NH_3)_4]^{2+}\}=\frac{c\{[Cu(NH_3)_4]^{2+}\}}{c(Cu^{2+})c^4(NH_3)}$$

$$K_f^{\ominus}([Cu(NH_3)_4]^{2+})=K_{f_1}^{\ominus}\cdot K_{f_2}^{\ominus}\cdot K_{f_3}^{\ominus}\cdot K_{f_4}^{\ominus}=2.1×10^{13}$$

$$2.1×10^{13}=\frac{0.01-x}{x\cdot(0.10+4x)^4}\approx\frac{0.01}{x\cdot0.10^4}$$

解得　　　　　　　　　　　　$x=4.8×10^{-12}$

注意:借用多元弱酸的型体分布分数公式,可以得到 c(Cu^{2+})的相同结果。读者可自行推导演算之(或参见习题 4-67 解)!

设溶液中 c(OH$^-$)=y mol·L^{-1},可根据缓冲溶液平衡关系计算。则有

$$y \text{ mol·L}^{-1}=c(OH^-)=K_b^{\ominus}(NH_3)\frac{c(NH_3)}{c(NH_4^+)}$$

$$y=1.8×10^{-5}×\frac{0.10+4x}{0.10}=1.8×10^{-5}×\frac{0.10}{0.10}=1.8×10^{-5}$$

即　　　　　　　　　　c(OH$^-$)=1.8×10^{-5} mol·L^{-1}

$$Q=c^2(OH^-)c(Cu^{2+})=(1.8×10^{-5})^2×4.8×10^{-12}$$
$$=1.6×10^{-21}<K_{sp}^{\ominus}[Cu(OH)_2]$$

所以,混合后没有 Cu(OH)$_2$ 沉淀生成。

例 4-13　比较 AgCl 在 6 mol·L^{-1} 氨水和水中的溶解度。已知 $K_{sp}^{\ominus}$(AgCl)=1.8×10^{-10},$K_f^{\ominus}\{$[Ag(NH$_3$)$_2$]$^+\}$=1.12×10^7。

解:AgCl 在 6 mol·L^{-1} 氨水中形成[Ag(NH$_3$)$_2$]$^+$,因此存在下列配位和沉淀溶解双重平衡:

$$AgCl+2NH_3 \rightleftharpoons [Ag(NH_3)_2]^+ + Cl^-$$

$$K^{\ominus}=\frac{c\{[Ag(NH_3)_2]^+\}c(Cl^-)}{c^2(NH_3)}=\frac{c\{[Ag(NH_3)_2]^+\}c(Cl^-)}{c^2(NH_3)}\cdot\frac{c(Ag^+)}{c(Ag^+)}$$

$$=K_f^{\ominus}\{[Ag(NH_3)_2]^+\}\cdot K_{sp}^{\ominus}(AgCl)=1.12×10^7×1.8×10^{-10}$$

$$=2.0×10^{-3}$$

设 AgCl 在 6 mol·L^{-1} 氨水中的溶解度为 x mol·L^{-1},平衡时,有 x=c(Cl$^-$)=c(Ag$^+$)+$c\{$[Ag(NH$_3$)$_2$]$^+\}$

因$[Ag(NH_3)_2]^+$很稳定,Ag^+绝大部分转化为$[Ag(NH_3)_2]^+$,即$c(Ag^+)\ll c\{[Ag(NH_3)_2]^+\}$,那么$x\approx c\{[Ag(NH_3)_2]^+\}$。而$c(NH_3)=(6-2x)\ mol\cdot L^{-1}$。所以

$$K^\ominus=\frac{c([Ag(NH_3)_2]^+)c(Cl^-)}{c^2(NH_3)}=\frac{x^2}{(6-2x)^2}=2.0\times10^{-3}$$

解得$x=0.24$,即溶解度为$0.24\ mol\cdot L^{-1}$。

AgCl 在水中的溶解度为

$$s=\sqrt{1.8\times10^{-10}}=1.3\times10^{-5}(mol\cdot L^{-1})$$

计算结果表明 AgCl 在$6\ mol\cdot L^{-1}$氨水中的溶解度比在水中的溶解度要大得多。

例 4-14　$[Ag(NH_3)_2]^+$溶液中加入酸,将发生什么变化? 通过计算说明。

解:加入酸

$$Ag^++2NH_3\Longrightarrow[Ag(NH_3)_2]^+$$
$$+$$
$$2H^+\Longrightarrow2NH_4^+$$

上式表明,加入酸后会使配合物的稳定性降低,这种现象通常称为配体的酸效应。

总反应为　　　　　　$[Ag(NH_3)_2]^++2H^+\Longrightarrow Ag^++2NH_4^+$

反应平衡常数可计算如下:

$$K^\ominus=\frac{c(Ag^+)\cdot c^2(NH_4^+)}{c([Ag(NH_3)_2]^+)\cdot c^2(H^+)}=\frac{c(Ag^+)\cdot c^2(NH_4^+)}{c([Ag(NH_3)_2]^+)\cdot c^2(H^+)}\cdot\frac{c^2(NH_3)}{c^2(NH_3)}$$
$$=\frac{1}{K_f^\ominus\cdot(K_a^\ominus)^2}=\frac{(K_b^\ominus)^2}{K_f^\ominus\cdot(K_w^\ominus)^2}$$
$$=\frac{(1.74\times10^{-5})^2}{1.12\times10^7\times(1\times10^{-14})^2}=2.7\times10^{11}$$

反应平衡常数很大,说明加入酸后,$[Ag(NH_3)_2]^+$将被破坏。

例 4-15　一配合物组成为$CoCl_3(en)_2\cdot H_2O$,相对分子质量为$330\ g\cdot mol^{-1}$,取 66.0 mg 配合物溶于水,加入氢型阳离子交换柱中,交换出的酸需 10.00 mL 0.040 00 $mol\cdot L^{-1}$ NaOH 才能中和,试写出配合物的结构式。

解:与阳离子交换的是配阳离子,所以配合物的量为

$$66.0\ mg\times10^{-3}\ g\cdot mg^{-1}\div330\ g\cdot mol^{-1}=0.000\ 200\ mol$$

交换出的H^+的量为

$$10.00\ mL\times10^{-3}\ L\cdot mL^{-1}\times0.040\ 00\ mol\cdot L^{-1}=0.000\ 400\ 0\ mol$$

实验表明,1 mol 配合物可以交换出 2 mol 的H^+,所以配阳离子的电荷为 2,化学式为$[CoCl(en)_2.H_2O]Cl_2$。

例 4-16　晶体场理论解释$Cu(NH_3)_4SO_4\cdot H_2O$晶体是深蓝色的,而$CuSO_4\cdot5H_2O$晶体是蓝色的。

解:$Cu(NH_3)_4SO_4\cdot H_2O$的结构式为$[Cu(NH_3)_4]SO_4\cdot H_2O$,$CuSO_4\cdot5H_2O$的结构式为

$[Cu(H_2O)_4]SO_4 \cdot H_2O$。由于配体 NH_3 的场强比 H_2O 强,产生的分裂能也比较大,发生跃迁时,吸收光的波长比较短,前者吸收橙黄色的光(最大吸收在 622 nm),因此 $Cu(NH_3)_4SO_4 \cdot H_2O$ 晶体的颜色为深蓝色;后者吸收红橙色的光(最大吸收在 793 nm),因此 $CuSO_4 \cdot 5H_2O$ 晶体的颜色为蓝色。

例 4-17 运用 NH_3,$NaOH$,HCl,H_2S 中的哪种试剂能够分离下列各组的混合离子:

(1) Cu^{2+} 和 Zn^{2+}

(2) Cu^{2+} 和 Al^{3+}

(3) Zn^{2+} 和 Al^{3+}

解:(1) 加入过量的 NaOH 生成 $Cu(OH)_2$ 沉淀和可溶的 $[Zn(OH)_4]^{2-}$,加入 H_2S 和 HCl 只生成 CuS 沉淀但不生成 ZnS 沉淀。

(2) 加入 NH_3 生成 $Al(OH)_3$ 沉淀和可溶的 $[Cu(NH_3)_4]^{2+}$,加入过量的 NaOH 生成 $Cu(OH)_2$ 和可溶的 $[Al(OH)_4]^-$,加入 H_2S 和 HCl 只生成 CuS 沉淀但不与 Al^{3+} 反应。

(3) 加入 NH_3 生成 $Al(OH)_3$ 沉淀和可溶的 $[Zn(NH_3)_4]^{2+}$。

思考题解答

本章无思考题。

习题解答

基本题

4-1 将 300 mL 0.20 mol·L^{-1} HAc 溶液稀释到什么体积才能使解离度增加一倍。求算 0.20 mol·L^{-1} $NH_3 \cdot H_2O$ 的 $c(OH^-)$ 及解离度。

解:(1) 设稀释到体积为 V(mL),稀释后

$$c = \frac{0.20 \text{ mol} \cdot L^{-1} \times 300 \text{ mL}}{V}$$

由 $K_a^\ominus = \frac{c\alpha^2}{1-\alpha}$ 得

$$\frac{0.20\alpha^2}{1-\alpha} = \frac{0.20 \times 300 \times (2\alpha)^2}{V \cdot (1-2\alpha)}$$

因为 $K_a^\ominus = 1.74 \times 10^{-5}$,$c_a = 0.2$ mol·L^{-1},$c_a K_a^\ominus > 20K_w^\ominus$,$c_a/K_a^\ominus > 500$,故由 $1-2\alpha = 1-\alpha$ 得

$$V = (300 \times 4/1) \text{ mL} = 1\,200 \text{ mL}$$

此时仍有 $c_a K_a^{\ominus} > 20 K_w^{\ominus}, c_a / K_a^{\ominus} > 500$。

(2) $K_b^{\ominus} = 1.8 \times 10^{-5}$，由于 $c_b K_b^{\ominus} > 20 K_w^{\ominus}, c_b / K_b^{\ominus} > 500$，则

$$c(OH^-) = \sqrt{c_b \cdot K_b^{\ominus}} = \sqrt{0.20 \times 1.8 \times 10^{-5}} = 1.9 \times 10^{-3} (mol \cdot L^{-1})$$

$$\alpha = \frac{c(OH^-)}{c_b} = \frac{1.9 \times 10^{-3}}{0.20} = 9.5 \times 10^{-3} = 0.95\%$$

4-2 奶油腐败后的分解产物之一为丁酸(C_3H_7COOH)，有恶臭。今测得 $0.20\ mol \cdot L^{-1}$ 丁酸溶液的 pH 为 2.50，求丁酸的 $K_a^{\ominus}$。

解：pH = 2.50，$c(H^+) = 10^{-2.5}\ mol \cdot L^{-1}$，则

$$\alpha = \frac{10^{-2.5}}{0.20} = 1.6 \times 10^{-2}$$

$$K_a^{\ominus} = \frac{c\alpha^2}{1-\alpha} = \frac{0.20 \times (1.6 \times 10^{-2})^2}{1 - 1.6 \times 10^{-2}} = 5.2 \times 10^{-5}$$

4-3 What is the pH of a $0.025\ mol \cdot L^{-1}$ solution of ammonium acetate at 25 ℃? $pK_a^{\ominus}$ of acetic acid at 25 ℃ is 4.74, $pK_a^{\ominus}$ of the ammonium ion at 25 ℃ is 9.25, $pK_w^{\ominus}$ at 25 ℃ is 14.00.

解：NH_4Ac 为弱酸弱碱盐，此处可采用最简式计算，即

$$c(H^+) = \sqrt{K_{a_1}^{\ominus} \cdot K_{a_2}^{\ominus}} = \sqrt{10^{-4.74} \times 10^{-9.25}} = 10^{-7.00}$$

$$pH = -\lg c(H^+) = 7.00$$

4-4 已知下列各种弱酸的 $K_a^{\ominus}$ 值，求它们的共轭碱的 $K_b^{\ominus}$ 值，并比较各共轭碱的相对强弱。

(1) $K_a^{\ominus}(HCN) = 6.2 \times 10^{-10}$　　　　(2) $K_a^{\ominus}(HCOOH) = 1.8 \times 10^{-4}$

(3) $K_a^{\ominus}(C_6H_5COOH\ 苯甲酸) = 6.2 \times 10^{-5}$　　　　(4) $K_a^{\ominus}(C_6H_5OH\ 苯酚) = 1.1 \times 10^{-10}$

(5) $K_a^{\ominus}(HAsO_2) = 6.0 \times 10^{-10}$　　　　(6) $K_{a_1}^{\ominus}(H_2C_2O_4) = 5.9 \times 10^{-2}$, $K_{a_2}^{\ominus} = 6.4 \times 10^{-5}$

解：(1) HCN　　　　$K_a^{\ominus} = 6.2 \times 10^{-10}$　　　$K_b^{\ominus} = K_w^{\ominus}/(6.2 \times 10^{-10}) = 1.6 \times 10^{-5}$

(2) HCOOH　　　$K_a^{\ominus} = 1.8 \times 10^{-4}$　　　$K_b^{\ominus} = K_w^{\ominus}/(1.8 \times 10^{-4}) = 5.6 \times 10^{-11}$

(3) C_6H_5COOH　　　$K_a^{\ominus} = 6.2 \times 10^{-5}$　　　$K_b^{\ominus} = K_w^{\ominus}/(6.2 \times 10^{-5}) = 1.6 \times 10^{-10}$

(4) C_6H_5OH　　　$K_a^{\ominus} = 1.1 \times 10^{-10}$　　　$K_b^{\ominus} = K_w^{\ominus}/(1.1 \times 10^{-10}) = 9.1 \times 10^{-5}$

(5) $HAsO_2$　　　$K_a^{\ominus} = 6.0 \times 10^{-10}$　　　$K_b^{\ominus} = K_w^{\ominus}/(6.0 \times 10^{-10}) = 1.7 \times 10^{-5}$

(6) $H_2C_2O_4$　　　$K_{a_1}^{\ominus} = 5.9 \times 10^{-2}$　　　$K_{b_2}^{\ominus} = K_w^{\ominus}/(5.9 \times 10^{-2}) = 1.7 \times 10^{-13}$

　　　　　　　　$K_{a_2}^{\ominus} = 6.4 \times 10^{-5}$　　　$K_{b_1}^{\ominus} = K_w^{\ominus}/(6.4 \times 10^{-5}) = 1.6 \times 10^{-10}$

碱性强弱：$C_6H_5O^- > AsO_2^- > CN^- > C_6H_5COO^- > C_2O_4^{2-} > HCOO^- > HC_2O_4^-$

4-5 用质子理论判断下列哪些物质是酸？并写出它的共轭碱。哪些是碱？也写出它的共轭酸。其中哪些既是酸又是碱？

$$H_2PO_4^-; CO_3^{2-}; NH_3; NO_3^-; H_2O; HSO_4^-; HS^-; HCl$$

解：列表如下：

酸	共轭碱	碱	共轭酸	既是酸又是碱
$H_2PO_4^-$	HPO_4^{2-}	$H_2PO_4^-$	H_3PO_4	$H_2PO_4^-$
NH_3	NH_2^-	NH_3	NH_4^+	NH_3
H_2O	OH^-	H_2O	H_3O^+	H_2O
HSO_4^-	SO_4^{2-}	HSO_4^-	H_2SO_4	HSO_4^-
HS^-	S^{2-}	HS^-	H_2S	HS^-
HCl	Cl^-	NO_3^-	HNO_3	
		CO_3^{2-}	HCO_3^-	

4-6 写出下列化合物水溶液的 PBE:

（1） H_3PO_4　　　　（2） Na_2HPO_4　　　　（3） Na_2S　　　　（4） $NH_4H_2PO_4$

（5） Na_2CO_3　　　　（6） NH_4Ac　　　　（7） $HCl+HAc$　　　　（8） $NaOH+NH_3$

解:（1） H_3PO_4:　　$c(H^+) = c(H_2PO_4^-) + 2c(HPO_4^{2-}) + 3c(PO_4^{3-}) + c(OH^-)$

（2） Na_2HPO_4:　　$c(H^+) + c(H_2PO_4^-) + 2c(H_3PO_4) = c(PO_4^{3-}) + c(OH^-)$

（3） Na_2S:　　$c(OH^-) = c(H^+) + c(HS^-) + 2c(H_2S)$

（4） $NH_4H_2PO_4$:　　$c(H^+) + c(H_3PO_4) = c(NH_3) + c(HPO_4^{2-}) + 2c(PO_4^{3-}) + c(OH^-)$

（5） Na_2CO_3:　　$c(OH^-) = c(H^+) + c(HCO_3^-) + 2c(H_2CO_3)$

（6） NH_4Ac:　　$c(HAc) + c(H^+) = c(NH_3) + c(OH^-)$

（7） $HCl+HAc$:　　$c(H^+) = c(Ac^-) + c(OH^-) + c(Cl^-)$

（8） $NaOH+NH_3$:　　$c(NH_4^+) + c(H^+) = c(OH^-) - c(Na^+)$

4-7 某药厂生产光辉霉素过程中,取含 NaOH 的发酵液 45 L（pH = 9.0）,欲调节酸度到 pH = 3.0,问需加入 $6.0\ mol \cdot L^{-1}$ HCl 溶液多少毫升?

解: pH = 9.0 时,pOH = 14.0 - 9.0 = 5.0,$c(OH^-) = 1.0 \times 10^{-5}\ mol \cdot L^{-1}$,$n(NaOH) = 4.5 \times 10^{-4}\ mol$。

设加入 V_1(mL) HCl 以中和 NaOH,则 $V_1 = (4.5 \times 10^{-4}/6.0) \times 10^3\ mL = 7.5 \times 10^{-2}\ mL$

设加入 x mL HCl 使溶液 pH = 3.0,即 $c(H^+) = 1 \times 10^{-3}\ mol \cdot L^{-1}$

$$6.0 \times x \times 10^{-3}/(45 + 7.5 \times 10^{-5} + x \times 10^{-3}) = 1 \times 10^{-3},\ x = 7.5\ mL$$

共需加入 HCl:　　　　　　　　$7.5\ mL + 7.5 \times 10^{-2}\ mL = 7.6\ mL$

4-8 H_2SO_4 第一级可以认为完全解离,第二级解离常数 $K_{a_2}^{\ominus} = 1.2 \times 10^{-2}$,计算 $0.40\ mol \cdot L^{-1}$ H_2SO_4 溶液中各种离子的平衡浓度。

解: 设平衡时 SO_4^{2-} 浓度为 $x\ mol \cdot L^{-1}$,则

	HSO_4^-	$\rightleftharpoons$	H^+	+	SO_4^{2-}
起始浓度/(mol·L⁻¹)	0.40		0.40		0
平衡浓度/(mol·L⁻¹)	0.40-x		0.40+x		x

$$1.2 \times 10^{-2} = x(0.40+x)/(0.40-x),\ x = 0.011$$

因此各种离子的平衡浓度为

$$c(H^+) = (0.40+0.011)\,mol \cdot L^{-1} = 0.41\,mol \cdot L^{-1}$$

$$c(HSO_4^-) = (0.40-0.011)\,mol \cdot L^{-1} = 0.39\,mol \cdot L^{-1}$$

$$c(SO_4^{2-}) = 0.011\,mol \cdot L^{-1}$$

$c(HSO_4^-)$和$c(SO_4^{2-})$也可以由一元弱酸型体分布系数求解!

4-9 求 $1.0\times10^{-6}\,mol \cdot L^{-1}$ HCN 溶液的 pH。(提示:此处不能忽略水的解离。)

解:$K_a^{\ominus}(HCN) = 6.2\times10^{-10}$,$c_a \cdot K_a^{\ominus} < 20K_w^{\ominus}$,$c_a/K_a^{\ominus} \geqslant 500$,则

$$c(H^+) = \sqrt{c_a \cdot K_a^{\ominus}+K_w^{\ominus}} = \sqrt{1.0\times10^{-6}\times6.2\times10^{-10}+1.0\times10^{-14}} = 1.0\times10^{-7}(mol \cdot L^{-1})$$

$$pH = 7.0$$

4-10 计算浓度为 $0.12\,mol \cdot L^{-1}$ 的下列物质水溶液的 pH(括号内为 $pK_a^{\ominus}$ 值):

(1) 苯酚(9.89)　　　　　　　　(2) 丙烯酸(4.25)

(3) 氯化丁基铵($C_4H_9NH_3Cl$)(9.39)　　　(4) 吡啶的硝酸盐($C_5H_5NHNO_3$)(5.25)

解:(1) $pK_a^{\ominus} = 9.89$,此处可采用最简式计算。

$$c(H^+) = \sqrt{c_a \cdot K_a^{\ominus}} = \sqrt{0.12\times10^{-9.89}} = 3.9\times10^{-6}(mol \cdot L^{-1})\quad,\quad pH = 5.41$$

(2) $pK_a^{\ominus} = 4.25$,此处可采用最简式计算。

$$c(H^+) = \sqrt{c_a \cdot K_a^{\ominus}} = \sqrt{0.12\times10^{-4.25}} = 2.6\times10^{-3}(mol \cdot L^{-1})\quad,\quad pH = 2.59$$

(3) $pK_a^{\ominus} = 9.39$,此处可采用最简式计算。

$$c(H^+) = \sqrt{c_a \cdot K_a^{\ominus}} = \sqrt{0.12\times10^{-9.39}} = 7.0\times10^{-6}(mol \cdot L^{-1})\quad,\quad pH = 5.15$$

(4) $pK_a^{\ominus} = 5.25$,此处可采用最简式计算。

$$c(H^+) = \sqrt{c_a \cdot K_a^{\ominus}} = \sqrt{0.12\times10^{-5.25}} = 8.2\times10^{-4}(mol \cdot L^{-1})\quad,\quad pH = 3.09$$

4-11 $H_2PO_4^-$ 的 $K_{a_2}^{\ominus} = 6.3\times10^{-8}$,则其共轭碱的 $K_b^{\ominus}$ 值是多少?如果在溶液中$c(H_2PO_4^-)$浓度和其共轭碱的浓度相等时,溶液的 pH 将是多少?

解:

$$K_b^{\ominus} = K_w^{\ominus}/K_a^{\ominus} = 1.0\times10^{-14}/(6.3\times10^{-8}) = 1.6\times10^{-7}$$

$$pH = pK_a^{\ominus}-\lg\,(c_a/c_b) = pK_a^{\ominus} = -\lg\,(6.3\times10^{-8}) = 7.20$$

4-12 欲配制 250 mL pH = 5.0 的缓冲溶液,问在 125 mL $1.0\,mol \cdot L^{-1}$ NaAc 溶液中应加多少 $6.0\,mol \cdot L^{-1}$ 的 HAc 和多少水?

解:

$$pH = pK_a^{\ominus}-\lg\,(c_a/c_b)\,,\quad 5.0 = -\lg\,(1.74\times10^{-5})-\lg\,(c_a/c_b)$$

$$c_a/c_b = 0.57\,,\quad c_b = 1.0\,mol \cdot L^{-1}\times125/250 = 0.50\,mol \cdot L^{-1}$$

$$c_a = 0.50\,mol \cdot L^{-1}\times0.57 = 0.28\,mol \cdot L^{-1}$$

设加入 $6.0\,mol \cdot L^{-1}$ 的 HAc 体积为 $V(mL)$,则

$$V\times6.0\,mol \cdot L^{-1} = 250\,mL\times0.28\,mol \cdot L^{-1}$$

解得

$$V = 12\,mL$$

此外,需加入水的体积 = 250 mL-125 mL-12 mL = 113 mL。

4-13 现有一份 HCl 溶液,其浓度为 $0.20\,mol \cdot L^{-1}$。

（1）欲改变其酸度到 pH＝4.0，应加入 HAc 还是 NaAc？为什么？

（2）如果向该溶液中加入等体积的 2.0 mol·L^{-1}，NaAc 溶液，溶液的 pH 是多少？

（3）如果向该溶液中加入等体积的 2.0 mol·L^{-1}，HAc 溶液，溶液的 pH 是多少？

（4）如果向该溶液中加入等体积的 2.0 mol·L^{-1}，NaOH 溶液，溶液的 pH 是多少？

解：

（1）因为 0.20 mol·L^{-1} HCl 溶液的 pH＝0.70，所以要使 pH＝4.0，应加入 NaAc。

（2）加入等体积的 2.0 mol·L^{-1} NaAc 溶液后，体系为 HAc-NaAc 缓冲溶液。

此时，HAc 0.10 mol·L^{-1}；NaAc 浓度为（2.0-0.20）mol·L^{-1}/2＝0.9 mol·L^{-1}。

pH＝pK_a-lg c_a/c_b；pH＝-lg（1.74×10^{-5}）-lg（0.10/0.9）＝5.71

（3）加入 2.0 mol·L^{-1} HAc 溶液后，体系为 1.0 mol·L^{-1} HAc 溶液，设平衡时 Ac$^-$ 浓度为 x mol·L^{-1}，则

$$HAc \rightleftharpoons H^+ + Ac^-$$

$$1.0-x \qquad 0.10+x \qquad x$$

$$\approx 0.10$$

$$1.74×10^{-5}=0.10x/(1.0-x) \quad , \quad x=1.74×10^{-4}$$

$c(H^+)$＝0.10 mol·L^{-1}+1.74×10^{-4} mol·L^{-1}≈0.10 mol·L^{-1} ， pH＝1.00

（4）加入 2.0 mol·L^{-1} NaOH 溶液后，体系为 0.9 mol·L^{-1} NaOH 溶液。

$$pOH=-lg\ 0.9=0.05 \quad , \quad pH=14.00-0.05=13.95$$

4-14 人体中的 CO_2 在血液中以 H_2CO_3 和 HCO_3^- 存在，若血液的 pH 为 7.4，求血液中 H_2CO_3，HCO_3^- 的分布分数。

解： H_2CO_3 的 $K_{a_1}^\ominus$＝4.2×10^{-7}（p$K_{a_1}^\ominus$＝6.38）； $K_{a_2}^\ominus$＝5.6×10^{-11}（p$K_{a_2}^\ominus$＝10.25）

$$pH=pK_a^\ominus-lg\ (c_a/c_b)$$

$$7.4=6.38-lg\ [c(H_2CO_3)/c(HCO_3^-)]$$

$$\frac{c(H_2CO_3)}{c(HCO_3^-)}=\frac{n(H_2CO_3)}{n(HCO_3^-)}=0.095 \quad , \quad n(H_2CO_3)=0.095n(HCO_3^-)$$

$$x(H_2CO_3)=\frac{n(H_2CO_3)}{n(H_2CO_3)+n(HCO_3^-)}=\frac{0.095n(HCO_3^-)}{0.095n(HCO_3^-)+n(HCO_3^-)}=0.087$$

$$x(HCO_3^-)=\frac{n(HCO_3^-)}{n(H_2CO_3)+n(HCO_3^-)}=\frac{n(HCO_3^-)}{0.095n(HCO_3^-)+n(HCO_3^-)}=0.9$$

或

$$x(HCO_3^-)=1-x(H_2CO_3)=1-0.087=0.91$$

此题也可用型体分布分数计算，结果稍有差异，且可以计算碳酸根离子浓度！

4-15 下列说法是否正确？

（1）PbI_2 和 $CaCO_3$ 的溶度积均近似为 10^{-9}，所以在它们的饱和溶液中，前者的 Pb^{2+} 浓度和后者的 Ca^{2+} 浓度近似相等。

（2）$PbSO_4$ 的溶度积 $K_{sp}^\ominus$＝1.6×10^{-8}，因此所有含 $PbSO_4$ 固体的溶液中，$c(Pb^{2+})$＝

$c(SO_4^{2-})$,而且 $c(Pb^{2+}) \cdot c(SO_4^{2-}) = 1.6 \times 10^{-8}$。

解:(1)错。由于 PbI_2 和 $CaCO_3$ 的化合物构型不同,因此不能直接比较 Pb^{2+} 浓度和 Ca^{2+} 浓度。

(2)错。由于溶液中含 $PbSO_4$ 固体,说明该溶液为 $PbSO_4$ 饱和溶液,因此 $c(Pb^{2+}) \cdot c(SO_4^{2-}) = 1.6 \times 10^{-8}$,但是 $c(Pb^{2+})$ 和 $c(SO_4^{2-})$ 不一定相等。

4-16 设 $AgCl$ 在纯水中、在 $0.01\ mol \cdot L^{-1}\ CaCl_2$ 溶液中、在 $0.01\ mol \cdot L^{-1}\ NaCl$ 溶液中及在 $0.05\ mol \cdot L^{-1}\ AgNO_3$ 溶液中的溶解度分别为 s_1, s_2, s_3 和 s_4,请比较它们溶解度的大小。

解:因为后三者存在同离子效应,使得溶解度降低,因此 $s_1 > s_3 > s_2 > s_4$。

具体计算如下:

(1) $s_1 = \sqrt{K_{sp}^{\ominus}(AgCl)} = \sqrt{1.8 \times 10^{-10}} = 1.3 \times 10^{-5}(mol \cdot L^{-1})$

(2) 在 $0.01\ mol \cdot L^{-1}\ CaCl_2$ 溶液中,$c(Ag^+) = s_2, c(Cl^-) = s_2 + 0.02 \approx 0.02$

$$K_{sp}^{\ominus}(AgCl) = c(Ag^+) \cdot c(Cl^-) = s_2 \times 0.02 = 1.8 \times 10^{-10}$$
$$s_2 = 9.0 \times 10^{-9}(mol \cdot L^{-1})$$

(3) 在 $0.01\ mol \cdot L^{-1}\ NaCl$ 溶液中,$c(Ag^+) = s_3, c(Cl^-) = s_3 + 0.01 \approx 0.01$

$$K_{sp}^{\ominus}(AgCl) = c(Ag^+) \cdot c(Cl^-) = s_3 \times 0.01 = 1.8 \times 10^{-10}$$
$$s_3 = 1.8 \times 10^{-8}(mol \cdot L^{-1})$$

(4) 在 $0.05\ mol \cdot L^{-1}\ AgCl$ 溶液中,$c(Ag^+) = s_4 + 0.05 \approx 0.05, c(Cl^-) = s_4 \approx 0.01$

$$K_{sp}^{\ominus}(AgCl) = c(Ag^+) \cdot c(Cl^-) = s_4 \times 0.05 = 1.8 \times 10^{-10}$$
$$s_4 = 3.6 \times 10^{-9}(mol \cdot L^{-1})$$

4-17 已知 CaF_2 溶解度为 $2 \times 10^{-4}\ mol \cdot L^{-1}$,求其溶度积 $K_{sp}^{\ominus}$。

解:$K_{sp}^{\ominus}(CaF_2) = c(Ca^{2+}) \cdot c^2(F^-) = 4s^3 = 4 \times (2 \times 10^{-4})^3 = 3 \times 10^{-11}$

4-18 已知 $Zn(OH)_2$ 的溶度积为 $1.2 \times 10^{-17}(25\ ℃)$,求其溶解度。

解:设 $Zn(OH)_2$ 的溶解度为 $x\ mol \cdot L^{-1}$,则 $K_{sp}^{\ominus}[Zn(OH)_2] = 4x^3$,所以

$$s = x = (1.2 \times 10^{-17}/4)^{1/3} = 1.4 \times 10^{-6}(mol \cdot L^{-1})$$

4-19 $10\ mL\ 0.10\ mol \cdot L^{-1}\ MgCl_2$ 溶液和 $10\ mL\ 0.010\ mol \cdot L^{-1}$ 氨水混合时,是否有 $Mg(OH)_2$ 沉淀产生?

解:$K_{sp}^{\ominus}[Mg(OH)_2] = 1.8 \times 10^{-11}$。混合后,$c(Mg^{2+}) = 0.050\ mol \cdot L^{-1}$,$c(NH_3) = 0.0050\ mol \cdot L^{-1}$,则

$$c(OH^-) = (c_b \cdot K_b^{\ominus})^{1/2} = (0.0050 \times 1.8 \times 10^{-5})^{1/2} = 3.0 \times 10^{-4}(mol \cdot L^{-1})$$

$$Q_i = c(Mg^{2+}) \cdot c^2(OH^-) = 0.050 \times (3.0 \times 10^{-4})^2 = 4.5 \times 10^{-9} > K_{sp}^{\ominus}[Mg(OH)_2]$$

所以有 $Mg(OH)_2$ 沉淀产生。

4-20 在 $20\ mL\ 0.5\ mol \cdot L^{-1}\ MgCl_2$ 溶液中加入等体积的 $0.10\ mol \cdot L^{-1}$ 的 $NH_3 \cdot H_2O$ 溶液,问有无 $Mg(OH)_2$ 沉淀生成?为了不使 $Mg(OH)_2$ 沉淀析出,至少应加入多少克 NH_4Cl 固体(设加入 NH_4Cl 固体后,溶液的体积不变)?

解:(1) $K_{sp}^{\ominus}[Mg(OH)_2]=1.8\times10^{-11}$。等体积混合后,$c(Mg^{2+})=0.25\ mol\cdot L^{-1}$,$c(NH_3)=0.050\ mol\cdot L^{-1}$,则

$$c(OH^-)=(c_b\cdot K_b^{\ominus})^{1/2}=(0.050\times1.8\times10^{-5})^{1/2}=9.5\times10^{-4}(mol\cdot L^{-1})$$

$$Q_i=c(Mg^{2+})\cdot c^2(OH^-)=0.25\times(9.5\times10^{-4})^2=2.3\times10^{-7}>K_{sp}^{\ominus}[Mg(OH)_2]$$

所以,有 $Mg(OH)_2$ 沉淀生成。

(2) $M(NH_4Cl)=54\ g\cdot mol^{-1}$,为不生成 $Mg(OH)_2$ 沉淀,则

$$c(OH^-)\leqslant[K_{sp}^{\ominus}/c(Mg^{2+})]^{1/2}=[1.8\times10^{-11}/0.25]^{1/2}=8.5\times10^{-6}(mol\cdot L^{-1})$$

根据　　　　　　　　$K_b^{\ominus}=c(NH_4^+)\times c(OH^-)/c(NH_3\cdot H_2O)$

则　　$c(NH_4^+)=K_b^{\ominus}\times c(NH_3\cdot H_2O)/c(OH^-)=1.8\times10^{-5}\times0.050/(8.5\times10^{-6})=0.11(mol\cdot L^{-1})$

$$m(NH_4Cl)=0.11\ mol\cdot L^{-1}\times40\times10^{-3}\ L\times54\ g\cdot mol^{-1}=0.24\ g$$

所以,需要加入 0.24 g NH_4Cl 固体。

4-21　工业废水的排放标准规定 Cd^{2+} 降到 $0.10\ mg\cdot L^{-1}$ 以下即可排放。若用加消石灰中和沉淀法除 Cd^{2+},按理论计算,废水溶液中的 pH 至少应为多少?

解:　$K_{sp}^{\ominus}[Cd(OH)_2]=5.3\times10^{-15}$,$M[Cd(OH)_2]=1.1\times10^2\ g\cdot mol^{-1}$

$$c(Cd^{2+})=0.10\times10^{-3}\ g\cdot L^{-1}/(1.1\times10^2\ g\cdot mol^{-1})=9\times10^{-7}\ mol\cdot L^{-1}$$

$$c(OH^-)=[K_{sp}^{\ominus}/c(Cd^{2+})]^{1/2}=[5.3\times10^{-15}/(9\times10^{-7})]^{1/2}=7.7\times10^{-5}(mol\cdot L^{-1})$$

所以　　　　　　　　　　　$pH=14.0+lg(7.7\times10^{-5})=9.9$

4-22　称取氯化物试样 0.135 0 g,加入 30.00 mL 0.112 0 $mol\cdot L^{-1}$ 的硝酸银溶液,然后用 0.123 0 $mol\cdot L^{-1}$ 的硫氰酸铵溶液滴定过量的硝酸银,用去 10.00 mL。计算试样中 Cl^- 的质量分数。

解:　$M(Cl)=35.45\ g\cdot mol^{-1}$,则

$$w=[(0.112\ 0\times30.00-0.123\ 0\times10.00)\times10^{-3}]mol\times35.45\ g\cdot mol^{-1}/(0.135\ 0\ g)=0.559\ 3$$

4-23　下列物质在一定条件下都可以作为氧化剂:$KMnO_4$,$K_2Cr_2O_7$,$CuCl_2$,$FeCl_3$,H_2O_2,I_2,Br_2,F_2,PbO_2。试根据酸性介质中标准电极电势的数据,把它们按氧化能力的大小排列成序,并写出其相应的还原产物。

解:氧化能力由大到小排列如下:

$$F_2>H_2O_2>KMnO_4>PbO_2>K_2Cr_2O_7>Br_2>FeCl_3>I_2>CuCl_2$$

在酸性介质中的还原产物依次为

$$F^-,\ H_2O,\ Mn^{2+},\ Pb^{2+},\ Cr^{3+},\ Br^-,\ Fe^{2+},\ I^-,\ Cu$$

4-24　Calculate the potential of a cell made with a standard bromine electrode as the anode and a standard chlorine electrode as the cathode.

Solution: $E^{\ominus}(Cl_2/Cl^-)=1.358\ V$,　　　$E^{\ominus}[Br_2(1)/Br^-]=1.065\ V$

the potential of this cell: $E^{\ominus}=E_{(+)}^{\ominus}-E_{(-)}^{\ominus}=1.358\ V-1.065\ V=0.293\ V$

4-25　Calculate the potential of a cell based on the following reactions at standard conditions.

(1) $2H_2S+H_2SO_3\longrightarrow3S+3H_2O$

（2）$2Br^- + 2Fe^{3+} \longrightarrow Br_2 + 2Fe^{2+}$

（3）$Zn + Fe^{2+} \longrightarrow Fe + Zn^{2+}$

（4）$2MnO_4^- + 5H_2O_2 + 6H^+ \longrightarrow 2Mn^{2+} + 8H_2O + 5O_2$

Solution：

（1）$E^\ominus = E^\ominus_{(+)} - E^\ominus_{(-)} = 0.450\ V - 0.142\ V = 0.308\ V$

（2）$E^\ominus = E^\ominus_{(+)} - E^\ominus_{(-)} = 0.771\ V - 1.065\ V = -0.294\ V$

（3）$E^\ominus = E^\ominus_{(+)} - E^\ominus_{(-)} = -0.440\ V - (-0.763\ V) = 0.323\ V$

（4）$E^\ominus = E^\ominus_{(+)} - E^\ominus_{(-)} = 1.51\ V - 0.682\ V = 0.83\ V$

4-26 已知 $MnO_4^- + 8H^+ + 5e^- \rightleftharpoons Mn^{2+} + 4H_2O$　　$E^\ominus = 1.51\ V$

　　　　　　$Fe^{3+} + e^- \rightleftharpoons Fe^{2+}$　　　　　　　　$E^\ominus = 0.771\ V$

（1）判断下列反应的方向：

$$MnO_4^- + 5Fe^{2+} + 8H^+ \longrightarrow Mn^{2+} + 4H_2O + 5Fe^{3+}$$

（2）将这两个半电池组成原电池，用电池符号表示该原电池的组成，标明电池的正、负极，并计算其标准电动势。

（3）当氢离子浓度为 $10\ mol \cdot L^{-1}$，其他各离子浓度均为 $1\ mol \cdot L^{-1}$ 时，计算该电池的电动势。

解：（1）　　　$MnO_4^- + 5Fe^{2+} + 8H^+ \longrightarrow Mn^{2+} + 4H_2O + 5Fe^{3+}$

因为 $E^\ominus_{(+)} > E^\ominus_{(-)}$，所以反应正向进行。

（2）　　　$(-)Pt \mid Fe^{3+}(c_1),\ Fe^{2+}(c_2) \parallel MnO_4^-(c_3),\ Mn^{2+}(c_4) \mid Pt(+)$

$E^\ominus = 1.51\ V - 0.771\ V = 0.74\ V$

（3）　　$E = E_{(+)} - E_{(-)} = E^\ominus_{(+)} + \dfrac{0.059\ 2\ V}{n} \lg \dfrac{c(氧化型)}{c(还原型)} - E^\ominus_{(-)}$

$= 1.51\ V + \dfrac{0.059\ 2\ V}{5} \lg 10^8 - 0.771\ V$

$= 0.83\ V$

4-27 已知下列电池 $(-)Zn \mid Zn^{2+}(x\ mol \cdot L^{-1}) \parallel Ag^+(0.10\ mol \cdot L^{-1}) \mid Ag(+)$ 的电动势 $E = 1.51\ V$，求 Zn^{2+} 的浓度。

解：　　　　　　　　　$E = E_{(+)} - E_{(-)} = 1.51\ V$

$[E^\ominus(Ag^+/Ag) + (0.059\ 2\ V)\lg c(Ag^+)] - [E^\ominus(Zn^{2+}/Zn) + \dfrac{0.059\ 2\ V}{2}\lg c(Zn^{2+})] = 1.51\ V$

$[0.799\ V + (0.059\ 2\ V)\lg 0.10] - [-0.763\ V + \dfrac{0.059\ 2\ V}{2}\lg c(Zn^{2+})] = 1.51\ V$

$c(Zn^{2+}) = 0.57\ mol \cdot L^{-1}$

4-28 为了测定 $PbSO_4$ 的溶度积，设计了下列原电池：

$(-)Pb \mid PbSO_4 \mid SO_4^{2-}(1.0\ mol \cdot L^{-1}) \parallel Sn^{2+}(1.0\ mol \cdot L^{-1}) \mid Sn(+)$

在 $25\ ℃$ 时测得电池电动势 $E^\ominus = 0.22\ V$，求 $PbSO_4$ 溶度积常数 K_{sp}。

解:查表 $E^{\ominus}(Sn^{2+}/Sn) = -0.136\ V$, $E^{\ominus}(Pb^{2+}/Pb) = -0.126\ V$

$$E^{\ominus} = E^{\ominus}_{(+)} - E^{\ominus}_{(-)}$$

$$0.22\ V = -0.136\ V - E^{\ominus}_{(-)}$$

$$E^{\ominus}_{(-)} = E^{\ominus}(PbSO_4/Pb) = -0.356\ V$$

$$E^{\ominus}(PbSO_4/Pb) = E(Pb^{2+}/Pb) = E^{\ominus}(Pb^{2+}/Pb) + \frac{0.059\ 2\ V}{2}\lg c(Pb^{2+})$$

$$-0.356\ V = -0.126\ V + \frac{0.059\ 2\ V}{2}\lg c(Pb^{2+})$$

$$-0.356\ V = -0.126\ V + \frac{0.059\ 2\ V}{2}\lg\left[K^{\ominus}_{sp}(PbSO_4)/c(SO_4^{2-})\right]$$

$$\lg K^{\ominus}_{sp}(PbSO_4) = -7.77,\quad K^{\ominus}_{sp} = 1.7\times10^{-8}$$

4-29 根据标准电极电势计算 298 K 时下列电池的电动势及电池反应的平衡常数:

（1）$(-)Pb \mid Pb^{2+}(0.10\ mol \cdot L^{-1}) \parallel Cu^{2+}(0.50\ mol \cdot L^{-1}) \mid Cu(+)$

（2）$(-)Sn \mid Sn^{2+}(0.050\ mol \cdot L^{-1}) \parallel H^+(1.0\ mol \cdot L^{-1}) \mid H_2(10^5\ Pa) \mid Sn(+)$

（3）$(-)Pt \mid H_2(10^5\ Pa) \mid H^+(1.0\ mol \cdot L^{-1}) \parallel Sn^{4+}(0.50\ mol \cdot L^{-1}),Sn^{2+}(0.10\ mol \cdot L^{-1})$
$\mid Pt(+)$

（4）$(-)Pt \mid H_2(10^5\ Pa) \mid H^+(0.010\ mol \cdot L^{-1}) \parallel H^+(1.0\ mol \cdot L^{-1}) \mid H_2(10^5\ Pa) \mid Pt(+)$

解:（1）
$$E_{(+)} = 0.337\ V + \frac{0.059\ 2\ V}{2}\lg 0.50 = 0.33\ V$$

$$E_{(-)} = -0.126\ V + \frac{0.059\ 2\ V}{2}\lg 0.10 = -0.16\ V$$

$$E = E_{(+)} - E_{(-)} = 0.33\ V - (-0.16\ V) = 0.49\ V$$

$$\lg K^{\ominus} = \frac{nE^{\ominus}}{0.059\ 2\ V} = \frac{2\times(0.337\ V + 0.126\ V)}{0.059\ 2\ V} = 15.64,\quad K^{\ominus} = 4.4\times10^{15}$$

（2）
$$E_{(+)} = E^{\ominus}(H^+/H_2) = 0.000\ V$$

$$E_{(-)} = -0.136\ V + \frac{0.059\ 2\ V}{2}\lg 0.050 = -0.17\ V$$

$$E = E_{(+)} - E_{(-)} = 0.17\ V$$

$$\lg K^{\ominus} = \frac{nE^{\ominus}}{0.059\ 2\ V} = \frac{2\times(0.000\ V + 0.136\ V)}{0.059\ 2\ V} = 4.59,\quad K^{\ominus} = 3.89\times10^4$$

（3）
$$E_{(+)} = 0.151\ V + \frac{0.059\ 2\ V}{2}\lg\frac{0.50}{0.10} = 0.17\ V$$

$$E_{(-)} = E^{\ominus}(H^+/H_2) = 0.000\ V$$

$$E = E_{(+)} - E_{(-)} = 0.17\ V$$

$$\lg K^{\ominus} = \frac{nE^{\ominus}}{0.059\ 2\ V} = \frac{2\times0.151\ V}{0.059\ 2\ V} = 5.10,\quad K^{\ominus} = 1.26\times10^5$$

（4）
$$E_{(+)} = E^{\ominus}(H^+/H_2) = 0.000\ V$$

$$E_{(-)} = 0.000 \text{ V} + \frac{0.059\ 2 \text{ V}}{2} \lg \frac{0.01^2}{1} = -0.12 \text{ V}$$

$$E = E_{(+)} - E_{(-)} = 0.12 \text{ V}$$

$$\lg K^{\ominus} = \frac{nE^{\ominus}}{0.059\ 2 \text{ V}} = \frac{2 \times 0.000 \text{ V}}{0.059\ 2 \text{ V}} = 0, \quad K^{\ominus} = 1$$

4-30   试根据下列元素电势图回答 Cu^+，Ag^+，Au^+，Fe^{2+} 等离子哪些能发生歧化反应。

$$E_A^{\ominus}/V \qquad Cu^{2+} \xrightarrow{\quad 0.153 \quad} Cu^+ \xrightarrow{\quad 0.521 \quad} Cu$$

$$Ag^{2+} \xrightarrow{\quad 2.00 \quad} Ag^+ \xrightarrow{\quad 0.799\ 6 \quad} Ag$$

$$Au^{2+} \xrightarrow{\quad 1.29 \quad} Au^+ \xrightarrow{\quad 1.68 \quad} Au$$

$$Fe^{3+} \xrightarrow{\quad 0.771 \quad} Fe^{2+} \xrightarrow{\quad -0.440 \quad} Fe$$

解：Cu^+ 和 Au^+ 能发生歧化反应。

4-31   计算 AgBr 在 $1.00 \text{ mol} \cdot L^{-1}$ $Na_2S_2O_3$ 溶液中的溶解度，在 500 mL $1.00 \text{ mol} \cdot L^{-1}$ $Na_2S_2O_3$ 溶液中可溶解多少克 AgBr？

解：涉及的沉淀溶解平衡反应式如下：

$$AgBr + 2S_2O_3^{2-} \Longrightarrow [Ag(S_2O_3)_2]^{3-} + Br^-$$

$$K^{\ominus} = \frac{c\{[Ag(S_2O_3)_2]^{3-}\} \cdot c(Br^-)}{c^2(S_2O_3^{2-})} = \frac{c\{[Ag(S_2O_3)_2]^{3-}\} \cdot c(Br^-) \cdot c(Ag^+)}{c^2(S_2O_3^{2-}) \cdot c(Ag^+)}$$

$$= K_f^{\ominus}\{[Ag(S_2O_3)_2^{3-}\} \cdot K_{sp}^{\ominus}(AgBr) = 10^{13.46} \times (5.0 \times 10^{-13}) = 14.4$$

假定 AgBr 溶解全部转化成 $[Ag(S_2O_3)_2]^{3-}$，设 AgBr 在 $1.00 \text{ mol} \cdot L^{-1}$ $Na_2S_2O_3$ 溶液中的溶解度为 x $mol \cdot L^{-1}$，则

$$AgBr + 2S_2O_3^{2-} \Longrightarrow [Ag(S_2O_3)_2]^{3-} + Br^-$$

起始浓度/$(mol \cdot L^{-1})$	1.00	0	0
平衡浓度/$(mol \cdot L^{-1})$	$1.00 - 2x$	x	x

$$\frac{x \cdot x}{1.00 - 2x} = 14.4, \quad x = 0.492$$

在 500 mL $1.00 \text{ mol} \cdot L^{-1}$ $Na_2S_2O_3$ 溶液中可溶解的 AgBr 为

$$0.500 \text{ L} \times 0.492 \text{ mol} \cdot L^{-1} \times 188 \text{ g} \cdot mol^{-1} = 46.2 \text{ g}$$

4-32   计算下列转化反应的平衡常数，并判断转化反应能否进行？

(1) $[Cu(NH_3)_2]^+ + 2CN^- \Longrightarrow [Cu(CN)_2]^- + 2NH_3$

(2) $[Cu(NH_3)_4]^{2+} + Zn^{2+} \Longrightarrow [Zn(NH_3)_4]^{2+} + Cu^{2+}$

(3) $[Cu(NH_3)_4]^{2+} + 4H^+ \Longrightarrow 4NH_4^+ + Cu^{2+}$

(4) $[Ag(S_2O_3)_2]^{3-} + Cl^- \Longrightarrow AgCl \downarrow + 2S_2O_3^{2-}$

解：(1) $K^{\ominus} = \dfrac{c\{[Cu(CN)_2]^-\} \cdot c^2(NH_3)}{c\{[Cu(NH_3)_2]^+\} \cdot c^2(CN^-)} = \dfrac{c\{[Cu(CN)_2]^-\} \cdot c^2(NH_3) \cdot c(Cu^+)}{c\{[Cu(NH_3)_2]^+\} \cdot c^2(CN^-) \cdot c(Cu^+)}$

$$= K_f^{\ominus}\{[Cu(CN)_2]^-\}/K_f^{\ominus}\{[Cu(NH_3)_2]^+\} = 10^{24.0}/10^{10.86} = 10^{13.14} = 1.3 \times 10^{13}$$

转化反应可以进行。

$$(2)\ K^{\ominus} = \frac{c\{[Zn(NH_3)_4]^{2+}\} \cdot c(Cu^{2+})}{c\{[Cu(NH_3)_4]^{2+}\} \cdot c(Zn^{2+})} = \frac{c\{[Zn(NH_3)_4]^{2+}\} \cdot c(Cu^{2+}) \cdot c^4(NH_3)}{c\{[Cu(NH_3)_4]^{2+}\} \cdot c(Zn^{2+}) \cdot c^4(NH_3)}$$

$$= K_f^{\ominus}\{[Zn(NH_3)_4]^{2+}\}/K_f^{\ominus}\{[Cu(NH_3)_4]^{2+}\} = 10^{9.46}/10^{13.32} = 10^{-3.86}$$

$$= 1.4 \times 10^{-4}$$

转化反应不可以进行。

$$(3)\ K^{\ominus} = \frac{c^4(NH_4^+) \cdot c(Cu^{2+})}{c\{[Cu(NH_3)_4]^{2+}\} \cdot c^4(H^+)} = \frac{c^4(NH_4^+) \cdot c(Cu^{2+}) \cdot c^4(NH_3)}{c\{[Cu(NH_3)_4]^{2+}\} \cdot c^4(H^+) \cdot c^4(NH_3)}$$

$$= 1/\{K_a^{\ominus}(NH_4^+) \cdot K_f^{\ominus}\{[Cu(NH_3)_4]^{2+}\}\} = 1/(5.6 \times 10^{-10} \times 10^{13.32}) = 8.5 \times 10^{-5}$$

转化反应不可以进行。

$$(4)\ K^{\ominus} = \frac{c^2(S_2O_3^{2-})}{c\{[Ag(S_2O_3)_2]^{3-}\} \cdot c(Cl^-)} = \frac{c^2(S_2O_3^{2-}) \cdot c(Ag^+)}{c\{[Ag(S_2O_3)_2]^{3-}\} \cdot c(Cl^-) \cdot c(Ag^+)}$$

$$= 1/\{K_f^{\ominus}\{[Ag(S_2O_3)_2]^{3-}\} \cdot K_{sp}^{\ominus}(AgCl)\} = 1/(1.8 \times 10^{-10} \times 10^{13.46}) = 1.9 \times 10^{-4}$$

转化反应不可以进行。

4-33 选择题

(1) 下列电对中，$E^{\ominus}$值最大者为(　　)。

A. Ag^+/Ag 电对　　　　B. $AgCl/Ag$ 电对　　　　C. AgI/Ag 电对

D. $[Ag(NH_3)_2]^+/Ag$ 电对　　E. $[Ag(CN)_2]^-/Ag$ 电对

(2) 利用生成配合物而使难溶电解质溶解时，最有利于沉淀的溶解的条件是(　　)。

A. $\lg K_{MY}^{\ominus}$ 越大，$K_{sp}^{\ominus}$ 越小　　　　B. $\lg K_{MY}^{\ominus}$ 越大，$K_{sp}^{\ominus}$ 越大

C. $\lg K_{MY}^{\ominus}$ 越小，$K_{sp}^{\ominus}$ 越大　　　　D. $\lg K_{MY}^{\ominus} \gg K_{sp}^{\ominus}$

4-34 下列化合物中哪些可能作为有效的螯合剂？

H_2O，过氧化氢$(HO-OH)$，$H_2N-CH_2CH_2-NH_2$，联氨(H_2N-NH_2)

解：有效的螯合剂为 $H_2N-CH_2CH_2-NH_2$

4-35 回答下列问题

(1) 在含有$[Ag(NH_3)_2]^+$配离子的溶液中滴加盐酸时会发生什么现象？为什么？

(2) $[Co(SCN)_4]^{2-}$的稳定性比$[Co(NH_3)_6]^{2+}$小，为什么在酸性溶液中$[Co(SCN)_4]^{2-}$可以存在，而$[Co(NH_3)_6]^{2+}$却不能存在？

解：(1) 滴加盐酸时产生白色沉淀，$Ag^+ + Cl^- \rightleftharpoons AgCl\downarrow$。因为 $[Ag(NH_3)_2]^+ + Cl^- \rightleftharpoons AgCl\downarrow + 2NH_3$ 的 $K = \{K_{sp}(AgCl) \cdot K_f([Ag(NH_3)_2]^+)\}^{-1}$ 很大，使得反应向右进行趋于完全。

(2) 因为 NH_3 碱性比 SCN^- 强，在酸性介质中，$NH_3 + H^+ \rightleftharpoons NH_4^+$ 使 NH_3 浓度下降，$[Co(NH_3)_6]^{2+}$解离趋于完全而不能存在。

提高题

4-36 某一元酸与 36.12 mL 0.100 0 mol·L⁻¹ NaOH 溶液中和完全后，再加入 18.06 mL

0. 100 0 $mol \cdot L^{-1}$ HCl 溶液,测得 pH 为 4.92。计算该弱酸的解离常数。

解:36. 12 mL 0. 100 0 $mol \cdot L^{-1}$ NaOH 与该酸中和后,得其共轭碱 $n_b = 3.612 \times 10^{-3}$ mol;

加入 18. 06 mL 0. 100 0 $mol \cdot L^{-1}$ HCl 后生成该酸 $n_a = 1.806 \times 10^{-3}$ mol。

剩余共轭碱 $n_b = (3.612 - 1.806) \times 10^{-3}$ mol $= 1.806 \times 10^{-3}$ mol

$$pH = pK_a^{\ominus} - \lg (c_a/c_b) = pK_a^{\ominus} = 4.92, \quad K_a^{\ominus} = 10^{-4.92} = 1.2 \times 10^{-5}$$

4-37 0.20 mol NaOH 和 0.20 mol NH_4NO_3 溶于足量水中并使溶液最后体积为 1.0 L,问此时溶液 pH 为多少?

解:平衡后为 0. 20 $mol \cdot L^{-1}$ $NH_3 \cdot H_2O$ 溶液,$K_b^{\ominus} = 1.8 \times 10^{-5}$,因为 $c_b K_b^{\ominus} > 20 K_w^{\ominus}$,$c_b/K_b^{\ominus} > 500$,则

$$c(OH^-) = \sqrt{c_b \cdot K_b^{\ominus}} = \sqrt{0.20 \times 1.8 \times 10^{-5}} = 1.9 \times 10^{-3} (mol \cdot L^{-1})$$
$$pOH = 2.72, \quad pH = 14.00 - 2.72 = 11.28$$

4-38 今有三种酸 $(CH_3)_2AsO_2H$,$ClCH_2COOH$,CH_3COOH,它们的标准解离常数分别为 6.4×10^{-7},1.4×10^{-5},1.74×10^{-5}。试问:

(1) 欲配制 pH = 6.50 的缓冲溶液,用哪种酸最好?

(2) 需要多少克这种酸和多少克 NaOH 以配制 1.00 L 缓冲溶液?其中酸和它的共轭碱的总浓度等于 1.00 $mol \cdot L^{-1}$。

解:(1) $pK_a^{\ominus}$:$(CH_3)_2AsO_2H$ 为 6.19;$ClCH_2COOH$ 为 4.85;CH_3COOH 为 4.74;

配制 pH = 6.50 的缓冲溶液选 $(CH_3)_2AsO_2H$ 最好,因为其 $pK_a^{\ominus}$ 与该 pH 最为接近。

(2) $pH = pK_a^{\ominus} - \lg (c_a/c_b)$,$6.50 = 6.19 - \lg [c_a/(1.00 - c_a)]$,$c_a = 0.329$ $(mol \cdot L^{-1})$

$c_b = 1.00$ $mol \cdot L^{-1} - c_a = 1.00$ $mol \cdot L^{-1} - 0.329$ $mol \cdot L^{-1} = 0.671$ $mol \cdot L^{-1}$

应加 NaOH 的量为

$$m(NaOH) = 1.00 \text{ L} \times 0.671 \text{ } mol \cdot L^{-1} \times 40.0 \text{ } g \cdot mol^{-1} = 26.8 \text{ g}$$

需 $(CH_3)_2AsO_2H$ 的量为

$$m((CH_3)_2AsO_2H) = 1.00 \text{ L} \times 1.00 \text{ } mol \cdot L^{-1} \times 138 \text{ } g \cdot mol^{-1} = 138 \text{ g}$$

4-39 What is the pH at 25 ℃ of a solution which is 1.5 $mol \cdot L^{-1}$ with respect to formic acid and 1 $mol \cdot L^{-1}$ with respect to sodium formate? $pK_a^{\ominus}$ for formic acid is 3.75 at 25 ℃.

解:甲酸的 $c_a = 1.5$ $mol \cdot L^{-1}$,$pK_a = 3.75$,$c_a K_a^{\ominus} > 20 K_w$,$c_a/K_a^{\ominus} > 500$,则

$$c(H^+) = \sqrt{c_a K_a^{\ominus}} = \sqrt{1.5 \times 10^{-3.75}} = 0.016 (mol \cdot L^{-1})$$
$$pH = 1.80$$

甲酸钠的 $K_b^{\ominus} = K_w^{\ominus}/K_a^{\ominus} = 10^{-14.00}/10^{-3.75} = 10^{-10.25}$

$c_b = 1.0$ $mol \cdot L^{-1}$,$c_b K_b^{\ominus} > 20 K_w^{\ominus}$,$c_b/K_b^{\ominus} > 500$,则

$$c(OH^-) = \sqrt{c_b K_b^{\ominus}} = \sqrt{1.0 \times 10^{-10.25}} = 7.5 \times 10^{-6}$$
$$pOH = 5.12, pH = 14.00 - 5.12 = 8.88$$

4-40 Calculate the concentration of sodium acetate needed to produce a pH of 5.00 in a solution of acetic acid（0.1 mol·L^{-1}）at 25 ℃. p$K_a^\ominus$ for acetic acid is 4.74 at 25 ℃.

解： pH＝pK$_a$－lg（c_a/c_b）

lg（c_a/c_b）＝pK$_a$－pH＝4.74－5.00＝－0.26, c_a/c_b＝0.55

c_b＝0.1/0.55＝0.18（mol·L^{-1}）

4-41 Calculate the percent ionization in a 0.20 mol·L^{-1} solution of hydrofluoric acid, HF（$K_a^\ominus$＝6.6×10^{-4}）.

解： $K_a^\ominus=\dfrac{c_a\alpha^2}{1-\alpha}$, 6.6×10^{-4}＝$\dfrac{0.20\alpha^2}{1-\alpha}$

α＝0.056

4-42 The concentration of H$_2$S in a saturated aqueous solution at room temperature is approximately 0.1 mol·L^{-1}. Calculate $c(H_3O^+)$, $c(HS^-)$, and $c(S^{2-})$ in the solution.

解： H$_2$S 的 $K_{a_1}^\ominus$＝1.1×10^{-7}，$K_{a_2}^\ominus$＝1.3×10^{-13}。$c_a K_{a_1}^\ominus$＝1.1×10^{-8}>20$K_w^\ominus$，$c_a/K_{a_1}^\ominus$>500，则

$c(H^+)=\sqrt{c_a\cdot K_{a_1}^\ominus}=\sqrt{0.10×1.1×10^{-7}}$＝1.0×10^{-4}（mol·L^{-1}）

设平衡时 S^{2-} 浓度为 x mol·L^{-1}，则

	HS$^-$ $\rightleftharpoons$	H$^+$ ＋	S^{2-}
平衡浓度/（mol·L^{-1}）	1.0×10^{-4}－x	1.0×10^{-4}＋x	x
	≈1.0×10^{-4}	≈1.0×10^{-4}	

$\dfrac{x(1.0×10^{-4})}{1.0×10^{-4}}$＝1.3×10^{-13}, x＝1.3×10^{-13}

即 $c(S^{2-})$＝1.3×10^{-13} mol·L^{-1}；$c(HS^-)$≈1.0×10^{-4} mol·L^{-1}。

4-43 Calculate the equilibrium concentration of sulfide ion in a saturated solution of hydrogen sulfide to which enough hydrochloric acid has been added to make the hydronium ion concentration of the solution 0.1 mol·L^{-1} at equilibrium.（The concentration of a saturated H$_2$S solution is 0.1 mol·L^{-1} in hydrogen sulfide.）

Solution： （1）H$_2$S $\rightleftharpoons$ H$^+$＋HS$^-$　　$K_{a_1}^\ominus$＝1.1×10^{-7}

（2）HS$^-$ $\rightleftharpoons$ H$^+$＋S^{2-}　　$K_{a_2}^\ominus$＝1.3×10^{-13}

（1）＋（2）　　H$_2$S $\rightleftharpoons$ 2H$^+$＋S^{2-}

$K^\ominus=K_{a_1}^\ominus\cdot K_{a_2}^\ominus=\dfrac{c^2(H^+)\cdot c(S^{2-})}{c(H_2S)}$＝1.1×10^{-7}×1.3×10^{-13}＝1.4×10^{-20}

$c(S^{2-})=\dfrac{c(H_2S)\cdot K^\ominus}{c^2(H^+)}=\dfrac{0.1×1.4×10^{-20}}{0.1^2}$＝1.4×10^{-19}（mol·L^{-1}）

Or

$\delta(S^{2-})=K_{a_1}^\ominus\cdot K_{a_2}^\ominus/[c^2(H^+)+c(H^+)\cdot K_{a_1}^\ominus+K_{a_1}^\ominus\cdot K_{a_2}^\ominus]$＝1.4×10^{-18}

$c(S^{2-})=c(H_2S)\cdot\delta(S^{2-})$＝0.1 mol·L^{-1}×1.4×10^{-18}＝1.4×10^{-19} mol·L^{-1}

4-44 Calculate the hydroxide ion concentration, the percent reaction, and the pH of a

0.050 mol · L^{-1} solution of sodium acetate. For acetic acid, $K_a^{\ominus}=1.8\times10^{-5}$.

Solution: NaAc: $K_b^{\ominus}=K_w^{\ominus}/K_a^{\ominus}=10^{-14.00}/(1.8\times10^{-5})=5.6\times10^{-10}$

$c_b K_b^{\ominus}=0.050\times5.6\times10^{-10}=2.8\times10^{-11}>20K_w^{\ominus}$, $c_b/K_b^{\ominus}=0.050/(5.6\times10^{-10})>500$

$$c(OH^-)=\sqrt{0.050\times5.6\times10^{-10}}=5.3\times10^{-6}(mol\cdot L^{-1})$$
$$pOH=5.28, pH=14.00-5.28=8.72$$
$$c(H^+)=1.9\times10^{-9}(mol\cdot L^{-1})$$

the percent reaction:
$$\alpha=c(OH^-)/c_b=5.3\times10^{-6}/0.050=1.1\times10^{-4}$$

4-45 假定 Mg(OH)$_2$ 的饱和溶液完全解离，计算：

(1) Mg(OH)$_2$ 在水中的溶解度；

(2) Mg(OH)$_2$ 饱和溶液中 OH$^-$ 浓度；

(3) Mg(OH)$_2$ 饱和溶液中 Mg^{2+} 的浓度；

(4) Mg(OH)$_2$ 在 0.010 mol · L^{-1} NaOH 溶液中的溶解度；

(5) Mg(OH)$_2$ 在 0.010 mol · L^{-1} MgCl$_2$ 溶液中的溶解度。

解：(1) 设 Mg(OH)$_2$ 在水中的溶解度为 x mol · L^{-1}，则
$$K_{sp}^{\ominus}[Mg(OH)_2]=c(Mg^{2+})\cdot c^2(OH^-)=x\cdot(2x)^2=4x^3$$
所以
$$x=\{K_{sp}^{\ominus}(Mg(OH)_2)/4\}^{1/3}=(1.8\times10^{-11}/4)^{1/3}=1.7\times10^{-4}$$

(2) $c(OH^-)=2x$ mol · L^{-1} $=2\times1.7\times10^{-4}$ mol · L$^{-1}=3.4\times10^{-4}$ mol · L^{-1}

(3) $c(Mg^{2+})=x$ mol · L$^{-1}=1.7\times10^{-4}$ mol · L^{-1}

(4) 设 Mg(OH)$_2$ 在 0.010 mol · L^{-1} NaOH 溶液中的溶解度为 y mol · L^{-1}，则
$$c(Mg^{2+})=y\ mol\cdot L^{-1}, c(OH^-)=(2y+0.010)mol\cdot L^{-1}\approx0.010\ mol\cdot L^{-1}$$
$$y\times(0.010)^2=1.8\times10^{-11}$$
所以
$$y=1.8\times10^{-7}$$

(5) 设 Mg(OH)$_2$ 在 0.010 mol · L^{-1} MgCl$_2$ 溶液中的溶解度为 z mol · L^{-1}，则
$$c(Mg^{2+})=(z+0.010)mol\cdot L^{-1}\approx0.010\ mol\cdot L^{-1}, c(OH^-)=2z\ mol\cdot L^{-1},$$
$$0.010\times(2z)^2=1.8\times10^{-11}$$
所以
$$z=2.1\times10^{-5}$$

4-46 由附录Ⅲ的热力学函数计算 298 K 时 CaF$_2$ 的溶度积常数。

解：
$$CaF_2(aq)\Longrightarrow Ca^{2+}(aq)+F^-(aq)$$

$\Delta_f G_m^{\ominus}(298.15\ K)/(kJ\cdot mol^{-1})$　　$-1\ 167.3$　　　-553.58　　　-278.79

$$\Delta_r G_m^{\ominus}=\sum_B \nu_B\Delta_f G_m^{\ominus}(B)=[(-553.58-2\times278.79)-(-1\ 167.3)]kJ\cdot mol^{-1}$$
$$=56.14\ kJ\cdot mol^{-1}$$

因为
$$\Delta_r G_m^{\ominus}=-RT\ln K_{sp}^{\ominus}$$
所以
$$\ln K_{sp}^{\ominus}=-\Delta_r G_m^{\ominus}/RT=-56.14\times10^3/(8.314\times298.15)=-22.65$$

$$K_{sp}^{\ominus} = 1.46 \times 10^{-10}$$

4-47 某溶液中含有 CaF_2 和 $CaCO_3$ 的沉淀,若 F^- 的浓度为 2.0×10^{-17} mol·L^{-1},那么 CO_3^{2-} 的浓度为多少?

解: $c(Ca^{2+}) = K_{sp}^{\ominus}(CaF_2)/c^2(F^-) = 2.7 \times 10^{-11}/(2.0 \times 10^{-17})^2 = 6.8 \times 10^{22}(mol \cdot L^{-1})$

$c(CO_3^{2-}) = K_{sp}^{\ominus}(CaCO_3)/c(Ca^{2+}) = 2.8 \times 10^{-9}/(6.8 \times 10^{22}) = 4.1 \times 10^{-32}(mol \cdot L^{-1})$

4-48 放射性示踪物可以方便地对低浓度物质的 $K_{sp}^{\ominus}$ 进行测量。20.0 mL 0.010 0 mol·L^{-1} 的 $AgNO_3$ 溶液含有放射性银,其强度为每毫升每分钟 29 610 个信号,将其与 100 mL 0.010 0 mol·L^{-1} 的 KIO_3 溶液混合,并准确稀释至 400 mL。在溶液达到平衡后,过滤除去其中的所有固体。在滤液中发现银的放射性强度变为每毫升每分钟 47.4 个信号。试计算 $AgIO_3$ 的 $K_{sp}^{\ominus}$。

解: 根据题意可知:$c_1(AgNO_3):c_2(AgNO_3) = (信号强度)_1:(放射强度)_2$

$c_2(AgNO_3) = (信号强度)_2 \cdot c_1(AgNO_3)/(放射强度)_1$

$= 47.4 \times 0.010 0$ mol·$L^{-1}/29 610 = 1.60 \times 10^{-5}$ mol·L^{-1}

滤液中 IO_3^- 浓度为

$(100$ mL$\times 0.010 0$ mol·$L^{-1} - 20.0$ mL$\times 0.010 0$ mol·$L^{-1})/(400$ mL$) = 0.002 00$ mol·L^{-1}

所以 $K_{sp}^{\ominus}(AgIO_3) = 1.60 \times 10^{-5} \times 0.002 00 = 3.20 \times 10^{-8}$

4-49 某溶液中含有 Fe^{3+} 和 Fe^{2+},它们的浓度都是 0.05 mol·L^{-1}。如果要求 $Fe(OH)_3$ 沉淀完全而 Fe^{2+} 不生成 $Fe(OH)_2$ 沉淀,问溶液的 pH 应如何控制?

解: 先计算 $Fe(OH)_3$ 沉淀完全时的 pH,此时 $c(Fe^{3+}) = 1 \times 10^{-6}$ mol·L^{-1}。

$c(OH^-) = [K_{sp}^{\ominus}(Fe(OH)_3)/c(Fe^{3+})]^{1/3} = [4 \times 10^{-38}/(1 \times 10^{-6})]^{1/3} = 3 \times 10^{-11}(mol \cdot L^{-1})$

$$pH = 3.5$$

再计算不生成 $Fe(OH)_2$ 时的 pH。

$c(OH^-) = [K_{sp}^{\ominus}(Fe(OH)_2)/c(Fe^{2+})]^{1/2} = (8 \times 10^{-16}/0.05)^{1/2} = 1 \times 10^{-7}(mol \cdot L^{-1})$

$$pH = 7.0$$

所以,溶液的 pH 应控制在 3.5~7.0。

4-50 在 0.1 mol·L^{-1} $FeCl_2$ 溶液中通入 H_2S,欲使 Fe^{2+} 不生成 FeS 沉淀,溶液的 pH 最高为多少?

解: 为不生成 FeS 沉淀,则

$$c(S^{2-}) \leqslant K_{sp}^{\ominus}(FeS)/c(Fe^{2+}) = 6.3 \times 10^{-18}/0.1 = 6.3 \times 10^{-17}(mol \cdot L^{-1})$$

$$c(H^+) = [c(H_2S) \times K_{a_1}^{\ominus} K_{a_2}^{\ominus}/c(S^{2-})]^{1/2}$$

$$= [0.1 \times 1.1 \times 10^{-7} \times 1.3 \times 10^{-13}/(6.3 \times 10^{-17})]^{1/2}$$

$$= 5 \times 10^{-3}(mol \cdot L^{-1})$$

$$pH = 2.3$$

[另解]

H_2S 的饱和浓度为 0.1 mol·L^{-1}(属应知知识!)

FeS 的 $K_{sp}^{\ominus} = 6.3 \times 10^{-18}$,$H_2S$ 的解离平衡常数 $K_{a_1}^{\ominus} = 1.1 \times 10^{-7}$,$K_{a_2}^{\ominus} = 1.3 \times 10^{-13}$,则

（1）　　　　　　　$Fe^{2+}+S^{2-} \rightleftharpoons FeS(s)$　　　　　　　　　　　　$K_1^\ominus = 1/K_{sp}^\ominus$

（2）　　　　　　　$H_2S \rightleftharpoons 2H^+ + S^{2-}$　　　　　　　　　　　　　$K_2^\ominus = K_{a_1}^\ominus K_{a_2}^\ominus$

（1）+（2）

$$Fe^{2+}+H_2S \rightleftharpoons FeS+2H^+ \quad K^\ominus = K_1^\ominus K_2^\ominus$$

设刚开始沉淀时　　　　　　　　0.1　　0.1　　　　　　　　x

即，当 $Q = K^\ominus = \dfrac{K_1^\ominus K_2^\ominus}{K_{sp}^\ominus} = \dfrac{[H^+]^2}{[Fe^{2+}][H_2S]}$ 时，沉淀开始生成。解得此时

$$[H^+] = \sqrt{\frac{[Fe^{2+}][H_2S]K_1^\ominus K_2^\ominus}{K_{sp}^\ominus}} = 4.8(mol \cdot L^{-1})$$

$$pH = 2.3$$

4-51　海水中几种阳离子浓度如下：

离子	Na^+	Mg^{2+}	Ca^{2+}	Al^{3+}	Fe^{2+}
浓度/$(mol \cdot L^{-1})$	0.46	0.050	0.01	4×10^{-7}	2×10^{-7}

（1）OH^- 浓度多大时，$Mg(OH)_2$ 开始沉淀？

（2）在该浓度时，会不会有其他离子沉淀？

（3）如果加入足量的 OH^- 以沉淀 50% Mg^{2+}，其他离子沉淀的百分数将是多少？

（4）在（3）的条件下，从 1 L 海水中能得到多少沉淀？

解：（1）$Mg(OH)_2$ 开始沉淀时

$c(OH^-) = [K_{sp}^\ominus \{Mg(OH)_2\}/c(Mg^{2+})]^{1/2} = (1.8 \times 10^{-11}/0.050)^{1/2} = 1.9 \times 10^{-5}(mol \cdot L^{-1})$

（2）$Q_i = c(Ca^{2+})c^2(OH^-) = 0.01 \times (1.9 \times 10^{-5})^2 < K_{sp}^\ominus \{Ca(OH)_2\} = 5.5 \times 10^{-6}$，无沉淀；

$Q_i = c(Al^{3+})c^3(OH^-) = 4 \times 10^{-7} \times (1.9 \times 10^{-5})^3 > K_{sp}^\ominus \{Al(OH)_3\} = 1.3 \times 10^{-33}$，有沉淀；

$Q_i = c(Fe^{2+})c^2(OH^-) = 2 \times 10^{-7} \times (1.9 \times 10^{-5})^2 < K_{sp}^\ominus \{Fe(OH)_2\} = 8.0 \times 10^{-16}$，无沉淀；

此外，无其他沉淀。

（3）50% Mg^{2+} 沉淀时，$c(Mg^{2+}) = 0.025\ mol \cdot L^{-1}$，则

$c(OH^-) = [K_{sp}^\ominus \{Mg(OH)_2\}/c(Mg^{2+})]^{1/2} = (1.8 \times 10^{-11}/0.025)^{1/2} = 2.7 \times 10^{-5}(mol \cdot L^{-1})$

$c(Al^{3+}) = [K_{sp}^\ominus \{Al(OH)_3\}/c^3(OH^-)] = [1.3 \times 10^{-33}/(2.7 \times 10^{-5})^3] = 6.6 \times 10^{-20}(mol \cdot L^{-1})$

说明此时 Al^{3+} 已沉淀完全，而其他离子没有沉淀。

（4）$m = m\{Mg(OH)_2\} + m\{Al(OH)_3\} = (0.025 \times 1 \times 58 + 4 \times 10^{-7} \times 1 \times 78)g = 1.5\ g$

4-52　为了防止热带鱼池中水藻的生长，需使水中保持 $0.75\ mg \cdot L^{-1}$ 的 Cu^{2+}。为避免在每次换池水时溶液浓度的改变，可把一块适当的铜盐放在池底，它的饱和溶液提供了适当的 Cu^{2+} 浓度。假如使用的是蒸馏水，哪一种盐提供的饱和溶液最接近所要求的 Cu^{2+} 浓度？

（1）$CuSO_4$　（2）CuS　（3）$Cu(OH)_2$　（4）$CuCO_3$　（5）$Cu(NO_3)_2$

解：$K_{sp}^\ominus(CuS) = 6.3 \times 10^{-36}$，$K_{sp}^\ominus \{Cu(OH)_2\} = 2.2 \times 10^{-20}$，$K_{sp}^\ominus(CuCO_3) = 1.4 \times 10^{-10}$，则

$$c(Cu^{2+}) = (1.4 \times 10^{-10})^{1/2} = 1.18 \times 10^{-5}(mol \cdot L^{-1})$$

$$\rho(Cu^{2+}) = 64 \times 10^3\ mg \cdot mol^{-1} \times 1.18 \times 10^{-5}\ mol \cdot L^{-1} = 0.76\ mg \cdot L^{-1}$$

$CuCO_3$ 的饱和溶液最接近所要求的 Cu^{2+} 浓度。

4-53 现计划栽种某种常青树,但这种常青树不适宜含过量溶解性 Fe^{3+} 的土壤,下列哪种土壤添加剂能很好地降低土壤地下水中 Fe^{3+} 的浓度?

(1) $Ca(OH)_2(aq)$ (2) $KNO_3(s)$ (3) $FeCl_3(s)$ (4) $NH_4NO_3(s)$

解: $Ca(OH)_2(aq)$。

4-54 分别计算下列各反应的平衡常数,并讨论反应的方向。

(1) $PbS+2HAc \Longrightarrow Pb^{2+}+H_2S+2Ac^-$

(2) $Mg(OH)_2+2NH_4^+ \Longrightarrow Mg^{2+}+2NH_3 \cdot H_2O$

(3) $Cu^{2+}+H_2S \Longrightarrow CuS+2H^+$

解:(1) $K^{\ominus}=c(Pb^{2+})c(H_2S)c^2(Ac^-)/c^2(HAc)$

$\qquad = c(Pb^{2+})c(H_2S)c^2(Ac^-)c^2(H^+)c(S^{2-})/[c^2(HAc)c^2(H^+)c(S^{2-})]$

$\qquad = K_{sp}^{\ominus}(PbS)K_a^{\ominus 2}(HAc)/[K_{a_1}^{\ominus}(H_2S)K_{a_2}^{\ominus}(H_2S)]$

$\qquad = 1.3\times10^{-28}\times(1.8\times10^{-5})^2/(1.1\times10^{-7}\times1.3\times10^{-13})$

$\qquad = 2.9\times10^{-18}$

反应逆向进行。

(2) $K^{\ominus}=c(Mg^{2+})c^2(NH_3 \cdot H_2O)/c^2(NH_4^+)$

$\qquad = c(Mg^{2+})c^2(NH_3 \cdot H_2O)c^2(OH^-)/[c^2(NH_4^+)c^2(OH^-)]$

$\qquad = K_{sp}^{\ominus}\{Mg(OH)_2\}/K_b^{\ominus 2}(NH_3 \cdot H_2O)$

$\qquad = 1.8\times10^{-11}/(1.8\times10^{-5})^2 = 5.6\times10^{-2}$

反应逆向进行。

(3) $K^{\ominus}=c^2(H^+)/[c(Cu^{2+})c(H_2S)]$

$\qquad = c^2(H^+)c(S^{2-})/[c(Cu^{2+})c(H_2S)c(S^{2-})]$

$\qquad = K_{a_1}^{\ominus}(H_2S)K_{a_2}^{\ominus}(H_2S)/K_{sp}^{\ominus}(CuS)$

$\qquad = 1.1\times10^{-7}\times1.3\times10^{-13}/(6.3\times10^{-36}) = 2.3\times10^{15}$

反应正向进行。

4-55 人牙齿表面有一层釉质,其组成为羟基磷灰石 $Ca_5(PO_4)_3OH$ ($K_{sp}^{\ominus}=6.8\times10^{-37}$)。为了防止蛀牙,人们常使用含氟牙膏,其中的氟化物可使羟基磷灰石转化为氟磷灰石 $Ca_5(PO_4)_3F$ ($K_{sp}^{\ominus}=1.0\times10^{-60}$)。写出这两种难溶化合物互相转化的离子方程式,并计算出相应的标准平衡常数。

解: $Ca_5(PO_4)_3OH(s)+F^-(aq) \Longrightarrow Ca_5(PO_4)_3F(s)+OH^-(aq)$

$$K = \frac{c(OH^-)}{c(F^-)} = \frac{c(OH^-)c\{Ca_5(PO_4)_3^{3-}\}}{c(F^-)c\{Ca_5(PO_4)_3^{3-}\}}$$

$$= \frac{K_{sp}^{\ominus}\{Ca_5(PO_4)OH\}}{K_{sp}^{\ominus}\{Ca_5(PO_4)F\}} = \frac{6.8\times10^{-37}}{1.0\times10^{-60}} = 6.8\times10^{23}$$

4-56 肾结石主要是由 $Ca_3(PO_4)_2$ 组成的。健康人一天的排尿量是 1.4 L,大约含

0.1 g Ca^{2+}。为了不形成 $Ca_3(PO_4)_2$ 沉淀,其中尿液中最大的 PO_4^{3-} 浓度不得高于多少? 医生要求肾结石患者多饮水,请说明其中的原理。

解:$c(Ca^{2+})=0.1$ g$/(40$ g $\cdot$ mol$^{-1}\times1.4$ L$)=0.0018$ mol $\cdot$ L^{-1}

$c(PO_4^{3-})=[K_{sp}^{\ominus}\{Ca_3(PO_4)_2\}/c^3(Ca^{2+})]^{1/2}=[2.0\times10^{-29}/(0.0018)^3]^{1/2}=5.9\times10^{-11}(\text{mol}\cdot\text{L}^{-1})$

因此尿液中 PO_4^{3-} 浓度不得高于 5.9×10^{-11} mol $\cdot$ L^{-1},需要多饮水以降低其浓度。

4-57 A solution is 0.010 mol $\cdot$ L^{-1} in both Cu^{2+} and Cd^{2+}. What percentage of Cd^{2+} remains in the solution when 99.9% of the Cu^{2+} has been precipitated as CuS by adding sulfide?

Solution:When 99.9% of the Cu^{2+} has been precipitated, 0.1% of the Cu^{2+} remains in the solution.

$$c(S^{2-})=K_{sp}^{\ominus}(\text{CuS})/c(Cu^{2+})$$
$$=6.3\times10^{-36}/(0.010\times0.1\%)$$
$$=6.3\times10^{-31}(\text{mol}\cdot\text{L}^{-1})$$
$$Q_i=c(Cd^{2+})c(S^{2-})=0.010\times6.3\times10^{-31}<K_{sp}^{\ominus}(\text{CdS})=8.0\times10^{-27}$$

Therefore, 100% Cd^{2+} remains in the solution.

4-58 Calculate the molar solubility of each of the following minerals from its $K_{sp}^{\ominus}$.

(a) Alabandite, MnS: $K_{sp}^{\ominus}=2.5\times10^{-10}$

(b) Anglesite, PbSO$_4$: $K_{sp}^{\ominus}=1.6\times10^{-8}$

(c) Brucite, Mg(OH)$_2$: $K_{sp}^{\ominus}=1.8\times10^{-11}$

(d) Fluorite, CaF$_2$: $K_{sp}^{\ominus}=2.7\times10^{-11}$

Solution:(1) $s=(K_{sp}^{\ominus})^{1/2}=(2.5\times10^{-10})^{1/2}=1.6\times10^{-5}(\text{mol}\cdot\text{L}^{-1})$

(2) $s=(K_{sp}^{\ominus})^{1/2}=(1.6\times10^{-8})^{1/2}=1.3\times10^{-4}(\text{mol}\cdot\text{L}^{-1})$

(3) $s=(K_{sp}^{\ominus}/4)^{1/3}=(1.8\times10^{-11}/4)^{1/3}=1.7\times10^{-4}(\text{mol}\cdot\text{L}^{-1})$

(4) $s=(K_{sp}^{\ominus}/4)^{1/3}=(2.7\times10^{-11}/4)^{1/3}=1.9\times10^{-4}(\text{mol}\cdot\text{L}^{-1})$

4-59 Consider the titration of 25.00 mL of 0.08230 mol $\cdot$ L^{-1} KI with 0.05110 mol $\cdot$ L^{-1} AgNO$_3$. Calculate pAg$^+$ at the following volumes of AgNO$_3$ added:

(a) 39.00 mL　(b) V_{sp}　(c) 44.30 mL

Solution:(1) $c(I^-)=(0.08230\times25.00-0.05110\times39.00)/(25.00+39.00)$
$$=0.001009(\text{mol}\cdot\text{L}^{-1})$$
$$c(Ag^+)=K_{sp}^{\ominus}(\text{AgI})/c(I^-)=8.3\times10^{-17}/0.001009=8.2\times10^{-14}(\text{mol}\cdot\text{L}^{-1})$$
$$\text{pAg}=-\lg c(Ag^+)=13.09$$

(2) $c(Ag^+)=\{K_{sp}^{\ominus}(\text{AgI})\}^{1/2}=(8.3\times10^{-17})^{1/2}=9\times10^{-9}(\text{mol}\cdot\text{L}^{-1})$
$$\text{pAg}=8.05$$

(3) $c(Ag^+)=(0.05110\times44.30-0.08230\times25.00)/(25.00+44.30)=0.002976(\text{mol}\cdot\text{L}^{-1})$
$$\text{pAg}=2.53$$

4-60 已知 $Hg_2Cl_2(s)+2e^-\Longrightarrow 2Hg(l)+2Cl^-$ 　　　$E^{\ominus}=0.28$ V

$$Hg_2^{2+}+2e^- \Longrightarrow 2Hg(l) \qquad\qquad E^\ominus = 0.80 \text{ V}$$

求 $K_{sp}^\ominus(Hg_2Cl_2)$。（提示：$Hg_2Cl_2(s) \Longrightarrow Hg_2^{2+}+2Cl^-$）

解：将题意中的两个电极反应组成如下原电池：

$$(-)Pt \mid H_g(l) \mid Hg_2Cl_2(s) \mid Cl^- \parallel Hg_2^{2+} \mid H_g(l) \mid Pt(+)$$

该电池反应为 $Hg_2^{2+}+2Cl^- \Longrightarrow Hg_2Cl_2(s)$

$$E^\ominus = E_{(+)}^\ominus - E_{(-)}^\ominus = 0.80 \text{ V} - 0.28 \text{ V} = 0.52 \text{ V}$$

$$\lg K^\ominus = \frac{nE^\ominus}{0.0592 \text{ V}} = \frac{2\times 0.52 \text{ V}}{0.0592 \text{ V}} = 17.57, \qquad K_{sp}^\ominus(Hg_2Cl_2) = (K^\ominus)^{-1} = 2.7\times 10^{-18}$$

4-61 已知下列标准电极电势

$$Cu^{2+}+2e^- \Longrightarrow Cu \qquad\qquad E^\ominus = 0.34 \text{ V}$$
$$Cu^{2+}+e^- \Longrightarrow Cu^+ \qquad\qquad E^\ominus = 0.153 \text{ V}$$

（1）计算反应 $Cu+Cu^{2+} \Longrightarrow 2Cu^+$ 的平衡常数；

（2）已知 $K_{sp}^\ominus(CuCl) = 1.2\times 10^{-6}$，试计算下面反应的平衡常数：

$$Cu+Cu^{2+}+2Cl^- \Longrightarrow 2CuCl\downarrow$$

解：（1）$Cu^{2+}+2e^- \Longrightarrow Cu$ $\qquad\qquad$ （1）

$\qquad\quad Cu^{2+}+e^- \Longrightarrow Cu^+$ $\qquad\qquad$ （2）

原电池反应 = 2×式（2）-式（1）；式（1）为负极反应，式（2）为正极反应。原电池的标准电动势为

$$E^\ominus = E_{(+)}^\ominus - E_{(-)}^\ominus = 0.153 \text{ V} - 0.337 \text{ V} = -0.184 \text{ V}$$

$$\lg K_{(1)}^\ominus = \frac{2\times E^\ominus}{0.0592 \text{ V}} = \frac{2\times(-0.184 \text{ V})}{0.0592 \text{ V}} = -6.22$$

$$K_{(1)}^\ominus = 6.0\times 10^{-7}$$

以上是根据已知条件求解的可能最简捷途径。也可以根据已知的两个标准电极电势，先求出

$$Cu^++e^- \Longrightarrow Cu \qquad\qquad （3）$$

标准电极电势：

由 $2\times E_1^\ominus = 1\times E_2^\ominus + 1\times E_3^\ominus$（为何？试推导之），得

$$E_3^\ominus = 2\times E_1^\ominus - 1\times E_2^\ominus = 2\times 0.337 \text{ V} - 0.153 \text{ V} = 0.521 \text{ V}$$

原电池反应 = 式（2）-式（3）；式（3）为负极反应，式（2）为正极反应。

参照前面求解思路可以得到同样的结果。

（2）求解的可能最简捷途径如下：

根据（1）求得的反应 $Cu+Cu^{2+} \Longrightarrow 2Cu^+$ $\qquad K_{(1)}^\ominus = 6.0\times 10^{-7}$ $\qquad$ （4）

及已知的反应 $CuCl \Longrightarrow Cu^++Cl^-$ $\qquad K_{sp}^\ominus(CuCl) = 1.2\times 10^{-6}$ $\qquad$ （5）

题目所示反应 = 式（4）-2×式（5）。根据多重平衡规则，该反应的平衡常数为

$$K_{(2)}^\ominus = \frac{K_{(1)}^\ominus}{(K_{sp}^\ominus(CuCl))^2} = \frac{6.0\times 10^{-7}}{(1.2\times 10^{-6})^2} = 4.2\times 10^5$$

也可将反应 $Cu+Cu^{2+}+2Cl^- \Longrightarrow 2CuCl\downarrow$ 设计成原电池来求其平衡常数。例如，设正极电

极反应:

$$Cu^{2+}+Cl^-+e^- =\!=\!= CuCl \tag{6}$$

其标准电极电势可以用电极反应式(2)的标准电极电势及 $K_{sp}^{\ominus}(CuCl)$ 求得

$$E_{(+)}^{\ominus} = E^{\ominus}(Cu^{2+}/Cu^+)+(0.059\ 2\ V)\lg\frac{c(Cu^{2+})}{c(Cu^+)}$$

$$= E^{\ominus}(Cu^{2+}/Cu^+)+(0.059\ 2\ V)\lg\frac{1}{K_{sp}^{\ominus}(CuCl)}$$

$$= 0.504\ V$$

负极电极反应: $\qquad\qquad CuCl+e^-=Cu+Cl^- \tag{7}$

其标准电极电势可以以电极反应式(3)的标准电极电势及 $K_{sp}^{\ominus}(CuCl)$ 求得

$$E_{(-)}^{\ominus} = E^{\ominus}(Cu^+/Cu)+(0.059\ 2\ V)\lg c(Cu^+) = E^{\ominus}(Cu^+/Cu)+(0.059\ 2\ V)\lg K_{sp}^{\ominus}(CuCl)$$
$$= 0.170\ V$$

原电池的标准电动势 $E^{\ominus} = E_{(+)}^{\ominus}-E_{(-)}^{\ominus} = 0.504\ V-0.170\ V = 0.334\ V$

$$\lg K_{(2)}^{\ominus} = \frac{E^{\ominus}}{0.059\ 2\ V} = \frac{0.334\ V}{0.059\ 2\ V} = 5.64$$

$$K_{(2)}^{\ominus} = 4.4\times10^5$$

当然,也可以设定式(6)为正极电极反应,式(1)为负极电极反应,参照本题(1)的求解过程,得到同样结果。

4-62 下列三个反应:

(1) $A\ +\ B^+ =\!=\!= A^+\ +\ B$

(2) $A\ +\ B^{2+} =\!=\!= A^{2+}\ +\ B$

(3) $A\ +\ B^{3+} =\!=\!= A^{3+}\ +\ B$

的平衡常数值相同,判断下述哪一种说法正确:

(a) 反应(1)的 $E^{\ominus}$ 值最大而反应(3)的 $E^{\ominus}$ 值最小;

(b) 反应(3)的 $E^{\ominus}$ 值最大;

(c) 不明确 A 和 B 性质的条件下,无法比较 $E^{\ominus}$ 值的大小;

(d) 三个反应的 $E^{\ominus}$ 值相同。

解:(a)正确,因为 $E^{\ominus} = \dfrac{0.059\ 2\ V\times\lg K^{\ominus}}{n}$,而 n 依次为 1,2 和 3。

4-63 吸取 50.00 mL 含有 IO_3^- 和 IO_4^- 的试液,用硼砂调节溶液 pH,并用过量 KI 处理,使 IO_4^- 转变为 IO_3^-,同时形成的 I_2 消耗 18.40 mL 0.100 0 mol·L^{-1} $Na_2S_2O_3$ 溶液滴定至终点。另取 10.00 mL 试液,用强酸酸化后,加入过量 KI,需 48.70 mL 同浓度的 $Na_2S_2O_3$ 溶液完成滴定。计算试液中 IO_3^- 和 IO_4^- 的浓度。

解:开始时的有关反应及关系式如下:

$$IO_4^-+2I^-+2H^+ =\!=\!= IO_3^-+I_2+H_2O,\qquad I_2+2S_2O_3^{2-} =\!=\!= S_4O_6^{2-}+2I^-$$

$$n(IO_4^-) = n(I_2) = \frac{1}{2}n(S_2O_3^{2-})$$

强酸酸化后的有关反应及关系式如下:

$$IO_4^- + 7I^- + 8H^+ === 4I_2 + 4H_2O, \qquad n(IO_4^-) = \frac{1}{4}n(I_2) = \frac{1}{8}n(S_2O_3^{2-})$$

$$IO_3^- + 5I^- + 6H^+ === 3I_2 + 3H_2O, \qquad n(IO_3^-) = \frac{1}{3}n(I_2) = \frac{1}{6}n(S_2O_3^{2-})$$

$$c(IO_4^-) = \frac{n(IO_4^-)}{V} = \frac{\frac{1}{2}n(S_2O_3^{2-})}{V} = \frac{0.100\ 0\ mol \cdot L^{-1} \times 18.40\ mL}{2 \times 50.00\ mL} = 0.018\ 40\ mol \cdot L^{-1}$$

$$c(IO_3^-) = \frac{n(IO_3^-)}{V} = \frac{\frac{1}{6}[n(S_2O_3^{2-}) - 8n(IO_4^-)]}{V}$$

$$= \frac{0.100\ 0\ mol \cdot L^{-1} \times 48.70\ mL - 8 \times 0.018\ 40\ mol \cdot L^{-1} \times 10.00\ mL}{6 \times 10.00\ mL} = 0.056\ 63\ mol \cdot L^{-1}$$

4-64 Calculate the $\Delta_r G_m^\ominus$ at 25 ℃ for the reaction

$$Cd(s) + Pb^{2+}(aq) \longrightarrow Cd^{2+}(aq) + Pb(s)$$

Solution:

$$E^\ominus = E_{(+)}^\ominus - E_{(-)}^\ominus = E^\ominus(Pb^{2+}/Pb) - E^\ominus(Cd^{2+}/Cd) = -0.126\ V - (-0.403\ V) = 0.277\ V$$

$$\Delta_r G_m^\ominus = -nFE^\ominus = -2 \times 96\ 500 \times 0.277\ J \cdot mol^{-1} = -53\ 461\ J \cdot mol^{-1} = -53.5\ kJ \cdot mol^{-1}$$

4-65 Calculate the potential at 25 ℃ for the cell

$$(-)Cd \mid Cd^{2+}(2.00\ mol \cdot L^{-1}) \parallel Pb^{2+}(0.001\ 0\ mol \cdot L^{-1}) \mid Pb(+)$$

Solution:

$$E_{(+)}^\ominus = E^\ominus(Pb^{2+}/Pb) + \frac{0.059\ 2\ V}{2}\lg c(Pb^{2+}) = -0.126\ V + \frac{0.059\ 2\ V}{2}\lg 0.001\ 0 = -0.215\ V$$

$$E_{(-)}^\ominus = E^\ominus(Cd^{2+}/Cd) + \frac{0.059\ 2\ V}{2}\lg c(Cd^{2+}) = -0.403\ V + \frac{0.059\ 2\ V}{2}\lg 2.00 = -0.394\ V$$

$$E^\ominus = E_{(+)}^\ominus - E_{(-)}^\ominus = -0.215\ V - (-0.394\ V) = 0.179\ V$$

4-66 Calculate the concentration of free copper ion that is present in equilibrium with $1.0 \times 10^{-3}\ mol \cdot L^{-1}[Cu(NH_3)_4]^{2+}$ and $1.0 \times 10^{-1}\ mol \cdot L^{-1}\ NH_3$.

Solution: $[Cu(NH_3)_4]^{2+}\ K_{f_1}^\ominus = 2.0 \times 10^4; K_{f_2}^\ominus = 4.7 \times 10^3; K_{f_3}^\ominus = 1.1 \times 10^3; K_{f_4}^\ominus = 2.0 \times 10^2$

$$[Cu(NH_3)_4]^{2+} === [Cu(NH_3)_3]^{2+} + NH_3 \qquad K_{d_1}^\ominus = 1/K_{f_4}^\ominus$$

$$[Cu(NH_3)_3]^{2+} === [Cu(NH_3)_2]^{2+} + NH_3 \qquad K_{d_2}^\ominus = 1/K_{f_3}^\ominus$$

$$[Cu(NH_3)_2]^{2+} === [Cu(NH_3)]^{2+} + NH_3 \qquad K_{d_3}^\ominus = 1/K_{f_2}^\ominus$$

$$[Cu(NH_3)]^{2+} === Cu^{2+} + NH_3 \qquad K_{d_4}^\ominus = 1/K_{f_1}^\ominus$$

$$\delta(Cu^{2+}) = K_{d_1}^\ominus \cdot K_{d_3}^\ominus \cdot K_{d_4}^\ominus / [c^4(NH_3) + c^3(NH_3) \cdot K_{d_1}^\ominus + c^2(NH_3) \cdot K_{d_1}^\ominus \cdot K_{d_2}^\ominus$$

$$+ c(NH_3) \cdot K_{d_1}^\ominus \cdot K_{d_2}^\ominus \cdot K_{d_3}^\ominus + K_{d_1}^\ominus \cdot K_{d_2}^\ominus \cdot K_{d_3}^\ominus \cdot K_{d_4}^\ominus] = 4.6 \times 10^{-10}$$

$$c(Cu^{2+}) = c([Cu(NH_3)_4]^{2+}) \times \delta(Cu^{2+}) = 4.6 \times 10^{-13}\ mol \cdot L^{-1}$$

另解参见本书例 4-13。

4-67 已知 $Ag^+ + e^- \rightleftharpoons Ag$ 的 $E^\ominus = 0.799$ V,利用 $K_{MY}^\ominus$ 值试计算下列电对的标准电极电势。

(1) $[Ag(CN)_2]^- + e^- \rightleftharpoons Ag + 2CN^-$

(2) $[Ag(SCN)_2]^- + e^- \rightleftharpoons Ag + 2SCN^-$

解:(1) 查表得 $K_f^\ominus([Ag(CN)_2]^-) = \dfrac{c([Ag(CN)_2]^-)}{c(Ag^+) \cdot c^2(CN^-)} = 1.3 \times 10^{21}$

$$E(Ag^+/Ag) = E^\ominus(Ag^+/Ag) + (0.059\ 2\ V)\lg c(Ag^+)$$

$$= E^\ominus(Ag^+/Ag) + (0.059\ 2\ V)\lg \frac{c([Ag(CN)_2]^-)}{K_f^\ominus([Ag(CN)_2]^-) \cdot c^2(CN^-)}$$

在特定条件($c([Ag(CN)_2]^-)$ 和 $c(CN^-)$ 均为 1 mol·L⁻¹,即标准状态)下,此电极电势即为 $E^\ominus([Ag(CN)_2]^-/Ag)$,故有

$$E^\ominus([Ag(CN)_2]^-/Ag) = E^\ominus(Ag^+/Ag) + (0.059\ 2\ V)\lg \frac{1}{K_f^\ominus([Ag(CN)_2]^-)}$$

$$= 0.799\ V + (0.059\ 2\ V)\lg \frac{1}{1.3 \times 10^{21}} = -0.451\ V$$

(2) 查表得 $K_f^\ominus([Ag(SCN)_2]^-) = \dfrac{c([Ag(CN)_2]^-)}{c(Ag^+) \cdot c^2(SCN^-)} = 3.7 \times 10^7$

同理

$$E^\ominus([Ag(SCN)_2]^-/Ag) = E^\ominus(Ag^+/Ag) + (0.059\ 2\ V)\lg \frac{1}{K_f^\ominus([Ag(SCN)_2]^-)}$$

$$= 0.799\ V + (0.059\ 2\ V)\lg \frac{1}{3.7 \times 10^7} = 0.351\ V$$

4-68 50 mL 0.10 mol·L⁻¹ 的 $AgNO_3$ 溶液,加 30 mL 密度为 0.932 g·mL⁻¹ 含 NH_3 18.24% 的氨水,加水稀释到 100 mL,求这溶液中的 Ag^+ 的浓度。

解:50 mL 0.10 mol·L⁻¹ 的 $AgNO_3$ 溶液中含

$$n(Ag^+) = 0.10\ mol\cdot L^{-1} \times \frac{50\ mL}{1\ 000\ mL\cdot L^{-1}} = 5.0 \times 10^{-3}\ mol$$

30 mL 密度为 0.932 g·mL⁻¹ 含 NH_3 18.24% 的氨水含

$$n(NH_3) = 0.932\ g\cdot mL^{-1} \times 30\ mL \times 18.24\% / (17.03\ g\cdot mol^{-1}) = 0.30\ mol$$

显然 NH_3 大大过量,配位反应消耗的 NH_3 可以忽略不计。

$$Ag^+ + 2NH_3 \rightleftharpoons [Ag(NH_3)_2]^+$$

平衡浓度 $c/(mol\cdot L^{-1})$ 　　　x　　0.3/0.1　　　$5.0 \times 10^{-3}/0.1$

查表得 $K_f^\ominus([Ag(NH_3)_2]^+) = 1.1 \times 10^7$,则

$$K_f^\ominus([Ag(NH_3)_2]^+) = \frac{c([Ag(NH_3)_2]^+)}{x \cdot c^2(NH_3)}$$

$$1.1 \times 10^7 = \frac{5.0 \times 10^{-3}/0.1}{x \cdot (0.3/0.1)^2}$$

$$x = 5.1 \times 10^{-10}$$

用型体分布分数公式可以得到一致的结果。

4-69　在上题的混合液中加 10 mL 0.10 mol·L^{-1} 的 KBr 溶液,有没有 AgBr 沉淀析出? 如果欲阻止 AgBr 沉淀析出,氨的最低浓度是多少?

解: 查表得 $K_{sp}^{\ominus}(AgBr) = 5.0 \times 10^{-13}$。在上题的 100 mL 混合液中加 10 mL 0.10 mol·L^{-1} 的 KBr 溶液后,总体积 110 mL。设不会形成沉淀,则受配位平衡约束存在的 Ag$^+$ 浓度由下式求解得到,即

$$1.1 \times 10^7 = \frac{5.0 \times 10^{-3}/0.11}{x \cdot (0.3/0.11)^2}$$

$$x = 5.6 \times 10^{-10}$$

因为

$$c(Br^-) = 0.10 \text{ mol} \cdot L^{-1} \cdot \frac{10 \text{ mL}}{1\,000 \text{ mL}} = 1.0 \times 10^{-3} \text{ mol} \cdot L^{-1}$$

$$Q = (x/c^{\ominus}) \cdot [c(Br^-)/c^{\ominus}] = 5.6 \times 10^{-13} > K_{sp}^{\ominus}(AgBr)$$

有沉淀生成。

若恰好不生成沉淀,则受配位平衡约束存在的 Ag$^+$ 浓度为

$$c(Ag^+) = \frac{K_{sp}^{\ominus}(AgBr)}{c(Br^-)} = 5.0 \times 10^{-10} \text{ mol} \cdot L^{-1}$$

则配位平衡系统中对应的 NH$_3$ 的浓度 y mol·L^{-1} 可以由下式求得,即

$$1.1 \times 10^7 = \frac{5.0 \times 10^{-3}/0.11}{5.0 \times 10^{-10} \cdot y^2}$$

$$y = 3.0$$

也即氨的最低浓度为 3.0 mol·L^{-1}。

第五章 定量分析基础

学习要求

1. 了解分析化学的任务和作用。
2. 了解定量分析方法的分类和定量分析的过程。
3. 掌握定量分析误差的分类与消除方法,理解准确度与精密度的关系。
4. 掌握分析结果的数据处理方法。
5. 掌握有效数字及运算规则。
6. 掌握滴定分析法的分类、滴定方式及结果计算。
7. 掌握酸碱滴定、沉淀滴定、氧化还原滴定、配位滴定等化学计量点的计算、指示剂的选择原则、滴定终点的判断及计算、滴定条件的控制。能预测多组分滴定分析中的干扰及提出消除干扰的方法。

内 容 概 要

5.1 分析化学概述

5.1.1 分析化学的定义

分析化学是人们获得物质的化学组成、结构和相关信息的科学,即表征与测量的科学,包括定性分析和定量分析。

（1）定量分析方法的分类

按照分析原理的不同,可将定量分析方法分为两大类,即化学分析法和仪器分析法。

化学分析法是以物质的化学反应为基础的分析方法。主要有重量分析法和滴定分析法等分析方法。化学分析法适用于待测组分含量大于 1% 的常量分析,其特点是准确度较高。

仪器分析法是以物质的物理和物理化学性质为基础的分析方法。仪器分析法具有测定的灵敏度高、分析速度快、提供的信息量大等优点,适用于微量或痕量分析。

另外,按照分析对象不同,分析化学可分为无机分析和有机分析;按照分析时所取的试样量不同,分析化学又可分为常量分析、半微量分析、微量分析、痕量分析等。

（2）定量分析的一般过程

完成一项定量分析任务,通常包括以下步骤:

取样→试样的预处理→测定→分析结果的计算。

（3）分析结果的表示方法

固体试样通常以质量分数表示,记作 w_B:

$$w_B = \frac{m_B}{m_s}$$

式中:m_B 为组分 B 的质量;m_s 为试样的质量。

液体试样通常以物质的量浓度(简称浓度)c_B 表示:

$$c_B = \frac{n_B}{V}$$

式中:n_B 为组分 B 的物质的量,单位为 mol;V 为液体试样的体积,单位为 L;故浓度的常用单位为 $mol \cdot L^{-1}$。

5.1.2　定量分析中的误差

（1）准确度和精密度

分析结果的准确度是指分析结果与真实值的接近程度。准确度的高低用误差来衡量,误差是指测定值与真实值之间的差值。测定值(x)与真实值(x_T)之差称为绝对误差(E),即

$$E = x - x_T$$

相对误差(E_r)表示误差在真实值中所占的百分数,即

$$E_r = \frac{E}{x_T} \times 100\%$$

精密度是指多次平行测定结果相互接近的程度,精密度高表示结果的重复性或再现性好。精密度的高低用偏差来衡量。偏差是指各单次测定结果与多次测定结果的算术平均值之间的差别。

两者之间的关系可概括为:精密度是保证准确度的先决条件;精密度高并不一定保证准确度高。

（2）系统误差与随机误差

系统误差是指分析过程中由于某些固定的原因所造成的误差。其特点是具有单向性和重复性。根据系统误差产生的原因,可将其分为方法误差、仪器误差、试剂误差、主观误差等。系统误差产生的原因是固定的,它的大小、正负是可测的,理论上讲,只要找到原因,就可以消除系统误差对测定结果的影响。系统误差可以通过对照试验来检验,系统误差的减免方法有:空白试验、方法校正、仪器校正等。

随机误差又称偶然误差,它是由某些随机的、偶然的原因所造成的。其特点是随机误差的数值大小、正负都是不确定的,但如果进行多次测定,随机误差的分布符合正态分布规律。即:绝对值相等的正误差和负误差出现的概率相同;绝对值小的误差出现的概率大,绝对值大的误差出现的概率小。随机误差的减免方法是增加平行测定次数。

（3）偏差的表示方法

对某试样进行 n 次平行测定，测定数据为 $x_1, x_2, \cdots, x_n$，则其算术平均值 $\bar{x}$ 为

$$\bar{x} = \frac{1}{n}(x_1 + x_2 + \cdots + x_n) = \frac{1}{n}\sum_{i=1}^{n} x_i$$

绝对偏差 d_i 是指个别测定值与平均值的差值，即

$$d_i = x_i - \bar{x} \quad (i = 1, 2, \cdots)$$

平均偏差 $\bar{d}$ 是指各次测定偏差的绝对值的平均值，即

$$\bar{d} = \frac{1}{n}\sum_{i=1}^{n}|d_i| = \frac{1}{n}\sum_{i=1}^{n}|x_i - \bar{x}|$$

平均偏差 $\bar{d}$ 在算术平均值 $\bar{x}$ 中所占的百分数称为相对平均偏差：

$$\bar{d}_r = \frac{\bar{d}}{\bar{x}} \times 100\%$$

标准偏差又称均方根偏差，当测定次数趋于无穷大（$n \geq 20$）时，标准偏差用 σ 表示：

$$\sigma = \sqrt{\frac{\sum_{i=1}^{n}(x_i - \mu)^2}{n}}$$

式中：μ 是无限多次测定结果的平均值，称为总体平均值，即

$$\mu = \lim_{n \to \infty} \frac{1}{n}\sum_{i=1}^{n} x_i$$

在没有系统误差的情况下，μ 即为真实值。

有限次数（$n < 20$）的平行测定时标准偏差用 s 表示：

$$s = \sqrt{\frac{\sum_{i=1}^{n}(x_i - \bar{x})^2}{n-1}} = \sqrt{\frac{\sum_{i=1}^{n} d_i^2}{n-1}}$$

相对标准偏差也称变异系数（CV），其计算式为

$$CV = \frac{s}{\bar{x}} \times 100\%$$

（4）平均值的置信区间

真实值所在的范围就称为置信区间，真实值在置信区间出现的概率，称为置信度或置信水准。

对于有限次数的测定，真实值 μ 与 $\bar{x}$ 平均值之间有如下关系：

$$\mu = \bar{x} \pm \frac{ts}{\sqrt{n}}$$

t 为概率因子, s 为标准偏差。上式表示, 在一定置信度下, 以测定结果的平均值 $\bar{x}$ 为中心, 包括总体平均值 μ 的范围, 称之为平均值的置信区间。

（5）可疑数据的取舍——Q 检验法

在一组平行测定的数据中, 往往会出现个别偏差比较大的数据, 这一数据称为可疑值或离群值。

在一定置信度下, Q 检验法可按下列步骤, 判断可疑数据是否应舍去。

① 先将数据从小到大排列为: $x_1, x_2, \cdots, x_{n-1}, x_n$。

② 计算出统计量 Q:

$$Q = \frac{|\text{可疑值} - \text{邻近值}|}{\text{最大值} - \text{最小值}}$$

③ 根据测定次数和要求的置信度查得 Q（表值）。

④ 将 Q 与 Q（表值）进行比较, 判断可疑数据的取舍。若 $Q > Q$（表值）, 则可疑值应该舍去, 否则应该保留。

（6）分析结果的数据处理与报告

分析结果的数据处理与报告包括如下内容:

① 用 Q 检验法检验并且判断有无可疑值舍弃;

② 根据所有保留值, 求出平均值 $\bar{x}$、平均偏差 $\bar{d}$、相对平均偏差 $\bar{d}_r$、标准偏差 σ 及相对标准偏差等;

③ 求出平均值的置信区间。

5.1.3　有效数字及其运算规则

（1）有效数字

有效数字是指实际能测量得到的数字。通常包括全部准确数字和一位不确定的可疑数字。测定值的有效位数与测定方法及所用仪器的准确度有关。

注意: 分析化学的计算中, 常数、分数或倍数等可看成无限多位有效数字; 对于 pH、pM、$\lg K$ 等对数数值, 其有效数字的位数仅取决于小数部分（尾数）数字的位数; 若某数字有效的首位数字等于或大于 8, 则该有效数字的位数可多计算一位; 数据中的"0"仅作为定位用则不是有效数字, 作为普通数字使用则是有效数字。

（2）有效数字的修约规则——"四舍六入五留双"

（3）有效数字的运算规则

加减运算时, 有效数字的保留, 应以各数据中小数点后位数最少（即绝对误差最大）的一个数字为根据;

乘除运算时, 以各数据中有效数字位数最少（即相对误差最大）的一个数字为根据。

5.1.4　滴定分析法概述

（1）滴定分析法的分类

根据滴定反应的类型不同, 滴定分析法可分为酸碱滴定法、沉淀滴定法、配位滴定法和氧化还原滴定法。

（2）滴定分析法对化学反应的要求

用于滴定分析的化学反应必须具备下列条件：

① 反应必须定量地完成，即按一定的化学反应方程式进行，无副反应发生，而且反应完全程度达到 99.9% 以上。

② 反应速率要快。

③ 要有适当的指示剂或仪器分析方法来确定滴定的终点。

（3）滴定方式

常用的滴定方式有：直接滴定法、返滴定法、置换滴定法及间接滴定法。

（4）基准物质和标准溶液

所谓标准溶液就是指一种已知准确浓度的溶液。

所谓基准物质是指能用于直接配制或标定标准溶液的物质。作为基准物质必须具备下列条件：

① 物质的组成与化学式完全相符；

② 物质的纯度足够高；

③ 性质稳定；

④ 具有较大的摩尔质量。

标准溶液的配制方法有直接法和间接法（也称标定法），表 5-1 列出滴定分析中常见的标准溶液、配制方法、标定所用的基准物质和指示剂。

表 5-1　滴定分析中常见的标准溶液、配制方法、标定所用的基准物质和指示剂

标准溶液	HCl	NaOH	EDTA	$K_2Cr_2O_7$	$KMnO_4$	$Na_2S_2O_3$	I_2	$AgNO_3$
配制方法	间接法	间接法	间接法	直接法	间接法	间接法	间接法	间接法
标定所用的基准物质	硼砂 Na_2CO_3	邻苯二甲酸氢钾 $H_2C_2O_4 \cdot 2H_2O$	$CaCO_3$, ZnO 纯金属 如 Ag, Cu		$Na_2C_2O_4$	$K_2Cr_2O_7$ KIO_3	As_2O_3	NaCl
指示剂	甲基橙或甲基红	酚酞	铬黑 T，KB，二甲酚橙等		$KMnO_4$ 自身	淀粉	淀粉	K_2CrO_4

（5）标准溶液浓度的表示方法

① 物质的量浓度：

$$c_B = \frac{n_B}{V}$$

式中：n_B 为物质 B 的物质的量；V 为标准溶液的体积。

② 滴定度：滴定度（T）是指每毫升标准溶液相当于待测物质的质量，常用 $T_{待测物质/滴定剂}$ 表示，单位为 $g \cdot mL^{-1}$。

$$T_{A/B} = (a/b) \cdot c_B \cdot M_A$$

滴定分析中的计算:

$$\frac{n(A)}{n(B)} = \frac{a}{b}$$

5.1.5　酸碱滴定法

（1）酸碱指示剂

① 酸碱指示剂定义:酸碱指示剂通常是有机酸或有机碱,它们的酸式和其共轭碱式具有明显不同的颜色。当溶液的 pH(酸度)发生变化时,指示剂失去或得到质子,并在酸式或碱式之间进行转换,由于这种变化引起结构的改变,从而引起颜色的变化。当酸式占有的比例大于其共轭碱式时,指示剂显酸色;否则显碱色。

② 酸碱指示剂变色原理:假定指示剂的酸式用 HIn 表示,In^- 为其共轭碱,在水溶液中存在以下平衡:

$$HIn \rightleftharpoons H^+ + In^-$$

$$（酸色）\qquad（碱色）$$

$$K_a^\ominus(HIn) = \frac{c(H^+) \cdot c(In^-)}{c(HIn)} \quad 或 \quad \frac{c(In^-)}{c(HIn)} = \frac{K_a^\ominus(HIn)}{c(H^+)}$$

由上式可见,只要酸碱指示剂一定,$K_a^\ominus(HIn)$ 在一定条件下即为一常数,当 $\frac{c(In^-)}{c(HIn)} = 1$ 时,$pH = pK_a^\ominus$,是指示剂的理论变色点。

③ 酸碱指示剂变色范围:理论上认为,指示剂变色的 pH 范围是 $pK(HIn) \pm 1$,为 2 个 pH 单位。实际上,指示剂的变色范围是人们用眼睛观察得到的。由于人眼对不同颜色的敏感程度不同,所以实际观察到的结果与理论值及他人的结果常有差别。这就是不同图书和手册上记载的指示剂变色范围有差别的原因。

④ 酸碱指示剂选择原则:在酸碱滴定中,选择指示剂的原则是使指示剂的变色范围落在滴定 pH 突跃范围之内。

（2）酸碱滴定原理

酸碱滴定法是以酸碱反应为基础的滴定分析法。常选用标准强酸强碱作为滴定剂,待测物质是具有一定强度的酸碱物质。

在酸碱滴定法中,根据溶液中 H^+ 浓度(pH)随滴定剂的加入的变化规律,如何正确选择指示剂确定终点,并使终点与化学计量点十分接近,是获得准确滴定结果的关键。

酸碱滴定曲线是被滴定溶液的 pH 随滴定剂滴定分数(或滴入体积)变化的曲线。它描述了滴定过程中溶液 H^+ 浓度(pH)随滴定剂加入的变化规律,不同类型的酸碱滴定,H^+ 浓度(pH)变化的规律不同。滴定曲线的绘制常采用"三段式"方法或以滴定曲线方程经计算作图得到。所谓"三段式",是指化学计量点前、化学计量点和化学计量点后。

强酸强碱的相互滴定反应式为

$$H^+ + OH^- \rightleftharpoons H_2O$$

强酸滴定强碱的 pH 变化如表 5-2 所示。

表 5-2   强酸滴定强碱的 pH 变化

滴定阶段		$c(H^+)$ 计算式	pH	
			A	B
化学计量点前	滴定前	$c(H^+) = c_a$	1.00	2.00
	滴定 90%	$c(H^+) = \dfrac{c_a V_a - c_b V_b}{V_a + V_b}$	2.28	3.28
	滴定 99%		3.30	4.30
	滴定 99.9%		4.30	5.30
化学计量点	滴定 100%	$c(H^+) = \sqrt{K_w^\ominus}$	滴定突跃 7.00	滴定突跃 7.00
化学计量点后	滴定 100.1%	$c(H^+) = \dfrac{c_a V_a - c_b V_b}{V_a + V_b}$	9.70	8.70
	滴定 200%		12.52	11.52

注:表中滴定剂和待测物质的浓度在 A,B 两种情况时分别都为 $0.100\,0\ \text{mol} \cdot L^{-1}$ 和 $0.010\,0\ \text{mol} \cdot L^{-1}$。

由表 5-2 可见,在强酸强碱互滴的情况下,滴定剂和待测物质的浓度为 $0.100\,0\ \text{mol} \cdot L^{-1}$ 时,突跃范围为 4.30~9.70;变色点在 4.30~9.70 范围内的指示剂均可选用(如甲基橙、甲基红、酚酞等)。当滴定剂和待测物质的浓度分别减小 10 倍,突跃范围变为 5.30~8.70,pH 减小了 2 个单位。

例如,用 NaOH 滴定弱酸 HB,其基本反应式为

$$HB + OH^- \rightleftharpoons B^- + H_2O$$

强碱滴定弱酸的 pH 变化如表 5-3 所示。

表 5-3   强碱滴定弱酸的 pH 变化

滴定阶段		$c(H^+)$ 计算式	pH	
			$pK_a = 4.74$	$pK_a = 7.00$
化学计量点前	滴定前	$c(H^+) = \sqrt{c_a K_a^\ominus}$	2.88	4.00
	滴定 90%	缓冲溶液: $c(H^+) = K_a^\ominus \dfrac{c(HB)}{c(B^-)}$	5.71	7.95
	滴定 99%		6.74	9.00
	滴定 99.9%		7.76	9.70
化学计量点	滴定 100%	$c(H^+) = \dfrac{K_w^\ominus}{c(OH^-)} = \dfrac{K_w^\ominus}{\sqrt{K_b c_{sp}}}$	滴定突跃 8.73	滴定突跃 9.85
化学计量点后	滴定 100.1%	$c(OH^-) = \dfrac{c_b V_b - c_a V_a}{V_a + V_b}$	9.70	10.00
	滴定 200%		12.52	12.52

由表 5-3 可见,弱酸的 $K_a^{\ominus}$ 越大,即酸性越强,滴定突跃越大。

（3）滴定分析计算

在滴定分析计算中,有几个重要的关系式是经常使用的,对于物质 B,当质量为 $m_B(g)$,摩尔质量为 $M_B(g \cdot mol^{-1})$ 时,则 B 物质的物质的量 n_B 为

$$n_B = \frac{m_B}{M_B}$$

当溶液的体积为 $V_B(L)$ 时,其物质的量(mol)浓度为

$$c_B = \frac{n_B}{V_B} = \frac{m_B}{V_B M_B}$$

该式是关于物质的质量 $m(g)$、浓度 $c(mol \cdot L^{-1})$ 及溶液体积 $V(L)$ 之间关系的重要公式,若已知其中的任意两者,即可求出第三者。当 V_B 的单位用 mL 表示,则该式应乘以 10^3 mL $\cdot L^{-1}$ 或 V_B 乘以 10^{-3} L $\cdot mL^{-1}$。

根据滴定反应中 T 与 B 的化学计量比进行相关计算,如对于滴定反应:

$$tT + bB \Longrightarrow cC + dD$$

T 对 B 的化学计量比为 t/b;而 B 对 T 的化学计量比为 b/t。则待测成分的质量与滴定剂浓度和体积的关系式为

$$n_T = \frac{t}{b}n_B \quad \text{或} \quad n_B = \frac{b}{t}n_T$$

$$m_B = n_B M_B = \frac{b}{t}c_T V_T M_B$$

若试样质量为 $m_s(g)$,则 B 物质在试样中的质量分数 (w_B) 为

$$w_B = \frac{m_B}{m_s} = \frac{\frac{b}{t}c_T V_T M_B}{m_s} \quad \text{或} \quad w_B(\%) = \frac{m_B}{m_s} = \frac{\frac{b}{t}c_T V_T M_B}{m_s} \times 100\%$$

若 V_T 的单位用 mL 表示,则该式应乘以 10^{-3} L $\cdot mL^{-1}$。

5.1.6 沉淀滴定法

沉淀滴定法是利用沉淀反应进行滴定的方法,能用于沉淀滴定的反应必须满足如下要求:
① 反应迅速,不易形成过饱和溶液;
② 沉淀的溶解度要很小,沉淀才能完全;
③ 有确定终点的简单方法;
④ 沉淀的吸附现象不至于引起显著的误差。

目前应用较广的是生成难溶性银盐的反应,利用生成难溶性银盐的沉淀滴定法称为银量法。银量法可以测定 Cl^-,Br^-,I^-,Ag^+,SCN^- 等,还可以测定经过处理而能定量地产生这些离子的有机氯化物。

（1）莫尔法

莫尔法是用铬酸钾为指示剂,在中性或弱碱性溶液中,用硝酸银标准溶液直接滴定 Cl^-

(或 Br^-)的方法。终点时出现砖红色的 Ag_2CrO_4 沉淀。

滴定应在中性或弱碱性(pH = 6.5 ~ 10.5)介质中进行。凡能与 CrO_4^{2-} 或 Ag^+ 生成沉淀的阳、阴离子均干扰滴定。如 Ba^{2+},Pb^{2+},Hg^{2+} 等阳离子及 PO_4^{3-},AsO_4^{3-},S^{2-},$C_2O_4^{2-}$ 等阴离子均干扰滴定。滴定液中不应含有氨,以免生成 $[Ag(NH_3)_2]^+$ 配离子。

(2)福尔哈德法

福尔哈德法是以铁铵矾 $NH_4Fe(SO_4)_2 \cdot 12H_2O$ 作指示剂,在酸性溶液中,用硫氰酸钾或硫氰酸铵标准溶液直接滴定 Ag^+,用返滴定法测定酸性溶液中的 Cl^-,Br^-,I^-,SCN^- 及有机氯化物。终点时生成红色的 $[Fe(SCN)]^{2+}$。

滴定应当在酸性介质中进行。一般用硝酸来控制酸度,使 $c(H^+) = 0.2 ~ 1\ mol \cdot L^{-1}$,如果酸度较低,$Fe^{3+}$ 将水解形成 $[Fe(OH)]^{2+}$ 等深色配合物,影响终点观察。酸度更低时还会析出 $Fe(OH)_3$ 沉淀。

强氧化剂、氮的低价氧化物、汞盐等能与 SCN^- 起反应,干扰测定,必须预先除去。

(3)法扬斯法

法扬斯法采用吸附指示剂来确定终点。吸附指示剂是一类有机染料,它们的阴离子在溶液中容易被带正电荷的胶状沉淀所吸附,吸附后其结构发生变化而引起颜色变化,从而指示滴定终点的到达。

5.1.7　氧化还原滴定法

氧化还原滴定反应在滴定分析中应用十分广泛。像酸碱滴定分析一样,可以选择适当的氧化剂或还原剂作为滴定剂,借助指示剂确定滴定终点,以测定其他还原性物质或氧化性物质。

(1)氧化还原滴定的基本原理

对于滴定反应:

$$氧化型_1 + 还原型_2 \rightleftharpoons 还原型_1 + 氧化型_2$$

其氧化剂的半反应及电极电势为

$$氧化型_1 + n_1 e^- \rightleftharpoons 还原型_1 \qquad E_1 = E_1^\ominus - \frac{0.059\ 2\ V}{n_1} \lg \frac{c(还原型_1)}{c(氧化型_1)}$$

其还原剂的半反应及电极电势为

$$氧化型_2 + n_2 e^- \rightleftharpoons 还原型_2 \qquad E_2 = E_2^\ominus - \frac{0.059\ 2\ V}{n_2} \lg \frac{c(还原型_2)}{c(氧化型_2)}$$

当反应达到平衡时,两电对的电极电势相等,即 $E_1 = E_2$

$$E_1^\ominus - \frac{0.059\ 2\ V}{n_1} \lg \frac{c(还原型_1)}{c(氧化型_1)} = E_2^\ominus - \frac{0.059\ 2\ V}{n_2} \lg \frac{c(还原型_2)}{c(氧化型_2)}$$

等式两边同时乘以 $n_1 n_2$,并整理得

$$\lg \frac{[c(还原型_1)]^{n_2}[c(氧化型_2)]^{n_1}}{[c(氧化型_1)]^{n_2}[c(还原型_2)]^{n_1}} = \lg K^\ominus = \frac{n_1 n_2(E_1^\ominus - E_2^\ominus)}{0.059\ 2\ V}$$

得到标准平衡常数与标准电极电势之间的关系：

$$\lg K^{\ominus} = \frac{n_1 n_2 (E_1^{\ominus} - E_2^{\ominus})}{0.059\ 2\ \text{V}}$$

注意标准平衡常数只与标准电极电势有关。

（2）氧化还原滴定曲线与指示剂

氧化还原滴定曲线表明了滴定分数与溶液电势变化的关系，依旧可以采用"三段式"的方法得到滴定曲线。在用氧化剂滴定还原剂时：

① 化学计量点前，滴定曲线描述的是滴定分数与被滴物电对（此处是还原剂电对）电势变化的关系。由被滴物电对的电极电势决定溶液的电极电势。

② 化学计量点时，滴定分数是 1，溶液电势为两电对的平衡电势（$E_1 = E_2 = E_{sp}$）。公式是

$$E_{sp} = \frac{n_1 E_1^{\ominus'} + n_2 E_2^{\ominus'}}{n_1 + n_2}。$$

③ 化学计量点后，滴定曲线描述的是滴定分数与滴定剂电对（此处是氧化剂电对）电势变化的关系，由滴定剂电对的电极电势决定溶液的电极电势。

氧化还原指示剂是用于确定氧化还原滴定终点的物质，在化学计量点附近发生颜色的变化，氧化还原指示剂主要有自身指示剂、特殊指示剂和氧化还原指示剂三类。氧化还原指示剂本身发生氧化还原反应，其氧化型与还原型有不同的颜色，在滴定时，依靠其氧化型转变成还原型时颜色的突变来指示终点。指示剂的变色范围是 $E_{In}^{\ominus} \pm \dfrac{0.059\ 2\ \text{V}}{n}$。

（3）常见的氧化还原滴定方法

氧化剂与还原剂的种类很多，但适合滴定分析要求和广泛使用的并不多，其中最常用的有重铬酸钾法、高锰酸钾法和碘量法。

① 重铬酸钾法：重铬酸钾法是以重铬酸钾作为氧化剂的氧化还原滴定分析方法。它有如下特点：

● 重铬酸钾容易纯化，其基准试剂经适当干燥（140～250℃）后，可直接称量配制标准溶液。其标准溶液非常稳定，可以长期保存、使用。

● 重铬酸钾也是强的氧化剂，但其标准电极电势比高锰酸钾低，可存盐酸介质中使用，范围宽、干扰少。

● 重铬酸钾在酸性溶液中的还原产物较单一，氧化还原半反应为

$$\text{Cr}_2\text{O}_7^{2-} + 14\text{H}^+ + 6\text{e}^- \rightleftharpoons 2\text{Cr}^{3+} + 7\text{H}_2\text{O} \qquad E^{\ominus}(\text{Cr}_2\text{O}_7^{2-}/\text{Cr}^{3+}) = 1.33\ \text{V}$$

● 常用的指示剂是二苯胺磺酸钠，终点的颜色是紫红色。

● 重铬酸钾的标准电极电势受酸介质及其浓度的影响较大。如在 1 mol·L^{-1} HCl 中 $E^{\ominus}(\text{Cr}_2\text{O}_7^{2-}/\text{Cr}^{3+}) = 1.00$ V；在 0.5 mol·L^{-1} 的硫酸中 $E^{\ominus}(\text{Cr}_2\text{O}_7^{2-}/\text{Cr}^{3+}) = 1.08$ V；在 1 mol·L^{-1} 的高氯酸中，$E^{\ominus}(\text{Cr}_2\text{O}_7^{2-}/\text{Cr}^{3+}) = 1.03$ V，等等。

② 高锰酸钾法：高锰酸钾法是以高锰酸钾作滴定剂的氧化还原滴定法。它的主要特

点是

- 高锰酸钾是一种强氧化剂，可以氧化多种还原性物质，因此广泛被使用。

在强酸性介质中，$KMnO_4$ 被还原为 Mn^{2+}，氧化还原半反应为

$$MnO_4^- + 8H^+ + 5e^- \rightleftharpoons Mn^{2+} + 4H_2O \qquad E^\ominus = 1.51 \text{ V}$$

在中性或弱碱性溶液中，$KMnO_4$ 被还原为 MnO_2：

$$MnO_4^- + 2H_2O + 3e^- \rightleftharpoons MnO_2 \downarrow + 4OH^- \qquad E^\ominus = 1.23 \text{ V}$$

在强碱性溶液中，MnO_4^- 被还原为 MnO_4^{2-}：

$$MnO_4^- + e^- \rightleftharpoons MnO_4^{2-} \qquad E^\ominus = 0.558 \text{ V}$$

- $KMnO_4$ 可作自身指示剂，终点为粉红色。

- 根据待测物质性质的不同，可采用直接滴定法、间接滴定法或返滴定法。直接滴定法，可用于直接滴定 Fe^{2+}，H_2O_2，$C_2O_4^{2-}$，As(Ⅲ)，Sb(Ⅲ) 等还原性物质。间接滴定法可用于测定某些非氧化还原性物质。如利用 Ca^{2+} 与 $C_2O_4^{2-}$ 生成草酸钙沉淀，再用稀酸溶解沉淀，用 $KMnO_4$ 滴定 $C_2O_4^{2-}$ 从而间接测定 Ca^{2+}。返滴定法，可用于测定某些不能用 $KMnO_4$ 直接滴定的氧化性物质。如 MnO_2 不能用 $KMnO_4$ 直接滴定，但可在酸性溶液中，加入一定过量的 $Na_2C_2O_4$ 标准溶液，待 MnO_2 与 $Na_2C_2O_4$ 反应完后，用 $KMnO_4$ 滴定剩下的 $Na_2C_2O_4$ 从而求出 MnO_2 的含量。

- 由于试剂 $KMnO_4$ 中常含有 MnO_2，故不能直接称量 $KMnO_4$ 配制其标准溶液。配制 $KMnO_4$ 溶液要经过溶解、煮沸、放置、砂芯漏斗过滤、标定、贮存于棕色试剂瓶中等步骤。

- $KMnO_4$ 与还原性物质作用反应一般进行得很完全，但反应速率较慢，有时要加热或加催化剂以加速反应。

用 $Na_2C_2O_4$ 作基准物质标定 $KMnO_4$ 的反应是这些特点的具体体现，如在 $0.5 \sim 1 \text{ mol} \cdot L^{-1}$ 硫酸介质中，加热至 $70 \sim 80℃$，控制滴定速度（先慢后快），加入 $MnSO_4$ 作催化剂，滴定到粉红色为终点等。反应式为

$$2MnO_4^- + 5C_2O_4^{2-} + 16H^+ \rightleftharpoons 2Mn^{2+} + 10CO_2 \uparrow + 8H_2O$$

③ 碘量法：碘量法是利用 I_2 的氧化性和 I^- 的还原性来进行滴定的分析方法。其基本滴定反应为

$$I_3^- + 2e^- \rightleftharpoons 3I^- \qquad E^\ominus(I_2/I^-) = 0.536 \text{ V}$$

主要特点如下：

- I_2 是中等强度的氧化剂，能与较强的还原剂反应。I^- 是中等强度的还原剂，能与较强的氧化剂作用。因此，碘量法分为碘滴定法（直接滴定法）和滴定碘法（间接滴定法）。

- 电极电势比 $E^\ominus(I_2/I^-) = 0.536 \text{ V}$ 低的还原性物质，可用碘滴定法。如硫的测定，将硫转化为二氧化硫后用碘滴定，即

$$I_2 + SO_2 + 2H_2O \rightleftharpoons 2I^- + SO_4^{2-} + 4H^+$$

碘滴定法，可用于 As_2O_3，Sn(Ⅱ)，Sb(Ⅲ) 等还原性物质的测定。

● 电极电势比 $E^{\ominus}(I_2/I^-) = 0.536$ V 高的氧化性物质,可在一定条件下用 I^- 还原,并生成相当量的 I_2,然后用 $Na_2S_2O_3$ 标准溶液滴定生成的 I_2,叫作滴定碘法。例如,在酸性溶液中 AsO_4^{3-} 与过量的 KI 作用析出 I_2,然后用 $Na_2S_2O_3$ 标准溶液滴定,其反应式为

$$AsO_4^{3-}+2I^-+2H^+ \Longrightarrow AsO_3^{3-}+I_2+H_2O$$
$$I_2+2S_2O_3^{2-} \rightleftharpoons 2I^-+S_4O_6^{2-}$$

此滴定碘法,可用于 Cu^{2+},CrO_4^{2-},ClO^-,H_2O_2,NO_2^- 等的测定。

● 碘滴定法不能在碱性介质中进行,滴定碘法在中性或弱酸性介质中进行。

● I_2 与淀粉生成蓝色化合物,可使用淀粉作指示剂。在碘滴定法中,以蓝色出现作为终点。在滴定碘法中,以蓝色褪去为终点。

● 碘量法误差来源较多,要注意酸度的控制,使用碘量瓶以避免 I_2 的挥发和空气中氧对 I^- 的氧化,使用棕色试剂瓶并避光存放相关试剂。

5.1.8　配位滴定法

配位滴定法常用来测定多种金属离子或间接测定其他离子。最常用的滴定剂是乙二胺四乙酸,简称 EDTA。以下内容在第四章中也有介绍。

（1）EDTA 的性质

EDTA 是一种四元酸,通常用 H_4Y 表示。两个羧基上的 H^+ 转移到氨基氮上,形成双偶极离子。当溶液的酸度较大时,两个羧酸根可以再接受两个 H^+。这时的 EDTA 就相当于六元酸,用 H_6Y 表示。EDTA 在水溶液中存在着 H_6Y^{2+},H_5Y^+,H_4Y,H_3Y^-,H_2Y^{2-},HY^{3-},Y^{4-} 七种型体,但是在不同的酸度下,各种型体的浓度是不同的。在 $pH \geq 12$ 的溶液中,才主要以 Y^{4-} 型体存在。

一般情况下 EDTA 与金属离子都是以 1:1 的配位比相结合形成可溶性的配合物,使分析结果的计算十分方便。

（2）金属指示剂

金属指示剂是一种配位剂,它能与金属离子形成与其本身颜色显著不同的配合物而指示滴定终点。

滴定前：　　　　　M　　+　　In　　 $\Longrightarrow$ 　MIn

　　　　　　　金属离子　（A 色）　　　（B 色）

化学计量点：　　MIn　+　Y $\Longrightarrow$ MY　+　In

　　　　　　　（B 色）　　　　　　　（A 色）

其中 In 代表金属指示剂。

常用的指示剂有铬黑 T(EBT)、钙指示剂等。在选择指示剂时,必须考虑体系的酸度。同时要避免指示剂的封闭、僵化和氧化变质现象。

（3）配合物的条件平衡常数

配位滴定中除了待测金属离子与 EDTA 的主反应外,还存在许多副反应,起主要作用

的是由 H^+ 引起的酸效应和其他配位剂 L 引起的配位效应。

① 酸效应:随着酸度的增加,EDTA 的配位能力减小,这种现象称为酸效应。酸效应的大小用酸效应系数 $\alpha_{Y(H)}$ 来衡量,它是指未参加配位反应的 EDTA 各种存在型体的总浓度 $c(Y')$ 与能直接参与主反应的 Y^{4-} 的平衡浓度 $c(Y^{4-})$ 之比,即

$$\alpha_{Y(H)} = \frac{c(Y')}{c(Y^{4-})}$$
$$= 1 + c(H^+)\beta_1 + c^2(H^+)\beta_2 + \cdots + c^6(H^+)\beta_6$$

随着溶液的酸度升高,酸效应系数 $\alpha_{Y(H)}$ 增大,由酸效应引起的副反应也越大,EDTA 与金属离子的配位能力就越小。

② 配位效应:由于其他配位剂 L 与金属离子的配位反应而使主反应能力降低,这种现象叫配位效应。

配位效应的大小用配位效应系数 $\alpha_{M(L)}$ 来表示,它是指未与滴定剂 Y^{4-} 配位的金属离子 M 的各种存在型体的总浓度 $c(M')$ 与游离金属离子浓度 $c(M)$ 之比,即

$$\alpha_{M(L)} = \frac{c(M')}{c(M)}$$
$$= 1 + c(L)\beta_1 + c^2(L)\beta_2 + \cdots + c^n(L)\beta_n$$

OH^- 也可以看作一种配位剂,能和金属离子形成羟基配合物而引起副反应,其羟合效应系数 $\alpha_{M(OH)}$ 可表示为

$$\alpha_{M(OH)} = \frac{c(M')}{c(M)}$$
$$= 1 + c(OH^-)\beta_1 + c^2(OH^-)\beta_2 + \cdots + c^n(OH^-)\beta_n$$

如果溶液中其他的配位剂 L 和 OH^- 同时与金属离子发生副反应,其配位效应系数可表示为

$$\alpha_M = \alpha_{M(L)} + \alpha_{M(OH)} - 1$$

③ 条件稳定常数:在配位滴定中,由于副反应的存在,配合物的实际稳定性下降,这样配合物的稳定性可用条件稳定常数 $K_f^{\ominus}{}'$ 表示,它表示在溶液酸度和其他配位剂影响下配合物的实际稳定程度。

$$K_f^{\ominus}{}' = \frac{K_f^{\ominus}}{\alpha_{M(L)}\alpha_{Y(H)}}$$

或表示为　　　　　　　$\lg K_f^{\ominus}{}' = \lg K_f^{\ominus} - \lg \alpha_{M(L)} - \lg \alpha_{Y(H)}$

显然,酸效应和配位效应越大,$K_f^{\ominus}{}'$ 越小,配合物的实际稳定性越小。

(4) 金属离子能被准确滴定的条件

根据终点误差理论可知,当 $c(M) \cdot K_f^{\ominus}{}'(MY) \geqslant 10^6$ 时金属离子能被准确滴定(即误差 $\leqslant 0.1\%$)。

当金属离子浓度 $c(M) = 0.01\ mol \cdot L^{-1}$ 时,$\lg K_f^{\ominus}{}'(MY) \geqslant 8$,即此配合物的条件稳定

常数必须等于或大于 10^8。

如果只考虑酸效应，那么　　　$\lg K_f^{\ominus\prime} = \lg K_f^{\ominus} - \lg \alpha_{Y(H)}$

$$\lg K_f^{\ominus\prime} - \lg \alpha_{Y(H)} \geqslant 8$$

即　　　　　　　　　　　　$\lg \alpha_{Y(H)} \leqslant \lg K_f^{\ominus\prime} - 8$

由此式可算出各种金属离子的 $\lg \alpha_{Y(H)}$ 值，再查 EDTA 的酸效应系数表即可查出其相应的 pH，这个 pH 即为滴定某一金属离子所允许的最低 pH。

（5）酸效应曲线

若以不同的 $\lg K_f^{\ominus\prime}(MY)$ 值对相应的最低 pH 作图，就得到酸效应曲线。从曲线上可以找出，单独滴定某一金属离子所需的最低 pH。同时，从曲线上也可以看出，在一定 pH 时，哪些离子被滴定，哪些离子有干扰，从而可以利用控制酸度，达到分别滴定或连续滴定的目的。

（6）提高配位滴定选择性的方法

① 控制酸度：溶液的酸度对乙二胺四乙酸配合物的稳定性有很大影响，因此适当控制酸度常常可以提高滴定的选择性。当 $c(M) \cdot K_f^{\ominus\prime}(MY) \geqslant 10^6$，$c(N) \cdot K_f^{\ominus\prime}(NY) \geqslant 10^6$，而且 $c(M) \cdot K_f^{\ominus\prime}(MY) - c(N) \cdot K_f^{\ominus\prime}(NY) > 5$ 时，能用控制酸度的方法进行分步滴定 M 和 N。

② 掩蔽法：几种金属离子共存时，加入一种能与干扰离子形成稳定配合物的试剂（掩蔽剂），可以较好地消除干扰。此外还可以用氧化还原和沉淀掩蔽剂消除干扰。

③ 解蔽法：在掩蔽的基础上，加入一种适当的试剂，把已掩蔽的离子重新释放出来，再对它进行测定，称为解蔽作用。

典 型 例 题

例 5-1　用沉淀滴定法测定纯 NaCl 中氯的质量分数，得到如下结果：0.600 6，0.602 0，0.599 8，0.601 6，0.599 0，0.602 4，计算分析结果的平均值、平均偏差、相对平均偏差，以及平均值的绝对误差和相对误差。

解：分析结果的平均值为

$$\bar{x} = \frac{0.600\,6 + 0.602\,0 + 0.599\,8 + 0.601\,6 + 0.599\,0 + 0.602\,4}{6} = 0.600\,9$$

平均偏差为

$$\bar{d} = \frac{1}{n} \sum_{i=1}^{n} |d_i|$$

$$= \frac{0.000\,3 + 0.001\,1 + 0.001\,1 + 0.000\,7 + 0.001\,9 + 0.001\,5}{6} = 0.001\,1$$

相对平均偏差为

$$\bar{d}_r = \frac{\bar{d}}{\bar{x}} \times 100\% = \frac{0.001\ 1}{0.600\ 9} \times 100\% = 0.18\%$$

纯 NaCl 中氯的理论质量分数为

$$w = \frac{35.45}{35.45 + 22.99} = 0.606\ 6$$

则平均值的绝对误差为 $E = 0.600\ 9 - 0.606\ 6 = -0.005\ 7$

相对误差为

$$E_r = \frac{-0.005\ 7}{0.606\ 6} = -0.94\%$$

例 5-2   分析铁矿石中铁的质量分数,得到如下数据:37.04%,37.23%,37.16%,37.13%。求分析结果的平均偏差、相对平均偏差、标准偏差及相对标准偏差。

解:分析结果的平均值为

$$\bar{x} = \frac{37.04\% + 37.23\% + 37.16\% + 37.13\%}{4} = 37.14\%$$

平均偏差为

$$\bar{d} = \frac{1}{n} \sum_{i=1}^{n} |d_i| = \frac{0.10\% + 0.09\% + 0.02\% + 0.01\%}{4} = 0.06\%$$

相对平均偏差 $= \frac{\bar{d}}{\bar{x}} \times 100\% = \frac{0.06\%}{37.14\%} \times 100\% = 0.2\%$

标准偏差 $s = \sqrt{\dfrac{\sum\limits_{i=1}^{n}(x_i - \bar{x})^2}{n-1}} = \sqrt{\dfrac{\sum\limits_{i=1}^{n} d_i^2}{n-1}}$

$$= \sqrt{\frac{(0.10\%)^2 + (0.09\%)^2 + (0.02\%)^2 + (0.01\%)^2}{4-1}} = 0.079\%$$

相对标准偏差 $= \dfrac{s}{\bar{x}} \times 100\% = \dfrac{0.079\%}{37.14\%} \times 100\% = 0.21\%$

例 5-3   用邻苯二甲酸氢钾标定 NaOH 标准溶液的浓度,四次平行测定结果分别为 0.101 4 mol·L^{-1},0.101 6 mol·L^{-1},0.102 5 mol·L^{-1} 和 0.101 2 mol·L^{-1},试用 Q 检验法判断 0.102 5 mol·L^{-1} 能否弃去(置信度为 90%)。

解:(1)测定结果按递增顺序排列为

　　0.101 2 mol·L^{-1},0.101 4 mol·L^{-1},0.101 6 mol·L^{-1},0.102 5 mol·L^{-1}

(2)0.102 5 mol·L^{-1} 为可疑值,则统计量 Q 为

$$Q = \frac{x_n - x_{n-1}}{x_n - x_1} = \frac{0.102\ 5 - 0.101\ 6}{0.102\ 5 - 0.101\ 2} = \frac{0.000\ 9}{0.001\ 3} = 0.69$$

(3)查 Q 值表,$n = 4$ 时,$Q_{0.90} = 0.76$,$Q < Q_{0.90}$,因此 0.102 5 mol·L^{-1} 应该保留。

例 5-4　某药厂分析某批次药品中活性成分的含量,得到下列结果:20.01%,20.04%,20.05%和20.03%。计算该活性成分的含量的平均值及置信度为95%时平均值的置信区间。

解:
$$\bar{x} = \frac{20.01\% + 20.04\% + 20.05\% + 20.03\%}{4} = 20.03\%$$

$$s = \sqrt{\frac{\sum_{i=1}^{n}(x_i - \bar{x})^2}{n-1}} = \sqrt{\frac{\sum_{i=1}^{n}d_i^2}{n-1}} = \sqrt{\frac{(0.02\%)^2 + (0.01\%)^2 + (0.02\%)^2 + 0}{4-1}} = 0.02\%$$

$n = 4$,置信度为95%时,$t = 3.182$,其置信区间为

$$\mu = \bar{x} \pm \frac{ts}{\sqrt{n}} = 20.03\% \pm \frac{3.182 \times 0.02\%}{\sqrt{4}} = 20.03\% \pm 0.03\%$$

例 5-5　根据有效数字的计算规则,计算下列结果:

(1)　$2.1879 \times 0.154 \times 60.06$

(2)　$\dfrac{2 \times 0.1010 \times (28.30 - 20.20) \times 84.31}{0.1000 \times 1\,000}$

(3)　$1.50 \times 0.3278 + 1.8 \times 10^{-3} - (0.0012568 \div 0.0317)$

(4)　$pH = 3.86$,计算$c(H^+)$

解:按照有效数字的修约规则和计算规则进行计算

(1)　$2.1879 \times 0.154 \times 60.06 = 2.19 \times 0.154 \times 60.1 = 20.3$

(2)　$\dfrac{2 \times 0.1010 \times (28.30 - 20.20) \times 84.31}{1.000 \times 1\,000} = \dfrac{2 \times 0.1010 \times 8.10 \times 84.31}{1.000 \times 1\,000} = 0.1379$

(3)　$1.50 \times 0.3278 + 1.8 \times 10^{-3} - (0.0012568 \div 0.0317)$

$= 0.492 + 0.0018 - 0.0396 = 0.454$

(4)　$pH = 3.86$,则$c(H^+) = 1.4 \times 10^{-4} \text{ mol} \cdot L^{-1}$

例 5-6　用 $0.1023 \text{ mol} \cdot L^{-1}$ NaOH 标准溶液滴定 25.00 mL HCl 溶液,以酚酞为指示剂,终点时用去 NaOH 溶液 25.70 mL,计算 HCl 溶液的浓度。

解:
$$HCl + NaOH = NaCl + H_2O$$
$$n(NaOH) : n(HCl) = 1 : 1$$

因此:

$$c(HCl) = \frac{c(NaOH) \cdot V(NaOH)}{V(HCl)}$$

$$= \frac{0.1023 \text{ mol} \cdot L^{-1} \times 25.70 \text{ mL}}{25.00 \text{ mL}}$$

$$= 0.1052 \text{ mol} \cdot L^{-1}$$

例 5-7　计算 $0.02000 \text{ mol} \cdot L^{-1}$ $KMnO_4$ 标准溶液对 Fe 和 Fe_2O_3 的滴定度。

解:为了测定试样中铁含量,首先用酸将试样溶解,并且用预还原剂将 Fe^{3+} 还原为 Fe^{2+},然后用 $KMnO_4$ 标准溶液滴定,因此化学反应式为

$$Fe+2H^+ \Longrightarrow Fe^{2+}+H_2$$

$$Fe_2O_3+6H^+ \Longrightarrow 2Fe^{3+}+3H_2O$$

$$Fe^{3+} \longrightarrow Fe^{2+}$$

$$MnO_4^-+5Fe^{2+}+8H^+ \Longrightarrow Mn^{2+}+5Fe^{3+}+4H_2O$$

因此，$n(Fe):n(KMnO_4)=5:1$，$n(Fe_2O_3):n(KMnO_4)=5:2$

$$T_{Fe/KMnO_4}=5\times0.020\,00\,mol\cdot L^{-1}\times55.85\,g\cdot mol^{-1}\times10^{-3}\,L\cdot mL^{-1}=0.005\,585\,g\cdot mL^{-1}$$

$$T_{Fe_2O_3/KMnO_4}=\frac{5}{2}\times0.020\,00\,mol\cdot L^{-1}\times159.7\,g\cdot mol^{-1}\times10^{-3}\,L\cdot mL^{-1}=0.007\,985\,g\cdot mL^{-1}$$

例 5-8　用配位滴定法测定工业用水总硬度,取水样 100.0 mL,以铬黑 T 为指示剂,在 pH = 10 的 NH_3-NH_4Cl 缓冲溶液中,以 $0.010\,00\,mol\cdot L^{-1}$ EDTA 标准溶液滴定至溶液由紫红色变为纯蓝色即为终点,消耗 EDTA 标准溶液 10.28 mL,计算水样的总硬度[以 CaO 含量$(mg\cdot L^{-1})$计]。

解:水中总硬度的测定实际上就是测定水中钙、镁的总量,在 pH = 10 的 NH_3-NH_4Cl 缓冲溶液中,Ca^{2+},Mg^{2+} 同时都被 EDTA 标准溶液所滴定,且反应式为

$$Ca^{2+}+H_2Y^{2-} \Longrightarrow CaY^{2-}+2H^+$$

$$Mg^{2+}+H_2Y^{2-} \Longrightarrow MgY^{2-}+2H^+$$

因此,$n(Ca^{2+})+n(Mg^{2+})=n(EDTA)=n(CaO)$

$$水样的总硬度(CaO\ mg\cdot L^{-1})=\frac{c(EDTA)\cdot V(EDTA)\cdot M(CaO)}{V(水样)}$$

$$=\frac{0.010\,00\,mol\cdot L^{-1}\times10.28\,mL\times56.08\,g\cdot mol^{-1}}{100.0\,mL\times10^{-3}\,g\cdot mg^{-1}}$$

$$=57.65\,mg\cdot L^{-1}$$

例 5-9　如果要求终点误差$\leqslant0.5\%$,试问能否用 $0.2\,mol\cdot L^{-1}$ 的 NaOH 溶液滴定同浓度的水杨酸(H_2A)溶液? 如能滴定则计算化学计量点的 pH 为多少,并选择合适的指示剂(已知水杨酸的 $pK_{a_1}^\ominus=2.97$,$pK_{a_2}^\ominus=13.40$)。

解:$c\cdot K_{a_1}^\ominus>10^{-8}$,而 $c\cdot K_{a_2}^\ominus<10^{-8}$;但 $\dfrac{K_{a_1}^\ominus}{K_{a_2}^\ominus}>10^4$ 故可用 NaOH 溶液滴定至第一化学计量点,产物为 HA^-,此时为两性物质溶液。

$$pH_{sp}=\frac{pK_{a_1}^\ominus+pK_{a_2}^\ominus}{2}=\frac{2.97+13.40}{2}=8.18$$

可选用酚酞为指示剂。

例 5-10　在下列物质中,哪些不能用标准碱直接滴定?

(1) $NaAc(HAc$ 的 $K_a^\ominus=1.8\times10^{-5})$

(2) $NH_4Cl(NH_3$ 的 $K_b^\ominus=1.8\times10^{-5})$

(3) $Na_2S(H_2S$ 的 $K_{a_1}^\ominus=1.07\times10^{-7}$,$K_{a_2}^\ominus=1.26\times10^{-13})$

（4）$H_2C_2O_4$（$H_2C_2O_4$ 的 $K_{a_1}^\ominus = 5.9 \times 1.0^{-2}$，$K_{a_2}^\ominus = 6.4 \times 10^{-5}$）

解：（1）、（3）中的 Ac^- 和 S^{2-} 本身是碱，不可能被标准碱直接滴定，而（2）中 NH_4^+ 是弱酸，$K_a^\ominus = K_w^\ominus / K_b^\ominus = 5.6 \times 10^{-10}$，因为 NH_4Cl 的浓度不可能配成 100 mol·L^{-1}，所以 $K_a^\ominus \cdot c < 10^{-8}$，因此 NH_4^+ 不能被标准碱直接滴定。（4）中的 $H_2C_2O_4$，因为 $K_{a_1}^\ominus \gg K_{a_2}^\ominus \gg 10^{-8}$，浓度一般为 0.1 mol·$L^{-1}$，所以 $K_a^\ominus \cdot c > 10^{-8}$，因此 $H_2C_2O_4$ 可以用标准碱准确测定。根据题意，应该选（1）、（2）和（3）。

例 5-11　0.10 mol·L^{-1} 一氯乙酸（$K_a^\ominus = 1.4 \times 10^{-3}$）和 0.10 mol·$L^{-1}$ 乙酸（$K_a^\ominus = 1.8 \times 10^{-5}$）的混合酸能否准确进行分步或分别滴定？为什么？

解：不能分步滴定，因为 $K_{a_1}^\ominus / K_{a_2}^\ominus < 10^4$，但可以一步同时准确滴定。

例 5-12　某弱酸（HA）的 $pK_a^\ominus = 9.21$，现有其共轭碱 NaA 溶液 20.00 mL，浓度为 0.10 mol·L^{-1}，当用 0.10 mol·L^{-1} HCl 溶液滴定时，化学计量点的 pH 为多少？化学计量点附近的 pH 突跃为多少？

解：滴定反应　$NaA + HCl \Longrightarrow HA + NaCl$

HA 的 $K_a^\ominus = 6.17 \times 10^{-10}$，NaA 的 $K_b^\ominus = K_w^\ominus / K_a^\ominus = 1.62 \times 10^{-5}$，化学计量点时生成 HA，这是一种弱酸：

$$c(H^+) = \sqrt{K_a^\ominus c} = \sqrt{0.05 \times 6.17 \times 10^{-10}} = 5.6 \times 10^{-6}(\text{mol·}L^{-1}),\ pH = 5.25$$

离化学计量点 0.1% 时，溶液以 NaA-HA 存在：

$$pH = pK_a^\ominus + \lg \frac{c_{NaA}}{c_{HA}} = 9.21 + \lg \frac{0.02}{19.98} = 6.2$$

化学计量点后 0.1% 时，溶液按过量的 HCl 计算：

$$c(H^+) = 0.10\ \text{mol·}L^{-1} \times \frac{0.02\ \text{mL}}{(20+20.02)\ \text{mL}} = 5 \times 10^{-5}\ \text{mol·}L^{-1},\ pH = 4.3$$

所以滴定的 pH 突跃为 6.2~4.3。

例 5-13　取某纯的 LiCl 和 $BaBr_2$ 混合物 0.600 0 g，溶于水后加 47.50 mL 0.201 7 mol·L^{-1} $AgNO_3$ 溶液，过量的 $AgNO_3$ 以 Fe^{3+} 作指示剂，用 0.100 0 mol·L^{-1} NH_4SCN 的溶液回滴，用去 25.00 mL。计算此混合物中 $BaBr_2$ 的含量。

解：设混合物中 $BaBr_2$ 的质量分数为 x，则 LiCl 的质量分数为 $1-x$，根据题意，可得

$$\frac{c(AgNO_3) \cdot V(AgNO_3) - c(NH_4SCN) \cdot V(NH_4SCN)}{1\ 000\ \text{mL·}L^{-1}} = \frac{2 \times 0.600\ 0\ \text{g} \times x}{M(BaBr_2)} + \frac{0.600\ 0\ \text{g} \times (1-x)}{M(LiCl)}$$

$$\frac{0.201\ 7\ \text{mol·}L^{-1} \times 47.50\ \text{mL} - 0.100\ 0\ \text{mol·}L^{-1} \times 25.00\ \text{mL}}{1\ 000\ \text{mL·}L^{-1}} = \frac{2 \times 0.600\ 0\ \text{g} \times x}{297.1\ \text{g·mol}^{-1}} + \frac{0.600\ 0\ \text{g} \times (1-x)}{42.39\ \text{g·mol}^{-1}}$$

解得 $x \approx 0.699\ 0$。即 $BaBr_2$ 的质量分数为 0.699 0。

例 5-14　称取含有 NaCl 和 NaBr 的试样 0.600 0 g，溶解后用过量的 $AgNO_3$ 沉淀，得到银盐的沉淀为 0.448 2 g；另称取同样质量的试样，用 0.108 4 mol·L^{-1} $AgNO_3$ 溶液滴定，用去 26.48 mL，求 NaCl 和 NaBr 的质量分数。已知 $M(NaCl) = 58.44$ g·mol^{-1}，$M(NaBr) = 102.89$ g·mol^{-1}。

解:设试样中 NaCl 和 NaBr 的质量分别为 $x\,g$ 和 $y\,g$,则

$$\frac{x \cdot 1\,000}{M(\text{NaCl})}+\frac{y \cdot 1\,000}{M(\text{NaBr})}=0.108\,4\times26.48$$

$$\frac{M(\text{AgCl})}{M(\text{NaCl})} \cdot x+\frac{M(\text{AgBr})}{M(\text{NaBr})} \cdot y=0.448\,2$$

代入解得

$$x=0.119\,1,y=0.084\,94$$

$$w(\text{NaCl})=\frac{0.119\,1}{0.600\,0}=0.198\,5$$

$$w(\text{NaBr})=\frac{0.084\,94}{0.600\,0}=0.141\,6$$

例 5-15　将 0.500 0g 含锌试样置于坩埚中灰化,其残渣溶于稀硫酸中,稀释后使锌转变成 ZnC_2O_4 沉淀,过滤洗涤后再用稀硫酸溶解沉淀,以 0.025 00 $\text{mol} \cdot \text{L}^{-1}$ 的标准 KMnO_4 溶液滴定,用去了 35.00 mL,计算 ZnO 的百分含量 $[M(\text{ZnO})=81.38\,\text{g} \cdot \text{mol}^{-1}]$。

解:滴定反应为

$$2\text{MnO}_4^-+5\text{C}_2\text{O}_4^{2-}+16\text{H}^+ \Longrightarrow 2\text{Mn}^{2+}+10\text{CO}_2+8\text{H}_2\text{O}$$

$$\text{ZnO}—\text{Zn}^{2+}—\text{ZnC}_2\text{O}_4—\text{C}_2\text{O}_4^{2-}—\frac{2}{5}\text{MnO}_4^-$$

$$w(\text{ZnO})=\frac{\dfrac{5}{2}c(\text{MnO}_4^-)V(\text{MnO}_4^-)M(\text{ZnO})}{m_s}$$

$$=\frac{\dfrac{5}{2}\times0.025\,00\,\text{mol} \cdot \text{L}^{-1}\times35.00\,\text{mL}\times81.38\,\text{g} \cdot \text{mol}^{-1}}{0.500\,0\,\text{g}\times1\,000\,\text{mL} \cdot \text{L}^{-1}}$$

$$=0.356\,0$$

例 5-16　准确称取酒精试样 5.00 g,置于 1 L 容量瓶中,用水稀释至刻度。取 25.00 mL 稀硫酸酸化,再加入 0.020 0 $\text{mol} \cdot \text{L}^{-1}$ $\text{K}_2\text{Cr}_2\text{O}_7$ 标准溶液 50.00 mL,发生下列化学反应:

$$3\text{C}_2\text{H}_5\text{OH}+2\text{Cr}_2\text{O}_7^{2-}+16\text{H}^+ \Longrightarrow 4\text{Cr}^{3+}+3\text{CH}_3\text{COOH}+11\text{H}_2\text{O}$$

待反应完全后,加入 0.125 3 $\text{mol} \cdot \text{L}^{-1}$ Fe^{2+} 溶液 20.00 mL,再用 0.020 0 $\text{mol} \cdot \text{L}^{-1}$ $\text{K}_2\text{Cr}_2\text{O}_7$ 标准溶液回滴剩余的 Fe^{2+},消耗 $\text{K}_2\text{Cr}_2\text{O}_7$ 7.46 mL,计算试样中 $\text{C}_2\text{H}_5\text{OH}$ 的质量分数。

解:有关的反应式:

$$3\text{C}_2\text{H}_5\text{OH}+2\text{Cr}_2\text{O}_7^{2-}+16\text{H}^+ \Longrightarrow 4\text{Cr}^{3+}+3\text{CH}_3\text{COOH}+11\text{H}_2\text{O}$$

$$\text{Cr}_2\text{O}_7^{2-}+6\text{Fe}^{2+}+14\text{H}^+ \Longrightarrow 2\text{Cr}^{3+}+6\text{Fe}^{3+}+7\text{H}_2\text{O}$$

$$2n\ \text{Cr}_2\text{O}_7^{2-}—3n\ \text{C}_2\text{H}_5\text{OH} \qquad n\text{Cr}_2\text{O}_7^{2-}—6n\text{Fe}^{2+}$$

整个测定中用 $\text{K}_2\text{Cr}_2\text{O}_7$ 总量为

$$V = (50.00+7.46)\,\text{mL} = 0.057\,46\,\text{L}$$

$w(\text{C}_2\text{H}_5\text{OH})$

$$= \frac{c(\text{K}_2\text{Cr}_2\text{O}_7)V(\text{K}_2\text{Cr}_2\text{O}_7)-c(\text{Fe}^{3+})V(\text{Fe}^{3+})\times\frac{1}{6}}{m(\text{试样})}\times\frac{3}{2}\times M(\text{C}_2\text{H}_5\text{OH})\times\frac{1\,000}{25.00}$$

$$= \frac{0.020\,0\,\text{mol}\cdot\text{L}^{-1}\times0.057\,46\,\text{L}-0.125\,3\,\text{mol}\cdot\text{L}^{-1}\times0.020\,0\,\text{L}\times\frac{1}{6}}{5.00\,\text{g}}\times\frac{3}{2}\times46.07\,\text{g}\cdot\text{mol}^{-1}\times40$$

$$= 0.404\,4$$

例 5-17　称取某一含硫试样 0.411 0 g,溶解后使所有的硫转变为 SO_4^{2-},在此溶液中加入 0.050 00 mol·L^{-1} BaCl_2 溶液 25.00 mL,沉淀完全后,在适当的酸度条件下,用浓度为 0.020 00 mol·L^{-1} 的 EDTA 溶液滴定剩余的 Ba^{2+},消耗 28.30 mL,求试样中硫的含量。

解:从题意可得

$$w(\text{S}) = \frac{[c(\text{Ba}^{2+})V(\text{Ba}^{2+})-c(\text{EDTA})V(\text{EDTA})]\times M(\text{S})}{m\times1\,000\,\text{mL}\cdot\text{L}^{-1}}$$

$$= \frac{(0.050\,00\times25.00-0.020\,00\times28.30)\times32.00}{0.411\,0\times1\,000}$$

$$= 0.053\,3$$

例 5-18　某试样含有 Bi^{3+},Cd^{2+} 两组分,取试液 50.00 mL,以二甲酚橙作指示剂,用 0.010 00 mol·L^{-1} EDTA 滴定至终点,消耗 25.00 mL,另取同体积试液加入镉汞剂,使与铋发生置换反应,反应完成后用同浓度 EDTA 滴定至终点,消耗体积 30.00 mL,计算试液中 Bi^{3+},Cd^{2+} 的浓度。

解:设试液中 Bi^{3+},Cd^{2+} 的浓度分别为 x mol·L^{-1} 和 y mol·L^{-1}

第一份试液　　　　　$(x+y)\times50.00 = 0.010\,00\times25.00$　　　　　　　　(1)

第二份试液

置换反应为　　　　　$2\text{Bi}^{3+}+3\text{Cd} = 3\text{Cd}^{2+}+2\text{Bi}$

置换出 Cd^{2+} 为　　　$c = \frac{3}{2}x\,\text{mol}\cdot\text{L}^{-1} = 1.5x\,\text{mol}\cdot\text{L}^{-1}$

故　　　　　　　　　$(y+1.5x)\times50.00 = 0.010\,00\times30.00$　　　　　　(2)

解联立方程(1),(2)得

$$x\,\text{mol}\cdot\text{L}^{-1} = c(\text{Bi}^{3+}) = 2.0\times10^{-3}\,\text{mol}\cdot\text{L}^{-1}$$

$$y\,\text{mol}\cdot\text{L}^{-1} = c(\text{Cd}^{2+}) = 3.0\times10^{-3}\,\text{mol}\cdot\text{L}^{-1}$$

例 5-19　若有关金属离子的浓度均为 0.01 mol·L^{-1},计算说明在 pH = 4.5 时,Fe^{2+},Mg^{2+},Zn^{2+},Ca^{2+} 各离子能否被单独滴定。

解:在浓度为 0.01 mol·L^{-1} 时,金属离子能单独滴定的条件是

$$\lg \alpha_{Y(H)} \leqslant \lg K_f^{\ominus} - 8$$

由此式可算出各种金属离子的 $\lg \alpha_{Y(H)}$ 值,再查表即可查出其相应的 pH,这个 pH 即为滴定某一金属离子所允许的最低 pH。结果如下:

金属离子	$\lg K_f^{\ominus}$	$\lg \alpha_{Y(H)}$	所允许的最低 pH	能否被准确滴定
Fe^{2+}	25.10	17.10	1.2	能
Mg^{2+}	8	0.70	9.7	不能
Zn^{2+}	16.50	8.50	4.0	能
Ca^{2+}	10.69	2.69	7.3	不能

思考题解答

5-1　下列情况分别引起什么误差? 如果是系统误差,应如何消除?

(1) 砝码被腐蚀;

(2) 天平两臂长度不相等;

(3) 天平最后一位数字稍有变动;

(4) 重量法测定可溶性钡盐中钡含量时,滤液中含有少量的 $BaSO_4$;

(5) 滴定管读数时,最后一位数字估计不准;

(6) 以含量为 99% 的硼砂作基准物标定盐酸标准溶液;

(7) 蒸馏水或试剂中,含有微量被测组分;

(8) 试样未分解完全;

(9) 直接法配制标准溶液时,烧杯中溶解少量试剂(基准物质),不小心溅出。

【解答或提示】 (1) 系统误差,更换砝码;(2) 系统误差,调整力臂;(3) 随机误差,增加测定次数;(4) 系统误差,最后结果需加上滤液中的 $BaSO_4$ 含量;(5) 随机误差;(6) 系统误差,偏低,更换试剂;(7) 系统误差,用蒸馏水或者试剂做空白试验;(8) 过失误差,重做;(9) 过失误差,重配标准溶液。

5-2　区别准确度与精密度,误差与偏差。

【解答或提示】 准确度是指分析结果与真实值的接近程度,精密度是指多次平行测定结果相互接近的程度。误差是指测定结果与真实值之间的差值,偏差是指各单次测定结果与多次测定结果的算术平均值之间的差别。

5-3　如何提高分析结果的准确度?

【解答或提示】 影响分析结果准确度的主要因素是系统误差和偶然误差,所以提高分析结果的准确度的方法是(1) 选择合适的分析方法;(2) 增加平行测定次数,减小随机误差;

（3）用空白试验、方法校正、仪器校正等方法消除测量过程中的系统误差。

5-4 甲、乙二人同时分析一矿物的含硫量,每次取样 3.5 g,分析结果分别报告为

甲:0.042%,0.041%

乙:0.041 99%,0.420 1%

问哪一份报告合理? 为什么?

解: 甲合理。分析实验称样 3.5 g,精度只有 0.1 g,故有效数字甲保留两位合理,乙保留四位,不合理。

5-5 下列数值各有几位有效数字?

0.372,25.08,$6.023×10^{-5}$,100,9.18,1 000.00,$1.0×10^8$,pH = 5.03

【解答或提示】 0.372(三位),25.08(四位),$6.023×10^{-5}$(四位),100(任意),9.18(四位),1 000.00(六位),$1.0×10^8$(两位),pH = 5.03(两位)。

5-6 什么叫滴定分析? 主要有哪些类型?

【解答或提示】 用一种已知准确浓度的溶液,通过滴定管滴加到待测溶液中,使其与待测组分恰好完全反应,根据所加入的已知准确浓度的溶液的体积计算出待测组分的含量,这样的分析方法称为滴定分析法。滴定分析是以化学反应为基础的,根据化学反应的类型不同,分为下列四种:(1) 酸碱滴定法,(2) 配位滴定法,(3) 沉淀滴定法,(4) 氧化还原滴定法。

5-7 什么是化学计量点? 什么是滴定终点?

【解答或提示】 所加标准溶液与待测物质恰好完全反应的这一点称为化学计量点。指示剂颜色突变时停止滴定,这一点称为滴定终点。

5-8 能用于滴定分析的化学反应必须符合哪些条件?

【解答或提示】

（1）反应必须定量完成,即按一定的化学反应方程式进行,无副反应发生。

（2）反应完全程度高,至少 99.9% 以上。

（3）反应速率要快。对于反应速率慢的反应,应采取适当措施来提高反应速率,如加热、加催化剂等。

（4）有合适的指示剂或仪器分析方法来确定滴定的终点。

5-9 下列物质中,哪些可以用直接法配制标准溶液? 哪些只能用间接法配制?

H_2SO_4,HCl,NaOH,$KMnO_4$,$K_2Cr_2O_7$,$H_2C_2O_4 \cdot 2H_2O$,$Na_2S_2O_3 \cdot 5H_2O$

【解答或提示】 $K_2Cr_2O_7$,$H_2C_2O_4 \cdot 2H_2O$ 可以用直接法配制标准溶液,其余都只能用间接法配制。

5-10 若将 $H_2C_2O_4 \cdot 2H_2O$ 基准物质,长期置于放有干燥剂的干燥器中,用它标定 NaOH 溶液的浓度时,结果是偏高、偏低、还是没有影响? 说明原因。

【解答或提示】 $H_2C_2O_4 \cdot 2H_2O$ 失去部分结晶水,则相同质量的草酸消耗的 NaOH 体积增加,结果使 NaOH 浓度偏低。

5-11 试述银量法指示剂的作用原理,并与酸碱滴定法比较。

【解答或提示】 利用生成难溶银盐的沉淀滴定法称为银量法。如莫尔法是用铬酸钾为指

示剂,在中性或弱碱性溶液中,用硝酸银标准溶液直接滴定氯离子或溴离子的方法。由于氯化银的溶解度小于铬酸银的溶解度。所以在滴定过程中,氯化银首先沉淀出来。随着硝酸银不断加入,溶液中的氯离子浓度越来越小。银离子的浓度则相应地增大,直至银离子与铬酸根的离子积超过铬酸银的溶度积时,出现砖红色的铬酸银沉淀,指示滴定终点的到达。常用的酸碱指示剂是一些有机的弱酸或弱碱,它们在溶液中能或多或少地解离成离子,而且在解离的同时,本身的结构也发生改变,并且呈现不同的颜色,因而根据指示剂的变色范围,可以指示突跃范围重叠或者部分重叠的酸碱滴定的终点。

5—12　Explain how an adsorption indicator works.

【解答或提示】Adsorption indicators are also some organic dyes. Their anions are easily adsorbed by positively charged colloidal precipitates in the solution. After adsorption, their structure changes to cause color changes, thereby indicating the arrival of the titration end point.

5—13　是否条件平衡常数大的氧化还原反应就一定能用于氧化还原滴定? 为什么?

【解答或提示】不一定。还要看反应是否无副反应,反应速率是否足够快,是否有合适的指示剂。

5—14　氧化还原滴定中,为什么可以用氧化剂和还原剂这两个电对中任一个电对的电势计算滴定过程中溶液的电势?

【解答或提示】在滴定过程中,每加入一定量滴定剂,反应达到一个新的平衡,此时两个电对的电极电势相等。因此,溶液中各平衡点的电极电势,可选用便于计算的任何一个电对来计算。

5—15　乙二胺四乙酸与金属离子的配位反应有什么特点? 为什么无机配位剂很少在配位滴定中应用?

【解答或提示】

(1) 无论金属离子是几价,反应都是按 1∶1 进行;

(2) EDTA 与金属离子形成可溶性的配合物,与无色金属离子形成的配合物也是无色的,而与有色金属离子形成的配合物的颜色一般加深。

无机配位剂与金属离子反应一般稳定性较差,产物复杂。

5—16　何谓配合物的条件稳定常数? 它是如何通过计算得到的? 它对判断能否准确滴定有何意义?

【解答或提示】在配位滴定中,由于副反应的存在,配合物的实际稳定性下降,配合物的标准平衡常数不能真实反映主反应进行的程度。在一定条件下,$\alpha_{M(L)}$ 和 $\alpha_{Y(H)}$ 为定值,所以 $K_f^{\ominus\prime}$ 在一定条件下是一常数,称为配合物的条件稳定常数。

5—17　酸效应曲线是怎样绘制的? 它在配位滴定中有什么用途?

【解答或提示】若以不同的 $\lg K_f^{\ominus}(MY)$ 值对相应的最低 pH 作图,就得到酸效应曲线。它在配位滴定中的用途:

(1) 从曲线上可以找出单独滴定某一金属离子所需的最低 pH;

(2) 从曲线上可以看出,在一定 pH 时,哪些离子可以被滴定,哪些离子有干扰,从而可以利用控制酸度的方法,达到分别滴定或连续滴定的目的。

5—18　何谓金属指示剂? 作为金属指示剂应具备哪些条件? 它们怎样指示配位滴定终点? 举例说明。

【解答或提示】 金属指示剂是一种有机配位剂,它能与金属离子形成与其本身颜色显著不同的配合物而指示滴定终点。金属指示剂应具备以下条件:

(1) 金属离子与指示剂形成的配合物的颜色与指示剂的颜色有明显的区别。

(2) 金属离子与指示剂形成的配合物应有足够的稳定性,这样才能测定低浓度的金属离子。但其稳定性应小于 Y^{4-} 与金属离子所生成配合物的稳定性。一般要小两个数量级。

(3) 指示剂与金属离子的显色反应要灵敏、迅速、有一定的选择性。在一定条件下,只对某一种(或某几种)离子发生显色反应。

(4) 指示剂与金属离子配合物应易溶于水,指示剂比较稳定,便于贮藏与使用。

5—19　常用的配位滴定法有哪几种? 请举例说明。

【解答或提示】 常用的配位滴定法有:直接滴定法、返滴定法、置换滴定法、间接滴定法等。举例略。

习 题 解 答

基本题

5—1　在标定 NaOH 时,要求消耗 0.1 mol·L^{-1} NaOH 溶液体积为 20~25 mL,问:

(1) 称取邻苯二甲酸氢钾基准物质(KHC$_8$H$_4$O$_4$)的质量范围是多少?

(2) 如果改用草酸(H$_2$C$_2$O$_4$·2H$_2$O)作基准物质,又该称取多少克?

(3) 若分析天平的绝对误差为±0.000 1 g,计算以上两种试剂称量的相对误差。

(4) 计算结果说明了什么?

解:(1)　$NaOH + KHC_8H_4O_4 \Longrightarrow KNaC_8H_4O_4 + H_2O$

滴定时消耗 0.1 mol·L^{-1} NaOH 溶液体积为 20 mL,所需称取的 KHC$_8$H$_4$O$_4$ 质量为

$$m_1 = 0.1 \text{ mol·L}^{-1} \times 20 \text{ mL} \times 10^{-3} \text{ L·mL}^{-1} \times 204 \text{ g·mol}^{-1} = 0.4 \text{ g}$$

滴定时消耗 0.1 mol·L^{-1} NaOH 溶液体积为 25 mL 所需称取的 KHC$_8$H$_4$O$_4$ 质量为

$$m_2 = 0.1 \text{ mol·L}^{-1} \times 25 \text{ mL} \times 10^{-3} \text{ L·mL}^{-1} \times 204 \text{ g·mol}^{-1} = 0.5 \text{ g}$$

因此,应称取 KHC$_8$H$_4$O$_4$ 基准物质 0.4~0.5 g。

(2)　　　　　　　　　$2NaOH + H_2C_2O_4 \Longrightarrow Na_2C_2O_4 + 2H_2O$

滴定时消耗 0.1 mol·L^{-1} NaOH 溶液体积为 20 mL,则所需称取的草酸基准物质的质量为

$$m_3 = \frac{1}{2} \times 0.1 \text{ mol·L}^{-1} \times 20 \text{ mL} \times 10^{-3} \text{ L·mL}^{-1} \times 126 \text{ g·mol}^{-1} = 0.1 \text{ g}$$

滴定时消耗 0.1 mol·L^{-1} NaOH 溶液体积为 25 mL,则所需称取的草酸基准物质的质量为

$$m_4 = \frac{1}{2} \times 0.1 \ mol \cdot L^{-1} \times 25 \ mL \times 10^{-3} \ L \cdot mL^{-1} \times 126 \ g \cdot mol^{-1} = 0.2 \ g$$

（3）用邻苯二甲酸氢钾作基准物质时，其称量的相对误差为

$$E_{r1} = \frac{\pm 0.000\ 2\ g}{0.4\ g} = \pm 0.05\%$$

$$E_{r2} = \frac{\pm 0.000\ 2\ g}{0.6\ g} = \pm 0.03\%$$

用草酸作基准物质时，其称量的相对误差为

$$E_{r3} = \frac{\pm 0.000\ 2\ g}{0.1\ g} = \pm 0.2\%$$

$$E_{r4} = \frac{\pm 0.000\ 2\ g}{0.2\ g} = \pm 0.1\%$$

（4）通过以上计算可知，为减少称量时的相对误差，应选择摩尔质量较大的试剂作为基准物质。

5-2　有一铜矿试样，两次测定得到的铜含量分别为 24.87% 和 24.93%，而铜的实际含量为 25.05%。求分析结果的绝对误差和相对误差。

解：分析结果的平均值为

$$\bar{x} = \frac{1}{2} \times (24.87\% + 24.93\%) = 24.90\%$$

因此，分析结果的绝对误差 E 和相对误差 E_r 分别为

$$E = 24.90\% - 25.05\% = -0.15\%$$

$$E_r = \frac{-0.15\%}{25.05\%} \times 100\% = -0.60\%$$

5-3　某试样经分析测得含锰质量分数为 41.24%，41.27%，41.23% 和 41.26%。求分析结果的平均偏差、相对平均偏差、标准偏差和相对标准偏差。

解：　　平均值 $\bar{x} = \frac{1}{4} \times (41.24\% + 41.27\% + 41.23\% + 41.26\%) = 41.25\%$

平均偏差 $\bar{d} = \frac{1}{4} \times (0.01\% + 0.02\% + 0.02\% + 0.01\%) = 0.02\%$

相对平均偏差 $= \frac{0.02\%}{41.25\%} \times 100\% = 0.05\%$

标准偏差 $s = \sqrt{\frac{(0.01\%)^2 + (0.02\%)^2 + (0.02\%)^2 + (0.01\%)^2}{4-1}} = 0.02\%$

相对标准偏差 $= \frac{0.02\%}{41.25\%} \times 100\% = 0.05\%$

5-4　分析血清中钾的含量，5 次测定结果分别为：0.160 mg·mL⁻¹，0.152 mg·mL⁻¹，0.154 mg·mL⁻¹，0.156 mg·mL⁻¹，0.153 mg·mL⁻¹。计算置信度为 95% 时，平均值的置信区

间。若该血清样品中钾含量的标准值为 $0.161\ 5\ \text{mg} \cdot \text{mL}^{-1}$,说明分析结果是否存在系统误差?

解:$\bar{x} = \dfrac{1}{5} \times (0.160 + 0.152 + 0.154 + 0.156 + 0.153)\ \text{mg} \cdot \text{mL}^{-1} = 0.155\ \text{mg} \cdot \text{mL}^{-1}$

$$s = \sqrt{\frac{0.005^2 + 0.003^2 + 0.001^2 + 0.001^2 + 0.002^2}{5-1}}\ \text{mg} \cdot \text{mL}^{-1} = 0.003\ \text{mg} \cdot \text{mL}^{-1}$$

置信度为 95% 时,$t_{95\%} = 2.78$,则

$$\mu = \bar{x} \pm \frac{ts}{\sqrt{n}} = (0.155 \pm 0.004)\ \text{mg} \cdot \text{mL}^{-1}$$

由于置信区间没有包含标准值,说明分析结果有系统误差。

5-5　某铜合金中铜的质量分数的测定结果为 20.37%,20.40%,20.36%。计算标准偏差 s 及置信度为 90% 时平均值的置信区间。

解:
$$\bar{x} = \frac{1}{3} \times (20.37\% + 20.40\% + 20.36\%) = 20.38\%$$

$$s = \sqrt{\frac{0.000\ 1^2 + 0.000\ 2^2 + 0.000\ 2^2}{3-1}} = 0.000\ 2$$

当 $n = 3$、置信度为 90% 时,$t_{90\%} = 2.92$,此时平均值的置信区间为

$$\mu = \bar{x} \pm \frac{ts}{\sqrt{n}} = (20.38 \pm 0.03)\%$$

5-6　用某一方法测定矿样中锰含量的标准偏差为 0.12%,含锰量的平均值为 9.56%。设分析结果是根据 4 次、6 次测得的,计算两种情况下的平均值的置信区间(置信度为 95%)。

解:当 $n = 4$、置信度为 95% 时,$t_{95\%} = 3.18$,此时平均值的置信区间为

$$\mu = \bar{x} \pm \frac{ts}{\sqrt{n}} = (9.56 \pm 0.19)\%$$

当 $n = 6$、置信度为 95% 时,$t_{95\%} = 2.57$,此时平均值的置信区间为

$$\mu = \bar{x} \pm \frac{ts}{\sqrt{n}} = (9.56 \pm 0.13)\%$$

5-7　标定 NaOH 溶液时,得到以下数据:$0.101\ 4\ \text{mol} \cdot \text{L}^{-1}$,$0.101\ 2\ \text{mol} \cdot \text{L}^{-1}$,$0.101\ 1\ \text{mol} \cdot \text{L}^{-1}$,$0.101\ 9\ \text{mol} \cdot \text{L}^{-1}$。通过 Q 检验法进行检验,0.101 9 是否应该舍弃(置信度为 90%)?

解:
$$Q = \frac{0.101\ 9 - 0.101\ 4}{0.101\ 9 - 0.101\ 1} = \frac{5}{8} = 0.62$$

当 $n = 4$ 时,$Q(90\%) = 0.76 > 0.62$,因此该数值不能舍弃。

5-8　按有效数字运算规则,计算下列各式:

(1) $2.187 \times 0.854 + 9.6 \times 10^{-2} - 0.032\ 6 \times 0.008\ 14$

(2) $\dfrac{0.010\ 12 \times (25.44 - 10.21) \times 26.962}{1.004\ 5 \times 1\ 000}$

(3) $\dfrac{9.82 \times 50.62}{0.005\ 164 \times 136.6}$

(4) pH = 4.03,计算 H^+ 浓度

解:(1)= 1.868 + 0.096 − 0.000 265 = 1.964

(2)= $\dfrac{0.010\ 12 \times 15.23 \times 26.96}{1.004 \times 1\ 000}$ = 0.004 139

(3)= 704.7

(4)$[H^+] = 9.3 \times 10^{-5}$ mol·L^{-1}

5−9 回答下列问题并说明理由：

(1)将 $NaHCO_3$ 加热至 270~300℃,以制备 Na_2CO_3 基准物质。如果温度超过 300℃,部分 Na_2CO_3 分解为 Na_2O,用此基准物质标定 HCl 溶液,对标定结果有否影响？为什么？

(2)用 $H_2C_2O_4 \cdot 2H_2O$ 标定 NaOH 溶液浓度时,如草酸已失去部分结晶水,则标定所得 NaOH 的浓度偏高还是偏低？为什么？

(3)NH_4Cl 或 NaAc 含量能否分别用碱或酸的标准溶液来直接滴定？为什么？

(4)NaOH 溶液内含有 CO_3^{2-},如果标定其浓度时用酚酞作指示剂,而在标定后滴定酸性成分含量时用甲基橙作指示剂,讨论其影响情况及确定结果误差的正、负。

解:(1)若 Na_2CO_3 部分分解为 Na_2O,由于后者相对分子质量更小,相同质量的 Na_2O 会消耗比 Na_2CO_3 更多的 HCl,即所用 HCl 的体积增加,使标定的 HCl 浓度偏低。

(2)$H_2C_2O_4 \cdot 2H_2O$ 失去部分结晶水,则相同质量的草酸消耗的 NaOH 体积增加,所得 NaOH 的浓度偏低。

(3)由于 $NH_3 \cdot H_2O$ 可以直接滴定,故 NH_4Cl 不可直接滴定($c_aK_a < 10^{-8}$);同理 NaAc 的 $c_aK_b < 10^{-8}$,不可直接滴定。

(4)若 NaOH 溶液内含 CO_3^{2-},标定时用酚酞作指示剂,而测定时用甲基橙为指示剂。由于标定时 CO_3^{2-} 在 NaOH 中以 Na_2CO_3 存在,则

$$Na_2CO_3 \longrightarrow NaHCO_3$$
$$2NaOH + CO_2 \longrightarrow Na_2CO_3 + H_2O$$
$$2 \text{ mol } NaOH \sim 1 \text{ mol } Na_2CO_3 \sim 1 \text{ mol } HCl$$

即 $V(NaOH)$ 上升,标定计算出的 $c(NaOH)$ 下降。(以 NaOH 与 HCl 反应为例,别的物质也一样。)

测定时用甲基橙为指示剂:

$$Na_2CO_3 + 2HCl \longrightarrow 2NaCl + H_2O + CO_2$$
$$1 \text{ mol } Na_2CO_3 \sim 2 \text{ mol } HCl \sim 2 \text{ mol } NaOH$$

即 CO_2 不影响测定结果。由于测定结果与 $c(NaOH)$ 成正比,$c(NaOH)$ 下降将使结果产生负误差。

5−10 下列酸或碱能否进行直接准确滴定？说明理由。

(1)0.1 mol·L^{-1} HF   (2)0.1 mol·L^{-1} HCN

（3）$0.1\ \mathrm{mol \cdot L^{-1}}\ NH_4Cl$　　　　　　（4）$0.1\ \mathrm{mol \cdot L^{-1}}$ 盐酸羟胺

（5）$0.1\ \mathrm{mol \cdot L^{-1}}$ 六亚甲基四胺　　　（6）$0.1\ \mathrm{mol \cdot L^{-1}}\ C_5H_5N$（吡啶）

（7）$0.1\ \mathrm{mol \cdot L^{-1}}\ C_5H_5NH^+Cl^-$　　　（8）$0.1\ \mathrm{mol \cdot L^{-1}}\ NaAc$

解：（1）$K_a^\ominus(HF) = 6.6 \times 10^{-4}$，$c_a = 0.1\ \mathrm{mol \cdot L^{-1}}$，则

$$c_a K_a^\ominus = 6.6 \times 10^{-5} > 10^{-8}，故可准确进行滴定$$

（2）$K_a^\ominus(HCN) = 6.2 \times 10^{-10}$，$c_a = 0.1\ \mathrm{mol \cdot L^{-1}}$，则

$$c_a K_a^\ominus = 6.2 \times 10^{-11} < 10^{-8}，故不可准确进行滴定$$

（3）$K_a^\ominus(NH_3) = 1.8 \times 10^{-5}$，$K_a^\ominus(NH_4Cl) = K_w^\ominus/K_b^\ominus = 1.00 \times 10^{-14}/(1.8 \times 10^{-5}) = 5.6 \times 10^{-10}$，因为 $c_a = 0.1\ \mathrm{mol \cdot L^{-1}}$，所以

$$c_a K_a^\ominus = 5.6 \times 10^{-11} < 10^{-8}，故不可准确进行滴定$$

（4）$K_b^\ominus(H_2NOH) = 9.1 \times 10^{-9}$，$K_a^\ominus(HONH_2 \cdot HCl) = K_w^\ominus/K_b^\ominus = 1.00 \times 10^{-14}/(9.1 \times 10^{-9}) = 1.1 \times 10^{-6}$，因为 $c_a = 0.1\ \mathrm{mol \cdot L^{-1}}$，所以

$$c_a K_a^\ominus = 1.1 \times 10^{-7} > 10^{-8}，故可准确进行滴定$$

（5）$K_b^\ominus((CH_2)_6N_4) = 1.4 \times 10^{-9}$，$c_b = 0.1\ \mathrm{mol \cdot L^{-1}}$，则

$$c_b K_b^\ominus = 1.4 \times 10^{-10} < 10^{-8}，故不可准确进行滴定$$

（6）$K_b^\ominus(C_5H_5N) = 1.5 \times 10^{-9}$，$c_b = 0.1\ \mathrm{mol \cdot L^{-1}}$，则

$$c_b K_b^\ominus = 1.5 \times 10^{-10} < 10^{-8}，故不可准确进行滴定$$

（7）$K_b^\ominus(C_5H_5N) = 1.5 \times 10^{-9}$，$K_a^\ominus(C_5H_5NH^+Cl^-) = K_w^\ominus/K_b^\ominus = 1.00 \times 10^{-14}/(1.5 \times 10^{-9}) = 6.7 \times 10^{-6}$，因为 $c_a = 0.1\ \mathrm{mol \cdot L^{-1}}$，所以

$$c_a K_a^\ominus = 6.7 \times 10^{-7} > 10^{-8}，故可准确进行滴定$$

（8）$K_a^\ominus(HAc) = 1.8 \times 10^{-5}$，$K_b^\ominus(Ac^-) = 1.00 \times 10^{-14}/(1.8 \times 10^{-5}) = 5.6 \times 10^{-10}$，因为 $c_b = 0.1\ \mathrm{mol \cdot L^{-1}}$，所以

$$c_b K_b^\ominus = 5.6 \times 10^{-11} < 10^{-8}，故不可准确进行滴定$$

5-11 下列多元酸或混合酸的溶液能否被准确进行分步滴定或分别滴定？说明理由。

（1）$0.1\ \mathrm{mol \cdot L^{-1}}\ H_2C_2O_4$　　　　　（2）$0.1\ \mathrm{mol \cdot L^{-1}}\ H_2S$

（3）$0.1\ \mathrm{mol \cdot L^{-1}}$ 柠檬酸　　　　　　（4）$0.1\ \mathrm{mol \cdot L^{-1}}$ 酒石酸

（5）$0.1\ \mathrm{mol \cdot L^{-1}}$ 氯乙酸 + $0.1\ \mathrm{mol \cdot L^{-1}}$ 乙酸

（6）$0.1\ \mathrm{mol \cdot L^{-1}}\ H_2SO_4 + 0.1\ \mathrm{mol \cdot L^{-1}}\ H_3BO_3$

解：（1）$H_2C_2O_4$　　$K_{a_1}^\ominus = 5.4 \times 10^{-2}$，$K_{a_2}^\ominus = 6.4 \times 10^{-5}$，$c_a = 0.1\ \mathrm{mol \cdot L^{-1}}$。

由于 $cK_{a_1}^\ominus > 10^{-8}$，$c_a K_{a_2}^\ominus > 10^{-8}$，$K_{a_1}^\ominus/K_{a_2}^\ominus = 5.4 \times 10^{-2}/(6.4 \times 10^{-5}) < 10^4$，故不可准确进行分步滴定。

（2）H_2S　　$K_{a_1}^\ominus = 1.07 \times 10^{-7}$，$K_{a_2}^\ominus = 1.3 \times 10^{-13}$，$c_a = 0.1\ \mathrm{mol \cdot L^{-1}}$。

由于 $c_a K_{a_1}^\ominus > 10^{-8}$，$c_a K_{a_2}^\ominus < 10^{-8}$，故不可准确进行分步滴定，但可滴定至 HS^-。

（3）柠檬酸　　$K_{a_1}^\ominus = 7.4 \times 10^{-4}$，$K_{a_2}^\ominus = 1.7 \times 10^{-5}$，$c_a = 0.1\ \mathrm{mol \cdot L^{-1}}$。

$c_a K^{\ominus}_{a_1} > 10^{-8}, c_a K^{\ominus}_{a_2} > 10^{-8}$,但 $K^{\ominus}_{a_1}/K^{\ominus}_{a_2} = 7.4\times10^{-4}/(1.7\times10^{-5}) < 10^4$,故不可准确进行分步滴定,直接滴定至柠檬酸的两个质子全部被作用。

(4) 酒石酸　$K^{\ominus}_{a_1} = 9.1\times10^{-4}, K^{\ominus}_{a_2} = 4.3\times10^{-5}, c_a = 0.1$ mol·L^{-1}。

由于 $c_a K^{\ominus}_{a_1} > 10^{-8}, c_a K^{\ominus}_{a_2} > 10^{-8}$,但 $K^{\ominus}_{a_1}/K^{\ominus}_{a_2} = 9.1\times10^{-4}/(4.3\times10^{-5}) < 10^4$,故不可准确进行分步滴定,直接滴定至酒石酸的两个质子全部被作用。

(5) $ClCH_2COOH$ 的 $K^{\ominus}_a{}' = 1.4\times10^{-3}$,$CH_3COOH$ 的 $K^{\ominus}_a{}'' = 1.74\times10^{-5}$。

由于 $K^{\ominus}_a{}'/K^{\ominus}_a{}'' = 1.4\times10^{-3}/(1.8\times10^{-5}) < 10^4$,故不可准确进行分步滴定。

(6) H_2SO_4 的第一级解离可认为完全解离,$K^{\ominus}_{a_2} = 1.2\times10^{-2}$。

H_3BO_3 的 $K^{\ominus}_{a_1} = 5.8\times10^{-10}$,$K^{\ominus}_{a_2}$、$K^{\ominus}_{a_3}$ 很小,可忽略。

H_2SO_4 的二级解离常数很大,故只产生一个终点,H_3BO_3 不干扰。

由于 H_3BO_3 的 $K^{\ominus}_a$ 很小,故不可直接滴定。

因此对该混合酸进行滴定时,直接滴定至 H_2SO_4 的两个质子全部被作用。

5-12 有一在空气中暴露过的氢氧化钾,经分析测定其内含水 7.62%,K_2CO_3 2.38%和 KOH 90.00%。将此试样 1.000 g 加 1.000 mol·L^{-1} HCl 溶液 46.00 mL,过量的酸再用 1.070 mol·L^{-1} KOH 溶液回滴至中性。然后将此溶液蒸干,问可得残渣多少克?

解:根据题意可知,1.000 g 试样中 $m(K_2CO_3) = 0.023\ 8$ g,$m(KOH) = 0.900$ g,则

$$n(K_2CO_3) = 0.023\ 80\ \text{g}/(138.2\ \text{g·mol}^{-1}) = 0.000\ 172\ 2\ \text{mol}$$
$$n(KOH) = 0.900\ \text{g}/(56.11\ \text{g·mol}^{-1}) = 0.016\ 04\ \text{mol}$$
$$K_2CO_3 + 2HCl \Longrightarrow 2KCl + H_2O + CO_2$$

则
$$2n(K_2CO_3) = n(HCl),\ n(HCl) = n(KOH)$$

K_2CO_3 与 KOH 消耗的 HCl 为
$$n(HCl) = 2\times0.000\ 172\ 2\ \text{mol} + 0.016\ 04\ \text{mol} = 0.016\ 38\ \text{mol}$$

加入的 HCl 总计为
$$46.00\times10^{-3}\ \text{L}\times1.000\ \text{mol·L}^{-1} = 0.046\ 00\ \text{mol}$$

与 K_2CO_3 与 KOH 反应剩余的 HCl 为
$$0.046\ 00\ \text{mol} - 0.016\ 38\ \text{mol} = 0.029\ 62\ \text{mol}$$

所以生成 KCl 的量为
$$n(KCl) = 0.016\ 38\ \text{mol} + 0.029\ 62\ \text{mol} = 0.046\ 00\ \text{mol}$$
$$m(KCl) = 0.046\ 00\ \text{mol} \times 74.55\ \text{g·mol}^{-1} = 3.429\ \text{g}$$

即可得残渣 3.429 g。

5-13 Consider the titration of 25.00 mL of 0.082 30 mol·L^{-1} KI with 0.051 10 mol·L^{-1} $AgNO_3$. Calculate pAg$^+$ at the following volumes of added $AgNO_3$:

（a）39.00 mL　　（b）V_{sp}　　（c）44.30 mL

Solution：

（1）$c(I^-) = (0.082\ 30\times25.00-0.051\ 10\times39.00)/(25.00+39.00)$
　　　　$= 0.001\ 009(mol \cdot L^{-1})$

$c(Ag^+) = K_{sp}^{\ominus}(AgI)/c(I^-) = 8.3\times10^{-17}/0.001\ 009 = 8.2\times10^{-14}(mol \cdot L^{-1})$

$pAg = -\lg c(Ag^+) = 13.09$

（2）$c(Ag^+) = \{K_{sp}^{\ominus}(AgI)\}^{1/2} = (8.3\times10^{-17})^{1/2} = 9.1\times10^{-9}(mol \cdot L^{-1})$

$pAg = 8.04$

（3）$c(Ag^+) = (0.051\ 10\times44.30-0.082\ 30\times25.00)/(25.00+44.30) = 0.002\ 976(mol \cdot L^{-1})$

$pAg = 2.53$

5-14　计算在 1 mol · L^{-1} HCl 溶液中用 Fe^{3+} 滴定 Sn^{2+} 的电势突跃范围。在此滴定中应选用什么指示剂？若用所选指示剂，滴定终点是否和化学计量点符合？

解：已知 $E^{\ominus\prime}(Sn^{4+}/Sn^{2+}) = 0.14$ V，$E^{\ominus\prime}(Fe^{3+}/Fe^{2+}) = 0.70$ V。

突跃范围：$\left(0.14\ V+3\times\dfrac{0.059\ 2}{2}\ V\right) = 0.23\ V \sim \left(0.70\ V-3\times\dfrac{0.059\ 2}{1}\ V\right) = 0.52\ V$

化学计量点：$E_{sp} = \dfrac{1\times0.70\ V+2\times0.14\ V}{3} = 0.33\ V$

因此选亚甲基蓝（$E_{In}^{\ominus\prime} = 0.36$ V）。

5-15　将含有 BaCl$_2$ 的试样溶解后，加入 K$_2$CrO$_4$ 使之生成 BaCrO$_4$ 沉淀，过滤洗涤后将沉淀溶于 HCl 溶液，再加入过量的 KI 溶液，并用 Na$_2$S$_2$O$_3$ 溶液滴定析出的 I$_2$，若试样为 0.439 2 g，滴定时消耗 0.100 7 mol · L^{-1}Na$_2$S$_2$O$_3$ 标准溶液 29.61 mL，计算试样中 BaCl$_2$ 的质量分数。

解：从题意可得有关反应及关系式如下：

$$Ba^{2+}+CrO_4^{2-} = BaCrO_4$$
$$2CrO_4^{2-}+6I^-+16H^+ = 2Cr^{3+}+8H_2O+3I_2$$
$$I_2+2Na_2S_2O_3 = Na_2S_4O_6+2NaI$$

$$n(Ba^{2+}) = n(CrO_4^{2-}) = \frac{2}{3}n(I_2) = \frac{1}{3}n(S_2O_3^{2-})$$

$$w(BaCl_2) = \frac{m(BaCl_2)}{m_s} = \frac{n(BaCl_2) \cdot M(BaCl_2)}{m_s} = \frac{\frac{1}{3}n(S_2O_3^{2-}) \cdot M(BaCl_2)}{m_s}$$

$$= \frac{\dfrac{1}{3}\times0.100\ 7\ mol \cdot L^{-1}\times29.61\times10^{-3}\ L\times208.3\ g \cdot mol^{-1}}{0.439\ 2\ g}$$

$$= 0.471\ 4$$

5-16　用 KMnO$_4$ 法测定硅酸盐试样中的 Ca^{2+} 含量。称取试样 0.586 3 g，在一定条件下，将钙沉淀为 CaC$_2$O$_4$，过滤、洗涤沉淀，将洗净的 CaC$_2$O$_4$ 溶解于稀 H$_2$SO$_4$ 中，用 25.64 mL 0.050 52 mol · L^{-1} KMnO$_4$ 标准溶液滴定至终点，计算硅酸盐中 Ca 的质量分数。

解:从题意可得有关反应及关系式如下:

$$Ca^{2+}+C_2O_4^{2-} \Longrightarrow CaC_2O_4 \downarrow$$

$$5C_2O_4^{2-}+2MnO_4^-+16H^+ \Longrightarrow 2Mn^{2+}+10CO_2\uparrow+8H_2O$$

$$n(Ca)=n(C_2O_4^{2-})=\frac{5}{2}n(MnO_4^-)$$

$$w(Ca)=\frac{m(Ca)}{m_s}=\frac{\dfrac{5}{2}n(MnO_4^-)\cdot M(Ca)}{m_s}$$

$$=\frac{\dfrac{5}{2}\times0.050\,52\ mol\cdot L^{-1}\times25.64\times10^{-3}\ L\times40.08\ g\cdot mol^{-1}}{0.586\,3\ g}$$

$$=0.221\,4$$

5-17 大桥钢梁的衬漆用红丹(Pb_3O_4)作填料。称取 0.100 0 g 红丹加 HCl 处理成溶液,再加入 K_2CrO_4,使定量沉淀为 $PbCrO_4$。将沉淀过滤、洗涤后溶于酸并加入过量的 KI,析出的 I_2 以淀粉作指示剂、用 0.100 0 mol·L^{-1} $Na_2S_2O_3$ 溶液滴定,消耗滴定剂 12.00 mL。求试样中 Pb_3O_4 的质量分数。有关反应方程式如下:

$$Pb_3O_4(s)+8H^++2Cl^- \longrightarrow 3Pb^{2+}+Cl_2+4H_2O$$

$$Pb^{2+}+CrO_4^{2-} \Longrightarrow PbCrO_4 \downarrow$$

$$2PbCrO_4(s)+2H^+ \longrightarrow 2Pb^{2+}+Cr_2O_7^{2-}+H_2O$$

$$Cr_2O_7^{2-}+6I^-+14H^+ \longrightarrow 2Cr^{3+}+3I_2+7H_2O$$

$$I_2+2S_2O_3^{2-} \longrightarrow 2I^-+S_4O_6^{2-}$$

解:从题意可得有关反应及关系式如下:

$$n(Pb_3O_4)=\frac{1}{3}n(Pb)=\frac{1}{3}n(CrO_4^{2-})=\frac{2}{9}n(I_2)=\frac{1}{9}n(S_2O_3^{2-})$$

$$w(Pb_3O_4)=\frac{m(Pb_3O_4)}{m_s}=\frac{n(Pb_3O_4)\cdot M(Pb_3O_4)}{m_s}=\frac{\dfrac{1}{9}n(S_2O_3^{2-})\cdot M(Pb_3O_4)}{9m_s}$$

$$=\frac{\dfrac{1}{9}\times0.100\,0\ mol\cdot L^{-1}\times12.00\times10^{-3}\ L\times685.6\ g\cdot mol^{-1}}{0.100\,0\ g}$$

$$=0.914$$

5-18 抗坏血酸(摩尔质量为 176.1 g·mol^{-1})是一种还原剂,能被 I_2 氧化。它的半反应为

$$C_6H_6O_6+2H^++2e^- \Longrightarrow C_6H_8O_6$$

如果 10.00 mL 柠檬汁试样用 HAc 酸化,并加入 20.00 mL 0.025 00 mol·L^{-1} I_2 溶液,待反应完全后,过量的 I_2 用 10.00 mL 0.010 0 mol·L^{-1} $Na_2S_2O_3$ 滴定至终点。计算每毫升柠檬汁中抗坏血酸的质量。

解: 从题意可得有关反应及关系式如下:

$$I_2 + C_6H_8O_6 \Longrightarrow 2I^- + C_6H_6O_6 + 2H^+$$

$$n(C_6H_8O_6) = n(I_2) = \frac{1}{2}n(Na_2S_2O_3)$$

$$\rho(C_6H_8O_6) = \frac{m(C_6H_8O_6)}{V_s} = \frac{n(C_6H_8O_6) \cdot M(C_6H_8O_6)}{V_s}$$

$$= \frac{(0.025\,00\text{ mol}\cdot L^{-1}\times 20.00\text{ mL} - \frac{1}{2}\times 0.010\,0\text{ mol}\cdot L^{-1}\times 10.00\text{ mL})\times 10^{-3}\text{ L}\cdot\text{mL}^{-1}\times 176.1\text{ g}\cdot\text{mol}^{-1}}{10.00\text{ mL}}$$

$$= 0.007\,925\text{ g}\cdot\text{mL}^{-1}$$

5-19 用 EDTA 滴定 Zn^{2+} 时允许的最高酸度是多少?

解: $\lg \alpha_{Y(H)} = \lg K^{\ominus}(ZnY) - 8 = 16.36 - 8 = 8.36$

查表可知最高酸度为 pH = 4.0。

5-20 称取分析纯 $CaCO_3$ 0.420 6 g, 用 HCl 溶解后, 稀释成 500.0 mL, 取出 50.00 mL, 用钙指示剂在碱性溶液中滴定, 消耗 EDTA 38.84 mL, 计算 EDTA 标准溶液的浓度。配制该浓度的 EDTA 1.000 L, 应称取 $Na_2H_2Y \cdot 2H_2O$ 多少克?

解: $c(H_4Y) = [(0.420\,6\times 50.00\times 1\,000)/(500.0\times 100.09\times 38.84)]$ mol $\cdot L^{-1}$

$\qquad = 0.010\,82$ mol $\cdot L^{-1}$

$m(Na_2H_2Y \cdot 2H_2O) = 0.010\,82$ mol $\cdot L^{-1}\times 1.000$ L $\times 372.26$ g $\cdot$ mol^{-1} = 4.028 g

5-21 取水样 100.00 mL, 在 pH = 10.0 时, 用铬黑 T 为指示剂, 用 19.00 mL 0.010 50 mol $\cdot L^{-1}$ 的 EDTA 标准溶液滴定至终点, 计算水的总硬度。

解:

水的总硬度 = 0.010 50 mol $\cdot L^{-1}\times 19.00\times 10^{-3}$ L $\times 56.08\times 10^3$ mg $\cdot$ mol^{-1}/100.00$\times 10^{-3}$ L

$\qquad = 111.9$ mg $\cdot L^{-1}$

5-22 称取含磷试样 0.100 0 g, 处理成溶液, 并把磷沉淀为 $MgNH_4PO_4$。将沉淀过滤洗涤后, 再溶解, 然后用 $c(H_4Y) = 0.010\,00$ mol $\cdot L^{-1}$ 的标准溶液滴定, 共消耗 20.00 mL, 求试样中 P_2O_5 的质量分数。

解: $w(P_2O_5) = [(0.010\,00$ mol $\cdot L^{-1}\times 20.00$ mL $\times 141.95$ g $\cdot$ mol$^{-1})/$

$\qquad (0.100\,0$ g $\times 1\,000$ mL $\cdot L^{-1}\times 2)] = 0.142\,0$

5-23 以 EDTA 滴定法测定石灰石中 CaO($M_{CaO} = 56.08$ g $\cdot$ mol^{-1}) 的含量, 采用 0.020 mol $\cdot L^{-1}$ EDTA 滴定。设试样中含 CaO 约 50%, 试样溶解后定容 250 mL, 移取 25 mL 试样溶液进行滴定, 则试样称取量的范围宜为多少?

解: EDTA 用量为 20 mL 时, 则

$\qquad$ 20 mL $\times 10^{-3}$ L $\cdot$ mL$^{-1}\times 0.020$ mol $\cdot L^{-1}\times 10\times 2\times 56.08$ g $\cdot$ mol^{-1} = 0.45 g

$\qquad$ EDTA 用量为 30 mL 时, 则

$\qquad$ 30 mL $\times 10^{-3}$ L $\cdot$ mL$^{-1}\times 0.020$ mol $\cdot L^{-1}\times 10\times 2\times 56.08$ g $\cdot$ mol^{-1} = 0.67 g

试样称取量的范围宜为 0.45～0.67 g。

提高题

5-24　测定某一热交换器中水垢的 P_2O_5 和 SiO_2 的含量如下(已校正系统误差)

$$w(P_2O_5)/\% : 8.44, 8.32, 8.45, 8.52, 8.69, 8.38$$

$$w(SiO_2)/\% : 1.50, 1.51, 1.68, 1.20, 1.63, 1.72$$

根据 Q 检验法对可疑数据决定取舍,然后求出平均值、平均偏差、标准偏差、相对标准偏差和置信度分别为 90% 及 99% 时的平均值的置信区间。

解:先将数据从小到大排列,再计算和比较,即

$$w(P_2O_5)/\% : 8.32, 8.38, 8.44, 8.45, 8.52, 8.69$$

$$w(SiO_2)/\% : 1.20, 1.50, 1.51, 1.63, 1.68, 1.72$$

$$Q(P_2O_5) = \frac{8.69-8.52}{8.69-8.32} = \frac{0.17}{0.37} = 0.46$$

$$Q(SiO_2) = \frac{1.50-1.20}{1.72-1.20} = \frac{0.30}{0.52} = 0.58$$

当 $n=6$、置信度为 90% 时,$Q(90\%)=0.56$。则 P_2O_5 含量测定中的可疑数据 8.69 应该保留,而 SiO_2 含量测定中的可疑数据 1.20 应该舍弃。

当 $n=6$、置信度为 99% 时,$Q(99\%)=0.74$。则 P_2O_5 含量测定中的可疑数据 8.69 和 SiO_2 含量测定中的可疑数据 1.20 都应该保留。

(1) 对于 P_2O_5 含量分析,相关计算结果如下:

$$\bar{x} = \frac{1}{6} \times (8.44\% + 8.32\% + 8.45\% + 8.52\% + 8.69\% + 8.38\%) = 8.47\%$$

$$\bar{d_r} = \frac{1}{6} \times (0.03\% + 0.15\% + 0.02\% + 0.05\% + 0.22\% + 0.09\%) = 0.09\%$$

$$s = \sqrt{\frac{(0.03\%)^2 + (0.15\%)^2 + (0.02\%)^2 + (0.05\%)^2 + (0.22\%)^2 + (0.09\%)^2}{6-1}} = 0.13\%$$

$$相对标准偏差 = \frac{0.13\%}{8.47\%} \times 100\% = 1.5\%$$

当 $n=6$、置信度为 90% 时,$t_{90\%}=2.02$,此时

$$\mu = \bar{x} \pm \frac{ts}{\sqrt{n}} = (8.47 \pm 0.11)\%$$

当 $n=6$、置信度为 99% 时,$t_{99\%}=4.03$,此时

$$\mu = \bar{x} \pm \frac{ts}{\sqrt{n}} = (8.47 \pm 0.21)\%$$

(2) 对于 SiO_2 含量分析,相关计算结果如下:

当置信度为 90% 时,对剩余 5 个数据进行分析,则

$$\bar{x} = \frac{1}{5} \times (1.50\% + 1.51\% + 1.68\% + 1.63\% + 1.72\%) = 1.61\%$$

$$\overline{d_r} = \frac{1}{5} \times (0.11\% + 0.10\% + 0.07\% + 0.02\% + 0.11\%) = 0.08\%$$

$$s = \sqrt{\frac{(0.11\%)^2 + (0.10\%)^2 + (0.07\%)^2 + (0.02\%)^2 + (0.11\%)^2}{5-1}} = 0.10\%$$

$$相对标准偏差 = \frac{0.10\%}{1.61\%} \times 100\% = 6.2\%$$

当 $n = 5$、置信度为 90% 时，$t_{90\%} = 2.13$，此时

$$\mu = \overline{x} \pm \frac{ts}{\sqrt{n}} = (1.61 \pm 0.10)\%$$

当置信度为 99% 时，对所有 6 个数据进行分析，则

$$\overline{x} = \frac{1}{6} \times (1.50\% + 1.51\% + 1.68\% + 1.20\% + 1.63\% + 1.72\%) = 1.54\%$$

$$\overline{d_r} = \frac{1}{6} \times (0.04\% + 0.03\% + 0.14\% + 0.34\% + 0.09\% + 0.18\%) = 0.14\%$$

$$s = \sqrt{\frac{(0.04\%)^2 + (0.03\%)^2 + (0.14\%)^2 + (0.34\%)^2 + (0.09\%)^2 + (0.18\%)^2}{6-1}} = 0.19\%$$

$$相对标准偏差 = \frac{0.19\%}{1.54\%} \times 100\% = 12\%$$

当 $n = 6$、置信度为 99% 时，$t_{99\%} = 4.03$，此时

$$\mu = \overline{x} \pm \frac{ts}{\sqrt{n}} = (1.54 \pm 0.31)\%$$

5-25 分析不纯 $CaCO_3$（其中不含干扰物质）。称取试样 0.300 0 g，加入浓度为 0.250 0 mol·L^{-1} HCl 溶液 25.00 mL，煮沸除去 CO_2，用浓度为 0.201 2 mol·L^{-1} 的 NaOH 溶液返滴定过量的酸，消耗 5.84 mL。计算试样中 $CaCO_3$ 的质量分数。

解：
$$n(HCl) = 2n(CaCO_3), \quad n(HCl) = n(NaOH)$$

$$w(CaCO_3) = \frac{m(CaCO_3)}{m_s} = \frac{n(CaCO_3) \cdot M(CaCO_3)}{m_s}$$

$$= \frac{\frac{1}{2}[c(HCl)V(HCl) - c(NaOH)V(NaOH)]M(CaCO_3)}{m_s}$$

$$= \frac{\frac{1}{2} \times (0.250\ 0 \times 25.00 - 0.201\ 2 \times 5.84) \times 10^{-3}\ mol \times 100.1\ g \cdot mol^{-1}}{0.300\ 0\ g}$$

$$= 0.846\ 7$$

5-26 为测定牛奶中蛋白质的含量，称取 1.000 g 试样，用浓硫酸消化，将试样中氮转化为 NH_4HSO_4，加入浓的氢氧化钠溶液并加热，蒸出的 NH_3 用过量的硼酸吸收，然后用 HCl 标准溶液滴定，甲基红作指示剂，消耗 HCl 标准溶液 21.00 mL。另取 0.200 0 g 纯 NH_4Cl，经同样处

理,消耗 HCl 标准溶液 20.10 mL。计算此牛奶中蛋白质的质量分数(已知奶品中的蛋白质含氮的质量分数平均为 15.70%)。

解:有关反应为

$$NH_3+H_3BO_3 \Longrightarrow (NH_4)H_2BO_3$$

$$(NH_4)H_2BO_3+HCl \Longrightarrow NH_4Cl+H_3BO_3$$

$$NH_3+HCl \Longrightarrow NH_4Cl$$

$$n(NH_4Cl)=n(HCl)=c(HCl) \times V(HCl)$$

$$c(HCl)=\frac{0.200\ 0\ g/(53.49\ g \cdot mol^{-1})}{20.10 \times 10^{-3}\ L}=0.186\ 0\ mol \cdot L^{-1}$$

$$w(蛋白质)=w(N) \times \frac{1}{15.70\%}=6.369 \times w(N)$$

$$=6.369 \times \frac{m(N)}{m_s}=6.369 \times \frac{n(N) \times M(N)}{m_s}$$

$$=6.369 \times \frac{c(HCl) \times V(HCl) \times M(N)}{m_s}$$

$$=6.369 \times \frac{21.00 \times 0.186\ 0 \times 10^{-3}\ mol \times 14.01\ g \cdot mol^{-1}}{1.000\ g}$$

$$=0.348\ 5$$

5-27　0.500 0 mol · L^{-1} HNO_3 溶液滴定 0.500 0 mol · L^{-1} NH_3 · H_2O 溶液。试计算滴定分数为 0.50 及 1.00 时溶液的 pH。应选用何种指示剂?

解:滴定分数为 0.50 时,NH_3 · H_2O 溶液被中和一半,此时为 NH_3 · H_2O-NH_4^+ 缓冲溶液。

$$pOH=pK_b^\ominus - lg(c_b/c_a) \quad (其中\ c_a=c_b)$$

$$pOH=-lg(1.8 \times 10^{-5})=4.74$$

$$pH=14.00-4.74=9.26$$

滴定分数为 1.00 时,NH_3 · H_2O 刚好完全被中和,溶液为 0.250 0 mol · L^{-1} NH_4^+。

$$K_a^\ominus(NH_4^+)=K_w^\ominus/K_b^\ominus=1.0 \times 10^{-14}/(1.8 \times 10^{-5})=5.6 \times 10^{-10}$$

因为 $c_a K_a^\ominus > 20K_w^\ominus, c_a/K_a^\ominus > 500$,则

$$c(H^+)=\sqrt{cK_a^\ominus}=\sqrt{0.250\ 0 \times 5.6 \times 10^{-10}}=1.2 \times 10^{-5}(mol \cdot L^{-1})$$

$$pH=4.92$$

可选指示剂:甲基红(4.4~6.2)较好;溴甲酚绿(3.8~5.4)。

5-28　已知某试样可能含有 Na_3PO_4,Na_2HPO_4 和惰性物质。称取该试样 1.000 0 g,用水溶解。试样溶液以甲基橙作指示剂,用 0.250 0 mol · L^{-1} HCl 溶液滴定,消耗滴定剂 32.00 mL。含同样质量的试样溶液以百里酚酞作指示剂,需上述 HCl 溶液 12.00 mL。求试样组成和含量。

解:由题意可得,试样中含 Na_3PO_4 和 Na_2HPO_4,且不可能含 NaH_2PO_4。

$$Na_3PO_4+HCl \Longrightarrow Na_2HPO_4+NaCl \quad (百里酚酞)$$

$$Na_2HPO_4+HCl =\!=\!= NaH_2PO_4+NaCl \quad （甲基橙）$$

$$w(Na_3PO_4)=12.00\times10^{-3}\ L\times0.250\ 0\ mol\cdot L^{-1}\times163.9\ g\cdot mol^{-1}/1.000\ 0\ g=0.491\ 7$$

$$w(Na_2HPO_4)=(32.00-12.00\times2)\times10^{-3}\ L\times0.250\ 0\ mol\cdot L^{-1}\times$$
$$142.0\ g\cdot mol^{-1}/1.000\ 0\ g=0.284\ 0$$

5-29　称取 2.000 g 干肉片试样,用浓 H_2SO_4 煮解(以汞为催化剂)直至其中的氮元素完全转化为硫酸氢铵,再用过量 NaOH 处理,放出的 NH_3 吸收于 50.00 mL H_2SO_4(1.00 mL 相当于 0.018 60 g Na_2O)中。过量的 H_2SO_4 需要 28.80 mL 的 NaOH(1.00 mL 相当于 0.126 6 g 邻苯二甲酸氢钾)返滴定。计算干肉片中蛋白质的质量分数(N 的质量分数乘以因数 6.25,即为蛋白质的质量分数)。

解:0.018 60 g Na_2O 的物质的量为

$$n(Na_2O)=0.018\ 60\ g/(61.98\ g\cdot mol^{-1})=3.001\times10^{-4}\ mol$$

0.126 6 g 邻苯二甲酸氢钾的物质的量为

$$n(邻)=0.126\ 6\ g/(204.2\ g\cdot mol^{-1})=6.200\times10^{-4}\ mol$$

50.00 mL H_2SO_4 的物质的量为

$$n(H_2SO_4)=50.00\ mL\times3.001\times10^{-4}\ mol\cdot mL^{-1}=1.500\times10^{-2}\ mol$$

28.80 mL NaOH 的物质的量为

$$n(NaOH)=28.80\ mL\times6.200\times10^{-4}\ mol\cdot mL^{-1}=1.786\times10^{-2}\ mol$$

$$1\ mol\ H_2SO_4\sim2\ mol\ NaOH;\quad N\sim NH_4^+\sim\frac{1}{2}H_2SO_4\sim NaOH$$

$$n(NaOH)=2n(H_2SO_4);\quad n(NH_3)=2n(H_2SO_4)$$

$$w(蛋白质)=6.25\times[14.01\ g\cdot mol^{-1}\times(1.500\times10^{-2}\ mol-1.786\times10^{-2}\ mol/2)\times2]/$$
$$(2.000\ g)=0.531\ 5$$

5-30　称取工业纯碱(混合碱)试样 0.898 3 g,加酚酞指示剂,用 0.289 6 mol·L^{-1} HCl 溶液滴定至终点,消耗滴定剂 31.45 mL。再加甲基橙指示剂,滴定至终点,又消耗滴定剂 24.10 mL。求试样中各组分的质量分数。

解:由题意可知试样由 NaOH 和 Na_2CO_3 组成。

$$w(Na_2CO_3)=24.10\times10^{-3}\ L\times0.289\ 6\ mol\cdot L^{-1}\times106.0\ g\cdot mol^{-1}/(0.898\ 3\ g)=0.823\ 6$$

$$w(NaOH)=[(31.45-24.10)\times10^{-3}\ L\times0.289\ 6\ mol\cdot L^{-1}\times40.01\ g\cdot mol^{-1}]/(0.898\ 3\ g)$$
$$=0.094\ 8$$

5-31　有一个三元酸,其 $pK_{a_1}^{\ominus}=2.0$,$pK_{a_2}^{\ominus}=6.0$,$pK_{a_3}^{\ominus}=12.0$。用氢氧化钠溶液滴定时,第一和第二化学计量点的 pH 分别为多少?两个化学计量点附近有无 pH 突跃?可选用什么指示剂?能否直接滴定至酸的质子全部被作用?

解:$K_{a_1}^{\ominus}=10^{-2}$,$K_{a_2}^{\ominus}=10^{-6}$,$K_{a_3}^{\ominus}=10^{-12}$

第一计量点时:$c(H^+)=\sqrt{K_{a_1}^{\ominus}K_{a_2}^{\ominus}}=\sqrt{10^{-2}\times10^{-6}}=10^{-4}(mol\cdot L^{-1})$,pH=4

第二计量点时:$c(H^+)=\sqrt{K_{a_2}^{\ominus}K_{a_3}^{\ominus}}=\sqrt{10^{-6}\times10^{-12}}=10^{-9}(mol\cdot L^{-1})$,pH=9

由于 $cK_{a_1}^{\ominus} > 10^{-8}$，$cK_{a_2}^{\ominus} = 10^{-7} > 10^{-8}$，$c = 0.1 \text{ mol} \cdot \text{L}^{-1}$。

故两个化学计量点均可产生 pH 突跃，但第二化学计量点的突跃可能较小，最好用混合指示剂。第一化学计量点时用甲基橙，第二化学计量点时用百里酚酞+酚酞。

由于 $cK_{a_3}^{\ominus} = 10^{-13} \ll 10^{-8}$，因而不能直接滴定至酸的质子全部被作用。

5-32　某一元弱酸(HA)纯品 1.250 g，用水溶解后定容 50.00 mL，用 41.20 mL 0.090 0 mol·L⁻¹ NaOH 标准溶液滴定至终点。加入 8.24 mL NaOH 溶液时，溶液 pH 为 4.30。求

(1) 弱酸的摩尔质量($\text{g} \cdot \text{mol}^{-1}$)　　　　　(2) 弱酸的解离常数

(3) 化学计量点的 pH　　　　　　　　(4) 选用何种指示剂

解：(1) $\text{HA} + \text{NaOH} =\!=\!= \text{NaA} + \text{H}_2\text{O}$

$$1.250 \text{ g}/M = 41.20 \times 10^{-3} \text{ L} \times 0.090 0 \text{ mol} \cdot \text{L}^{-1}$$

$$M = 1.250 \text{ g}/(41.20 \times 10^{-3} \times 0.090 0) \text{ mol} = 337.1 \text{ g} \cdot \text{mol}^{-1}$$

(2) $\text{pH} = \text{p}K_a^{\ominus} - \lg(c_a/c_b)$

$$\text{p}K_a^{\ominus} = \text{pH} + \lg(c_a/c_b)$$

$$= 4.30 + \lg[(41.20 - 8.24) \times 10^{-3} \times 0.090 0/(8.24 \times 10^{-3} \times 0.090 0)]$$

$$= 4.90$$

$$K_a^{\ominus} = 10^{-4.90} = 1.3 \times 10^{-5}$$

(3) $K_b^{\ominus} = K_w^{\ominus}/K_a^{\ominus} = 10^{-14.00}/10^{-4.90} = 10^{-9.10}$

化学计量点：$c(\text{OH}^-) = \sqrt{cK_b^{\ominus}} = \sqrt{\dfrac{0.090 0 \times 41.20}{50.00 + 41.20} \times 10^{-9.10}} = 5.68 \times 10^{-6} (\text{mol} \cdot \text{L}^{-1})$

$$\text{pH} = 14.00 - \text{pOH} = 14.00 + \lg(5.68 \times 10^{-6}) = 8.75$$

(4) 可选酚酞为指示剂。

5-33　用 KIO_3 作基准物质标定 $\text{Na}_2\text{S}_2\text{O}_3$ 溶液。称取 0.200 1 g KIO_3 与过量 KI 作用，析出的碘用 $\text{Na}_2\text{S}_2\text{O}_3$ 溶液滴定，以淀粉作指示剂，消耗滴定剂 27.80 mL。问 $\text{Na}_2\text{S}_2\text{O}_3$ 溶液浓度为多少？每毫升 $\text{Na}_2\text{S}_2\text{O}_3$ 溶液相当于多少克碘？

解：有关反应为

$$5\text{I}^- + \text{IO}_3^- + 6\text{H}^+ =\!=\!= 3\text{I}_2 + 3\text{H}_2\text{O}$$

$$\text{I}_2 + 2\text{S}_2\text{O}_3^{2-} =\!=\!= 2\text{I}^- + \text{S}_4\text{O}_6^{2-}$$

$$n(\text{KIO}_3) = \frac{1}{3}n(\text{I}_2) = \frac{1}{6}n(\text{Na}_2\text{S}_2\text{O}_3)$$

$$n(\text{KIO}_3) = \frac{m(\text{KIO}_3)}{M(\text{KIO}_3)} = \frac{0.200 1 \text{ g}}{214.0 \text{ g} \cdot \text{mol}^{-1}} = 9.35 \times 10^{-4} \text{ mol}$$

$$c(\text{Na}_2\text{S}_2\text{O}_3) = \frac{n(\text{Na}_2\text{S}_2\text{O}_3)}{V(\text{Na}_2\text{S}_2\text{O}_3)} = \frac{6n(\text{KIO}_3)}{V(\text{Na}_2\text{S}_2\text{O}_3)} = \frac{6 \times 9.35 \times 10^{-4} \text{ mol}}{27.80 \times 10^{-3} \text{ L}} = 0.201 8 \text{ mol} \cdot \text{L}^{-1}$$

每毫升 $\text{Na}_2\text{S}_2\text{O}_3$ 溶液相当于碘的质量为

$$m(\text{I}_2) = n(\text{I}_2)M(\text{I}_2) = \frac{1}{2}n(\text{Na}_2\text{S}_2\text{O}_3)M(\text{I}_2) = \frac{1}{2}c(\text{Na}_2\text{S}_2\text{O}_3)V(\text{Na}_2\text{S}_2\text{O}_3)M(\text{I}_2)$$

$$=\frac{1}{2}\times0.201\ 8\ mol\cdot L^{-1}\times10^{-3}\ L\times253.8\ g\cdot mol^{-1}$$

$$=0.025\ 61\ g$$

5-34 A 25.00 mL sample of unknown containing Fe^{3+} and Cu^{2+} required 16.06 mL of 0.050 83 $mol\cdot L^{-1}$ EDTA for complete titration. A 50.00 mL sample of the unknown was treated with NH_4F to protect the Fe^{3+}. Then the Cu^{2+} was reduced and masked by addition of thiourea. Upon addition of 25.00 mL of 0.050 83 $mol\cdot L^{-1}$ EDTA, the Fe^{3+} was liberated from its fluoride complex and formed an EDTA complex. The excess EDTA required 19.77mL of 0.018 83 $mol\cdot L^{-1}$ Pb^{2+} to reach an endpoint using xylenol orange. Find the concentration of Cu^{2+} in the unknown.

Solution:

$$c(Cu^{2+})=[0.050\ 83\ mol\cdot L^{-1}\times16.06\ mL-(0.050\ 83\ mol\cdot L^{-1}\times25.00\ mL-$$
$$0.018\ 83\ mol\cdot L^{-1}\times19.77\ mL)/2]/(25.00\ mL)$$
$$=0.014\ 68\ mol\cdot L^{-1}$$

5-35 水中化学耗氧量(COD)是环保中检测水质污染程度的一个重要指标,是指在特定条件下用一种强氧化剂(如 $KMnO_4$,$K_2Cr_2O_7$)定量地氧化水中的还原性物质时所消耗的氧化剂用量[折算为每升多少毫克氧,用 $\rho(O_2)$ 表示,单位为 $mg\cdot L^{-1}$]。今取废水样 100.0 mL,用 H_2SO_4 酸化后,加入 25.00 mL 0.016 67 $mol\cdot L^{-1}$ 的 $K_2Cr_2O_7$ 标准溶液,用 Ag_2SO_4 作催化剂煮沸一定时间,使水样中的还原性物质氧化完全后,以邻二氮菲-亚铁为指示剂,用 0.100 0 $mol\cdot L^{-1}$ 的 $FeSO_4$ 标准溶液返滴定,消耗滴定剂 15.00 mL。计算废水样中的化学耗氧量。(提示:$O_2+4H^++4e^-\rlap{=}{=}2H_2O$,用 O_2 和 $K_2Cr_2O_7$ 氧化同一还原性物质时,3 mol O_2 相当于 2 mol $K_2Cr_2O_7$。)

解:相关反应式及化学计量比为

$$6Fe^{2+}+Cr_2O_7^{2-}+14H^+\rlap{=}{=}6Fe^{3+}+2Cr^{3+}+7H_2O$$
$$6n(K_2Cr_2O_7)=n(Fe^{2+})$$
$$2n(K_2Cr_2O_7)=3n(O_2),\ n(O_2)=(3/2)n(K_2Cr_2O_7)$$

$$\rho(O_2)=\frac{m(O_2)}{V_s}=\frac{n(O_2)\cdot M(O_2)}{V_s}=\frac{\frac{3}{2}n(K_2Cr_2O_7)\cdot M(O_2)}{V_s}$$

$$=\frac{\frac{3}{2}[c(K_2Cr_2O_7)\cdot V(K_2Cr_2O_7)-\frac{1}{6}c(Fe^{2+})\cdot V(Fe^{2+})]\cdot M(O_2)}{V_s}$$

$$=\frac{\frac{3}{2}\times(0.016\ 67\times25.00-\frac{1}{6}\times0.100\ 0\times15.00)\times10^{-3}\ mol\times32.00\times10^3\ mg\cdot mol^{-1}}{100.0\times10^{-3}\ L}$$

$$=80.04\ mg\cdot L^{-1}$$

5-36 称取软锰矿 0.100 0 g,用 Na_2O_2 熔融后,得到 MnO_4^{2-},煮沸除去过氧化物。酸化

后, MnO_4^{2-} 歧化为 MnO_4^- 和 MnO_2。滤去 MnO_2,滤液用 21.50 mL 0.100 0 mol·L^{-1} 的 $FeSO_4$ 标准溶液滴定。计算试样中 MnO_2 的质量分数。

解:相关反应式及化学计量比为

$$MnO_2 + Na_2O_2 == Na_2MnO_4$$

$$3MnO_4^{2-} + 4H^+ == 2MnO_4^- + MnO_2 + 2H_2O$$

$$MnO_4^- + 5Fe^{2+} + 8H^+ == Mn^{2+} + 5Fe^{3+} + 4H_2O$$

$$n(MnO_2) = n(MnO_4^{2-}) = \frac{3}{2}n(MnO_4^-) = \frac{3}{10}n(Fe^{2+})$$

$$w(MnO_2) = \frac{m(MnO_2)}{m_s} = \frac{n(MnO_2) \cdot M(MnO_2)}{m_s}$$

$$= \frac{\frac{3}{10}n(Fe^{2+}) \cdot M(MnO_2)}{m_s} = \frac{\frac{3}{10}c(Fe^{2+}) \cdot V(Fe^{2+}) \cdot M(MnO_2)}{m_s}$$

$$= \frac{\frac{3}{10} \times 0.100 0 \text{ mol} \cdot L^{-1} \times 21.50 \times 10^{-3} \text{ L} \times 86.94 \text{ g} \cdot \text{mol}^{-1}}{0.100 0 \text{ g}}$$

$$= 0.560 8$$

5-37　微型音像磁带中的磁性材料的化学组成相当于 $Co_xFe_{3-x}O_{4+x}$。准确称取 0.289 3 g 含钴的铁磁体化合物,加酸溶解后定容至 250 mL 的容量瓶中。移取 25.00 mL 该试样溶液于锥形瓶中,加入 pH=2 的缓冲溶液,以磺基水杨酸作指示剂,用 0.010 10 mol·L^{-1} EDTA 溶液滴定,消耗滴定剂 29.70 mL。再将溶液 pH 调节至 5 左右,加热至近沸,以 PAN 作指示剂,趁热继续用 EDTA 滴定,消耗滴定剂 5.94 mL。计算试样中钴、铁的质量分数。

解:EDTA 与任何金属离子反应均是 1:1;pH=2 时滴定的为铁离子,pH=5 时滴定的为钴离子。

$$w(Fe) = \frac{m(Fe)}{m_s} = \frac{55.85 \text{ g} \cdot \text{mol}^{-1} \times 29.70 \times 10^{-3} \text{ L} \times 0.010 10 \text{ mol} \cdot L^{-1}}{0.289 3 \text{ g}} \times \frac{250.0 \text{ mL}}{25.00 \text{ mL}} = 0.579 1$$

$$w(Co) = \frac{m(Co)}{m_s} = \frac{58.93 \text{ g} \cdot \text{mol}^{-1} \times 5.94 \times 10^{-3} \text{ L} \times 0.010 10 \text{ mol} \cdot L^{-1}}{0.289 3 \text{ g}} \times \frac{250.0 \text{ mL}}{25.00 \text{ mL}} = 0.122 2$$

5-38　吸取 50.00 mL 含有 IO_3^- 和 IO_4^- 的试液,用硼砂调节溶液 pH,并用过量 KI 处理,使 IO_4^- 转变为 IO_3^-,同时形成的 I_2 消耗 18.40 mL 0.100 0 mol·L^{-1} $Na_2S_2O_3$ 溶液滴定至终点。另取 10.00 mL 试液,用强酸酸化后,加入过量 KI,需 48.70 mL 同浓度的 $Na_2S_2O_3$ 溶液完成滴定。计算试液中 IO_3^- 和 IO_4^- 的浓度。

解:开始时的有关反应及关系式为

$$IO_4^- + 2I^- + 2H^+ == IO_3^- + I_2 + H_2O$$

$$I_2 + 2S_2O_3^{2-} == S_4O_6^{2-} + 2I^-$$

$$n(IO_4^-) = n(I_2) = \frac{1}{2}n(S_2O_3^{2-})$$

强酸酸化后的有关反应及关系式为

$$IO_4^-+7I^-+8H^+ \rlap{=}{=} 4I_2+4H_2O, \qquad n(IO_4^-)=\frac{1}{4}n(I_2)=\frac{1}{8}n(S_2O_3^{2-})$$

$$IO_3^-+5I^-+6H^+ \rlap{=}{=} 3I_2+3H_2O, \qquad n(IO_3^-)=\frac{1}{3}n(I_2)=\frac{1}{6}n(S_2O_3^{2-})$$

$$c(IO_4^-)=\frac{n(IO_4^-)}{V}=\frac{\frac{1}{2}n(S_2O_3^{2-})}{V}=\frac{0.100\ 0\ mol\cdot L^{-1}\times18.40\ mL}{2\times50.00\ mL}=0.018\ 40\ mol\cdot L^{-1}$$

$$c(IO_3^-)=\frac{n(IO_3^-)}{V}=\frac{\frac{1}{6}\left[n(S_2O_3^{2-})-8n(IO_4^-)\right]}{V}$$

$$=\frac{0.100\ 0\ mol\cdot L^{-1}\times48.70\ mL-8\times0.018\ 40\ mol\cdot L^{-1}\times10.00\ mL}{6\times10.00\ mL}=0.056\ 63\ mol\cdot L^{-1}$$

5-39 分析铜锌合金,称取 0.500 0 g 试样,用容量瓶配成 100.0 mL 试液,吸取 25.00 mL,调至 pH=6.0 时,以 PAN 作指示剂,用 $c(H_4Y)=0.050\ 00\ mol\cdot L^{-1}$ 的溶液滴定 Cu^{2+} 和 Zn^{2+},用去 37.30 mL。另外吸取 25.00 mL 试液,调至 pH=10,加 KCN,以掩蔽 Cu^{2+} 和 Zn^{2+},用同浓度的 H_4Y 溶液滴定 Mg^{2+},消耗 4.10 mL。然后再加甲醛以解蔽 Zn^{2+},又用同浓度的 H_4Y 溶液滴定,消耗 13.40 mL。计算试样中含 Cu^{2+},Zn^{2+} 和 Mg^{2+} 的含量。

解:$w(Mg)=(0.050\ 00\times4.10\times100\times24.31)/(25.00\times0.500\ 0\times1\ 000)=0.039\ 9$

$w(Zn)=(0.050\ 00\times13.40\times100\times65.39)/(25.00\times0.500\ 0\times1\ 000)=0.350\ 5$

$w(Cu)=[0.050\ 00\times(37.30-13.40)\times100\times63.55]/(25.00\times0.500\ 0\times1\ 000)=0.607\ 5$

5-40 用 EDTA 配位滴定法测定 Fe^{3+} 与 Zn^{2+},若溶液中 Fe^{3+} 与 Zn^{2+} 的浓度均为 0.01 $mol\cdot L^{-1}$,问:

(1) Fe^{3+} 与 Zn^{2+} 能否用控制酸度的方法进行分步滴定?

(2) 若能分别准确滴定,如何控制酸度。(已知 lg $K_{FeY}^{\ominus}=25.1$,lg $K_{ZnY}^{\ominus}=16.5$)

解:(1) 由于 $\Delta[\lg(K_f^{\ominus}\cdot c)]>5$,因此可以分步滴定。

(2) 先计算各自的酸效应系数,再查表。

lg $\alpha_{Y(H)}\leqslant$ lg $K_f^{\ominus}(FeY)-8=25.1-8=17.1$,在 pH=1.2 左右先滴定 Fe^{3+};

lg $\alpha_{Y(H)}\leqslant$ lg $K_f^{\ominus}(ZnY)-8=16.5-8=8.5$,调节体系 pH=4.0 左右再滴定 Zn^{2+}。

5-41 Four measurements of the weight of an object whose correct weight is 0.102 6 g are 0.102 1 g, 0.102 5 g, 0.101 9 g, 0.102 3 g. Calculate the mean, the average deviation, the relative average deviation(%), the standard deviation, the relative standard deviation (%), the error of the mean, and the relative error of the mean (%).

Solution:

$$\bar{x}=\frac{1}{4}\times(0.102\ 1+0.102\ 5+0.101\ 9+0.102\ 3)\ g=0.102\ 2\ g$$

$$\bar{d} = \frac{1}{4} \times (0.000\ 1 + 0.000\ 3 + 0.000\ 3 + 0.000\ 1)\ \mathrm{g} = 0.000\ 2\ \mathrm{g}$$

relative average deviation $\quad d_r = \dfrac{0.000\ 2\ \mathrm{g}}{0.102\ 2\ \mathrm{g}} \times 100\% = 0.2\%$

$$s = \sqrt{\frac{0.000\ 1^2 + 0.000\ 3^2 + 0.000\ 3^2 + 0.000\ 1^2}{4-1}}\ \mathrm{g} = 0.000\ 3\ \mathrm{g}$$

relative standard deviation $\mathrm{CV} = \dfrac{0.000\ 3\ \mathrm{g}}{0.102\ 2\ \mathrm{g}} \times 100\% = 0.3\%$

error of the mean $\quad E = \bar{x} - x_{\mathrm{T}} = 0.102\ 2\ \mathrm{g} - 0.102\ 6\ \mathrm{g} = -0.000\ 4\ \mathrm{g}$

relative error of the mean $\quad E_r = \dfrac{-0.000\ 4\ \mathrm{g}}{0.102\ 6\ \mathrm{g}} \times 100\% = -0.4\%$

5−42 A 1.538 0 g sample of iron ore is dissolved in acid, the iron is reduced to the +2 oxidation state quantitatively and titrated with 43.50 mL of $KMnO_4$ solution ($Fe^{2+} \rightarrow Fe^{3+}$), 1.000 mL of which is equivalent to 11.17 mg of iron. Express the results of the analysis as (1) $w(Fe)$; (2) $w(Fe_2O_3)$; (3) $w(Fe_3O_4)$.

Solution:

The reaction is $\quad MnO_4^- + 5Fe^{2+} + 8H^+ \rule[0.5ex]{1.5em}{0.4pt} Mn^{2+} + 5Fe^{3+} + 4H_2O$

(1) 1.000 mL of which is equivalent to 11.17 mg of iron, therefore,

$$w(Fe) = \frac{m(Fe)}{m_s} = \frac{11.17 \times 10^{-3}\ \mathrm{g \cdot mL^{-1}} \times 43.50\ \mathrm{mL}}{1.538\ 0\ \mathrm{g}} = 0.315\ 9$$

(2) $n(Fe_2O_3) = (1/2)n(Fe^{2+})$

$$w(Fe_2O_3) = \frac{m(Fe_2O_3)}{m_s} = \frac{n(Fe_2O_3) \cdot M(Fe_2O_3)}{m_s} = \frac{\frac{1}{2}n(Fe) \cdot M(Fe_2O_3)}{m_s} = \frac{\frac{1}{2}\frac{m(Fe)}{M(Fe)} \cdot M(Fe_2O_3)}{m_s}$$

$$= \frac{\frac{1}{2} \times \frac{159.7}{55.85} \times 11.17 \times 10^{-3}\ \mathrm{g \cdot mL^{-1}} \times 43.50\ \mathrm{mL}}{1.538\ 0\ \mathrm{g}}$$

$$= 0.451\ 7$$

(3) $n(Fe_3O_4) = (1/3)n(Fe^{2+})$

$$w(Fe_3O_4) = \frac{m(Fe_3O_4)}{m_s} = \frac{n(Fe_3O_4) \cdot M(Fe_3O_4)}{m_s} = \frac{\frac{1}{3}n(Fe) \cdot M(Fe_3O_4)}{m_s} = \frac{\frac{1}{3}\frac{m(Fe)}{M(Fe)} \cdot M(Fe_3O_4)}{m_s}$$

$$= \frac{\frac{1}{3} \times \frac{231.5}{55.85} \times 11.17 \times 10^{-3}\ \mathrm{g \cdot mL^{-1}} \times 43.50\ \mathrm{mL}}{1.538\ 0\ \mathrm{g}}$$

$$= 0.436\ 5$$

第六章　分子光谱分析

学习要求

1. 了解光谱分析法概论。
2. 掌握分光光度分析中的朗伯-比尔定律。
3. 掌握紫外-可见吸收光谱分析的原理、仪器及应用。
4. 掌握红外吸收光谱分析的原理、仪器及应用。
5. 掌握荧光光谱分析的原理、仪器及应用。

内容概要

6.1　光谱分析法概述

6.1.1　光学分析

光学分析是基于测量光辐射与物质相互作用后引起辐射信号的变化,或测量物质所发射的电磁辐射,进而进行物质的定性、定量和结构分析的一大类分析方法。光谱分析法是在物质与光辐射相互作用时,测量物质内部由于量子化能级跃迁而发生光的发射、吸收、散射的波长及强度进行分析的方法,如原子发射光谱法、原子吸收光谱法、原子荧光光谱法、紫外-可见吸收光谱法、红外吸收光谱法等。

6.1.2　光能量与能级跃迁的关系

光子的能量与波长的关系符合普朗克(Planck)定律:$E = h\nu = h\dfrac{c}{\lambda}$。$E$ 为光子能量,用焦耳(J)表示;ν 为光辐射频率(Hz);λ 为光辐射波长(m);c 为光速(真空中为 2.998×10^8 m·s^{-1});h 为普朗克常量(6.626×10^{-34} J·s)。

按波长或频率大小顺序排列的电磁辐射称为电磁波谱。仪器分析中应用最多的是紫外光区、可见光区和红外光区。

6.1.3　光谱分类及各类分析

按产生光谱的微观粒子类别来区分,光谱可以分为原子光谱(atomic spectrum)和分子光谱(molecular spectrum)。原子光谱是由物质的原子与光辐射作用所产生的光谱。由于原子光谱的产生通常涉及原子内部的电子能级跃迁,因此所产生的原子光谱是一组不连续的狭窄谱线间隔排列的线状光谱。分子光谱是由物质的分子与光辐射作用所产生的光谱。分子光谱涉及分子内原子的电子能级跃迁、分子内原子间的振动能级跃迁、分子整体的转动能级跃迁,光谱形貌为带状光谱。

按照电磁辐射与物质相互作用的关系,光谱又可被分为发射光谱、吸收光谱和散射光谱等类型。

综合光谱产生的物质微粒和作用方式,原子光谱一般有原子发射光谱、原子吸收光谱和原子荧光光谱等;分子光谱最常见的有紫外-可见吸收光谱、红外吸收光谱、荧光光谱等;散射光谱中最常见的是拉曼散射光谱。

6.1.4　物质的颜色与光的关系

具有单一波长的光称为单色光,由两种以上波长组成的光为混合光。物质的颜色是由物质对不同波长的光具有选择性吸收作用而产生的。物质呈现的颜色和吸收的光颜色之间是互补关系。

若测定某物质对不同波长单色光的吸收程度,以波长为横坐标、吸光度为纵坐标作图,可得一条曲线,称为吸收光谱或吸收曲线,可清楚地描述物质对光的吸收情况。吸收曲线可作为分光光度分析(即单色光光强度分析)中波长选择的依据,一般选最大吸收波长的单色光进行测定。这样对于同一待测物质,测得的吸光度最大,从而使分析灵敏度更高。

6.2　光的吸收定律:朗伯-比尔定律

6.2.1　朗伯-比尔定律

朗伯-比尔定律(光的吸收定律):当一束平行的单色光照射到有色溶液,设入射光强度为I_0,透射光强度为I_t,溶液的浓度为c,液层厚度为b;一定浓度范围内的溶液存在$\lg \dfrac{I_0}{I_t} = kcb$。

其中透射光I_t和入射光I_0的比值$\dfrac{I_t}{I_0}$通常称透光度,符号用T百分数表示,又称透光率;$\lg \dfrac{I_0}{I_t}$称为吸光度,用A表示。即

$$A = \lg \frac{I_0}{I_t} = \lg \frac{1}{T} = kcb$$

当c的单位为$mol \cdot L^{-1}$,b的单位为cm时,k常以κ表示,称为摩尔吸收系数,其单位为$L \cdot mol^{-1} \cdot cm^{-1}$。

6.2.2　偏离朗伯-比尔定律的原因

(1)单色光不纯所引起的偏离

实际工作中,不可能从连续辐射光源中提取纯单色光,即使高质量分光光度仪的入射光仍有一定波长宽度,导致了对朗伯-比尔定律的偏离。

(2)由于溶液本身的原因所引起的偏离

① 摩尔吸收系数κ与溶液折射率n有关,而溶液折射率随溶液浓度的改变而变化。

② 如果介质不均匀,呈胶体、乳浊、悬浮状态,则会导致对朗伯-比尔定律的偏离。

③ 溶质的解离、缔合、互变异构及化学变化也会引起对朗伯-比尔定律的偏离。

6.3　紫外-可见吸收光谱分析

6.3.1　紫外-可见吸收与分子结构

（1）有机化合物的电子能级跃迁类型

有机化合物的紫外-可见吸收光谱是由分子的外层电子跃迁产生的,包括 σ 电子、π 电子和 n 电子(孤对电子),产生 σ→σ*、π→π*、n→σ*、n→π* 4 类跃迁。σ→σ* 跃迁所需能量最大,吸收处于远紫外光区;n→σ* 跃迁所需能量略低,吸收处于近紫外光区,但强度很小;π→π* 跃迁所需能量较低,吸收谱带处于近紫外光区,强度大;若几个不饱和键互相共轭,吸收带红移且增敏;n→π* 跃迁所需能量最低,其吸收位于近紫外至可见光区,但吸收强度很小。有机化合物分子中含 π 电子和 n 电子的不饱和基团,由双键和三键体系构成,被称为生色团。

（2）影响有机化合物紫外-可见吸收光谱的因素

① 分子结构。

② 外部环境。

6.3.2　紫外-可见吸收光谱仪

包括光源、单色器、吸收池、检测器、信号输出系统五大部分。

紫外-可见吸收光谱仪分为单波长和双波长两类。单波长光谱仪又分为单光束和双光束光谱仪。

6.3.3　分光光度测定的方法

标准曲线法是吸收光度法中最经典的定量方法,此法尤其适用于单色光不纯的仪器。其方法是先配制一系列浓度不同的标准溶液,用选定的显色剂进行显色,在一定波长下分别测定它们的吸光度 A。以 A 为纵坐标,浓度 c 为横坐标,绘制 A-c 曲线,若符合朗伯-比尔定律,则得到一条通过原点的直线,称为标准曲线。然后用完全相同的方法和步骤测定被测溶液的吸光度,便可从标准曲线上找出对应的被测溶液浓度或含量。

标准对照法又称直接比较法。其方法是将试样溶液和一个标准溶液在相同条件下进行显色、定容,分别测出它们的吸光度,按下式计算被测溶液的浓度:

$$\frac{A_{样}}{A_{标}}=\frac{\kappa_{样}\ c_{样}\ b_{样}}{\kappa_{标}\ c_{标}\ b_{标}}$$

在相同入射光及用同样比色皿测量同一物质时:

$$\kappa_{标}=\kappa_{样},b_{标}=b_{样}$$

所以

$$c_{样}=\frac{A_{样}}{A_{标}}c_{标}$$

6.3.4　显色反应及其影响因素

显色反应及显色剂:被测物质在某种试剂的作用下,转变成有色化合物的反应叫显色反应,所加入试剂称为显色剂。对显色反应的要求:选择性好;灵敏度高;有色化合物的组成恒定;化学性质稳定;色差大;反应条件易控制。

影响显色反应的因素:为了使显色反应趋于完全和稳定,以提高测定的灵敏度和重现性,必须严格控制显色反应条件。在选择和控制显色反应条件时,主要考虑以下因素:显色剂的用量、溶液的酸度、显色温度、显色时间、副反应的影响、溶液中共存离子的影响。

6.3.5　测量条件的选择

(1) 分光光度法的读数误差

在分光光度仪中,透光度的小误差将导致在低或高透光度时吸光度的大误差,透光度 T 在 20%~65%(吸光度为 0.2~0.7)时,测量的相对误差较小;其中 $T=36.8\%$ 时,相对误差最小。当溶液的吸光度不在此范围时,可以通过改变称样量、溶液稀释倍数及选择不同厚度的比色皿来调节吸光度。

(2) 入射光波长的选择

入射光波长选最大吸收波长 λ_{max} 最常见。此波长处的摩尔吸收系数 κ 最大,灵敏度最高,且此波长处吸光度变化平缓,能够减少因单色光不纯而引起的误差。

若被测物质存在干扰物,且干扰物在 λ_{max} 处也有吸收,则根据"吸收大、干扰小"的原则,在干扰最小的条件下选择吸光度最大的波长。有时为了消除其他离子的干扰,也常常加入掩蔽剂。

(3) 参比溶液的选择

通常利用空白试验来消除因溶剂或器皿对入射光反射和吸收带来的误差。参比空白溶液有:纯溶剂空白、试剂空白、试液空白。

6.3.6　紫外-可见光谱分析的应用

紫外-可见光谱分析在许多领域都有广泛的应用。最主要的是利用朗伯-比尔定律开展试样组分的定量分析,包括单组分含量测定、多组分含量测定等。

6.4　红外光谱分析

6.4.1　红外吸收与分子结构

(1) 红外吸收光谱

波长范围在 0.75~1 000 μm 的红外光辐射到物质分子,能引起分子内化学键的振动能级跃迁及整个分子的转动能级跃迁,产生分子的振动-转动吸收光谱。红外光的常用波长的倒数,即波数 $\sigma(\mathrm{cm}^{-1})$ 来表示。

根据光谱特征和应用特点分为近红外、中红外、远红外三个区域。中红外区($\sigma=4\,000\sim200\,\mathrm{cm}^{-1}$)的吸收光谱由化学键振动能级跃迁及伴随分子转动能级跃迁所产生,吸收强度大,吸收谱带的波长及强度与分子基团有很好的对应关系,是红外吸收光谱的主要研究和应用区域,通常红外吸收光谱就是指物质分子在该波段产生的吸收光谱。

（2）红外吸收的产生条件

红外活性分子发生振动能级跃迁,需要满足:

（1）能量条件:辐照的红外光频率要与分子发生振动能级跃迁的频率相当;

（2）耦合条件:分子的振动须引起分子偶极矩的变化。如果分子振动时不引起偶极矩变化,这样的分子即为非红外活性分子。

（3）分子振动的模式

分子振动是指分子内各原子间的相对振动,有多种模式;如对称伸缩振动、不对称伸缩振动、面内弯曲振动、面外弯曲振动等。

双原子分子的伸缩振动近似于弹簧振子的简谐振动,用弹簧的简谐振动方程描述振动频率:

$$\nu = \frac{1}{2\pi}\sqrt{\frac{k}{m}}$$

其中 $m = \frac{m_1 m_2}{m_1 + m_2}$,为该化学键两端的原子的折合质量,$k$ 为"弹簧"的力常数,化学键越强,键的力常数 k 越大。

（4）分子振动能级跃迁

用红外光照射分子,与分子的振动频率相同时,分子吸收光能 $h\nu$,被吸收的光的频率为 ν。分子振动能级的跃迁伴随着多个转动能级的跃迁,因此红外吸收光谱是连续光谱。

红外吸收光谱分析中,若分子吸收一定频率红外光,振动能级由基态跃迁至第一激发态时,所产生的吸收峰为基频峰;若振动能级由基态跃迁至第二振动激发态、第三激发态等现象,所产生的峰为泛频峰。

（5）红外吸收光谱的特征吸收

代表某种基团(或化学键)存在的吸收峰,其位置称为基团频率或特征吸收频率。基团频率主要集中在"基团频率区"(又称"官能团区")。分为三个区域:① 含氢单键(X—H)伸缩振动频率区:位于 4 000~2 500 cm^{-1};② 三键(X≡Y)和累积双键(Y =X =Z)伸缩振动频率区:位于 2 500~1 900 cm^{-1};③ X =Y 伸缩振动频率区,位于 1 900~1 300 cm^{-1}。

除上述"基团频率区"外,非含氢单键伸缩振动的基团频率位于 1 300~600 cm^{-1} 的低频区,该区域吸收峰密集复杂、易受干扰,故又被称为"指纹区"。

6.4.2　红外吸收光谱仪

（1）色散型红外吸收光谱仪

色散型红外吸收光谱仪包括光源、试样池和参比池、单色器、检测器和数据记录处理系统等。

（2）干涉型红外吸收光谱仪

干涉型红外吸收光谱仪又叫傅里叶变换红外光谱仪,包括光源、迈克尔干涉仪、试样吸收室、检测器和数据处理记录系统等。

干涉型红外吸收光谱仪无须分光,测定速度快,检测灵敏度提高,体积小,成为红外吸收光谱仪发展的主流。

6.4.3　红外吸收光谱分析应用

（1）定性鉴别和结构分析

红外吸收光谱法进行有机化合物的定性鉴别,比紫外-可见吸收光谱法更可靠。

（2）定量分析

红外分光光度法定量分析,是紫外-可见分光光度分析的补充,可用于紫外-可见光谱区域无吸收的化合物的定量分析;且对试样物态无特殊要求,固、液、气态试样均可分析,对测定波长选择余地较大;但红外光的能量较弱,检测灵敏度较低,定量误差比较大。

6.5　荧光光谱分析

6.5.1　荧光光谱分析基本原理

利用物质分子受紫外-可见光激发后所发出的荧光进行定性、定量分析的方法,称为荧光光谱分析法。

（1）分子荧光的产生

基态分子吸收电磁辐射,发生电子能级跃迁至激发态;部分能量以发光方式通过处于高能态电子返回到基态,发射出波长更长、比吸收能量低的电磁辐射,称为分子发光(包括荧光和磷光)。

① 分子的多重性:分子的单线态和三线态是分子的多重性。单线态(S)分子的外层电子自旋相反;因基态分子的所有外层电子都成对,且自旋相反,则为基态单线态 S_0。分子外层对电子中的一个电子被激发后,若其自旋方向与未激发的另一个电子相同,则为三线态(T)分子。

② 荧光发生机理:室温下大多数有机分子从电子基态的最低振动能级 S_0,跃迁到第一和第二电子激发单线态 S_1 或 S_2 的不同的振动能级,产生分子紫外-可见吸收光谱(图 6-1 中的 λ_1 和 λ_2)。

由于激发分子间的碰撞,发生热辐射能量衰退,主要有振动弛豫、内转换、系间窜越和外转移等。因为上述能量衰退均非常迅速,所以几乎所有分子发光都发生在最低激发态(S_1 或 T_1)的最低振动能级($\nu=0$)与基态不同振动能级之间的跃迁,其中从单线激发态(S_1)回到基态(S_0)发射荧光,而从三线激发态(T_1)回到基态(S_0)发射磷光。

③ 荧光发射的特点:激发后分子的荧光发射非常迅速($10^{-9} \sim 10^{-6}$ s),因此激发光移除后,便不见荧光。荧光发射具有如下特点:

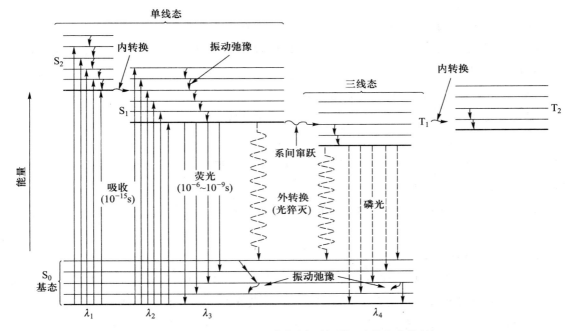

图 6-1　分子的 Jablonski 能级图（光吸收、弛豫和光发射）

a. 荧光光谱发出的辐射波长与激发光波长无关。

b. 荧光强度与激发光强度（吸收光子的数量）成正比。

c. 最长的激发波长对应于最短的发射波长；另外由于激发态 S_1 与基态 S_0 的各振动能级分布相似，因此荧光光谱与吸收光谱成镜像关系。

据统计，分子受高能紫外线辐射激发，一般有 5%~10% 的分子会发射荧光。

（2）激发光谱和发射光谱

激发光谱是指固定观察荧光强度的波长，扫描激发光的波长，记录荧光强度对激发光波长 λ_{ex} 的光谱曲线；激发光谱反映了物质发射的荧光强度与激发光波长的关系。发射光谱是指将激发光的波长固定，改变观察荧光的波长，所得到的荧光强度对观察波长 λ_{em} 的光谱曲线；发射光谱也称为荧光光谱。荧光物质的发射光谱具有如下特点：

① 发射峰波长总大于激发峰波长，该现象称为 Stokes 位移。

② 发射光谱形状与激发光波长无关。

③ 发射光谱与其激发光谱具有一定的镜面对称关系。

荧光物质激发光谱和发射光谱上的特征，可作为定性分析的参考依据。进行定量分析时，选用 λ_{ex}^{max} 和 λ_{em}^{max} 可获得最高灵敏度。

（3）荧光化合物的分子结构

$$荧光量子效率\ \Phi_f = \frac{发射的光子数}{吸收的光子数}$$

有机化合物的分子结构对其荧光强度的关系：

① 共轭体系：含有大 π 键共轭体系的芳香化合物有较强荧光，共轭体系越大，量子效率越

高,荧光波长也越长。

② 刚性平面结构:具有刚性平面结构的分子,其荧光量子效率高。

③ 官能团效应:芳环上的取代基对化合物的荧光强度有较大影响。给电子基团使荧光增强;吸电子基团使荧光减弱。

(4) 荧光强度与浓度及其他因素的关系

保持激发光强度不变,荧光强度与荧光组分的浓度成正比:

$$I_f = KI_0 c$$

式中:I_0 为激发光的强度;c 为溶液中组分的浓度;K 是与该组分的摩尔吸收系数 κ 和其荧光量子效率 Φ_f 有关的一个常数。

溶液的酸度、离子强度、温度、溶剂、荧光猝灭剂/增敏剂等共存物质等,均影响溶液的荧光强度。

6.5.2　荧光光谱仪

荧光光谱仪包括光源、试样池和检测器;但与紫外-可见光谱仪不同的是:① 荧光光谱仪有用于选择激发光波长的激发光单色器和用于选择荧光波长的发射光单色器;② 荧光光谱仪的光源与检测器呈正交分布;③ 荧光光谱仪常采用 300~600 nm 波长内高强度发光的氙灯作连续光源,以提高荧光强度;④ 试样池的四壁均为透光面。

6.5.3　荧光分析法的特点及应用

荧光分析法的特点:① 灵敏度高于紫外-可见吸收光度法 1~2 个数量级;② 选择性好些;③ 直接能发荧光的化合物少。

对于无机元素,一般通过与有机荧光试剂反应生成具有荧光的化合物后再进行测定。具有荧光的有机化合物可直接测定;如果待测化合物本身无荧光,则需要通过衍生反应转换成荧光化合物后再测定。

荧光分析法在生物医学领域具有广泛的应用。氨基酸、DNA、蛋白质一般均无荧光。测定这些生物大分子时,常使生物大分子与荧光试剂反应生成荧光化合物后再测定,这个过程称为荧光标记(fluorescence labeling)。

典型例题

例 6-1　250 mL 溶液中含有 0.500 mg 的某有色化合物(摩尔质量 M 为 341 g·mol^{-1}),将此溶液置于 1.0 cm 厚度的吸收池内,在 520 nm 波长处测得透光度 $T = 22.5\%$,求该有色化合物的 a 和 κ。

解:$M = 341$ g·mol^{-1},$b = 1.0$ cm,$\rho = \dfrac{0.500 \text{ mg}}{250 \text{ mL}} = 2.00 \times 10^{-3}$ g·L^{-1}

$$A = -\lg T = -\lg \frac{22.5}{100} = 0.648$$

根据朗伯-比尔定律 $A = ab\rho$

$$a = \frac{A}{b\rho} = \frac{0.648}{1.0\ \text{cm} \times 2.00 \times 10^{-3}\ \text{g} \cdot \text{L}^{-1}} = 3.24 \times 10^2\ \text{L} \cdot \text{g}^{-1} \cdot \text{cm}^{-1}$$

$$\kappa = aM = 3.24 \times 10^2\ \text{L} \cdot \text{g}^{-1} \cdot \text{cm}^{-1} \times 341\ \text{g} \cdot \text{mol}^{-1} = 1.10 \times 10^5\ \text{L} \cdot \text{mol}^{-1} \cdot \text{cm}^{-1}$$

例 6-2 100 mL 溶液中包含 1.00 mg 铁离子(硫氰酸化合物),与空白相比,测得透光度为 70.0%。(1)此溶液在该波长的吸光度是多少?(2)如果浓度增加四倍,透光度是多少?

解:(1) $T = 0.70$,$A = -\lg 0.70 = \lg 1.43 = 0.155$

(2)依据朗伯-比尔定律,吸光度与浓度是线性的。如果原始溶液的吸光度是 0.155,浓度为其四倍的溶液的吸光度为 $4 \times 0.155 = 0.620$。

透光度 T:

$$T = 10^{-0.620} = 0.240$$

例 6-3 已知维生素 B_{12} 在 361 nm 条件下 $a_{标} = 20.7\ \text{L} \cdot \text{g}^{-1} \cdot \text{cm}^{-1}$。精确称取试样 30 mg,加水溶解稀释至 1 000 mL,在波长 361 nm 下,用 1.00 cm 吸收池测得溶液的吸光度为 0.618,计算试样维生素 B_{12} 的含量。

解:$A = a_{样} b\rho$,则

$$a_{样} = \frac{A}{b\rho} = \frac{0.618}{(30\ \text{mg}/1\ 000\ \text{mL}) \times 1.00\ \text{cm}} = 20.6\ \text{L} \cdot \text{g}^{-1} \cdot \text{cm}^{-1}$$

$$维生素\ B_{12}\ 的含量 = \frac{20.6}{20.7} \times 100\% = 99.5\%$$

例 6-4 已知 C—H 键的力常数为 $5.10\ \text{N} \cdot \text{cm}^{-1}$,计算其伸缩振动基本频率。

解:$k = 5.10\ \text{N} \cdot \text{cm}^{-1}$

$$\mu = \frac{M_1 \times M_2}{M_1 + M_2} = \frac{1.00 \times 12.01}{1.00 + 12.01}\ \text{g} \cdot \text{mol}^{-1} = 0.923\ \text{g} \cdot \text{mol}^{-1}$$

$$\sigma = 1\ 302 \times \sqrt{\frac{k}{\mu}} = 1\ 302 \times \sqrt{\frac{5.10}{0.923}}\ \text{cm}^{-1} = 3\ 060\ \text{cm}^{-1}$$

例 6-5 采用正丁醇和乙酸反应制备酯,产物的红外吸收光谱图如图 6-2 所示。请问产物中是否尚存明显未反应的残留原料?从以下红外吸收谱图可得到什么判断佐证?

解:从产物的红外吸收光谱图可见,3 670~3 230 cm^{-1} 内无明显吸收,可排除 O—H 键的存在;因此可推测产物分子中不含羟基。

由于反应物丁醇和乙酸均含羟基,所以该产物分子中已无明显未反应的反应物分子残留。

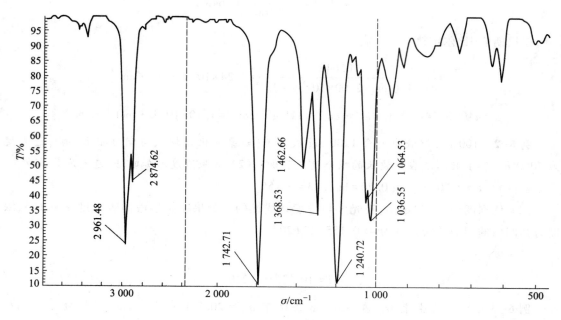

图 6-2   产物的红外吸收光谱图

思考题解答

6-1   什么是吸收曲线？有何实际意义？

【解答或提示】 若测定某物质对不同波长单色光的吸收程度,以波长为横坐标、吸光度为纵坐标作图,可得一条曲线,称为吸收光谱(absorption spectrum)或吸收曲线,可清楚地描述物质对光的吸收情况。吸收曲线可作为分光光度分析(即单色光光强度分析)中波长选择的依据,一般选最大吸收波长的单色光进行测定。这样对于同一待测物质,测得的吸光度最大,从而使分析灵敏度更高。

6-2   朗伯-比尔定律的物理意义是什么？

【解答或提示】 朗伯(Lambert)和比尔(Beer)分别研究了光的吸收与液层宽度及浓度的定量关系,二者结合称为朗伯-比尔定律,也称为光的吸收定律。其内容为:当一束单色光通过有色溶液时,其吸光度(A)与溶液浓度(c)和光程(b)的乘积成正比;k 是比例系数,与入射光波长、溶液的性质及温度有关。

$$A = \lg \frac{I_0}{I_t} = \lg \frac{1}{T} = kcb$$

6-3   吸光度与透光度有什么关系？

【解答或提示】 透射光 I_t 和入射光 I_0 的比值 $\dfrac{I_t}{I_0}$ 通常称透光度,符号为 T,数值一般用百分数表示,即 $T=\dfrac{I_t}{I_0}\times100\%$,故又称透光率。溶液的透光度越大,表示它对光的吸收越小;而常数 $\lg\dfrac{I_0}{I_t}=\lg\dfrac{1}{T}$ 称为吸光度,用 A 表示。

6-4　摩尔吸收系数 κ 的物理意义是什么?它与哪些因素有关?

【解答或提示】 朗伯-比尔定律中的摩尔吸收系数 κ 是比例系数,与入射光波长、溶液的性质及温度有关。

$$A=\kappa cb$$

6-5　紫外-可见分光光度仪有哪些部件?各有什么作用?

【解答或提示】 色散型分光光度仪的基本部件包括光源、试样吸收池和空白背景吸收池、单色器、检测器和数据记录与处理系统等。光源用于发射高强度连续辐射;试样吸收池和空白背景吸收池分别用于安放试样和空白试样;单色器由色散元件(光栅)、准直透镜、狭缝等构成,用于连续光辐射的分光和准直入射;检测器将光辐射强度转换为电信号;数据记录与处理系统用于信号记录及处理。

6-6　紫外-可见分光光度法测定中,参比溶液的作用是什么?选择参比溶液的原则是什么?

【解答或提示】 为使试液的吸光度能真正反映待测物的浓度,分光光度分析中常使用参比空白来消除因溶剂或器皿对入射光反射和吸收带来的误差。具体有:

(1)纯溶剂空白:当试液、试剂、显色剂均为无色时,可直接用纯溶剂(或蒸馏水)作参比;

(2)试剂空白:试液无色、试剂或显色剂有色时,可在同一显色反应条件下,加入相同量的显色剂和试剂(不加试样溶液),稀释至同一体积作参比;

(3)试液空白:试剂和显色剂均无色,试液中其他离子有色时,可采用不加显色剂的溶液作参比。

6-7　用于光度测定的显色反应应满足什么要求?

【解答或提示】 显色反应一般需满足下列要求:

(1)选择性好　显色剂仅与待测组分显色而与其他共存组分不显色;

(2)灵敏度高　生成的有色物质摩尔吸收系数较大($\kappa=10^4\sim10^5\ \mathrm{L\cdot mol^{-1}\cdot cm^{-1}}$);

(3)有色物质的组成恒定　有色配合物的组成符合一定化学式;

(4)有色物质稳定性好　显色反应进行得比较完全;

(5)色差大　有色物质与显色剂间的色差大。

6-8　偏离朗伯-比尔定律的原因主要有哪些?

【解答或提示】 偏离朗伯-比尔定律的原因很多,但基本上可分为物理方面的原因和化学方面的原因两大类。物理方面的原因主要是入射的单色光不纯所引起的。化学方面的原因主要是溶液本身的化学变化所引起的。

6-9 什么是标准曲线？有何实际意义？

【解答或提示】 配制一系列不同浓度的标准溶液,可加适量显色剂进行显色,然后在一定波长下分别测定吸光度 A。以 A 为纵坐标,浓度 c 为横坐标,绘制 A-c 曲线,若符合朗伯-比尔定律,则可用最小二乘法回归得到一条标准曲线。标准曲线法是吸收光度法中最经典的定量方法,此法受单色光的纯度影响小。在仪器、方法和条件都固定的情况下,标准曲线可以多次使用而不必重新制作,因而标准曲线法适用于经常性的大量试样分析。

6-10 物质溶液的颜色与光的吸收有何关系？

【解答或提示】 物质的颜色是由物质对不同波长的光具有选择性吸收作用而产生的。物质呈现的颜色和吸收的光颜色之间是互补关系。

6-11 从光谱产生的机理及谱图特征,比较红外吸收光谱与紫外-可见吸收光谱的异同。

【解答或提示】 由物质的分子与光辐射相互作用,会产生光谱。分子光谱涉及分子内原子的电子能级跃迁、分子内原子间的振动能级跃迁和分子整体的转动能级跃迁。电子能级跃迁对应的光谱在紫外-可见光区;振动能级跃迁所需能量比电子能级跃迁小,对应的光辐射波长位于近红外及中红外光区;而转动能级跃迁所需能量更小,对应的光辐射波长位于远红外光区。由于分子内部能级跃迁情况比较复杂,不同类型能级会相伴出现。因此分子吸收光谱,包括红外光谱和紫外-可见光谱均为连续的带状光谱。

6-12 物质分子产生红外吸收光谱的条件是什么？什么是红外非活性振动？

【解答或提示】 分子发生振动能级跃迁而产生红外吸收光谱需满足:

（1）能量条件:辐照的红外光频率要与分子发生振动能级跃迁的频率相当;

（2）耦合条件:分子的振动须引起分子偶极矩的变化,这样红外光可通过与分子的振动耦合,将光能量有效转移给分子,引起分子的振动能级跃迁,成为红外活性分子而发生红外吸收。

6-13 红外吸收光谱分析对试样有哪些基本要求？

【解答或提示】 保证试样纯度（一般高于98%）,以避免杂质干扰。

6-14 红外吸收光谱定性分析的基本依据是什么？简述其定性分析的主要步骤。

【解答或提示】 鉴于红外吸收峰的基团特征性强,常用红外吸收光谱法进行有机化合物的定性鉴别。对于鉴定是否为已知化合物,分析中可采用标准物对照法,即在相同条件下,分别测定试样及标准物质的红外吸收光谱,直接比对两张谱图中各吸收峰的位置、相对吸收强度和吸收峰形状进行鉴定;也可采用标准谱图对照法:利用文献或数据库中的标准谱图,在相同条件下测得试样谱图,与标准谱图比对,根据两者的相似程度来判别是否为同一物质。对于分析未知化合物,一般步骤是:（1）了解试样来源、纯度和物理化学性质等信息,由试样来源可估计化合物的类别,确定试样纯度以避免杂质干扰,通过熔沸点、溶解度、折射率、旋光度、解离常数、不饱和度等物化参数作为结构分析的旁证。（2）记录并解析红外光谱图,由基团频率区的最强谱带入手,根据是否存在某些特征吸收峰推测可能含有的基团;辅以指纹区谱带进一步验证、确认基团的存在。（3）结合其他分析手段,如紫外-可见光谱分析、质谱分析、核磁共振分析等进行综合解析。（4）与标准谱图比对,将试样化合物谱图与所推定的化合物标准谱图比对,最终确定化合物的分子结构。

6-15　何谓基团频率？影响基团频率的主要因素有哪些？

【解答或提示】红外吸收光谱的特征吸收峰，指能代表某种基团（或化学键）存在的吸收峰，其光谱频率称为基团频率。不同类型的化学键的频率不同，一般化学键越强（化学键力常数越大），基团频率越高；构成化学键的原子的折合质量越小，基团频率越高。

6-16　官能团的基团频率区和指纹区各有什么特点？各在化合物的结构解析中起什么作用？

【解答或提示】分子内的基团吸收主要集中在"基团频率区"，其吸收频率在 $4\,000 \sim 1\,300\ cm^{-1}$ 的高频区，与分子基团关系密切。除上述"基团频率区"外，C—C、C—O、C—N、C—X（X 为卤素）等非含氢单键伸缩振动的基团频率，以及大量的变形振动频率位于 $1\,300 \sim 600\ cm^{-1}$ 的低频区，该区域吸收峰密集复杂、易受干扰，吸收频率的基团归属性较弱，被称为"指纹区"。

6-17　在荧光光谱分析中，为何总是采用发光强度高的光源？

【解答或提示】由荧光定量基本关系式可知，荧光强度在一定范围内与激发光强度成正比，所以在荧光光谱分析中采用发光强度高的光源，可增加荧光强度，从而提高分析的灵敏度。

6-18　荧光光谱仪与紫外-可见吸收光谱仪的相同与不同有哪些？

【解答或提示】结构的不同在于：

（1）光源：荧光光谱仪采用氙灯，提供紫外到可见光区的高强度连续光源作为激发光源；紫外-可见吸收光谱仪一般采用氘灯（用于紫外光区）和卤钨灯（用于可见光区）作为光源。

（2）单色器：荧光光谱仪有两个单色器，分别用来选择激发光波长和荧光波长，且激发光路与荧光光路正交布置；紫外-可见吸收光谱仪一般只有一个单色器用来选择入射光波长（双波长紫外-可见吸收光谱仪也有两个单色器，用来选择两个入射光束的光波长）。

（3）吸收池：荧光光谱仪的吸收池采用可透紫外光的石英材料制作，四壁透光，有两对互相垂直的透光面；紫外-可见吸收光谱仪的吸收池只需一对透光面即可，材质可以是石英（用于紫外和可见光区）或是光学玻璃（只能用于可见光区）。

习 题 解 答

6-1　某有色溶液置于 1 cm 比色皿中，测得吸光度为 0.30，则入射光强度减弱了多少？若置于 3 cm 比色皿中，入射光强度又减弱了多少？

解：已知 $b_1 = 1\ cm$，$b_2 = 3\ cm$，$A_1 = 0.30$，则由朗伯-比尔定律得

$$A = \lg \frac{I_0}{I_t} = \lg \frac{1}{T} = kcb,\ 0.30 = kcb_1 = \lg \frac{1}{T_1}$$

$T_1 = 50\%$，透过光只有入射光的 50%，即入射光的强度减弱了 50%。

$$A_2 = \lg \frac{1}{T_2} = kcb_2$$

$$\lg \frac{1}{T_2} = 0.30 \times 3 = 0.9$$

$T_2 = 13\%$,透过光只有入射光的 13%,相当于入射光强度减弱了 87%。

6-2 用 1.0 cm 比色皿在 480 nm 处测得某有色溶液的透光度 T 为 60%,若用 5.0 cm 比色皿,要获得的透光度同样是 60%,则该溶液的浓度应为原来浓度的多少倍?

解:

$$\lg \frac{1}{T} = kcb$$

$$\lg \frac{1}{0.60} = kc_1 \times 1.0$$

$$\lg \frac{1}{0.60} = kc_2 \times 5.0$$

$$c_2 = \frac{1.0}{5.0} c_1 = 0.20 c_1$$

6-3 准确称取 1.00 m mol 指示剂 HIn 5 份,分别溶解于 1.0 L 不同 pH 的缓冲溶液中,用 1.0 cm 比色皿在 615 nm 波长处测得吸光度如下:

pH	1.00	2.00	7.00	10.00	11.00
A	0.00	0.00	0.588	0.840	0.840

试求该指示剂的 pK_a。

解: 据题意可知 HIn 在 615 nm 处不吸收,当 pH = 10.00,11.00 时,溶液中指示剂全部以 In^- 存在,其浓度为 $c = 1.0 \times 10^{-3}$ mol $\cdot$ L^{-1}。根据 $A = \kappa bc$,可得

$$0.840 = \kappa \times 1.0 \text{ cm} \times 1.0 \times 10^{-3} \text{ mol} \cdot \text{L}^{-1}$$

$$\kappa = 8.4 \times 10^2 \text{ L} \cdot \text{mol}^{-1} \cdot \text{cm}^{-1}$$

再根据 pH = 7.00 时,应是 HIn 与 In^- 共存,则有

$$K_a^{\ominus} = c(H^+) \cdot c(In^-)/c(HIn)$$

此时:

$$c(HIn) + c(In^-) = c = 1.0 \times 10^{-3} \text{ mol} \cdot \text{L}^{-1}$$

$$0.588 = \kappa bc(In^-)$$

得

$$c(In^-) = 7.0 \times 10^{-4} \text{ mol} \cdot \text{L}^{-1}$$

$$c(HIn) = 3.0 \times 10^{-4} \text{ mol} \cdot \text{L}^{-1}$$

$$K_a^{\ominus} = 2.33 \times 10^{-7}, \quad pK_a^{\ominus} = 6.63$$

6-4 某苦味酸铵试样 0.025 0 g,用 95% 乙醇溶解并配成 1.0 L 溶液,在 380 nm 波长处

用 1.0 cm 比色皿测得吸光度为 0.760,试估计该苦味酸铵的相对分子质量为多少?(已知在 95%乙醇溶液中的苦味酸铵在 380 nm 时的摩尔吸收系数为 lg κ = 4.13。)

解:已知 A = 0.760,b = 1.0 cm,lg κ = 4.13,即 κ = $10^{4.13}$ L·mol^{-1}·cm^{-1}

$$c = \frac{n}{V} = \frac{\dfrac{0.025\ 0\ g}{M}}{1.0\ L} = \frac{0.025\ g·L^{-1}}{M}$$

由 $A = \kappa bc$ 得

0.760 = $10^{4.13}$ L·mol^{-1}·cm^{-1}×1.0 cm×0.025 g·L^{-1}/M

得
$$M = 444\ g·mol^{-1}$$

6-5　有一溶液,每毫升含铁 0.056 mg,吸取此试液 2.0 mL 于 50 mL 容量瓶中定容显色,用 1.0 cm 比色皿于 508 nm 处测得吸光度 A = 0.400,试计算质量吸收系数 a,摩尔吸收系数 κ 和桑德尔灵敏度 S。[已知 M_r(Fe) = 56。]

解:已知 A = 0.400,b = 1.0 cm,$c = \dfrac{2×0.056\ mg}{50\ mL} = 2.24×10^{-3}\ g·L^{-1}$

则 $A = abc$

$$a = \frac{A}{bc} = \frac{0.400}{1.0\ cm×2.24×10^{-3}}\ g·L^{-1} = 1.79×10^{2}\ L·g^{-1}·cm^{-1}$$

而　　　　　　　　$\kappa = Ma$

$$= 56\ g·mol^{-1}×1.79×10^{2}\ L·g^{-1}·cm^{-1}$$

$$= 1.0×10^{4}\ L·mol^{-1}·cm^{-1}$$

6-6　称取钢样 0.500 g,溶解后定量转入 100 mL 容量瓶中,用水稀释至刻度。从中移取 10.0 mL 试液置于 50 mL 容量瓶中,将其中的 Mn^{2+} 氧化为 MnO_4^-,用水稀至刻度,摇匀。于 520 nm 处用 2.0 cm 比色皿测得吸光度 A 为 0.50,试求钢样中锰的质量分数。(已知 κ_{520} = 2.3×10^{3} L·mol^{-1}·cm^{-1},M_r(Mn) = 55。)

解:已知 A = 0.50,b = 2.0 cm,κ = 2.3×10^{3} L·mol^{-1}·cm^{-1}

则 $A = \kappa bc$

$$c = \frac{A}{b\kappa} = \frac{0.50}{2.3×10^{3}\ L·mol^{-1}·cm^{-1}×2.0\ cm} = 1.1×10^{-4}\ mol·L^{-1}$$

原 100 mL 容量瓶中含锰的质量为

m = 1.1×10^{-4} mol·L^{-1}×55 g·mol^{-1}×(50×100/10.0)×10^{-3} L = 3.0×10^{-3} g

则钢样中锰的质量分数为

$$w_{Mn} = 3.0×10^{-3}/0.500 = 6.0×10^{-3}$$

6-7　有一化合物在醇溶液中的 λ_{max} 为 240 nm,其 κ 为 1.7×10^{4} L·mol^{-1}·cm^{-1},摩尔质量为 314.47 g·mol^{-1},试问配制什么样的浓度(g·L^{-1})范围测定含量最为合适?

解:由于最适合的吸光度测量范围为 0.2~0.7,而

$$a = \frac{\kappa}{M} = \frac{1.7×10^{4}\ L·mol^{-1}·cm^{-1}}{314.47\ g·mol^{-1}} = 54\ L·g^{-1}·cm^{-1}$$

由 $A=abc$, 则

$$c_1 = \frac{A_1}{ab} = \frac{0.2}{54 \text{ L} \cdot \text{g}^{-1} \cdot \text{cm}^{-1} \times 1.0 \text{ cm}} = 3.7 \times 10^{-3} \text{ g} \cdot \text{L}^{-1}$$

$$c_2 = \frac{A_2}{ab} = \frac{0.7}{54 \text{ L} \cdot \text{g}^{-1} \cdot \text{cm}^{-1} \times 1.0 \text{ cm}} = 1.3 \times 10^{-2} \text{ g} \cdot \text{L}^{-1}$$

即应配制的合适浓度范围为 $3.7 \times 10^{-3} \sim 1.3 \times 10^{-2} \text{ g} \cdot \text{L}^{-1}$。

6-8 有一 A 和 B 两种化合物混合溶液, 已知 A 在波长 282 nm 和 238 nm 处的质量吸收系数 a 分别为 720 $\text{L} \cdot \text{g}^{-1} \cdot \text{cm}^{-1}$ 和 270 $\text{L} \cdot \text{g}^{-1} \cdot \text{cm}^{-1}$; 而 B 在上述两波长处吸光度相等, 现把 A 和 B 混合液盛于 1 cm 吸收池中, 测得 $\lambda_{\max}$ 为 282 nm 处的吸光度为 0.442, 在 $\lambda_{\max}$ 238 nm 处的吸光度为 0.278, 求 A 化合物的质量浓度 $(\text{g} \cdot \text{L}^{-1})$ 。

解:根据吸光度的加和性, 可得到联立方程:

$$A_{282} = a_{282}^{\text{A}} \cdot b \cdot \rho(\text{A}) + A_{282}^{\text{B}}$$

$$A_{238} = a_{238}^{\text{A}} \cdot b \cdot \rho(\text{A}) + A_{238}^{\text{B}}$$

因为 $A_{282} = 0.442$, $A_{238} = 0.278$, $b = 1.0$ cm, $a_{282}^{\text{A}} = 720 \text{ L} \cdot \text{g}^{-1} \cdot \text{cm}^{-1}$, $a_{238}^{\text{A}} = 270 \text{ L} \cdot \text{g}^{-1} \cdot \text{cm}^{-1}$, $A_{282}^{\text{B}} = A_{238}^{\text{B}}$, 所以

$$0.442 = 720 \text{ L} \cdot \text{g}^{-1} \cdot \text{cm}^{-1} \times 1.0 \text{ cm} \times \rho(\text{A}) + A_{282}^{\text{B}}$$

$$0.278 = 270 \text{ L} \cdot \text{g}^{-1} \cdot \text{cm}^{-1} \times 1.0 \text{ cm} \times \rho(\text{A}) + A_{238}^{\text{B}}$$

得

$$\rho(\text{A}) = 3.64 \times 10^{-4} \text{ g} \cdot \text{L}^{-1}$$

6-9 用纯品氯霉素 $(M_r = 323.15)$, 配制 100 mL 含 2.00 mg 的溶液, 以 1 cm 厚的吸收池在其最大吸收波长 278 nm 处测得透光率为 24.3%, 试求氯霉素的摩尔吸收系数。

解:已知 $T = 0.243$, $b = 1.0$ cm, $M = 323.15 \text{ g} \cdot \text{mol}^{-1}$

$$c = 2.00 \text{ mg} / (100 \text{ mL} \times 323.15 \text{ g} \cdot \text{mol}^{-1}) = 6.19 \times 10^{-5} \text{ mol} \cdot \text{L}^{-1}$$

根据

$$A = -\lg T = \kappa b c$$

$$-\lg 0.243 = \kappa \times 1.0 \text{ cm} \times 6.19 \times 10^{-5} \text{ mol} \cdot \text{L}^{-1}$$

$$\kappa = 9.9 \times 10^{3} \text{ L} \cdot \text{mol}^{-1} \cdot \text{cm}^{-1}$$

6-10 精密称取 0.050 0 g 试样, 置 250 mL 容量瓶中, 加入 HCl 溶液, 稀释至刻度。准确吸取 2 mL, 稀释至 100 mL。以 0.02 $\text{mol} \cdot \text{L}^{-1}$ HCl 溶液为空白, 在 263 nm 处用 1.0 cm 吸收池测得透光率为 41.7%, 其 κ 为 12 000 $\text{L} \cdot \text{mol}^{-1} \cdot \text{cm}^{-1}$, 被测物摩尔质量为 100.0 $\text{g} \cdot \text{mol}^{-1}$, 试计算 263 nm 处的质量吸收系数 a 和试样的百分含量。

解:已知 $\kappa = 12 000 \text{ L} \cdot \text{mol}^{-1} \cdot \text{cm}^{-1}$, $M = 100.0 \text{ g} \cdot \text{mol}^{-1}$, $b = 1.0$ cm, $T = 0.417$, 则

$$a = \kappa / M = 12 000 \text{ L} \cdot \text{mol}^{-1} \cdot \text{cm}^{-1} / (100.0 \text{ g} \cdot \text{mol}^{-1}) = 120.0 \text{ L} \cdot \text{g}^{-1} \cdot \text{cm}^{-1}$$

由 $-\lg T = \kappa b c$ 得

$$c = -\lg 0.417 / (12 000 \text{ L} \cdot \text{mol}^{-1} \cdot \text{cm}^{-1} \times 1.0 \text{ cm})$$

$$= 3.2 \times 10^{-5} \text{ mol} \cdot \text{L}^{-1}$$

$$w = 3.2\times10^{-5}\ \text{mol}\cdot\text{L}^{-1}\times100\times10^{-3}\ \text{L}\times250\ \text{mL}\times100.0\ \text{g}\cdot\text{mol}^{-1}/(2\ \text{mL}\times0.050\ 0\ \text{g})$$
$$= 0.8$$

6-11 以下几种分子振动中,哪些是红外活性振动? 哪些是红外非活性振动?

(1) CH_3—CH_3 的 C—C 伸缩振动 　　(2) CH_3—CCl_3 的 C—C 伸缩振动

(3) SO_2 的对称伸缩振动

(4) CH_2=CH_2 的 C—H 对称伸缩振动　　(5) CH_2=CH_2 的 C—H 不对称伸缩振动

(6) CH_2=CH_2 的 CH_2 摆动振动　　(7) CH_2=CH_2 的 CH_2 扭曲振动

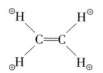　　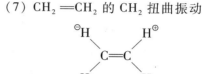

解:(2)、(3)、(5)、(6)分子发生振动时均有偶极矩变化,所以是红外活性振动;而(1)、(4)、(7)分子发生振动时没有偶极矩变化,所以是非红外活性振动。

6-12 下面两个化合物中哪一个 $\nu_{C=O}$ 吸收峰出现在较高频率? 为什么?

(1) ⬡—CHO　　(2) $(CH_3)_2N$—⬡—CHO

解:化合物(1)的 $\nu_{C=O}$ 吸收峰出现在较高频率。因为化合物(1)分子的 π 电子共轭程度小于化合物(2)分子,共轭效应较小,使 C=O 基团的特征频率红移减少,故吸收峰出现在较高频率。

6-13 傅里叶变换红外光谱仪与色散型红外分光光度计在工作原理和仪器结构上的主要差别是什么? 前者具有哪些优越性?

解:两种仪器在工作原理和仪器结构上的主要差别在于:色散型红外分光光度计采用分光原理直接测定不同频率的红外吸收强度得到红外吸收光谱图。而傅里叶变换红外光谱仪不使用单色器分光,而基于干涉调频分光原理,用迈克尔逊干涉仪的干涉扫描得到包含红外吸收的频率及强度信息的复杂干涉图信号,用电子计算机采集干涉图的数字信息,并通过数学上的傅里叶变换方法实时快速转换成每个频率的光强度,最终得到透光度随波数变化的普通红外吸收光谱图。

与色散型红外分光光度计相比,傅里叶变换红外光谱仪具有扫描速度极快、分辨率高、灵敏度及信噪比高、光谱测量范围宽且波长测量精度高等优点。

6-14 CO 的红外光谱在 2 170 cm^{-1} 处有一振动吸收峰。问

(1) C—O 键的力常数是多少?

(2) ^{14}CO 的对应吸收峰应在多少波数处?

解:(1) CO 的折合原子质量 $m = \left[\left(\dfrac{16\times12}{16+12}\times10^{-3}\right)/(6.022\times10^{23})\right]\ \text{kg} = 1.14\times10^{-26}\ \text{kg}$

由 $\nu = \dfrac{1}{2\pi}\sqrt{\dfrac{k}{m}} = \dfrac{1}{2\pi}\sqrt{\dfrac{k}{1.14\times10^{-26}\ \text{kg}}} = 2.998\times10^{10}\times2\ 170\ \text{s}^{-1} = 6.506\times10^{13}\ \text{s}^{-1}$

得 C—O 键的力常数

$k = (6.506\times10^{13}\times2\pi)^2\times1.138\times10^{-26} = 1.9\times10^3\ \text{N}\cdot\text{m}^{-1} = 19\ \text{N}\cdot\text{cm}^{-1}$

（2）^{14}CO 的折合原子质量 $m = \left[\left(\dfrac{16.00\times14.01}{16.00+14.01}\times10^{-3}\right)\big/(6.022\times10^{23})\right]\ \text{kg} = 1.24\times10^{-26}\ \text{kg}$

^{14}CO 的振动频率和吸收峰波数

$$\nu = \frac{1}{2\pi}\sqrt{\frac{k}{m}} = \frac{1}{2\pi}\sqrt{\frac{1.9\times10}{1.24\times10^{-26}}}\ \text{s}^{-1} = 6.233\times10^{13}\ \text{s}^{-1}$$

$$\sigma = \frac{6.233\times10^{13}}{2.998\times10^{10}}\ \text{cm}^{-1} = 2\ 079\ \text{cm}^{-1}$$

6-15 C $=$ C 和 C $\equiv$ C 键的力常数分别是 C—C 键的 1.9 倍和 3.6 倍,若 C—C 键的伸缩振动波数为 1 205 cm^{-1},试求 C $=$ C 键和 C $\equiv$ C 键的伸缩振动波数。

解:根据 $\nu = \dfrac{1}{2\pi}\sqrt{\dfrac{k}{m}}$ 可知,基团折合质量相同时,基团的振动频率与键的力常数的平方根成正比,而振动频率与振动波数成正比,所以

$$\frac{\sigma_{\text{C}=\text{C}}}{\sigma_{\text{C}-\text{C}}} = \sqrt{\frac{k_{\text{C}=\text{C}}}{k_{\text{C}-\text{C}}}}$$

即

$$\sigma_{\text{C}=\text{C}} = \sigma_{\text{C}-\text{C}}\times\sqrt{\frac{k_{\text{C}=\text{C}}}{k_{\text{C}-\text{C}}}} = 1\ 205\ \text{cm}^{-1}\times\sqrt{1.9} = 1\ 661\ \text{cm}^{-1}$$

同理

$$\frac{\sigma_{\text{C}\equiv\text{C}}}{\sigma_{\text{C}-\text{C}}} = \sqrt{\frac{k_{\text{C}\equiv\text{C}}}{k_{\text{C}-\text{C}}}}$$

即

$$\sigma_{\text{C}\equiv\text{C}} = \sigma_{\text{C}-\text{C}}\times\sqrt{\frac{k_{\text{C}\equiv\text{C}}}{k_{\text{C}-\text{C}}}} = 1\ 205\ \text{cm}^{-1}\times\sqrt{3.6} = 2\ 286\ \text{cm}^{-1}$$

6-16 一化合物的分子式为 $C_{10}H_{10}O_2$,其红外吸收光谱在 1 685 cm^{-1} 和 3 360 cm^{-1} 等处有吸收,可能有如下三种结构:

(1)   (2)   (3)

其中哪个结构与所得的红外吸收光谱不符合? 为什么?

解：3 360 cm⁻¹ 吸收峰为—OH 的吸收产生，1 685 cm⁻¹ 吸收峰为与烯键共轭的 C ═O 伸缩振动产生。题中(1)、(3)分子的 C ═O 均能发生共轭；而只有(2)分子结构中 C ═O 不能发生共轭(独立 C ═O 伸缩振动吸收峰一般应位于 1 800～1 700 cm⁻¹)，故结构(2)分子结构与所得的红外吸收光谱不符合。

6-17 试叙述荧光分析方法中，检测器受光光路与激发光光路呈90°方向的检测优越性。

解：这是为了避免光源、检测池和检测器均处于同一直线时，光源光直接进入检测器造成的强背景干扰，对待测物荧光检测的不利影响；一般呈90°时的干扰影响最小。

第七章　原子光谱分析

学习要求

1. 了解原子光谱分析基本概念和分类。
2. 理解原子光谱的形成机理和谱线特征。
3. 掌握原子吸收光谱分析的基本原理。
4. 掌握原子吸收光谱分析仪。
5. 了解原子吸收光谱分析及应用。

内容概要

7.1　原子光谱分析概述

（1）原子光谱分析

原子光谱分析是利用原子在气体状态下,发射或吸收特种辐射所产生的光谱进行定性、定量分析的方法,包括原子发射光谱分析、原子吸收光谱分析和原子荧光光谱分析等。

原子发射光谱分析是根据元素的原子(或离子)在电(或热)激发下所发射的特征光谱而进行分析的方法。原子吸收光谱分析是基于气态被测元素基态原子对其特征谱线的吸收而进行分析的方法。原子荧光光谱分析是通过测量待测元素的气态原子在特定激发波长下所产生的荧光强度进行分析的方法。

（2）原子光谱分析的特点

灵敏度高、检出限低、选择性好。可直接测定元素周期表中的绝大多数金属元素。

7.2　原子吸收光谱的形成机理和特征

7.2.1　原子光谱的特征与共振线

当处于基态的气态原子受光辐射,吸收其中特定波长的光,从基态跃迁至激发态,就产生原子吸收光谱,通常处于紫外-可见光区。原子光谱是线状光谱。由基态向第一激发态跃迁的吸收谱线为第一共振线,又称主共振线,是最常见、也是吸收最强的谱线,常成为原子吸收光谱分析中的首选谱线。

7.2.2 吸收谱线轮廓和变宽

原子吸收光谱线的宽度用吸收谱线轮廓来描述。谱线轮廓图中,中心波长 λ_0 是发射吸收系数最大处所对应的波长。原子吸收线的半宽度一般在 $10^{-3} \sim 10^{-2}$ nm 范围,原子吸收光谱谱线具有一定宽度的主要原因如下:

① 自然宽度 是由激发态原子寿命的概率分布和量子力学中海森伯不确定性原理所致,自然宽度在 $10^{-5} \sim 10^{-4}$ nm 量级。

② 多普勒变宽 是由众多原子无规则热运动的总体结果所致,变宽程度与温度升高正相关;宽度在 $10^{-3} \sim 10^{-2}$ nm 范围。这是原子谱线变宽的主要原因之一。

③ 碰撞变宽 是由气态原子与气相中原子或其他原子团的碰撞,使部分激发态原子失活所致,碰撞变宽与气相中碰撞粒子浓度有关;宽度在 $10^{-3} \sim 10^{-2}$ nm 范围,也是原子谱线变宽的主要原因之一。

7.3 原子吸收分光光度分析

7.3.1 光源问题及解决办法

朗伯-比尔定律同样适用于气态基态原子,即其浓度正比于其特征波长共振线的吸光度;其中,单色光是保证浓度与吸光度成正比的前提。对于原子吸收光谱分析,因原子的特征吸收共振线的宽度仅 $10^{-3} \sim 10^{-2}$ nm,用连续光源经单色器分光所得到的 1 nm 左右光远大于共振线宽度,不能满足单色光的条件。

1953 年,光谱学家 Walsh A 选择元素的共振发射线作为光源,因其发射波长与共振吸收线的波长完全一致,可被待测元素的蒸气吸收,从而满足朗伯-比尔定律对单色光的要求。最终实现原子蒸气对共振线的吸光度 A 与原子蒸气中的基态原子的浓度 N_0 成正比,即

$$A = \lg \frac{I_0}{I} = kLN_0$$

7.3.2 原子蒸气中基态原子占比

根据统计热力学的 Boltzmann 分布定律,可计算元素的原子在不同温度条件下,激发态原子数 N_i 与基态原子数 N_0 的比值(N_i / N_0)。原子吸收的原子化器工作温度下,由原子化器产生的原子蒸气中,绝大部分的原子都处于基态。激发态原子数 N_i 的比例非常小,也就是说,在原子化器中基态原子数 N_0 几乎占原子总数 N 的 100%。可得

$$A = \lg \frac{I_0}{I} = KLc$$

即气态原子对共振线的吸光度与试样溶液中待测元素的浓度成正比。

7.4　原子吸收光谱仪

7.4.1　原子吸收光谱仪的结构和类型

原子吸收光谱仪又称为原子吸收分光光度计,由光源、原子化器、单色器、检测器和信号输出系统五大部件组成。

与紫外-可见分光光度计相比较,结构上的主要区别有两点:

① 紫外-可见分光光度计中采用发射紫外光或可见光的连续光源,而原子吸收分光光度计采用发射待测元素共振线的锐线光源;

② 紫外-可见分光光度计中的吸收池(比色皿)位于单色器之后,而原子吸收分光光度计中的吸收池(原子化器)位于单色器之前。

原子吸收分光光度计有单光束式和双光束式,后者更常见。

7.4.2　原子吸收光谱仪的主要部件

原子吸收光谱仪由光源、原子化器、分光系统、检测器和信号输出系统组成。下面主要介绍光源和原子化器。

(1)光源——空心阴极灯

空心阴极灯所发射的共振线强度高,发光稳定性好,控制实验条件可使共振发射线的宽度比吸收线窄,是一种理想的锐线光源。实验中对于共振线选择,一般首选强度最高的主共振线。当采用主共振线遇到干扰时,可以另选其他共振线进行分析。

(2)原子化器

原子吸收分光光度计中使用的原子化器,有火焰原子化器和电热石墨炉原子化器。

① 火焰原子化器的工作原理:将试样溶液雾化成气溶胶后送入火焰,利用高温火焰使待测元素的化合物蒸发并解离成气态基态原子。火焰是由燃气和助燃气燃烧而致,可分为化学计量火焰、富燃火焰和贫燃火焰三类:

● 化学计量火焰:指燃助比接近火焰燃烧的化学计量关系的火焰。该火焰燃烧充分,其中少有还原性物质,燃烧稳定,温度最高,火焰空白本身对共振线的背景吸收低,适合于大部分元素的测定。

● 富燃火焰:指燃助比大于化学计量关系时的火焰。该火焰燃烧不完全,外观发亮,含有较多还原性物质,温度低于化学计量火焰,适合测定容易生成难解离氧化物的元素。

● 贫燃火焰:指燃助比小于化学计量关系的火焰。该火焰燃烧充分,外观呈浅蓝色,有较强氧化性,但因过量助燃气带走了一些热量,火焰温度也低于化学计量火焰,该火焰有利于易解离、易电离元素的测定。

② 火焰原子化器的特点:结构简单,使用方便,精密度好,干扰较少;但原子化效率不高,因此灵敏度较低。

③ 石墨炉原子化器的工作原理:利用大功率电路快速加热石墨管产生高温,使置于石墨管内的试样在瞬间转变为原子蒸气的电加热原子化。用石墨炉原子化器进行测定时,按预设

的升温程序,经过干燥、灰化、原子化、除残的四个步骤完成一次测定。

④ 电热石墨炉原子化器的特点:灵敏度高,试样消耗少;但石墨炉原子化器设备复杂,价格昂贵,测定的精密度较低,而且容易受到共存元素的干扰。

7.5 定量分析方法

7.5.1 分析方法

(1)标准曲线法

配制一系列浓度梯度的待测元素的标液,在与待测试样相同的实验条件下,测定吸光度,并绘制吸光度对浓度的标准工作曲线。测定试样的吸光度,在标准工作曲线上求出待测元素的含量。

(2)标准加入法

① 当试样基体干扰大,又难以模拟试样基体配制标准溶液,会出现标准溶液与试样溶液基体不匹配而导致的误差,采用标准加入法可避免此误差干扰。

② 将试样分成等体积的若干份,每份分别加入浓度等梯度的待测元素的标液,分别测定各份溶液的吸光度。以加入的标液浓度对应于其吸光度作图,回归后得一标准曲线。将此曲线外推至与浓度轴相交,交点至坐标原点的距离 c_x,即为待测元素经稀释后的浓度。

注意:a. 待测元素的浓度应在线性范围内;b. 标准工作曲线的线性方程至少取四个点进行回归,且加入的标准溶液浓度要适当;c. 该法可消除基态效应的干扰,但不能消除背景吸收的干扰。

7.5.2 灵敏度和检出限

(1)灵敏度

灵敏度用分析法的标准工作曲线的斜率表示。

$$S_c = \frac{\Delta A}{\Delta c} \quad 或 \quad S_m = \frac{\Delta A}{\Delta m}$$

式中,S_c 和 S_m 分别为浓度和质量灵敏度。

① 特征浓度:在火焰原子吸收光谱法中,常用特征浓度 ρ_c(单位为 $\mu g \cdot mL^{-1}/1\%$)表示某一元素在一定条件下的分析灵敏度。特征浓度是指能产生 1% 吸收(透光率 99%)或 0.004 4 吸光度值时,溶液中待测元素的浓度。

$$\rho_c = \frac{0.004\ 4 \times \Delta c}{\Delta A} = \frac{0.004\ 4}{S_c} \quad (\mu g \cdot mL^{-1}/1\%)$$

② 特征质量:在石墨炉原子吸收光谱法中,常用特征质量 m_c(单位为 $\mu g/1\%$)表示某一元素在一定条件下的分析灵敏度(又称绝对灵敏度)。特征质量是指能产生 1% 吸收(透光率 99%)或 0.004 4 吸光度值时,待测元素的质量。

$$m_c = \frac{0.004\ 4 \times \Delta m}{\Delta A} = \frac{0.004\ 4}{S_c} \quad (\mu g/1\%)$$

(2)检出限

检出限是指在给定的分析条件和某一置信水平下,该分析法能测出某元素的最低浓度

(或最小质量)的能力。置信水平取 99.7% 时,检出限是指能产生相当于 3 倍噪声标准偏差的信号时的浓度(或质量)值:

$$c_{D,L} = \frac{c_x \times 3\sigma}{\bar{A}} \quad 或 \quad m_{D,L} = \frac{m_x \times 3\sigma}{\bar{A}}$$

式中,$c_{D,L}$ 和 $m_{D,L}$ 分别为以浓度和质量表示的检出限,σ 为噪声水平的标准偏差,可以用空白溶液连续 10 次或以上进样测得的吸光度值求得,3 为置信因子(此时的置信度为 99.7%),$\bar{A}$ 为浓度 c_x(或质量为 m_x)的试样多次测定所得的吸光度平均值。

检出限取决于方法的灵敏度和精密度;灵敏度越高、精密度越小,检出限越低。

定量限:定量测定的最低浓度(或最小质量),一般指在 3~5 倍的检出限水平。

7.6　干扰和消除

7.6.1　光谱干扰

常见的光谱干扰是分子背景吸收。氘灯背景校正法是通过分别测定单独"背景吸收"及"待测物+背景的吸收",计算两者差值进行校正。

7.6.2　化学干扰

(1)电离干扰

活泼的碱金属、大部分碱土金属和少量其他金属,在极高的火焰温度下电离程度增高,使吸光度下降。火焰原子吸收光谱法常用极高温火焰,会导致易电离元素的部分电离。若标样和待测试样电离程度一致,则该误差可通过标准工作曲线加以校正;若标样和待测试样电离程度不同,则需向标样和待测试样溶液均加入大量更易电离的元素(如钾或锶),使标液和试样自身的电离均被抑制到极低,克服电离干扰。

(2)难熔化合物的形成

试样中可能含有可与待测元素形成难熔(耐高温)化合物的组分,而原子化不完全产生负误差。消除此类干扰最有效的方法是化学干预,改善原子化效率。

7.6.3　物理干扰

一些影响火焰原子化器原子化效率的参数所引发的干扰。可通过多次工作曲线校正、采用标准加入法克服基体效应等加以改善。

典 型 例 题

例 7-1　某原子吸收分光光度计测定质量浓度为 2.00 μg·mL^{-1} 的 Mg^{2+} 溶液,测得其吸光度为 0.455。

（1）估算该仪器测定 Mg^{2+} 的灵敏度。

（2）求该仪器的特征浓度（$\mu g \cdot mL^{-1}/1\%$）。

解：（1）已知该仪器在 Mg^{2+} 溶液 $c = 2.00\ \mu g \cdot mL^{-1}$ 时，$A = 0.455$，因为空白溶液的吸光度 $A = 0$（空白校正吸光度值），所以，该仪器灵敏度：

$$S_c = \frac{\Delta A}{\Delta c} = \frac{0.455}{2\ \mu g \cdot mL^{-1}} = 0.228\ mL \cdot \mu g^{-1}$$

（2）特征浓度为

$$\rho_c = \frac{0.004\ 4 \times \Delta c}{\Delta A} = \frac{0.004\ 4}{S_c} = \frac{0.004\ 4}{0.228} = 0.019\ (\mu g \cdot mL^{-1}/1\%)$$

例 7-2　用某原子吸收分光光度法测定含 $0.02\ mg \cdot L^{-1}$ Hg 的近空白溶液 20 次，所得吸光度平均值 $A = 0.50$，标准偏差为 0.02，计算该原子吸收分光光度法的灵敏度和 99.7% 置信度下检出限各为多少。

解：

$$S_c = \frac{\Delta A}{\Delta c} = \frac{0.50}{0.02\ mg \cdot L^{-1}} = 25\ L \cdot mg^{-1}$$

$$c_{D,L} = \frac{c_x \times 3\sigma}{\overline{A}} = \frac{0.02\ mg \cdot L^{-1} \times 3 \times 0.02}{0.5} = 0.002\ 4\ mg \cdot L^{-1}$$

思考题解答

7-1　名词解释：共振线，光谱通带，特征浓度，检出限。

【解答或提示】　共振线指的是发生于基态与任一激发态间能级跃迁所产生的吸收线或发射线。光谱通带是指从出射狭缝射出光的谱带宽度，用 nm 表示。特征浓度是火焰原子吸收光谱法中表示灵敏度的参数，指的是能产生 1% 吸收（即 0.004 4 吸光度）所需要的待测元素的浓度。检出限是表示原子吸收法能测出某元素的最低浓度（或最小质量）的能力。它定义为：元素能产生相当于 3 倍噪声水平标准偏差的原子吸收信号时所需要的浓度（或质量）。

7-2　为什么原子吸收分光光度分析中总是选用共振线作为分析线？

【解答或提示】　原子吸收是根据气态的基态原子从基态跃迁到激发态的过程中，基态原子吸收与能级跃迁所对应的一定波长的光来进行测量的。与基态-激发态跃迁能量所对应的光谱线就是共振线，而其他波长的非共振线的能量与基态-激发态跃迁所需要能量不相符合，不能为基态原子所吸收。

7-3　原子吸收分光光度计中为什么不用连续光源（如钨灯）作光源而一定要用锐线光源（如空心阴极灯）作为光源？为什么原子吸收测定中，测定某一种金属元素一定要用该元素制备的空心阴极灯作为光源？

【解答或提示】　对于原子吸收来说，由于吸收线的宽度只有 $10^{-3} \sim 10^{-2}$ nm，连续光源经单色器分光所得到的单色光对于原子吸收线来说已经不再满足单色光的条件。如果使用这样的光作为入射光供气态原子吸收,由于原子蒸气吸收入射光的比例很小,以至于透过光的光强与入射光相比较几乎没有减弱,无法进行吸光度的测量。当采用空心阴极灯时,它所发出的是包括共振线在内的待测元素的一条条分列的原子光谱线,当用分光器将其中的共振线选出作为入射光照射原子化器中的原子蒸气时,它的中心波长和半宽度与原子蒸气共振吸收线的中心波长和半宽度符合:

$$\lambda_{0a} = \lambda_{0e},\ \Delta\lambda_e \ll \Delta\lambda_a$$

完全可以满足吸收定律所要求的单色光的条件。

并且只有同种元素的空心阴极灯才能发出与待测原子吸收线波长完全相同的共振线,即 $\lambda_{0a} = \lambda_{0e}$。

7-4　简述火焰原子化和电热石墨炉原子化的基本过程,比较它们的分析性能。

【解答或提示】　火焰原子化器工作时,助燃气(最常用压缩空气)以高流速通过收缩的雾化器喷嘴时,在液流出口处因文丘里效应而产生负压,该负压可使试样溶液被吸入雾化器,并在高速气流的作用下被分散雾化;液雾进入预混合室后,与混合室内撞击球、扰流片等碰撞后进一步粉碎细化成气溶胶,并与燃气(最常见乙炔)、助燃气充分混合,其中过大的雾粒结集在预混合室的内壁并从下方的废液口排出,而较细的气溶胶则被混合气携带至燃烧头,在燃烧的火焰中干燥、蒸发、熔融、热解,并最终原子化。

电热石墨炉原子化器工作时,利用大功率电路(≤5 000 W)快速加热石墨管产生高温(最高可达3 300 K以上),使置于石墨管内的试样在瞬间(约1 s)转变为原子蒸气。石墨管为一个内径小于8 mm、长度小于30 mm的管,试样直接从管壁中央的小孔进样。石墨管的周围和内部通有保护性惰性气体Ar,用来保护高温下的石墨管不被氧化而烧毁;石墨炉的夹套中可通入冷却水,以便一次测定后,通过冷却水循环使石墨管快速冷却至接近室温,为下一次进样做准备。

两种原子化方法的性能比较如下:

	火焰原子化	电热石墨炉原子化
进样体积	至少1 mL	20~100 μL
灵敏度	欠高,适合微量成分的测定	高,适合痕量成分的测定
精密度	1%~2%	3%~5%甚至更高
基体干扰	小	大
信号状态	平顶状的稳态信号	峰状的瞬态信号
仪器	较简单、便宜	复杂、较贵

7-5　原子吸收测量时,标准曲线法、标准加入法各适合什么条件下使用?

【解答或提示】　标准曲线法适用于试样基体比较简单、无干扰存在的条件;标准加入法适用于试样基体比较复杂、易发生化学和物理干扰的条件。

习 题 解 答

7-1　原子吸收光谱仪中光源的作用是(　　)。

A. 发射荧光　　　　　　　　　　B. 发射待测元素的特征辐射

C. 提供试样蒸发和激发所需的能量　　D. 发射连续光

解:B

7-2　原子吸收光谱是以测量(　　)对共振线的吸收为基础的分析方法。

A. 溶液中离子　　　　　　　　　B. 固体中原子

C. 气态的基态原子　　　　　　　D. 气态的激发态离子

解:C

7-3　火焰原子吸收法测定工业废水中的铜浓度时,采用标准加入法定量。在 5 个 50 mL 容量瓶中分别移入 10.0 mL 水样,分别向各容量瓶中加入不同体积的 20.0 mg·L^{-1} 的铜标准溶液后,用蒸馏水稀释到刻度,摇匀后测定各试样溶液的吸光度,见下表:

瓶号	水样体积/mL	标准溶液体积/mL	吸光度
1	10.0	0.0	0.201
2	10.0	5.0	0.293
3	10.0	10.0	0.377
4	10.0	15.0	0.468
5	10.0	20.0	0.543

试计算原水样中铜的浓度。

解:以加入各个 50 mL 容量瓶中的标准溶液体积 V(mL) 为自变量对测得的吸光度 A 作线性回归,求得的回归方程和相关系数 r 为

$$A = 0.017\ 2 \times V + 0.205, \quad r = 0.999\ 5$$

当 $A = 0$ 时,从回归方程可以求得　　$V = -11.9$(mL)

意味着加入每个容量瓶中的 10 mL 水样中所含有的铜的量相当于 11.9 mL 的标准溶液(浓度为 20.0 mg·L^{-1})中所含的铜的量。于是,原水样中铜的浓度为

$$c = \frac{11.9\ \text{mL} \times 20.0\ \text{mg} \cdot \text{L}^{-1}}{10\ \text{mL}} = 23.8\ \text{mg} \cdot \text{L}^{-1}$$

第八章　电位分析法

学 习 要 求

1. 掌握电位分析法的基本原理和装置。
2. 了解电位分析中常见的工作电极和参比电极。
3. 掌握电位分析的典型应用实例。
4. 掌握电位分析的定量方法。
5. 了解电位滴定法的基本原理和装置。

内 容 概 要

8.1　电位分析法概述

8.1.1　电极电势

电极电势：电极插入对应离子的溶液中，在电极与溶液的界面上形成稳定的双电层而产生的电势差。

电极电势的大小与溶液中对应离子的活度之间的关系符合能斯特方程。

8.1.2　液接电势

液接电势：在组成不同的两种溶液的界面，因离子扩散速度的不同而产生的电势差。

液接电势的大小与界面两侧溶液中离子的种类和浓度有关，难以准确测定，是影响电位分析法准确度的主要因素。

8.1.3　电位分析法的原理

将待测溶液与参比电极和指示电极组成一个原电池，在接近零电流条件下，用电位计测量电池的电动势，由于参比电极电势不受溶液组成的影响，所测得的电动势仅是指示电极的电极电势的函数，而指示电极的电极电势与待测组分的活度符合能斯特方程，因此测得的电池电动势与待测离子活度具有能斯特关系。

（1）直接电势法

依据所测电池电动势（指示电极的电极电势）与待测组分活度的能斯特关系，通过一定的定量方法，求得溶液中待测组分的活度或浓度。

（2）电位滴定法

在滴定过程中,测量电池电动势(指示电极的电极电势)的变化来确定滴定终点,依据终点时滴定剂所消耗的体积及滴定剂的浓度,计算得到待测组分的浓度。

8.1.4　指示电极

(1)指示电极的定义

电位分析法中,电极电势能够响应溶液中待测物质浓度变化的电极,即指示电极的电势随着溶液中待测组分活度的改变而改变。

(2)指示电极的分类

按响应机理区分,电位分析法中使用的指示电极有两类:金属电极和离子选择性电极。

① 金属电极

电极电势源于金属及其离子的电子得失。可以分为

- 金属 M 与其离子 M^{n+} 形成的第一类金属电极;
- 金属 M 与该金属的难溶盐及形成该难溶盐的阴离子溶液(X^{m-})形成的第二类金属电极;
- 金属 M 与其配合物形成的第三类金属电极;
- 同一元素的两种不同氧化态离子能在电极表面达到氧化还原平衡的惰性金属电极。

② 离子选择性电极

离子选择性电极的膜电势是基于离子选择性膜有选择地允许某种离子在膜内外迁移、扩散所造成的。

8.1.5　参比电极

(1)参比电极的定义

测定过程中,电极电势不受溶液组成的影响而保持恒定的电极称为参比电极。

(2)常用的参比电极

实验室常用参比电极是上述第二类金属电极:

(1)银-氯化银电极

- 电极反应:$AgCl+e^- \rightleftharpoons Ag+Cl^-$
- 电极电势:$E_{Ag}=E^{\ominus}_{AgCl/Ag}-\dfrac{2.303RT}{F}\lg a_{Cl^-}$

(2)甘汞电极

- 电极反应:$Hg_2Cl_2+2e^- \rightleftharpoons 2Hg+2Cl^-$
- 电极电位:$E=E^{\ominus}_{Hg_2Cl_2/Hg}-\dfrac{2.303RT}{F}\lg a_{Cl^-}$

根据能斯特方程,这两种参比电极的电极电势随着内参比溶液中 Cl^- 活度的变化而变化;只要保持内参比溶液中 Cl^- 活度不变,电极电势就可保持恒定。

8.2 离子选择性电极

8.2.1 膜电势的形成机制

① 离子选择性膜是一种对离子扩散渗透有选择性的渗透膜。

② 离子选择性电极中,电极电势的形成是基于离子选择性膜有选择地允许某种离子在膜内外迁移、扩散所引起的,所生成的电势称为膜电势。

③ 膜电势的大小与膜两侧的这种特定离子的活度符合能斯特关系:

$$E_M = \pm \frac{2.303RT}{nF} \lg \frac{a_1}{a_2}$$

8.2.2 常见的离子选择性电极

(1) 几种重要的离子选择性电极

pH 玻璃电极、晶体膜电极、液膜电极等离子选择性电极的工作原理、基本结构和典型应用见表 8-1。

(2) 几个重要的概念

① pH 玻璃电极的水化过程

② pH 玻璃电极的"碱差"

表 8-1   几种重要的离子选择性电极

电极种类	典型代表	敏感膜	能斯特关系	内参比溶液	适用范围	主要干扰离子
非晶体膜电极	pH 玻璃电极	掺杂玻璃薄膜	$E_M = K + \dfrac{2.303RT}{F} \lg a_{H^+}$	0.1 mol·L^{-1} HCl 溶液、饱和 AgCl 溶液	pH 1~10	Na$^+$、Li$^+$ 等
晶体膜电极	F$^-$选择性电极	氟化镧单晶	$E_M = K - \dfrac{2.303RT}{F} \lg a_{F^-}$	0.1 mol·L^{-1} NaF 溶液、0.1 mol·L^{-1} NaCl 溶液	pH 5~6	OH$^-$
液膜电极	Ca^{2+}选择性电极	离子交换剂溶液渗透在固态多孔膜中	$E_M = K + \dfrac{2.303RT}{2F} \lg a_{Ca^{2+}}$	CaCl$_2$ 溶液、饱和 AgCl 溶液	pH 5.5~11	Zn^{2+}

8.2.3 离子选择性电极的性能参数

(1) 选择性系数

● 选择性系数 $k_{i,j}$ 的意义:衡量 i 离子的选择性电极抵御共存离子 j 干扰的能力,$k_{i,j}$ 值越小,则该电极抵御 j 离子干扰的能力越强。

● 考虑干扰后的能斯特方程:

$$E_{ISE} = K \pm \frac{2.303RT}{n_i F} lg(a_i + k_{i,j} a_j^{\frac{n_i}{n_j}})$$

● 选择性系数的应用：$k_{i,j}$ 并不是一个常数，会随溶液条件的改变而改变，可用作实验条件的设计，但不能用来做定量矫正。

（2）线性范围和检出限

线性范围：离子选择性电极的电势与待测离子活度的对数值呈线性关系的范围。

斜率：在线性范围内，斜率 $\left(\pm\dfrac{2.303RT}{nF}\right)$ 为离子选择性电极的灵敏度。

检出限：工作曲线线性范围的直线部分与低浓度范围的水平部分延长线交点所对应的离子活度。

（3）响应时间

电极浸入试液后达到稳定电势（±0.1 mV）所需时间。

8.3 直接电势法

8.3.1 pH 的测定

（1）测量电池

● 指示电极：pH 玻璃电极

● 参比电极：一般为饱和甘汞电极

● 电解液：试样溶液为电解液

● 电池符号：SCE ‖ 试样溶液 ｜ 玻璃电极

● 复合 pH 玻璃电极

（2）测量方法和 pH 的操作定义

● 为了减少液接电势等因素对测量准确度的影响，实际测定时，需要用标准 pH 缓冲溶液对测量系统进行标定

● pH 的操作定义：

$$pH_x = pH_s + \frac{(E_s - E_x)F}{2.303RT}$$

● 利用 pH 的操作定义式进行计算时，应注意它所适用的电池符号写法

8.3.2 离子浓度的测定

（1）测定原理和实验条件

① 电池的组成

● 指示电极：离子选择性电极

● 参比电极：Ag-AgCl 电极或甘汞电极

● 电解质溶液：加入了缓冲溶液、离子强度调节剂、掩蔽剂等的待测溶液

● 电池符号：参比电极 ‖ 试样溶液 ｜ 离子选择性电极

- 测量电池的电动势：$E_{cell} = E_{ind} - E_{ref} + E_j = K \pm \dfrac{2.303RT}{nF} \lg a_x$，阳离子取"+"，阴离子取"−"

② 浓度与活度的关系

- 能斯特方程表示的是电势(电动势)与组分活度的关系，实际要测定的往往是组分的浓度。

- 解决思路：在待测溶液和标准溶液中加入浓度较大的惰性强电解质以控制溶液的离子强度，使试样溶液和标准溶液的活度系数 γ_x 不随待测组分及试样组成的不同而变化，从而使测得的电动势值与待测离子浓度的对数呈线性关系。

③ 实验条件的控制

- 控制离子强度：离子强度调节剂
- 控制酸度：缓冲溶液
- 消除干扰：掩蔽剂
- 总离子强度调节缓冲溶液(TISAB)：离子强度调节剂+缓冲溶液+掩蔽剂

（2）定量方法

① 标准曲线法

- 操作方法：测定标准系列溶液的电动势，以电动势(电势)对 pX 作标准曲线，同样条件下测定待测试样电动势值，根据该电动势(电势)从标准曲线读出试样溶液中待测离子浓度。

- 试样溶液和标准系列溶液都要加入 TISAB。
- 适用对象：试样组成较为简单的大批量试样的测定。

② 标准加入法

- 操作方法：测量试样溶液的电池电动势后，向待测的试样溶液中加入一定量的小体积待测离子的标准溶液，再测量加入标准溶液的电池电动势，根据加入标准溶液前后电动势变化与加入浓度之间的关系：

$$c_x = \frac{c_s V_s}{V_x} \left(10^{\frac{\Delta E}{S}} - 1 \right)^{-1} \qquad （单点加入）$$

$$\Delta E = |E - E_x| = S \lg \frac{c_x V_x + c_s V_s}{c_x (V_x + V_s)} \qquad （多点加入）$$

计算原试样溶液中的待测离子浓度。

- 试样溶液一般也要加入 TISAB。
- 适用对象：成分较为复杂的试样。

8.8.3　直接电势法的测量误差

（1）测量误差

测得浓度的相对误差与电势测量的误差关系为

$$\frac{\Delta c}{c} \times 100\% = 38.9 n \Delta E$$

该式表明,电势测定的一个微小误差,通过反对数关系传递到浓度后会产生较大的不确定度,而且这种不确定度随着离子所带电荷数的增加而增大。

（2）对测量仪器的要求

为减小电位测量的误差,用作电位分析法的测量仪器必须是高输入阻抗型的。

8.4　电位滴定法

8.4.1　原理和装置

（1）原理

通过测量滴定过程中,由试样溶液、指示电极、参比电极所组成电池的电动势(指示电极的电极电势)变化来确定滴定终点,依据终点时滴定剂所消耗的体积及滴定剂的浓度,计算得到待测组分的浓度。

（2）装置

滴定装置+电位分析法测量装置

8.4.2　滴定终点的确定

- 根据 $E-V$ 曲线确定终点
- 根据一阶导数 $\Delta E/\Delta V$ 曲线确定终点
- 根据二阶导数 $\Delta^2 E/\Delta V^2$ 曲线确定终点
- 预设终点电位法(适用于自动滴定)

8.4.3　电位滴定法应用和特点

（1）应用

"四大滴定"法的滴定过程中,试样溶液都会发生离子浓度的变化,配以合适的指示电极和参比电极,电位滴定法可应用于各种滴定分析。

（2）特点

- 对终点突跃的要求低,可用于解离常数较小(稳定常数较大)的待测组分
- 无需指示剂,可用于有色、浑浊的试样
- 准确度高,适合常量或半微量成分的分析
- 测定速度慢,测定后试样被破坏

典 型 例 题

例 8-1　pH 玻璃电极和饱和甘汞电极(SCE)组成以下测量电池:

SCE ‖ H^+(标准缓冲溶液或试样溶液)│ pH 玻璃电极

在 25 ℃ 时,测得 pH 6.86 的标准缓冲溶液的电动势为 0.215 V,测得未知试样溶液的电动

势分别为(1) 0.068 V；(2) 0.318 V。试问，未知试样的 pH 各为多少？

解：根据 pH 的操作定义有

$$pH_x = pH_s + \frac{(E_s - E_x)F}{2.303RT}$$

于是：

$$pH_{x1} = 6.86 + \frac{215 - 68}{59.2} = 9.34$$

$$pH_{x2} = 6.86 + \frac{215 - 318}{59.2} = 5.12$$

所以试样的 pH 分别为

(1) 9.34，(2) 5.12。

例 8-2　F^- 选择性电极对 OH^- 的选择性系数为 $k_{F^-,OH^-} = 0.1$。假设 1.0×10^{-4} mol·L^{-1} F^- 溶液 pH 从 5.5 改变至 10.5，电极电势将如何改变（$T = 25$ ℃）？

解：

$$E_M = K - \frac{2.303RT}{n_iF} lg(a_i + k_{i,j}a_j^{n_i/n_j})$$

此处 i 为 F^-，j 为 OH^-，n_i、z_i、z_j 均为 1，$k_{F^-,OH^-} = 0.1$，$S = 59.2$ mV·pF^{-1}。pH = 5.5 时，可忽略 OH^- 的影响：

$$E = K - 0.0592 \text{ V} \times lg(1.0 \times 10^{-4}) = K + 237 \text{ mV}$$

pH = 10.5 时，$[OH^-] = 3.2 \times 10^{-4}$ mol·L^{-1}：

$$E = K - 0.0592 \text{ V} \times lg[1.0 \times 10^{-4} + 0.1 \times (3.2 \times 10^{-4})] = K + 230 \text{ mV}$$

即由于 pH 的变化，电极电势下降了约 7 mV。

例 8-3　使用 Ag_2S 电极和合适的参比电极测量一未知溶液的电势值为 0.442 V，在一 S^{2-} 浓度为 4.70×10^{-5} mol·L^{-1} 的溶液中，电势值为 0.423 V。求未知溶液中 S^{2-} 浓度（$T = 25$ ℃）。

解：S^{2-} 选择性电极：$E = K - Slgc_{S^{2-}}$，斜率 S 为 29.6 mV，则

$$E_1 = 442 \text{ mV} = K - 29.6 \text{ mV} \times lgc_{S^{2-}}, \quad E_2 = 423 \text{ mV} = K - 29.6 \text{ mV} \times lg(4.70 \times 10^{-5})$$

解得未知溶液中 $c_{S^{2-}}$ 为 1.07×10^{-5} mol·L^{-1}。

例 8-4　25 ℃ 时用 Ca^{2+} 选择性电极测定海水中的 Ca^{2+} 含量。将 10.00 mL 海水试样转移至 100 mL 容量瓶，定容。取其中 50.00 mL 溶液至烧杯中，用 Ca^{2+} 选择性电极和参比电极测定其电势为 -0.0539 V。在此溶液中加入 5.00×10^{-2} mol·L^{-1} Ca^{2+} 标准溶液 1.00 mL 后，测得电势为 -0.0452 V。试求海水试样中 Ca^{2+} 含量。

解：Ca^{2+} 选择性电极：

$$E = K + Slgc_x$$

单点标准加入法公式：

$$c_x = \frac{c_sV_s}{V_x + V_s}\left(10^{\frac{\Delta E}{S}} - \frac{V_x}{V_x + V_s}\right)^{-1}$$

其中，$c_s = 0.0500$ mol·L^{-1}，$V_s = 1.00$ mL，$V_x = 50.00$ mL，斜率 S 为 29.6 mV，则

$$|\Delta E| = |(-0.0539 \text{ V}) - (-0.0452 \text{ V})| = 0.0087 \text{ V} = 8.7 \text{ mV}$$

解得

$$c_x = 9.93 \times 10^{-4} \text{ mol} \cdot \text{L}^{-1}$$

则海水试样中 Ca^{2+} 含量为

$$9.93 \times 10^{-4} \text{ mol} \cdot \text{L}^{-1} \times 100 \text{ mL}/(10.00 \text{ mL}) = 9.93 \times 10^{-3} \text{ mol} \cdot \text{L}^{-1}$$

例 8−5　25 ℃时用标准加入法检测自来水中氟离子含量。25 mL 水样中加入 25 mL TISAB 混合均匀后,用 F^- 选择性电极和饱和甘汞电极测量其电势;在溶液中 5 次加入 $100.0 \ \mu\text{g} \cdot \text{mL}^{-1}$ 的 F^- 标准溶液 1.00 mL,每次加入后分别测定其电势。平行测定 3 次。所得数据如下表所示。

加入的 F^- 标准溶液体积/mL	电势/mV		
	溶液 1	溶液 2	溶液 3
0.00	−79	−82	−81
1.00	−119	−119	−118
2.00	−133	−133	−133
3.00	−142	−142	−142
4.00	−149	−148	−148
5.00	−154	−153	−153

(1) 采用表中加标准溶液 0.00 mL 和 1.00 mL 的数据,以单点标准加入法计算自来水样中氟离子浓度($\mu\text{g} \cdot \text{mL}^{-1}$)。

(2) 多点标准加入法作图计算氟离子浓度。

解: F^- 选择性电极:

$$E = K - S\lg c_x$$

(1) 单点标准加入法公式:

$$c_x = \frac{c_s V_s}{V_x + V_s}\left(10^{\frac{\Delta E}{S}} - \frac{V_x}{V_x + V_s}\right)^{-1}$$

其中,$c_s = 100.0 \ \mu\text{g} \cdot \text{mL}^{-1}$,$V_s = 1.0$ mL,$V_x = 50.0$ mL,斜率 S 为 59.2 mV。另,ΔE 为 0.00 mL 和 1.00 mL 的三组数据平均值的差,即 $|\Delta E| = |(-81 \text{ mV}) - (-119 \text{ mV})| = 38 \text{ mV}$

解得

$$c_x = 0.576 \ \mu\text{g} \cdot \text{mL}^{-1}$$

则自来水样中氟离子浓度为

$$0.576 \ \mu\text{g} \cdot \text{mL}^{-1} \times 50 \text{ mL} /25 \text{ mL} = 1.15 \ \mu\text{g} \cdot \text{mL}^{-1}$$

(2) 多点标准加入法公式:

$$(V_x + V_s) 10^{-E/S} = 10^{K'/S}(c_x V_x + c_s V_s)$$

其中，$c_s = 100.0\ \mu g \cdot mL^{-1}$，$V_x = 50.0\ mL$，$S = 59.2\ mV \cdot pF^{-1}$，$E$ 为三组数据平均值。

V_s/mL	$(V_x + V_s)/mL$	E/mV	$(V_x + V_s)10^{-E/S}$
0.00	50	−81	1.17×10^3
1.00	51	−119	5.22×10^3
2.00	52	−133	9.18×10^3
3.00	53	−142	13.27×10^3
4.00	54	−148	17.08×10^3
5.00	55	−153	21.13×10^3

以 $(V_x + V_s)10^{-E/S}$ 对 V_s 作图，得

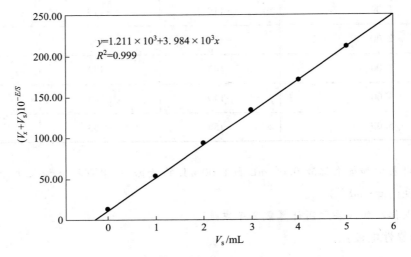

在 x 轴上截距为 $-0.304\ mL = -\dfrac{c_x V_x}{c_s}$，即 $c_x = 0.608\ \mu g \cdot mL^{-1}$。则自来水样中氟离子浓度为

$$0.608\ \mu g \cdot mL^{-1} \times 50\ mL\ /25\ mL = 1.22\ \mu g \cdot mL^{-1}$$

思考题解答

本章无思考题。

习 题 解 答

8-1 比较金属电极和离子选择性电极的电极电势的形成机理和工作原理。

解:提示:相间电势,界面扩散,浓度与电势的能斯特关系。

8-2 什么是液接电势?用什么办法可以最大限度地减小液接电势?

解:液接电势是相间电势的一种,由于两种浓度不同的溶液界面上不同离子扩散速率不同导致平衡态时界面的电荷不均匀分布所致。浓差越小液接电势也会相应减小,还可通过校正的方法来消除液接电势的干扰。

8-3 什么是指示电极?什么是参比电极?为什么银电极既可以作为 Ag^+ 的指示电极,又可以作为 Cl^- 的指示电极?

解:指示电极的电极电势与待测离子的浓度呈现能斯特关系。而参比电极电势在电势测量过程中相对稳定。Ag 和 Ag^+ 可构成一对电对,其电极电势与 Ag^+ 浓度的关系遵循能斯特方程。而 Ag^+ 和 Cl^- 浓度的乘积符合溶度积规则,因此电极电势也与 Cl^- 相关。

8-4 在测量 pH 玻璃电极电势时,在玻璃膜内的标准溶液起什么作用?

解:玻璃的内膜电势取决于与内膜接触的溶液的 H^+,因此玻璃膜内的标准溶液起到稳定内膜电势的作用。

8-5 在 pH 大于 9 的碱性溶液中,玻璃电极发生"碱差"的原因是什么?

解:pH 大于 9 时,溶液的 Na^+ 浓度增加,而浓度较高的 K^+,Na^+ 也会与玻璃膜发生离子交换而产生电势响应。

8-6 氟离子选择性电极内部有 Ag/AgCl 内参比电极和内参比溶液,内参比溶液的组成是什么?

解:KCl 饱和溶液。

8-7 测量 pH 时,需要用标准 pH 缓冲溶液定位 pH 计的原因是什么?试用公式推导说明。

解:提示:参见教材中公式,如下所示。

$$E_s = K - \frac{2.303RT}{F}pH_s$$

$$E_x = K - \frac{2.303RT}{F}pH_x$$

$$pH_x = pH_s + \frac{E_s - E_x}{2.303RT/F}$$

8-8 电位分析时,采用标准加入法的目的和优点是什么?

解:采用标准加入法和减小标准溶液与试剂测量样本间的基底差异(黏度、表面张力等及

其他基底效应)

8-9   pH 玻璃电极为什么会对溶液中的 H^+ 活度有选择性相应？pH 玻璃电极膜电势的形成是否包含电子得失过程？

解：参见教材中"pH 玻璃电极"相关内容。

8-10   pH 玻璃电极使用前为什么要在水中浸泡一昼夜？pH 玻璃电极测量酸度时的适用范围是多少？

解：参见教材中"pH 玻璃电极"相关内容。

8-11   用氟离子选择性电极测量氟离子浓度需向待测试液中加入 TISAB。TISAB 指的是什么？它由哪些成分组成？加入 TISAB 的目的是什么？除试样溶液中要加入 TISAB 外，标准系列溶液中是否也要加入？

解：参见教材中"离子浓度的测定"相关内容。

8-12   25 ℃ 时，用下面的电池测量溶液的 pH

$$SCE \parallel H^+ \mid 玻璃电极$$

用 pH = 4.00 的缓冲液测得电动势为 0.209 V。改用未知溶液测得的电动势分别为 0.312 V、0.088 V，试计算未知溶液的 pH。

解：

$$pH_{x1} = pH_s + \frac{E_s - E_x}{2.303RT/F}$$

$$= 4.00 + \frac{0.209\ V - 0.312\ V}{0.059\ 2\ V} = 2.26$$

$$pH_{x2} = pH_s + \frac{E_s - E_x}{2.303RT/F}$$

$$= 4.00 + \frac{0.209\ V - 0.088\ V}{0.059\ 2\ V} = 6.04$$

未知液的 pH 分别为 2.26 和 6.05。

8-13   25 ℃ 时，用氟离子选择性电极测定水样中的氟。取水样 25.00 mL，加 TISAB 溶液 25 mL，测得氟电极相对于 SCE 的电势（即工作电池的电动势）为 +0.137 2 V；再加入 1.00×10^{-3} mol · L^{-1} 氟标准溶液 1.00 mL，测得其电势为 +0.117 0 V（相对于 SCE）。忽略稀释影响，计算水样中氟离子的浓度。

解：

$$c_x = \frac{c_s V_s}{V_x}(10^{\Delta E/S} - 1)^{-1}$$

$$= \frac{1.00 \times 10^{-3}\ mol \cdot L^{-1} \times 1.00\ mL}{25.00\ mL}(10^{(0.137\ 2\ V - 0.117\ 0\ V)/0.059\ 2\ V} - 1) - 1$$

$$= 3.35 \times 10^{-5}\ mol \cdot L^{-1}$$

第九章　色谱分析基础

学习要求

1. 理解色谱分析基本概念和分类方法。
2. 理解色谱分析法的理论基础。
3. 掌握气相色谱分析的仪器和特点。
4. 掌握液相色谱分析的仪器和特点。
5. 掌握色谱定性定量分析方法。

内容概要

9.1　色谱分析基本概念和分类

色谱分析法是一类针对复杂试样的分离分析技术的总称,是现代分离分析的重要方法之一。色谱分析的实质是分离,依据混合物中各组分与固定相(或流动相)的分子间作用力的差异,使各组分在柱内随流动相的移动速率产生差异,最终得到分离的结果。

色谱分析法可按固定相和流动相的状态、分离机理及固定相外形等不同因素分类。

（1）按两相相态分类

根据流动相为气体和液体,分别称为气相色谱和液相色谱;进一步根据固定相是液体还是固体分为气液色谱、气固色谱、液液色谱及液固色谱。

（2）按分离机理分类

利用固定相固体对组分分子吸附能力的差异实现分离,称为吸附色谱;借助组分在两相中溶解能力的差异而实现分离,称为分配色谱;利用固定相对离子的交换能力差异实现分离,称为离子交换色谱;利用多孔固定相对不同大小(或分子形状)组分分子的排阻作用实现分离,称为体积排阻色谱。

（3）按固定相形状分类

以分离时固定相的形状分为柱色谱和平面色谱;前者又可进一步分为填充柱、毛细管柱、整体柱等类型,而后者则可分为薄层色谱和纸色谱。

9.2 色谱分析的理论基础

9.2.1 色谱流出曲线和色谱参数

在色谱分离分析时,所记录的检测器响应信号随时间变化的曲线叫色谱流出曲线,包含着许多重要信息:

(1)基线

当没有试样组分进入检测器时,记录仪所记录到的信号。基线反映检测器噪声随时间变化的情况,稳定的基线应是一条直线。

(2)色谱峰

当试样组分进入检测器,相应信号随时间变化记录到的峰形曲线。

(3)保留值

① 保留时间 t_R:从进样到出现某组分的色谱峰顶点所需的时间。反映组分在色谱柱内总的滞留时间。

② 死时间 t_M:不与固定相结合的惰性组分从进样到出现该组分色谱峰顶点的时间。死时间不仅反映惰性组分流经色谱柱所需的时间,也等于能与固定相结合的非惰性组分在流动相中的过柱时间。

③ 调整保留时间 t_R':调整保留时间等于组分在色谱柱内总滞留时间减去其在流动相中的过柱时间,反映组分被固定相溶解或吸附所保留的净时间。

(4)峰高 h

色谱峰顶点与基线之间的垂直距离。

(5)峰宽参数

① 峰底宽 W:通过色谱峰两侧拐点所作的切线在基线上的截距。

② 半峰宽 $W_{1/2}$:峰高一半处色谱峰的宽度。

③ 标准偏差 σ:0.607 倍峰高处色谱峰宽度的一半。

各峰宽参数的相互关系为

$$W = 4\sigma = 1.7 W_{1/2}, \quad W_{1/2} = 2.354\sigma$$

(6)分配系数

在一定温度、压力下,当体系达到平衡时,组分在两相间的浓度比为一平衡常数 K,称为分配系数:

$$K = \frac{\text{组分在固定相中的浓度}}{\text{组分在流动相中的浓度}} = \frac{c_s}{c_m}$$

不同组分分配系数 K 的差异是色谱分离的热力学基础,差异越大,越容易实现分离。

(7)分配比

在一定温度、压力下,如果组分在两相间达到分配平衡时,将组分在固定相与在流动相中的质量比,称为分配比,又称容量因子:

$$k = \frac{\text{组分在固定相中的质量}}{\text{组分在流动相中的质量}} = \frac{m_s}{m_m}$$

比较分配系数和分配比,可得两者的关系如下:

$$K = \frac{c_s}{c_m} = \frac{m_s}{m_m} \cdot \frac{V_m}{V_s} = k \cdot \beta$$

式中:V_s、V_m 分别为色谱柱中固定相的体积与流动相的体积;β 为相比。

由于 k 值反映组分在两相中的质量之比,本质上等同于组分在两相停留时间之比,所以 k 可以更方便地由色谱图参数求得

$$k = \frac{m_s}{m_m} = \frac{t_R'}{t_M} = \frac{t_R - t_M}{t_M}$$

(8)选择性因子 α(又称相对保留值)

表征两组分在色谱柱上的分离性能的参数,即后出峰的组分 2 的调整保留时间与组分 1 的调整保留时间的比值:

$$\alpha = \frac{t_{R_2}'}{t_{R_1}'} = \frac{k_2}{k_1} = \frac{K_2}{K_1}$$

两组分在色谱系统中的分配系数(分配比)的差异是色谱分离的前提。

9.2.2 经典色谱理论

(1)塔板理论

塔板理论的假定:

① 色谱柱是由一连串高度为 H 的塔板组成,总塔板数 $N = L/H$;

② 在每一块塔板上的所有组分,能在固定相和流动相之间瞬间达到分配平衡;

③ 流动相采取一个个塔板的跳跃式前进方式,每跳跃一次,携带溶解在流动相中组分进入下一个塔板,进而完成塔板上的一次总组分分配。

类似于用一系列玻璃管充当分液漏斗进行连续萃取,每个萃取完成的玻璃管,其上层液体可被转移到下一个玻璃管,进行下一步萃取。

塔板理论的结论:

① 组分在色谱柱中经过多次分配平衡后,流出曲线呈峰形;

② 当组分的分配次数大于 50 以后,色谱峰基本对称。当 $N > 1\,000$,流出曲线近乎正态分布曲线。

③ 当各组分在色谱两相间的分配系数有微小差别,经过反复多次的分配平衡后,可获得良好的分离。

④ 理论塔板数 N 与色谱峰峰宽的实验参数有以下关系:

$$N = \left(\frac{t_R}{\sigma}\right)^2 = 16 \cdot \left(\frac{t_R}{W}\right)^2 = 5.54 \times \left(\frac{t_R}{W_{1/2}}\right)^2$$

即在 t_R 一定时,色谱峰越窄,则 N 越大(H 越小),说明理论塔板数 N 和理论塔板高度 H 可作为色谱柱效的量度。

塔板理论的拓展：

对于 k 值都很小的相邻组分，尽管柱效很高，但因 t_R 太小，分离度也常不理想。若用组分的实际保留时间 t_R' 代替 t_R，此时用有效塔板数 $N_{有效}$ 和有效塔板高度 $H_{有效}$ 进行柱效的评价更合理：

$$N_{有效} = \left(\frac{t_R'}{\sigma}\right)^2 = 16\times\left(\frac{t_R'}{W}\right)^2 = 5.54\times\left(\frac{t_R'}{W_{1/2}}\right)^2$$

$$H_{有效} = \frac{L}{N_{有效}}$$

$N_{有效} = \left(\frac{k}{1+k}\right)^2 N$，当 k 很小时，$N_{有效}$ 和 N 差异很大；即 k 值小时，k 值变化对柱效影响大。

（2）速率理论

塔板理论只考虑组分在两相间分配过程的热力学平衡，不理会其他导致色谱峰（谱带）扩张的动力学因素，塔板理论导出的色谱流出曲线方程近似为正态分布方程。

速率理论的假定：

① 从动力学角度考虑组分在两相间的扩散和传质，解释影响塔板高度 H 的因素。色谱正态分布曲线的标准偏差 σ 作为谱带受动力学因素而加宽的指标，量度组分分子受动力学因素影响导致的谱带增宽程度，则谱带变宽总方差是各种变宽影响因素的方差之和：

$$\sigma^2 = \sigma_1^2 + \sigma_2^2 + \sigma_3^2 + \sigma_4^2$$

② 谱带增宽除了上述与分离条件相关的原因外，显然还与组分在色谱柱内的移动距离有关，即 L 越长，σ^2 越大。因此柱效（塔板高度 H）可用单位柱长上色谱谱带的扩张程度来衡量：

$$H = \frac{\sigma^2}{L} = \frac{\sigma_1^2 + \sigma_2^2 + \sigma_3^2 + \sigma_4^2}{L}$$

速率理论的结论：

van Deemter 速率方程 $H = A + B/u + Cu$ 概括了影响柱效（使塔板高度 H 增大）的如下几个因素。

① 涡流扩散项（A）是源于组分分子通过填充柱内长短不同的多种迁移路径而引起的扩张，造成色谱峰的展宽：$\frac{\sigma_1^2}{L} = A = 2\lambda d_p$，式中 λ 反映固定相填充的不均匀程度，d_p 是固定相颗粒的直径。

② 分子扩散项（B/u）是由于组分分子在浓度梯度驱动下由组分谱带的中心沿着色谱柱的轴向发生扩散，使得谱带增宽：$\frac{\sigma_2^2}{L} = \frac{B}{u} = \frac{2\gamma D_g}{u}$，式中 D_g 为组分分子的气相扩散系数，γ 为固定相的几何因子，反映填充颗粒的空间结构，u 为流动相的线速度。

③ 传质阻力项（Cu）是组分分子在固定相和流动相之间的传质过程并非瞬间完成，导致因传质速率限制引起的谱带扩张：$\frac{\sigma_3^2 + \sigma_4^2}{L} = C_l u + C_g u = Cu$，式中 C_l 和 C_g 分别为液相传质阻力系

数和气相传质阻力系数；C_1 与固定液的液膜厚度、组分在液相中的扩散系数等因素相关；C_g 与固定相的平均颗粒直径、组分在气相中的扩散系数等有关。

速率理论的拓展：

最佳流动相流速：气相色谱在低流速时，分子扩散项 B/u 对塔板高度 H 的影响起主导作用，但在高流速时，传质阻力项 Cu 起主要作用。在 H–u 曲线上有流动相的最佳流速。

9.2.3 分离度及色谱分离方程式

（1）分离度

分离度 R 定义：

$$R = \frac{t_{R_2} - t_{R_1}}{(W_2 + W_1)/2} = \frac{2(t_{R_2} - t_{R_1})}{1.7[W_{1/2(2)} + W_{1/2(1)}]} = \frac{t_{R_2} - t_{R_1}}{4\sigma}$$

式中 t_{R_1} 和 t_{R_2} 为相邻组分 1 和 2 的保留时间，W_1、W_2、$W_{1/2(1)}$、$W_{1/2(2)}$ 和 σ 分别为谱带的峰底宽、半峰宽和标准偏差。通常将 $R \geqslant 1.5$ 作为组分间完全分离的标准。

（2）色谱分离基本方程

色谱分离基本方程：

$$R = \frac{\sqrt{N}}{4}\left(\frac{\alpha - 1}{\alpha}\right)\left(\frac{k}{k+1}\right)$$

反映了相邻组分分离度与理论塔板数 N、相邻组分选择性因子 α、容量因子 k 的关系。

① 增大 α 值，对改善难分离组分分离度很有效。

② 增加柱长使塔板数 N 增大，但分离时间延长；因此改善色谱条件、减小塔板高度 H 比增加柱长更实际。

③ 增大容量因子 k 值能改善分离情况，但同时分离时间也将增长；k 取值为 $2\sim10$。

9.3 气相色谱分析的仪器及特点

气相色谱分离取决于组分与固定相分子间作用力的差异，载气与组分分子间的作用非常小；只适合分离分析沸点低、易气化的物质（沸点小于 300 ℃）。

9.3.1 气相色谱仪

气相色谱仪分为气路系统、进样系统、分离系统、检测系统、数据处理和仪器控制系统五大系统。

（1）气路系统

将气源的高压气转换成合适压力、除去微量水分和杂质，以稳定的流量进入色谱仪。

（2）进样系统

将试样定量地引入气化室，将试样瞬间气化后由载气引入色谱柱。

（3）分离系统

色谱柱分成填充柱和开口毛细管柱。填充柱柱容量大，但柱效较低；毛细管柱固定相通过化学键合固定在毛细管内表面，塔板高度小、柱长度长，柱效高，但柱容量小；所以需要分流进样,柱后需加辅助尾吹气再检测。

气固吸附色谱的固定相为高比表面积的多孔微粒,只用于分离相对分子质量较小的永久性气体。

气液分配色谱的固定相为表面键合不同极性液体(称为固定液)的多孔微粒(称为载体)。固定液依据"相似相溶"的规则选择;毛细管柱直接将固定液膜在管壁上涂覆并与柱内壁交联。

(4)检测系统

将组分的浓度转变为易于测量的电信号,经放大后记录为色谱图。气相色谱仪中所采用的检测器主要有热导池检测器、氢焰离子化检测器等。热导池检测器适用于无机气体和有机物的检测,其结构简单、稳定性好、线性范围较宽,是应用广泛的通用型检测器。氢火焰离子化检测器适用于微量有机物的检测,灵敏度高、响应快、线性范围宽、稳定性好,是气相色谱最常用的检测器。

(5)数据处理和仪器控制系统(色谱工作站)

自动进行色谱数据的采集、处理、保存、显示和控制色谱峰各种参数。

9.3.2　气相色谱法的特点和应用

(1)特点:

① 分离效率高。

② 灵敏度高。

③ 分析速度快。

④ 仪器设备相对简单,操作费用较低,普及且对环境友好。

(2)适用性

分析气体和易气化的成分,沸点较高的化合物可通过化学衍生将它们转化为易挥发物质后再分析;应用广泛。

9.4　高效液相色谱分析的仪器及特点

高效液相色谱具有高效、高压、高速和高灵敏度的特点,是应用最广的色谱分离分析方法。与气相色谱法相比,高效液相色谱对组分的选择性保留来源于流动相和固定相的共同作用;可分析除溶解度极低的气体(永久气体)之外的化合物;但仪器成本和操作消耗高于气相色谱。

9.4.1　影响高效液相色谱分离的因素

(1)柱效

适用于液相色谱的 van Deemter 方程为 $H=A+Cu$;固定相的颗粒度越小,柱效越高,而且颗粒度越小,柱效受流速的影响也越小。

(2)选择性因子

选择性因子 α 越大,越有利于分离。流动相的组成显著影响组分分配系数,进而影响两组分的分配系数之比,因此改变流动相组成,成为改变 α 的最重要手段。

（3）分配比

通过改变流动相的组成和固定相种类,使分配比 k 在 $2 \sim 10$。

9.4.2　高效液相色谱仪

高效液相色谱仪由流动相输送系统、试样进样系统、色谱柱和固定相、检测器、数据处理及记录系统等几部分组成。

（1）流动相输送系统

最常用高压泵是往复泵;通常具有多个流动相通道,实现多组分流动相的自动配制和梯度洗脱。常用工作模式有等度洗脱和梯度洗脱。

（2）试样进样系统

大多采用六通阀进样,进样量受载样环体积的控制。

（3）色谱柱和固定相

固定相特点:颗粒度小且均匀,表面孔结构浅,机械强度好。

液液分配色谱固定相:在担体上键合一层固定液。常用的微粒多孔型担体,颗粒小,孔穴浅,传质快,柱容量大,柱效高。固定液为有机液体,通过化学反应键合到担体表面。选择固定液是基于与组分"相似相溶"的原则。当流动相极性强于固定液时,称为"反相色谱";当流动相极性弱于固定液,称为"正相色谱"。

液固吸附色谱固定相:采用的吸附剂相当于液液分配色谱的担体。

（4）检测器

要求:灵敏度高、稳定性好、死体积小、使用范围广、对流动相的适应性好。

紫外检测器:使用最广;灵敏度较高,检测限一般可达 $X \sim 0. X$ ng·mL^{-1} 水平;光电二极管阵列紫外检测器能同时测定的色谱/紫外光谱图,提升对组分的定性鉴别能力。

示差折光检测器:应用最多的通用型检测器。

另外,还有荧光检测器、电导检测器、安培检测器、蒸发光散射检测器等多种检测器。

9.5　色谱定性定量分析方法

9.5.1　定性分析

（1）利用保留值定性

利用色谱峰的保留时间、相对保留值等保留参数进行定性分析。适用于试样组成的大致情况已知的简单体系。

（2）结合其他仪器分析法定性

将色谱和质谱、光谱(如红外光谱)等仪器分析法联用,可对组分准确定性。

9.5.2　定量分析

（1）定量依据

定量依据是色谱峰的峰面积与待测组分的浓度成正比。

定量时需要测量色谱峰面积 A_i 和定量校正因子 f_i'。定量校正因子是峰面积与组分的含

量之间的比例系数;f' 称为该组分的绝对校正因子(即检测灵敏度):

$$m_i = f'_i A_i$$

由于实验误差的存在,不同实验室间所测得的绝对校正因子往往不同。所以普遍采用相对校正因子(简称:校正因子),它是组分 i 与基准物 s 各自绝对校正因子的比值,以 f 表示:

$$f_i = \frac{f'_i}{f'_s} = \frac{m_i A_s}{m_s A_i}$$

（2）归一化法

归一化的基本依据是试样中所有组分之和为 100%。对于含有 n 个组分的试样,组分 i 含量的计算式为

$$c_i(\%) = \frac{m_i}{\sum\limits_{i=1}^{n} m_i} \times 100\% = \frac{A_i f_i}{\sum\limits_{i=1}^{n} A_i f_i} \times 100\%$$

归一化法对进样量的准确度要求不高,但要求试样中所有组分都能出峰。

（3）外标法

外标法即标准曲线法。因待测组分与标样相同,所以无需考虑校正因子,适用于批量分析;但操作条件的稳定性对结果的影响大。

（4）内标法

选择性质与待测物较接近、但在原试样中所不含的化合物为内标物 s,在质量为 m 试样中,加入质量为 m_s 的内标物,混匀后进样分离,根据待测物和内标物色谱峰的面积比、所加入内标物的质量及校正因子,可得组分 i 的含量:

$$c_i(\%) = \frac{m_i}{m} \times 100\% = \frac{A_i f_i}{A_s f_s} \frac{m_s}{m} \times 100\%$$

内标物加入标液和待测试样溶液中,测定峰面积之比,该比值不受进样体积和色谱条件细微变化的影响。

典 型 例 题

例 9-1 在 4 m 长的 DNP(邻苯二酸二壬酯)气相色谱柱上,分离苯系物,测得苯、甲苯的保留时间分别为 4.0 min 和 5.5 min,死时间为 1 min,问:

（1）甲苯停留在固定相中的时间是苯的几倍?

（2）甲苯的分配系数是苯的几倍?

解：（1）$\dfrac{t'_{R(甲苯)}}{t'_{R(苯)}} = \dfrac{t_{R(甲苯)} - t_M}{t_{R(苯)} - t_M} = \dfrac{5.5\ \text{min} - 1\ \text{min}}{4.0\ \text{min} - 1\ \text{min}} = 1.5$

（2）$K = k' \times \beta$

故
$$\frac{K_{甲苯}}{K_{苯}}=\frac{k_{甲苯}}{k_{苯}}=\frac{\dfrac{t'_{R(甲苯)}}{t_M}}{\dfrac{t'_{R(苯)}}{t_M}}=\frac{\dfrac{4.5}{1}}{\dfrac{3.0}{1}}=1.5$$

例 9-2　利用例题 9-1 的数据,结合苯和甲苯的色谱峰半峰宽分别为 10 s 和 12 s,分别计算该色谱系统的理论塔板数、塔板高度及有效塔板数、有效塔板高度。

解:利用公式 $N_{苯}=5.54\times\left(\dfrac{t_R}{W_{1/2}}\right)^2$ 计算理论塔板数时,要注意 t_R 与 $W_{1/2}$ 单位统一。从例题 9-1 可知:

对苯:$t_{R(苯)}=1.5\ \text{min}$,$W_{1/2(苯)}=(10/60)\ \text{min}$

$$N_{苯}=5.54\times\left(\frac{4.0}{10/60}\right)^2=3\ 191,H_{苯}=\frac{L}{N}=\frac{4\ 000\ \text{mm}}{3\ 191}=1.25\ \text{mm}$$

$$N_{有效苯}=5.54\times\left(\frac{4.0-1.0}{10/60}\right)^2=1\ 795,H_{有效苯}=\frac{L}{N}=\frac{4\ 000\ \text{mm}}{1\ 795}=2.23\ \text{mm}$$

对甲苯:$t_{R(甲苯)}=5.5\ \text{min}$,$W_{1/2(甲苯)}=10/60\ \text{min}$

$$N_{甲苯}=5.54\times\left(\frac{5.5}{12/60}\right)^2=4\ 190,H_{甲苯}=\frac{4\ 000\ \text{mm}}{4\ 190}=0.95\ \text{mm}$$

$$N_{有效甲苯}=5.54\times\left(\frac{5.5-1.0}{12/60}\right)^2=2\ 805,H_{有效甲苯}=\frac{4\ 000\ \text{mm}}{2\ 805}=1.43\ \text{mm}$$

计算结果表明,用不同的组分的峰参数计算时,得到的 N 和 H 都是不相同的。

例 9-3　利用例题 9-1、例题 9-2 的数据,计算:

(1) 在该色谱系统中苯和甲苯所达到的分离度。

(2) 欲使苯和甲苯达到 $R=1.5$ 的分离度时所需的柱长(m)。

解:(1) 两峰的基线宽度为

$$W_1=1.7\times(10/60)\ \text{min}=0.28\ \text{min},W_2=1.7\times(12/60)\ \text{min}=0.34\ \text{min}$$

$$R=\frac{2(t_2-t_1)}{W_1+W_2}=\frac{2\times(5.5-4.0)}{0.28+0.34}=4.84$$

(2) 根据色谱分离基本方程 $R=\dfrac{\sqrt{N}}{4}\left(\dfrac{\alpha-1}{\alpha}\right)\left(\dfrac{k}{k+1}\right)$,可以得到 $\left(\dfrac{R_1}{R_2}\right)^2=\dfrac{N_1}{N_2}=\dfrac{L_1}{L_2}$,因而:

$$L_2=L_1\left(\frac{R_2}{R_1}\right)^2=4\times\left(\frac{1.5}{4.84}\right)^2=0.38\ \text{m}$$

例 9-4　设在适当的色谱条件下,气相色谱分析只含二氯乙烷、二溴乙烷及四乙基铅三组分的试样,其相对校正因子与色谱峰面积数据如下:

组　分	二氯乙烷	二溴乙烷	四乙基铅
峰面积/($\mu V \cdot s$)	1.50×10^5	1.01×10^5	2.32×10^5
相对校正因子	1.05	1.65	1.75

试计算三个组分在试样中的百分含量。

解： 按公式 $c_i(\%) = \dfrac{m_i}{\sum\limits_{i=1}^{n} m_i} \times 100\% = \dfrac{A_i f_i}{\sum\limits_{i=1}^{n} A_i f_i} \times 100\%$，计算得

$$c_{二氯乙烷}(\%) = \frac{1.50 \times 1.05}{1.50 \times 1.05 + 1.01 \times 1.65 + 2.32 \times 1.75} = 21.6\%$$

$$c_{二溴乙烷}(\%) = \frac{1.01 \times 1.65}{1.50 \times 1.05 + 1.01 \times 1.65 + 2.32 \times 1.75} = 22.8\%$$

$$c_{四乙基铅}(\%) = \frac{2.32 \times 1.75}{1.50 \times 1.05 + 1.01 \times 1.65 + 2.32 \times 1.75} = 55.6\%$$

例 9-5 以内标法测定食品中防腐剂的含量。取 0.500 g 试样经乙醚提取及相关处理后，加入 0.50 mg 邻苯二甲酸二乙酯内标物后再用乙醚定容至 2.0 mL，然后进行气相色谱分析。对某榨菜试样的分析结果如下，试求试样中山梨酸和苯甲酸的含量。

组　分	山梨酸	苯甲酸	内标物
峰面积/(μV·s)	1.50×10^4	1.38×10^4	3.88×10^4
相对校正因子 f	1.109	1.024	1.00

解： 采用公式 $c_i(\%) = \dfrac{m_i}{m} \times 100\% = \dfrac{A_i f_i}{A_s f_s} \dfrac{m_s}{m} \times 100\%$，计算得

$$c_{山梨酸}(\%) = \frac{1.50 \times 10^4 \times 1.109}{3.88 \times 10^4 \times 1.00} \times \frac{0.50 \text{ mg}}{500 \text{ mg}} \times 100\% = 0.042\,9\%$$

$$c_{苯甲酸}(\%) = \frac{1.38 \times 10^4 \times 1.024}{3.88 \times 10^4 \times 1.00} \times \frac{0.5 \text{ mg}}{500 \text{ mg}} = 0.036\,4\%$$

思考题解答

9-1 从分离机理上分类，气相色谱和 HPLC 有哪些类型，各适合分离哪些物质？

【解答或提示】 按分离机理，气相色谱主要有吸附色谱(气固色谱)和分配色谱(气液色谱)，利用固定相固体对组分分子吸附能力的差异实现分离，称为吸附色谱；借助组分在两相(液体固定相和流动相)中溶解能力的差异而实现分离，称为分配色谱。而 HPLC 除以上两种分离原理(分别对应液固色谱和液液色谱)外，还有离子交换色谱，利用固定相对离子的交换能力差异实现分离；体积排阻色谱，利用多孔固定相对不同大小(或分子形状)组分分子的排阻作用实现分离。

9-2 试辨析分离效能(柱效)和分离度的概念。有人说"在色谱分离中,塔板数越多分配次数就越多,柱效能就越高,两组分的分离就越好"。对吗?

【解答或提示】 不完全对。两组分的分离取决于柱效因子,选择性因子和容量因子。如果两组分的分配比 k 相同(即柱子对两个组分无选择性),则 N 再大也无法分离。而当两个组分的分配比不相同时,柱效越高确实会提高分离度。

9-3 色谱定量中,峰面积为什么要用校正因子校正? 在什么情况下可以不用校正因子?

【解答或提示】 色谱定量分析的依据是组分的量与检测器的响应信号成正比,但在同一检测器上等量物质所产生的响应值不一定相等,因而,需要利用校正因子进行校正。$f_i = m_i/A_i$。在同系物分离时可以不用校正因子(因各校正因子相当)。用外标法定量时也可不用校正因子(因测定同一成分)。

9-4 比较归一化法、外标法、内标法的特点及适用范围。

【解答或提示】 见下表。

方法	特 点	适用范围	计算公式
归一化法	不必称样和定量进样,分离条件微小变化影响不大,计算简单。要求试样中所有组分都出柱,并在检测器上有响应(出峰),且各组分的校正因子已知	适合于多组分的常规分析	$c_i(\%) = \dfrac{A_i f_i}{\sum\limits_{i=1}^{n} A_i f_i} \times 100\%$
外标法	以待测组分标准溶液的峰面积对浓度作图而得到标准曲线,查对后定量。为绝对灵敏度定量方法,需要严格控制进样量,受色谱条件变化影响大。只要待测组分能出峰,不必考虑其他组分能否出峰	适用于各监测部门和厂矿企业的常规分析	可用一元线性回归曲线法查对未知组分的含量,也可单点校正
内标法	在试样中加入一定量的纯物质为内标物,根据内标物和待测组分的校正因子和内标物质量,求出待测组分的含量。不要求所有组分都出峰,但要求能选到一个合适的内标物(试样中不存在,保留值和响应值均与待测组分相近)。要精确称量,较麻烦	适合于试样中含量相差很大且待测组分不多的情况	$c_i(\%) = \dfrac{A_i f_i}{A_s f_s} \dfrac{m_s}{m} \times 100\%$

9-5 气相色谱中,引起谱带扩张的因素主要有哪些? 为什么在气相色谱范氏方程的 $H-u$ 曲线上有一个最低的谷点?

【解答或提示】 依据色谱速率理论,引起色谱峰谱带扩张的因素可用气相色谱范氏方程表达,即(1)色谱柱固定相填充的多径性引起的移动距离的偏差;(2)组分在气相中的分子扩散;(3)组分在气相和液相中的传质阻力:

$$H = A + B/u + Cu$$

对范氏方程求一阶导数,有极小值,即说明 $H-u$ 曲线上有个最低点;表明有相应最佳流动相流速(H 最小)。

9-6 比较气相色谱仪和高效液相色谱仪的仪器构成。气相色谱的分析对象有何限制?

【解答或提示】 仪器构成参见教材"气相色谱仪"和"高效液相色谱仪"相关内容。两类色谱仪器的基本组成相似,只因流动相不同而有所不同。气相色谱的分析对象明显少于高效液相色谱,因为气相色谱只能分析易气化的低沸点组分。

9-7 试简述热导池检测器、氢火焰离子化检测器的工作原理和适用对象。

【解答或提示】 热导池检测器适用于无机气体和有机物的检测;工作原理是利用待测组分的导热系数与载气导热系数的差异,依靠热敏元件进行检测。

氢火焰离子化检测器适用于微量有机物的检测。工作原理是依靠有机物在检测器中燃烧时会产生少量离子,通过测定离子电流进行检测。

9-8 导致 HPLC 的分离效率高的主要原因是什么?为什么在 HPLC 的 $H-u$ 曲线上一般看不到最低的谷点?

【解答或提示】 HPLC 中由于降低固定相颗粒的直径不但增加柱效,还可使分离在更宽的线速度范围内操作,有利于提高分离速度和提高柱效。

另外,即使在低流动相线速度时,组分在液体中的分子扩散仍可忽略;因此,适用于液相色谱的范氏方程可表示为 $H=A+Cu$。所以在 HPLC 的 $H-u$ 曲线上一般看不到最低的谷点。

9-9 何为气相色谱的程序升温和 HPLC 的梯度洗脱?HPLC 可以采用什么方式实现梯度洗脱?

【解答或提示】 气相色谱分离时,可采用分阶段逐步升高柱温,使沸程差距大的复杂混合试样得到理想分离。梯度洗脱技术,是高效液相色谱的一种流动相工作模式,是指两种或两种以上的溶剂构成的混合流动相中,各种溶剂的比例随时间的变化而有规律地变化。不同的柱温和不同的流动相浓度都将改变分配系数 k,从而影响分离效果。同时,梯度洗脱与程序升温都是使 k 逐渐变化,开始时能将大部分组分滞留在柱头,并随 T(或 k)的改变而依次进入色谱柱,相当于在柱头进行了粗分离,从而明显提高分离效果。

HPLC 的梯度洗脱可以采用先低压混合,再用一台高压泵推动流动相进柱;也可以直接采用多台高压泵直接将不同流动相组分推入混合器,混合后进柱。

9-10 HPLC 的紫外-可见吸收光谱检测器、示差折光检测器各适用于哪些测定对象?

【解答或提示】 紫外-可见吸收光谱检测器适用于分析具有特定波长紫外-可见选择性吸收的组分,用朗伯-比尔定律进行定量检测。示差折光检测器是通过检测流通池中流动相折射率的变化来测定组分浓度的检测器,是一种通用型检测器。

习 题 解 答

9-1 反相色谱及正相色谱分离组分时的出峰顺序分别有什么规律?流动相极性增大,对组分在上述两种分配色谱中的保留行为有怎样的影响?

解:可根据两色谱模型中固定相和流动相的极性大小,利用"相似相溶"原则进行判断。

流动相极性增大,对反相色谱保留值增大;对正相色谱保留值减小。

9-2 在气相色谱分析中,保留值实际上所反映的是(　　)分子间的相互作用力。

A. 组分和组分　　　　　　　　　B. 载气和固定液

C.组分和固定液　　　　　　　　D. 组分和载气

解 : C

9-3 对进样体积准确度要求高的色谱定量方法为(　　)。

A. 归一化法　　　B. 内标法　　　C. 外标法　　　D. 以上三项都对

解 : C

9-4 为使热导池检测器有较高的灵敏度,应选用(　　)作载气。

A. N_2　　　　　　B. H_2　　　　　　C. 空气　　　　　　D. O_2

解 : B

9-5 高效液相色谱在分离两个组分时如果分离效果不理想,则应该考虑的首选措施是(　　)。

A. 换色谱柱　　　　　　　　　　B. 改变流动相的极性

C. 改变柱温　　　　　　　　　　D. 改变流动相流速

解 : B

9-6 在反相液相色谱法中,若以甲醇-水为流动相,增加流动相中甲醇的比例时,组分的分配比 k 和保留时间 t_R 将有何变化?(　　)

A. k 与 t_R 减小　　　　　　　B. k 与 t_R 增大

C. k 与 t_R 不变　　　　　　　D. k 增大 t_R 减小

解 : A

9-7 对不同相对分子质量的高分子化合物进行分离和分析,下列液相色谱分离模式最合适的是(　　)。

A. 反相分配色谱　　　　　　　　B. 离子交换色谱

C. 吸附色谱　　　　　　　　　　D. 体积排阻色谱

解 : D

9-8 某色谱峰的保留时间是 60 s。如果理论塔板数为 1 000,那么该色谱峰的半峰宽是多少? 如果柱长为 50 cm,那么塔板高度是多少?

解 :

（a） $N_{理论} = 5.54 \times \left(\dfrac{t_R}{W_{1/2}} \right)^2 = 5.54 \times \left(\dfrac{60 \text{ s}}{W_{1/2}} \right)^2 = 1\ 000 \Rightarrow W_{1/2} = 4.47 \text{ s}$

（b） $H_{理论} = \dfrac{L}{N_{理论}} = \dfrac{500 \text{ mm}}{1\ 000} = 0.50 \text{ mm}$

9-9 一根以聚乙二醇 400 为固定液的色谱柱,柱长 6 m,测得甲丙酮在该柱上的保留时间为 930.6 s。不被固定相溶解的甲烷在该柱上的保留时间为 87.6 s。量得甲丙酮峰的半宽度为 25.2 s,求该柱对甲丙酮的理论塔板数和塔板高度。

解: $N_{理论}=5.54\times\left(\dfrac{930.6}{25.2}\right)^2=7\,555,H_{理论}=\dfrac{6\,000\text{ mm}}{7\,555}=0.79\text{ mm}$

9-10 已知用 2 m 色谱柱对两组分分离时,A 组分的保留时间为 12 min,B 组分的保留时间为 11 min,空气保留时间为 1 min,A、B 组分的基线宽度均为 1 min。试求组分 A 的理论塔板数,两组分的相对保留值,B 组分的分配比,以及要获得分离度为 1.5 所需的塔板数和柱长。

解:

$$N_A=16\times\left(\frac{t_R}{W}\right)^2=16\times\left(\frac{12}{1}\right)^2=2\,304,\quad N_B=16\times\left(\frac{11}{1}\right)^2=1\,936$$

$$\alpha=\frac{t'_{R(A)}}{t'_{R(B)}}=\frac{12-1}{11-1}=1.1,\quad k_B=\frac{t'_{R(B)}}{t_M}=\frac{11-1}{1}=10$$

$$N=\left(4R\frac{\alpha}{\alpha-1}\frac{k_2+1}{k_2}\right)^2=\left(4\times1.5\times\frac{1.1}{1.1-1}\times\frac{11+1}{11}\right)^2=5\,184$$

$$L_2=L_1(N/N_A)=2\text{ m}\times5\,184/2\,304=4.50\text{ m}$$

或:

$$R_1=\frac{2(t_{R(A)}-t_{R(B)})}{W_A+W_B}=\frac{2\times(12-11)}{1+1}=1.0$$

$$L_2=L_1(R/R_1)^2=2\text{ m}\times(1.5/1.0)^2=4.5\text{ m}$$

9-11 两根等长的气相色谱柱的 van Deemter 方程的参数列于下表。

气相色谱分析乙苯和二甲苯的混合物色谱数据表

柱号	A/cm	$B/(\text{cm}^2\cdot\text{s}^{-1})$	C/s
1	0.18	0.40	0.24
2	0.05	0.50	0.10

通过计算求得

(1) 如果载气线速为 0.50 cm·s^{-1},哪根色谱柱的柱效高(用 H 表示)?

(2) 柱 1 的最佳流速是多少?(提示:将范氏方程对线速求导,导出最佳流速的表达式。)

解:

(1) $H_1=A+\dfrac{B}{u}+Cu=\left(0.18+\dfrac{0.40}{0.50}+0.24\times0.50\right)\text{cm}=1.1\text{ cm}$

$$H_2=\left(0.05+\frac{0.50}{0.50}+0.10\times0.50\right)\text{cm}=1.1\text{ cm}$$

$H_1=H_2$,柱效相同。

(2) $u_{opt}=\sqrt{\dfrac{B}{C}}=\sqrt{\dfrac{0.40}{0.24}}\text{ cm}\cdot\text{s}^{-1}=1.29\text{ cm}\cdot\text{s}^{-1}$

9-12 气相色谱分析乙苯和二甲苯的混合物,色谱数据如下:

组分	乙苯	对二甲苯	间二甲苯	邻二甲苯
峰面积/cm²	70	90	120	80
校正因子(f)	0.97	1.00	0.96	0.98

计算各组分的质量分数。

解:用校正归一化法定量

$$w_{乙苯}=\frac{70\times0.97}{70\times0.97+90\times1.00+120\times0.96+80\times0.98}=\frac{67.9}{351.5}=0.193$$

$$w_{对二甲苯}=\frac{90}{351.5}=0.256,\ w_{间二甲苯}=\frac{115.2}{351.5}=0.328$$

$$w_{邻二甲苯}=\frac{78.4}{351.5}=0.223$$

9-13 无水乙醇中微量水的测定方法如下:称取已知含水量为0.221%的乙醇45.25 g,加入内标物无水甲醇0.201 g,混匀后取5 μL进样,在GDX-203固定相上分离后得到水的峰面积为42.1 mm²,甲醇峰面积为80.2 mm²。然后取乙醇试样79.39 g,加入无水甲醇0.257 g,混匀后取4 μL进样,测得水峰面积为59.8 mm²,甲醇峰面积为80.4 mm²。计算

(1)水对甲醇的相对质量校正因子;

(2)试样中水的含量。

解:(1)$f_i=\dfrac{m_iA_s}{m_sA_i}=\dfrac{45.25\times0.002\ 21\times80.2}{0.201\times42.1}=0.948$

(2)$w_{水}=\dfrac{59.8\times0.948\times0.257}{80.4\times1.00\times79.39}\times100\%=0.228\%$

9-14 测定试样中一氯甲烷、二氯甲烷、三氯甲烷的含量。称量试样1.440 g,加入内标物甲苯0.120 0 g,混匀后,取1 μL进样,得到以下数据:

组分	甲苯	一氯甲烷	二氯甲烷	三氯甲烷
峰面积/cm²	1.08	1.48	1.17	1.98
校正因子(f)	1.00	1.15	1.47	1.65

计算各组分的质量分数。

解:$c_1=\dfrac{A_if_i}{A_sf_s}\dfrac{m_s}{m}\times100\%=\dfrac{1.48\times1.15\times0.120\ 0}{1.08\times1.00\times1.440}\times100\%=13.1\%$

$c_2=\dfrac{1.17\times1.47\times0.120\ 0}{1.08\times1.00\times1.440}\times100\%=13.3\%$

$c_3=\dfrac{1.98\times1.65\times0.120\ 0}{1.08\times1.00\times1.440}\times100\%=25.2\%$

第十章 采样与试样预处理

学 习 要 求

1. 了解采样的一般过程和原则。
2. 了解复杂物质的分离与富集的目的和意义。
3. 掌握各种常用的分离与富集方法的基本原理。

内 容 概 要

10.1 试样分析流程

实际试样的分析过程通常包含以下步骤：

- 试样采集 从分析对象总体中抽出可供分析的代表性物质的过程。
- 试样预处理 对采集的对象进行一定的处理,使之满足分析方法对试样状态的要求。
- 试样检测 用适当的方法对试样进行定性、定量或结构分析。
- 数据处理 对分析结果进行计算和统计学处理。
- 分析结果报告 用数字、文字、图表等形式描述分析结果。

10.1.1 采样方法

不同物理状态的试样有不同的采样方法,如气体试样、液体试样、固体试样和生物试样均有其特殊的采样方法。但无论采样方法如何变化,均必须遵循同一个基本原则:所采集的试样具有代表性。在试样的采集过程中还需注意采样容器及保存试样方法的适用性。同时也要根据分析目标制订合理的采样方法,如必须明确分析目标是获得待测物质在试样总体中的平均值,还是动态变化值,或是不同区域的浓度。

（1）气体试样
- 常见的气体试样 大气、工业废气、固体或液体的挥发物、压缩气体等。
- 采样方法 将气体用气泵充入密闭容器内;用固体或液体吸收剂吸收气体试样中的待测组分。

（2）液体试样
- 常见的液体试样 天然水、工业溶剂、饮料、液体药剂等。
- 采样方法 对于均匀的液体试样可直接抽取;对于不均匀的液体试样需根据分析目的

在不同部位或不同时间采集。

（3）固体试样

• 常见的固体试样 颗粒物、片状或棒状材料。固体几乎无流动性，一般为不均匀试样。

• 采样方法 因固体试样均匀性差，所以采取多点、多层次采样法，然后按四分法缩分到所需的量。颗粒固体试样的最小采集量可按经验公式 $Q \geqslant Kd^2$（Q 为采集试样的最低质量，kg；d 为试样中的最大颗粒直径，mm；K 为试样特性常数）计算；对于工业产品固体试样，可按不同批号分别采样，或对同一批号多次采样。

（4）生物试样

• 生物试样种类 按生物类别分，有植物试样、动物试样及微生物试样；按物态分，有固体试样（植物的组织，动物的器官、毛发）、液体试样（动物的血液、尿液等）。

• 试样采集的原则 应根据不同的分析对象和分析任务确定采集标本的种类；选择合理的采样部位和采样时间，确保试样的代表性；注意鲜活试样的保存，防止试样腐败或蛋白变性。

10.1.2 试样预处理

（1）试样制备

• 目的 不同的分析方法对试样的状态有不同的要求，因此必须将被采集后的试样转化成适合于分析测试的状态。

• 方法 大多数分析方法需要将试样转化为溶液状态。对于固体试样可根据试样的特点采用溶解、提取、分解、消化、熔融等手段将试样转化成溶液状态，具体方法可参考教材10.1.2。

（2）试样的预分离与富集

• 目的 试样预分离的目的是将可能会对待测物的分析测定有干扰的共存组分从试样中分离出去；而富集的目的是提高待测组分的浓度，以满足后续分析方法的要求。

• 评价指标 在试样的预分离与富集的过程中待测组分可能会有所损失，因此需要用回收率 R 来评价试样预处理及分离方法的可靠性。

• 分离与富集方法的分类 分析化学中分离与富集方法的选择应依据待测组分与共存组分的物理或化学性质的差异。

10.2 沉淀分离法

根据难溶化合物的溶度积原理，使用适当的某一沉淀剂，将待测组分形成沉淀析出，或将干扰组分形成沉淀除去。主要用于无机离子的沉淀分离，蛋白质、多糖等生物大分子的沉淀，以及痕量组分的共沉淀分离与富集。

10.2.1 无机沉淀剂沉淀分离法

（1）氢氧化物沉淀分离法

• 氢氧化钠 氢氧化钠（NaOH）是强碱，用作沉淀剂可使两性金属离子与非两性离子分离。

- 氨水　可使 Fe^{3+}，Al^{3+}，$Tl(IV)$ 等高价金属离子生成沉淀而与碱金属和碱土金属离子，以及能与氨形成配合物的二价过渡金属离子分离。

（2）其他无机试剂沉淀法

- 硫化物　控制酸度，使不同的离子分组沉淀。
- 稀硫酸　使 Ca^{2+}，Sr^{2+}，Ba^{2+}，Pb^{2+} 等离子沉淀。
- 稀磷酸　使 $Zr(IV)$，$Hf(IV)$，$Th(IV)$，Bi^{3+} 等金属离子沉淀。
- HF 或 NH_4F 使 Ca^{2+}，Sr^{2+}，Mg^{2+}，$Th(IV)$，稀土金属离子等沉淀。

10.2.2　有机沉淀剂沉淀分离法

有机沉淀剂也可选择性地与无机离子形成沉淀，且其共沉淀不严重，沉淀晶型较好。常见的有机沉淀剂有草酸、8-羟基奎宁、铜铁试剂（DDTC）等。

10.2.3　共沉淀分离与富集

用沉淀剂本身或沉淀剂与其他辅助试剂所生成的沉淀作为载体，通过表面吸附作用、生成混晶等，使微/痕量组分定量地与载体一起沉淀下来，分离收集沉淀后，再将沉淀溶解在少量溶剂中，达到富集痕量组分的目的。

10.2.4　常用的生化沉淀分离法

采用三氯乙酸、乙腈、硫酸铵等试剂将蛋白质从溶液中分离出来，从而减小蛋白质对其他分析对象的干扰。

10.3　液-液萃取分离法

10.3.1　萃取分离的基本原理

（1）分配系数

在萃取分离中，达到平衡状态时被萃取物质在有机相和水相中都有一定的浓度，它们浓度之比称为**分配系数**（K_D）。

$$K_D = \frac{c_{A,o}}{c_{A,w}}$$

K_D 与溶质和溶剂的特性及温度等因素有关，在一定温度下为常数，与所用溶剂的体积及溶质的量无关。主要适用于溶质（待分离物质）的浓度较低、溶质在两相中的存在形式相同（即没有解离、缔合等副反应）时，溶质在两相中平衡浓度的计算。

（2）分配比

当溶质在水相和有机相中具有多种存在形式时，分配系数难以全面反映物质在两相间的分配情况。通常则把溶质在两相中的总浓度之比，称为分配比（D）。D 值越大，说明溶质进入有机相中的量越多。

$$D = \frac{c_o}{c_w}$$

（3）萃取率

萃取率(E)表示萃取的完全程度,它指物质被萃取到有机相中的百分率。其计算公式为

$$E = \frac{\text{溶质 A 在有机相中的总量}}{\text{溶质 A 的总量}} \times 100\%$$

或

$$E = \frac{c_o V_o}{c_o V_o + c_w V_w} \times 100\%$$

其中c_o,c_w分别代表溶质 A 在有机相、水相中的浓度。V_o,V_w分别代表有机相和水相的体积。

待测组分的萃取率可通过分配比求得,即

$$E = \frac{D}{D + \dfrac{V_w}{V_o}} \times 100\%$$

当分配比 D 不高时,可采用多次连续萃取的方法,以提高萃取率。萃取 n 次后的总萃取率可用如下公式计算:

$$E = \left[1 - \left(\frac{V_w/V_o}{D + V_w/V_o} \right)^n \right] \times 100\%$$

10.3.2 重要的萃取体系及其萃取条件

(1)金属离子的萃取

在选择萃取体系及萃取条件时应重点考虑萃取率和萃取剂的选择性(提高待测组分与共存组分之间的溶解度差异),提高萃取选择性的方法通常有控制萃取体系的 pH 及选择高选择性的萃取剂。金属离子的重要萃取体系及萃取条件如表 10-1 所示。

表 10-1 金属离子的重要萃取体系及萃取条件

萃取体系	萃取条件的选择	特点
螯合物萃取体系	① 螯合剂含疏水基团多,亲水基团少; ② 控制酸度,减少螯合剂的酸效应,避免金属离子水解; ③ 采用对螯合物溶解度大、密度与水溶液差别大、黏度小、无毒、无特殊气味、挥发性小的萃取溶剂; ④ 通过控制酸度和掩蔽作用,以消除干扰离子的影响	反应灵敏度高,选择适当的螯合剂可萃取后直接用有机相进行光度测定,适用于少量或微量组分的萃取分离
离子缔合物体系	① 选择有利于离子缔合物形成的酸度; ② 控制酸度和掩蔽作用,以消除干扰离子的影响; ③ 用盐析作用提高萃取率	萃取容量大,有利于基体元素的分离

(2)有机分子的萃取

对于脂肪、磷脂等疏水性有机化合物可直接用有机溶剂萃取,如果有机分子中还带有可解离的基团,则需考虑萃取时的 pH 的控制,尽量使得有机分子处于电中性状态,以增加其疏水性。

10.3.3 萃取方式

萃取方式包括间歇式萃取和连续式萃取。

10.4   离子交换分离法

离子交换分离法是利用离子交换剂与溶液中的离子之间所发生的交换反应来进行分离的方法。

（1）离子交换树脂的种类和性质

离子交换树脂是含有可解离基团的交联高分子网状聚合物。这种可解离基团称为离子交换基团，它固定在聚合物链上并通过静电引力结合另一种电荷相反的平衡离子，后者可被同种电荷的其他离子所取代。离子交换基团包括阳离子交换基团和阴离子交换基团。其中阳离子交换基团包括强酸型、弱酸型；而阴离子交换基团包括强碱型、弱碱型。

（2）交换容量和离子交换亲和力

• 交换容量   是指每克干树脂所能交换离子的物质的量(mmol)，它取决于树脂网状结构中所含离子交换活性基团的数目，可用实验的方法测得。一般离子交换树脂的交换容量为 $3 \sim 6$ mmol·g^{-1}。

• 离子交换亲和力   指离子在树脂上的交换能力大小。可用交换平衡常数 $K_{M/N}$ 表示。通常离子的水合离子半径越小、电荷越高、极化度越高，其与离子交换树脂的亲和力也越大。

（3）离子交换分离操作

包括装柱、交换、洗脱、再生等步骤。

（4）离子交换分离法的应用

主要用于无机离子、有机离子、蛋白质、核酸、多糖等带电荷分子的分离与富集。

10.5   经典色谱分离法

（1）**柱色谱法**

柱尺寸较大，试样容量大，主要用于制备分离；固定相粒径较粗，分离效率不高，难以分离性质相近的组分。

（2）**平面色谱法**

包括薄层色谱法和纸色谱法。平面色谱的试样处理容量较小，主要用于混合物中待测组分的定性和定量检测。

（3）**定性参数**

用比移值(R_f)定性，计算公式为

$$R_f = \frac{斑点中心至原点的距离}{溶剂前沿至原点的距离} = \frac{a}{b}$$

R_f 值的大小反映了吸附剂对待测组分的吸附能力及展开剂对待测组分的溶解能力。

10.6　新的分离和富集方法简介

10.6.1　超临界萃取分离法

超临界萃取分离法是利用超临界流体作为萃取剂的一种萃取分离方法。

（1）基本原理

- 超临界流体概念：根据纯物质的相图，当物质所处的温度大于其临界温度时，同时压力大于其临界压力时，该物质所处的状态为超临界态。
- 超临界流体萃取的优越性：密度接近液体，分子间作用力大；黏度小，接近气体，被萃取的物质在溶剂中传质速率快；表面张力小，容易渗透到被萃取物质的内部。

（2）超临界流体的选择

- 依据极性"相似相溶"原则。
- 考虑被萃取物的用途：医药食品领域通常采用无毒的 CO_2 超临界流体。

（3）影响超临界萃取的因素

- 温度。
- 压力。
- 助溶剂。

10.6.2　膜分离法

膜分离过程是以选择性透过膜为分离介质。当膜两侧存在某种推动力（如浓度差、压力差、电势差等）时，原料侧组分选择性地透过膜，从而达到分离、提纯的目的。实现一个膜分离过程必须具备膜和推动力这两个必要条件。

（1）膜的类型

- 微孔膜（microporous membrane）　是高分子膜中最简单的一种膜，具有很多孔径分布均匀的微孔，空隙率约为 40%，孔径为 1 nm～0.03 μm。其分离作用相当于过滤。
- 致密膜（dense membrane）　其结构比较致密，空隙率小于 19%，孔径为 0.5～1 nm。
- 非对称膜（asymmetric membrane）　是各向异性的，沿膜厚度方向的内部结构不同，它是由上层极薄的致密的活化层（0.1～2 m）和下层大孔的支持层（100～200 m）所组成。其中支持层起增强膜机械强度的支撑作用。
- 复合膜（composite membrane）　是由高选择性的活性超薄层和化学性质稳定、机械性能好的多孔的支撑膜复合而成的一类膜。
- 离子交换膜（ion exchange membrane）　即离子交换树脂膜，是一种膜状的离子交换树脂，其微观结构与离子交换树脂相同，带有活性基团。

（2）常见的膜分离过程及基本原理

- 微滤、超滤、纳滤　微滤和超滤都是在压力差推动下，利用被分离物质间相对分子质量的差异及特定的膜孔径进行分子筛分的过程。而纳滤除了孔径几何大小的筛分作用外，纳米孔道内壁的双电层结构对被分离物质也起到选择性筛分作用。纳滤过程分离体积不同的小分子、不同电荷的离子,也可以分离相同电荷但体积有差异的离子。

- 渗析   也称透析,其分离的基础是离子或小分子从半透膜的一侧液相(料液)转入另一侧液相(渗析液)的迁移率之差。起到分离作用的是选择性薄膜,相转移的推动力是膜两侧中组分的浓度梯度。
- 电渗析   是利用离子交换膜和直流电场的作用,从水溶液和其他不带电荷组分中分离荷电离子组分的一种电化学分离过程。

10.6.3   固相萃取法

- 概念   是基于组分在固相萃取剂上的保留和洗脱过程实现待测组分的分离与富集的方法。
- 特点   固相萃取通常具有较高的萃取率,对试样的浓缩富集效果较好。
- 常用的固相萃取材料   常见改性硅胶固相萃取剂的性质和使用范围见教材表 10-5。

典 型 例 题

例 10-1   用萃取分离法分离水中痕量的氯仿。取水样体积为 100 mL,用 1.0 mL 戊烷萃取时,萃取率为 53%,试计算当取水样 10 mL,用 2.0 mL 戊烷分两次萃取,每次用 1.0 mL 萃取时,水相剩余的氯仿为原来的百分之几?

解:解这题的关键是要根据条件求出分配比 D 的值。

萃取率与分配比之间的关系为

$$E = \frac{D}{D + \dfrac{V_w}{V_o}} \times 100\%$$

则

$$0.53 = \frac{D}{D + \dfrac{100}{1.0}} \times 100\% = \frac{D}{D + 100} \times 100\%$$

$$D = 113$$

当取水样 10 mL,用 2.0 mL 戊烷分两次萃取,每次用 1.0 mL 萃取时,水相剩余的氯仿为

$$m_n = m_0 \left(\frac{V_w}{DV_o + V_w} \right)^n$$

因此

$$\frac{m_n}{m_0} = \left(\frac{V_w}{DV_o + V_w} \right)^n = \left(\frac{10}{113 \times 1.0 + 10} \right)^2 = 0.66\%$$

例 10-2   某溶液含 Fe^{3+} 10.0 mg,现将它萃取入某有机溶剂中,设 $D = 99$。问:

(1) 当用等体积的该有机溶剂萃取两次后,水相中剩余的 Fe^{3+} 为多少毫克?

(2) 若将两次萃取后的有机相合并,用等体积的水洗一次,将损失多少毫克的 Fe^{3+}?

(3) 若将(2)中分出的水相以适当方法显色(摩尔吸收系数 $\kappa = 2.0 \times 10^4$ L·mol^{-1}·cm^{-1})后,

定容至 50.0 mL,用 0.50 cm 比色皿测其吸光度,则吸光度是多少?（Fe 的相对原子质量为 55.85）

解:（1）萃取两次后,水相中剩余的 Fe^{3+} 为

$$m_n = m_0 \left(\frac{V_w}{DV_o + V_w} \right)^n = 10.0 \text{ mg} \times \left(\frac{1}{99+1} \right)^2 = 0.001 \text{ mg}$$

（2）本题为反萃取过程。因为萃取两次后转入有机相中的 Fe^{3+} 量为

$$m_o = 10.0 \text{ mg} - 0.001 \text{ mg} = 9.999 \text{ mg}$$

又因为 $D = 99$,说明用等体积的有机相萃取 1 次时的萃取率为

$$E = \frac{D}{D+1} \times 100\% = \frac{99}{99+1} \times 100\% = 99\%$$

则反萃取百分率　　　　　　　　　　　　　$E' = 1\%$。

所以,用水反萃取时将损失的 Fe^{3+} 量为

$$m = 9.999 \text{ mg} \times 1\% = 0.099\,99 \text{ mg} \approx 0.1 \text{ mg}$$

（3）$c(Fe^{3+}) = \dfrac{0.100 \text{ mg}}{50.0 \text{ mL} \times 55.85 \text{ g} \cdot \text{mol}^{-1}} = 3.58 \times 10^{-5} \text{ mol} \cdot \text{L}^{-1}$

则　　　　$A = \kappa bc = 2.0 \times 10^4 \text{ L} \cdot \text{mol}^{-1} \cdot \text{cm}^{-1} \times 0.50 \text{ cm} \times 3.58 \times 10^{-5} \text{ mol} \cdot \text{L}^{-1} = 0.36$

例 10-3　某强酸型阳离子交换树脂的交换容量为 5.00 mmol·g^{-1},计算每克该干树脂可交换 Ca^{2+} 和 Na^+ 各多少毫克?

解: Ca^{2+} 带两个正电荷,因此与阳离子树脂发生交换时,1 mol Ca^{2+} 交换 2 mol H^+;而 Na^+ 带一个正电荷,因此与阳离子树脂发生交换时,1 mol Na^+ 交换 1 mol H^+。因此,1 g 干树脂可交换 Ca^{2+} 和 Na^+ 的量分别为

$$m(Ca^{2+}) = \frac{1}{2} \times 5.00 \text{ mmol} \cdot \text{g}^{-1} \times 1.00 \times 40.08 \text{ g} \cdot \text{mol}^{-1} = 100 \text{ mg}$$

$$m(Na^+) = 5.00 \text{ mmol} \cdot \text{g}^{-1} \times 1.00 \times 22.99 \text{ g} \cdot \text{mol}^{-1} = 115 \text{ mg}$$

例 10-4　设一含有 A、B 两组分的混合溶液,已知 $R_f(A) = 0.32$,$R_f(B) = 0.70$,如果用纸上色谱法进行分离,滤纸长度为 15 cm,则 A、B 组分分离后两斑点中心相距最大距离为多少?

解: 设分离后 A、B 组分斑点及溶剂前沿至原点的距离分别为 $l(A)$、$l(B)$、l_0,则

$$R_f(A) = \frac{l(A)}{l_0}, l(A) = R_f(A) \cdot l_0$$

同理可得　　　　　　　　　　　$l(B) = R_f(B) \cdot l_0$

两斑点的中心距离差值为

$$\Delta l = l(B) - l(A) = [R_f(B) - R_f(A)] \cdot l_0 = (0.70 - 0.32) \cdot l_0 = 0.38 \cdot l_0$$

由于 $l_0 \leq 15$ cm,因此

$$\Delta l \leq 0.38 \times 15 \text{ cm} = 5.7 \text{ cm}$$

例 10-5　简述如何用离子交换分离法将大量 Fe^{3+} 和微量 Mg^{2+} 分离。

解: 先将 Fe^{3+} 和 Mg^{2+} 的混合试液配制成 9 mol·L^{-1} 的 HCl 介质中,结果 Fe^{3+} 与 Cl^- 结合形成络阴离子,反应式如下:

$$Fe^{3+}+4Cl^- \rightleftharpoons FeCl_4^-$$

而 Mg^{2+} 仍以阳离子形式存在,因此采用阳离子交换分离法将两者分离开。分离时先将 $FeCl_4^-$ 除去,Mg^{2+} 被富集于柱上,然后洗脱。

思考题解答

10-1　叙述分离富集在分析化学中的意义。

【解答或提示】 当试样中待测组分的含量低于测定方法的检测限时,就需要适当地对待测组分进行富集。如果分析方法的选择性不够高,试样中共存组分会干扰待测组分的准确测量时,就需要采用适当的方法将待测组分从试样中分离出来。

10-2　试样含 Fe^{3+},Al^{3+},Ca^{2+},Mg^{2+},Mn^{2+},Cr^{3+},Cu^{2+} 和 Zn^{2+} 等离子,加入 NH_4Cl 和 $NH_3 \cdot H_2O$ 后,哪些离子以何种型体存在于溶液中?哪些离子以何种型体存在于沉淀中?分离是否完全?

【解答或提示】 Fe^{3+},Mn^{2+},Al^{3+},Zn^{2+},Cr^{3+} 将以氢氧化物的形式存在于沉淀中;Ca^{2+},Mg^{2+} 以离子形式存在于溶液中,Cu^{2+} 以配合物形式存在于溶液中。

10-3　举例说明共沉淀现象对分析工作的不利因素和有利因素。

【解答或提示】 共沉淀可以富集溶液中的痕量离子,但同时也降低了沉淀分离法的选择性,并在重量分析中引入杂质。

10-4　分别说明"分配系数"和"分配比"的物理意义。在溶剂萃取分离中为什么必须引入"分配比"这一参数?

【解答或提示】 分配系数是指某组分在有机相与水相中的平衡浓度之比;分配比是指某组分在有机相与水相中的总浓度之比。由于被萃取的物质在水相中通常会发生解离、缔合、质子化、配位等过程,用分配比的概念能更好地表示该物质在两相中的实际分配情况。

10-5　叙述溶剂萃取过程的本质。举例说明重要的萃取体系。

【解答或提示】 溶剂萃取的本质就是基于物质溶解性质的差异,采用与水不混溶的有机溶剂,从水溶液中把组分萃取到有机相中以期实现分离。在某些情况下也可以将组分从有机相反萃取到水相中。用于无机离子萃取的重要萃取体系包括螯合萃取体系(如 Ni^{2+} 可先与丁二酮肟反应生成疏水性的螯合物,再用氯仿等有机溶剂萃取)和离子缔合物萃取体系。

10-6　如何萃取分离 R—COOH,R—NH$_2$ 和 RCOR′。

【解答或提示】 先将溶液酸化,用氯仿萃取 R—COOH 和 RCOR′,而 R—NH$_2$ 以质子化形式存在于水相中。然后用碱性水溶液反萃取氯仿中的 R—COOH,此时 RCOR′留在有机相。

10-7　分析中常用的离子交换树脂有哪些类型?

【解答或提示】 分析化学中常用的离子交换树脂包括:阴离子交换树脂、阳离子交换树脂、螯合树脂等。

10-8　何谓离子交换树脂的交联度、交换容量?

【解答或提示】 树脂中所含交联剂的质量分数就是该树脂的交联度,交联度的大小直接影响树脂的孔隙度。交换容量是指每克干树脂所能交换的物质的量。

10-9　用 $BaSO_4$ 重量法测定 SO_4^{2-} 时,大量 Fe^{3+} 会产生共沉淀。试问当分析硫铁矿(FeS_2)中的 S 时,如果用 $BaSO_4$ 重量法进行测定,有什么办法可以消除 Fe^{3+} 的干扰?

【解答或提示】 可先调溶液 pH 将 Fe^{3+} 沉淀去除,然后将溶液酸化再加 $BaCl_2$ 溶液沉淀 SO_4^{2-}。

10-10　简述在分析工作中采用离子交换法制备去离子水的原理。

【解答或提示】 水中常含有可溶性的盐类,可用离子交换法进行净化。如果让自来水先通过 H 型强酸性阳离子交换树脂,则水中的阳离子可被交换除去:

$$nR-SO_3H+M^{n+} = (R-SO_3)_nM+nH^+$$

然后再通过 OH 型强碱性阴离子交换树脂,则水中的阴离子可被交换除去:

$$nR-N(CH_3)_3^+OH^-+X^{n-} = [R-N(CH_3)_3]_nX+nOH^-$$

同时交换下来的 H^+ 和 OH^- 结合形成 H_2O:

$$H^++OH^- = H_2O$$

10-11　比移值 R_f 在薄层色谱分离中有何重要作用?

【解答或提示】 R_f 值是物质的特征值,可以利用 R_f 值作为定性分析的依据。

10-12　试比较微滤、渗析、电渗析等几种膜分离的分离机理,各有何用途?

【解答或提示】 微滤是在压力差推动作用下进行的筛孔分离过程。在一定的压力差推动作用下,当含有高分子溶质和低分子溶质的混合溶液流过膜表面时,溶剂和低分子溶质(如无机盐)透过膜,进入膜下游,而分子大小大于膜孔的高分子被膜截留,仍在膜上游,从而达到小分子、离子与大分子化合物的分离。通常,截留相对分子质量大小为 $500\sim10^6$ 的膜分离过程称为超滤,只能截留粒子更大的分子的膜分离过程称为微滤。

渗析也称透析,是最早被发现和研究的膜分离现象。其分离的基础是离子或小分子从半透膜的一侧液相(料液)转入另一侧液相(渗析液)的迁移率之差。起到区分作用的是选择性薄膜,相转移的推动力是膜两侧中组分的浓度梯度。主要是用于诸如蛋白质、激素及酶这一类物质的浓缩、脱盐和纯化。

电渗析是利用离子交换膜和直流电场的作用,从水溶液和其他不带电荷组分中分离荷电离子组分的一种电化学分离过程。电渗析法被广泛用于咸水脱盐。

习题解答

基本题

10-1　有一物质在氯仿和水之间的分配比 D 为 9.6。含有该物质浓度为 $0.150\ mol\cdot L^{-1}$ 的水溶液 50 mL,用氯仿萃取如下:(1) 50.0 mL 萃取一次;(2) 每次 25.0 mL 萃取两次;(3) 每次 10.0 mL 萃取五次。试计算经不同方式萃取后,留在水溶液中该物质的浓度并比较萃取效率。

解:(1) 50.0 mL 一次萃取

$$c_1 = c_0 \cdot \frac{V_w}{DV_o + V_w}$$

$$= 0.150 \text{ mol} \cdot \text{L}^{-1} \times \left(\frac{50.0 \text{ mL}}{9.6 \times 50.0 \text{ mL} + 50.0 \text{ mL}} \right) = 0.014\,2 \text{ mol} \cdot \text{L}^{-1}$$

$$E = \frac{0.150 \text{ mol} \cdot \text{L}^{-1} - 0.014\,2 \text{ mol} \cdot \text{L}^{-1}}{0.150 \text{ mol} \cdot \text{L}^{-1}} \times 100 = 90.5\%$$

(2) 每次用 25.0 mL CCl_4,分两次萃取

$$c_2 = c_0 \left(\frac{V_w}{DV_o + V_w} \right)^2$$

$$= 0.150 \text{ mol} \cdot \text{L}^{-1} \times \left(\frac{50.0 \text{ mL}}{9.6 \times 25.0 \text{ mL} + 50.0 \text{ mL}} \right)^2 = 0.004\,46 \text{ mol} \cdot \text{L}^{-1}$$

$$E = \frac{0.150 \text{ mol} \cdot \text{L}^{-1} - 0.004\,46 \text{ mol} \cdot \text{L}^{-1}}{0.150 \text{ mol} \cdot \text{L}^{-1}} \times 100\% = 97\%$$

(3) 每次用 10.0 mL CCl_4,分五次萃取

$$c_5 = c_0 \left(\frac{V_w}{DV_o + V_w} \right)^5$$

$$= 0.150 \text{ mol} \cdot \text{L}^{-1} \times \left(\frac{50.0 \text{ mL}}{9.6 \times 10.0 \text{ mL} + 50.0 \text{ mL}} \right)^5 = 7.07 \times 10^{-4} \text{ mol} \cdot \text{L}^{-1}$$

$$E = \frac{0.150 \text{ mol} \cdot \text{L}^{-1} - 7.07 \times 10^{-4} \text{ mol} \cdot \text{L}^{-1}}{0.150 \text{ mol} \cdot \text{L}^{-1}} \times 100\% = 99.5\%$$

10-2   饮用水中常含有痕量氯仿,实验指出,取 100 mL 水,用 1.0 mL 戊烷萃取时的萃取率为 53%。试问取 10 mL 水用 1.0 mL 戊烷萃取率为多少?

解:
$$E = \frac{D}{D + \dfrac{V_w}{V_o}} \times 100\% = \frac{D}{D + \dfrac{100}{1}} \times 100\% = \frac{D}{D + 100} \times 100\%$$

根据题意:100 mL 水,用 1.0 mL 戊烷萃取时的萃取率 $E = 53\%$,即

$$\frac{D}{D + 100} \times 100\% = 53\%$$

$$D = 113$$

10 mL 水用 1.0 mL 戊烷萃取率为

$$E = \frac{D}{D + 10} \times 100\% = \frac{113}{113 + 10} \times 100\% = 92\%$$

10-3   称取 1.200 g H^+ 型阳离子交换树脂,装入交换柱后,用 NaCl 溶液冲洗至流出液使

甲基橙呈橙色为止。收集所有洗脱液,用甲基橙作指示剂,以 $0.100\ 0\ mol \cdot L^{-1}$ NaOH 标准溶液滴定,用去 22.10 mL,计算树脂的交换容量。

解:
$$\frac{0.100\ 0\ mol \cdot L^{-1} \times 22.10\ mL}{1.200\ g} = 1.842\ mmol \cdot g^{-1}$$

10-4　取 100.0 mL 水样,经过阳离子交换树脂后,Ca^{2+} 和 Mg^{2+} 被交换至树脂上,流出液用 $0.100\ 0\ mol \cdot L^{-1}$ NaOH 标准溶液滴定,用去 10.00 mL,试计算试样中水的硬度。

解:
$$\frac{0.100\ 0\ mol \cdot L^{-1} \times 10.00\ mL}{100.0\ mL \times 10^{-3}\ mol \cdot mmol^{-1}} = 10.00\ mmol \cdot L^{-1}$$

10-5　称取 Na_2CO_3 和 K_2CO_3 混合试样 1.000 0 g,溶于水后。通过 H^+ 型阳离子交换柱,流出液用 $0.500\ 0\ mol \cdot L^{-1}$ NaOH 溶液滴定,用去 30.00 mL,计算试样中 Na_2CO_3 和 K_2CO_3 的质量分数。

解:设试样中 Na_2CO_3 的质量为 x g,则 K_2CO_3 的质量为 $(1.000\ 0-x)$ g,根据题意可知,

$$\frac{x\ g}{M_{Na_2CO_3}} + \frac{(1.000\ 0-x)\ g}{M_{K_2CO_3}} = \frac{1}{2} n_{NaOH} = \frac{1}{2} c_{NaOH} V_{NaOH}$$

$$\frac{x\ g}{106.0\ g \cdot mol^{-1}} + \frac{(1.000\ 0-x)\ g}{138.2\ g \cdot mol^{-1}} = \frac{1}{2} \times 0.500\ 0\ mol \cdot L^{-1} \times 30.00\ mL \times 10^{-3}\ L \cdot mL^{-1}$$

$$x = 0.120\ 1, \quad 1.000\ 0-x = 0.879\ 9$$

$$w(Na_2CO_3) = \frac{x\ g}{m_s} = \frac{0.120\ 1\ g}{1.000\ 0\ g} = 0.120\ 1$$

$$w(K_2CO_3) = \frac{(1.000\ 0-x)\ g}{m_s} = \frac{0.879\ 9\ g}{1.000\ 0\ g} = 0.879\ 9$$

10-6　用色谱法分离 Fe^{3+},Co^{2+},Ni^{2+},以正丁醇-丙酮-浓 HCl 为展开剂,若展开剂的前沿与原点的距离为 13 cm,斑点中心与原点的距离为 5.2 cm,则 Co^{2+} 的比移值 R_f 为多少?

解:
$$R_f = \frac{a}{b} = \frac{5.2\ cm}{13\ cm} = 0.40$$

10-7　有两种性质相似的元素 A 和 B,共存于同一溶液中。用纸色谱法分离时,它们的比移值 R_f 分别为 0.45 和 0.65。欲使分离后斑点中心之间相隔 2 cm。问薄层板至少应有多长?

解:设薄层板至少应有的长度为 x cm,因为

$$R_f = \frac{a}{b}$$

则
$$a = bR_f$$

$$x \cdot R_f(B) - x \cdot R_f(A) \geqslant 2\ cm$$

$$0.65x - 0.45x \geqslant 2\ cm$$

$$x \geqslant 10\ cm$$

提高题

10-8　苯甲酸溶液的解离常数 $K_a^{\ominus} = 6.5 \times 10^{-5}$,用等体积的乙醚溶液萃取时,它在乙醚和水中的分配系数 $K_D = 100$,求当溶液的 pH 为 5 时的分配比。

解:苯甲酸的解离平衡可表示为

$$HA \rightleftharpoons H^+ + A^-$$

则其解离平衡常数

$$K_a^\ominus = \frac{c(H^+)c(A^-)}{c(HA)}$$

$$6.5 \times 10^{-5} = 10^{-5} \times \frac{c(A^-)}{c(HA)}$$

因此

$$\frac{c(A^-)}{c(HA)} = 6.5$$

$$D = \frac{c_o}{c_w} = \frac{c(HA)_o}{c(HA)_w + c(A^-)_w}$$

$$= \frac{\frac{c(HA)_o}{c(HA)_w}}{1 + \frac{c(A^-)_w}{c(HA)_w}} = \frac{K_D}{1 + \frac{c(A^-)_w}{c(HA)_w}}$$

$$= \frac{100}{1 + 6.5} = 13$$

10-9　某溶液含 Fe 10.0 mg,现将它萃取入某有机溶剂中($D = 99$)。当用等体积的该溶剂萃取两次后,水相中剩余 Fe 多少毫克? 若用等体积水将合并后的有机相洗一次,将损失多少毫克的 Fe?

解:(1) 萃取两次后,水相中剩余的 Fe 为

$$m_n = m_0 \left(\frac{V_w}{DV_o + V_w} \right)^n = 10.0 \text{ mg} \times \left(\frac{1}{99+1} \right)^2 = 0.001 \text{ mg}$$

(2) 此为反萃取过程。因为萃取两次后转入有机相中的 Fe 量为

$$m_o = 10.0 \text{ mg} - 0.001 \text{ mg} = 9.999 \text{ mg}$$

又因为 $D = 99$,说明用等体积的有机相萃取 1 次时的萃取率为

$$E = \frac{D}{D+1} \times 100\% = \frac{99}{99+1} \times 100\% = 99\%$$

则反萃取百分率　　　　　　　　$E' = 1\%$。

所以,用水反萃取时将损失的 Fe 量为

$$m = 9.999 \text{ mg} \times 1\% = 0.09999 \text{ mg} \approx 0.1 \text{ mg}$$

10-10　If the distribution ratio for substance A is 9.0, what is the minimum number of the 5.00 mL portions of ether that must be used in order to extract 99.9% of substance A from 5.00 mL of an aqueous solution that contains 0.0400 g of substance A? What weight of substance A is removed with each extraction?

Solution:

Since

$$E = \frac{m_0 - m_n}{m_0} \times 100\% = 99.9\%$$

$$\frac{0.040\ 0\ \text{g}-m_n}{0.040\ 0\ \text{g}}=99.9\%$$

$$m_n=4.00\times10^{-5}\ \text{g}, m_n-m_0=0.039\ 96\ \text{g}$$

$$\frac{m_n}{m_0}=1-99.9\%=0.1\%$$

then

$$m_n=m_0\left(\frac{V_w}{DV_o+V_w}\right)^n$$

Therefore

$$\left(\frac{V_w}{DV_o+V_w}\right)^n=\frac{m_n}{m_0}=0.1\%$$

$$\left(\frac{5.00\ \text{mL}}{9.0\times5.00\ \text{mL}+5.00\ \text{mL}}\right)^n=0.1\%$$

$$n=3$$

10-11 A 100 mL portion of a $0.100\ 0\ \text{mol}\cdot\text{L}^{-1}$ aqueous solution of the weak acid HA is extracted with 50.00 mL of CCl_4. After the extraction, a 25.00 mL aliquot of the aqueous phase was titrated with 10.00 mL of a $0.100\ 0\ \text{mol}\cdot\text{L}^{-1}$ NaOH. Calculate the distribution ratio of HA .

Solution:

$$n_{total}=0.100\ 0\ \text{mol}\cdot\text{L}^{-1}\times100\ \text{mL}=10.0\ \text{mmol}$$

$$n_w=0.100\ 0\ \text{mol}\cdot\text{L}^{-1}\times10.00\ \text{mL}\times4=4.0\ \text{mmol}$$

$$n_o=n_{total}-n_w=10.0\ \text{mmol}-4.0\ \text{mmol}=6.0\ \text{mmol}$$

So

$$D=\frac{c_o}{c_w}=\frac{\dfrac{n_o}{V_o}}{\dfrac{n_w}{V_w}}=\frac{\dfrac{6.0}{50.00}}{\dfrac{4.0}{100}}=3$$

10-12 A 50.00 mL sample of $y\ \text{mol}\cdot\text{L}^{-1}$ $MgCl_2$ was passed through a strongly acid cationic resin in the H^+ form. The eluent and washing were titrated with 30.70 mL of $0.099\ 8\ \text{mol}\cdot\text{L}^{-1}$ NaOH. Calculate the value of y.

Solution:

$$y\ \text{mol}\cdot\text{L}^{-1}\times50.00\ \text{mL}=\frac{1}{2}\times0.099\ 8\ \text{mol}\cdot\text{L}^{-1}\times30.70\ \text{mL}$$

Therefore

$$y=0.030\ 6$$

模拟试卷1及参考答案

—— 模拟试卷1 ——

一、选择题(单选题,把正确答案序号填入括号内,共 25 分)

1. 反应 $CaO(s)+H_2O(l) \Longrightarrow Ca(OH)_2(s)$ 在 25 ℃、标准状态时为自发反应,高温时逆反应为自发反应,表明该反应的 （　　）

A. $\Delta_r H_m^{\ominus}>0,\Delta_r S_m^{\ominus}<0$　　　　　　　　B. $\Delta_r H_m^{\ominus}>0,\Delta_r S_m^{\ominus}>0$

C. $\Delta_r H_m^{\ominus}<0,\Delta_r S_m^{\ominus}<0$　　　　　　　　D. $\Delta_r H_m^{\ominus}<0,\Delta_r S_m^{\ominus}>0$

2. 下列反应中,熵值增加最多的反应是 （　　）

A. $4Al(s)+3O_2(g) \Longrightarrow 2Al_2O_3(s)$　　　　B. $Ni(CO)_4(s) \Longrightarrow Ni(s)+4CO(g)$

C. $S(s)+H_2(g) \Longrightarrow H_2S(g)$　　　　　　D. $MgCO_3(s) \Longrightarrow MgO(s)+CO_2(g)$

3. 已知 H_3PO_4 的 $pK_{a1}^{\ominus}$、$pK_{a2}^{\ominus}$、$pK_{a3}^{\ominus}$ 分别为 2.18、7.20、12.35,当 H_3PO_4 溶液的 pH = 3.00 时,溶液中的主要存在型体为 （　　）

A. H_3PO_4　　　　B. $H_2PO_4^-$　　　　C. HPO_4^{2-}　　　　D. PO_4^{3-}

4. $CaCl_2$、P_2O_5 等物质常用作固体干燥剂,这是利用了由它们形成的水溶液下列性质中的 （　　）

A. 凝固点降低　　　B. 沸点上升　　　C. 蒸气压下降　　　D. 渗透压

5. 基元反应 $CaCO_3(s) \longrightarrow CaO(s)+CO_2(g)$ 的反应速率方程是 （　　）

A. $v=k$　　　　B. $v=kc(CaCO_3)$　　　C. $v=k^{-1}$　　　　D. $v=kc(CO_2)$

6. 已知下列反应在 1 362 K 时的标准平衡常数:

$$H_2(g)+\frac{1}{2}S_2(g) \Longrightarrow H_2S(g) \qquad K_1^{\ominus}=0.80$$

$$3H_2(g)+SO_2(g) \Longrightarrow H_2S(g)+2H_2O(g) \qquad K_2^{\ominus}=1.8\times10^4$$

则反应 $4H_2(g)+2SO_2(g) \Longrightarrow S_2(g)+4H_2O(g)$ 在 1 362 K 的 $K^{\ominus}$ 为 （　　）

A. 2.3×10^4　　　B. 5.1×10^8　　　C. 4.3×10^{-5}　　　D. 2.0×10^{-9}

7. 在 298.15 K,由下列三个反应的 $\Delta_r H_m^{\ominus}$ 数据可求得 $\Delta_f H_m^{\ominus}(CH_4,g)$ 的数值为 （　　）

$$C(石墨)+O_2(g) \Longrightarrow CO_2(g) \qquad \Delta_r H_m^{\ominus}=-393.5\ kJ\cdot mol^{-1}$$

$$H_2(g)+(1/2)O_2(g) \Longrightarrow H_2O(l) \qquad \Delta_r H_m^{\ominus}=-285.8\ kJ\cdot mol^{-1}$$

$$CH_4(g)+2O_2(g) \Longrightarrow CO_2(g)+2H_2O(l) \qquad \Delta_r H_m^{\ominus}=-890.3\ kJ\cdot mol^{-1}$$

A. $211.0\ kJ\cdot mol^{-1}$　　　　　　B. 条件不充分,无法确定

C. $890\ kJ\cdot mol^{-1}$　　　　　　D. $-74.8\ kJ\cdot mol^{-1}$

8. 在一恒压容器中,在 T (K)、100 kPa 条件下,将 1.00 mol A 和 2.00 mol B 混合,按下式

反应：

A(g)+2B(g) $\rightleftharpoons$ C(g)。达到平衡时,B 消耗了 20.0%,则反应的 $K^{\ominus}$ 为　　　　（　　）

A. 0.660　　　　B. 0.375　　　　C. 9.77×10^{-2}　　　　D. 1.21

9. 反应 2A+2B $\longrightarrow$ 3D 的 E_a(正)= m kJ·mol^{-1}, E_a(逆)= n kJ·mol^{-1},则反应的 $\Delta_r H_m$ 为

（　　）

A. $(m-n)$ kJ·mol^{-1}　　　　　　B. $(n-m)$ kJ·mol^{-1}

C. $(2m-3n)$ kJ·mol^{-1}　　　　　　D. $(3n-2m)$ kJ·mol^{-1}

10. 当化学反应速率常数的自然对数 $\ln k$ 与热力学温度的倒数 $1/T$ 作图时,直接影响直线斜率的因素是　　　　（　　）

A. $\Delta_r G_m$　　　　B. $\Delta_r H_m$　　　　C. E_a　　　　D. 以上三项都有影响

11. 下列各浓度相同的溶液,其 pH 由大到小排列次序正确的是　　　　（　　）

A. HAc,(HAc+NaAc 且 HAc∶NaAc 为 1∶1),NH$_4$Ac,NaAc

B. NaAc,(HAc+NaAc 且 HAc∶NaAc 为 1∶1),NH$_4$Ac,HAc

C. NH$_4$Ac,NaAc,(HAc+NaAc 且 HAc∶NaAc 为 1∶1),HAc

D. NaAc,NH$_4$Ac,(HAc+NaAc 且 HAc∶NaAc 为 1∶1),HAc

12. 将 50.0 mL 0.100 mol·L^{-1} (NH$_4$)$_2$SO$_4$ 溶液加入 50.0 mL 0.200 mol·L^{-1} NH$_3$·H$_2$O ($K_b^{\ominus}$(NH$_3$·H$_2$O)= 1.8×10^{-5})溶液中,得到的缓冲溶液 pH 是　　　　（　　）

A. 8.70　　　　B. 9.56　　　　C. 9.26　　　　D. 9.00

13. 莫尔法适用的 pH 范围一般为 6.5~10.5,这是因为　　　　（　　）

A. pH<6.5 时,AgCl 沉淀反应不完全

B. pH>10.5 时,滴定终点提早出现

C. pH<6.5 时,AgCl 沉淀物形成胶体(吸附大)

D. pH>10.5 时,易形成 Ag$_2$O 沉淀

14. 下列说法正确的是　　　　（　　）

A. 通过增加平行测量次数,可以消除随机误差

B. 系统误差的特点是其大小、正负是固定的

C. 通过增加平行测量次数,可以消除系统误差

D. 精密度高则准确度必然高

15. 以 EDTA 滴定法测定石灰石中 CaO(M_{CaO}=56.08 g·mol^{-1})的含量,采用 0.02 mol·L^{-1} EDTA 滴定。若试样中含 CaO 约 50%,试样溶解后定容至 250 mL 容量瓶,移取 25.00 mL 进行滴定,则试样称取量宜为　　　　（　　）

A. 0.1 g 左右　　　B. 0.2~0.4 g　　　C. 0.4~0.7 g　　　D. 1.2~2.4 g

16. ZnS(s)+4OH$^-$ $\rightleftharpoons$ [Zn(OH)$_4$]$^{2-}$+S^{2-} 的标准平衡常数 $K^{\ominus}$ 等于　　　　（　　）

A. $K_{sp}^{\ominus}$(ZnS)/$K_f^{\ominus}$([Zn(OH)$_4$]$^{2-}$)

B. $K_{sp}^{\ominus}$(ZnS)·$K_f^{\ominus}$([Zn(OH)$_4$]$^{2-}$)

C. $K_f^{\ominus}([Zn(OH)_4]^{2-})/K_{sp}^{\ominus}(ZnS)$

D. $K_{sp}^{\ominus}(ZnS) \cdot K_f^{\ominus}([Zn(OH)_4]^{2-}) \cdot K_{sp}^{\ominus}(Zn(OH)_2)$

17. OF_2 分子的中心原子采取的杂化轨道是　　　　　　　　　　　　（　　）

A. sp^2　　　　　　B. sp^3　　　　　　C. sp　　　　　　D. dsp^2

18. 以 $0.010\,00$ $mol \cdot L^{-1}$ $K_2Cr_2O_7$ 溶液滴定 25.00 mL Fe^{2+} 溶液，消耗 $K_2Cr_2O_7$ 溶液 25.00 mL。每毫升 Fe^{2+} 溶液含铁（$M_{Fe} = 55.85$ $g \cdot mol^{-1}$）为　　　　　　　　（　　）

A. $0.335\,1$ mg　　B. $0.558\,5$ mg　　C. 1.676 mg　　D. 3.351 mg

19. 按 Q 检验法（$n = 4$ 时，$Q_{0.90} = 0.76$）删除可疑值。下列各组数据需删除可疑值的是

（　　）

A. 3.03、3.04、3.05、3.13　　　　　　B. 97.50、98.50、99.00、99.50

C. $0.104\,2$、$0.104\,4$、$0.104\,5$、$0.104\,7$　　D. $0.212\,2$、$0.212\,6$、$0.213\,0$、$0.213\,4$

20. 以分子间作用力结合的晶体是　　　　　　　　　　　　　　　　（　　）

A. $KBr(s)$　　　B. $CO_2(s)$　　　C. $CuAl_2(s)$　　　D. $SiC(s)$

21. 按照酸碱质子理论，下列水溶液中碱性最弱的离子是　　　　　　　（　　）

A. Ac^-　　　B. $H_2BO_3^-$　　　C. $C_2O_4^{2-}$　　　D. ClO_4^-

22. 下列粒子中可产生原子吸收光谱并被定量检测的是　　　　　　　　（　　）

A. 固态物质中原子的外层电子　　　B. 气态物质中基态原子的外层电子

C. 气态物质中激发态原子的外层电子　　D. 气态物质中基态原子的内层电子

23. 反相液相色谱法，是指流动相的极性相比于固定液的极性，应　　　（　　）

A. 强于　　　　　B. 弱于　　　　　C. 等于　　　　　D. 以上都不是

24. 从基本原理来看，以下分析法中与其他几类分析法有本质差异的是　（　　）

A. 荧光分析　　　B. 红外光谱分析　　C. 拉曼光谱分析　　D. 色谱分析

25. 光度分析中，将光信号高效转化为电信号的仪器设备是　　　　　　（　　）

A. 比色皿　　　　B. 单色器　　　　C. 光电倍增管　　　D. 迈克尔干涉仪

二、填空题（1—6 题，每空格 1 分；7—12 题，每空格 2 分，共 30 分）

1. 将优级纯的 $Na_2C_2O_4$ 加热至适当温度，使之转变为 Na_2CO_3 以标定 HCl，今准确称取一定量优级纯 $Na_2C_2O_4$，但加热温度过高，有部分变为 Na_2O，这样标定的 HCl 浓度将　　　　　　（填"偏高""偏低"或"不变"），则　　　　　误差会产生（填"正""负"或"无"）。

2. 应用离子极化理论推测下列各组物质的性质（用">"或"<"号表示）：

（1）熔点 NaCl　　　　　$MgCl_2$；　　　　（2）水中的溶解度 HgI_2　　　　　CuI_2。

3. 已知 $K_{sp}^{\ominus}(CaF_2) = 5.3 \times 10^{-9}$，$K_a^{\ominus}(HF) = 6.6 \times 10^{-4}$。$CaF_2(s)$ 与稀 HNO_3 反应的离子方程式为　　　　　　　　　　　，其标准平衡常数 $K^{\ominus} = $　　　　　　　。

4. $K_2Cr_2O_7$ 是一种常用氧化剂，其在酸性条件下还原半反应为　　　　　　　，298 K 时，其电极电势的能斯特方程表达式为　　　　　　　　　。

5. 空心阴极灯发射的光谱,主要是_____的光谱,光强度随着_____的增大而增大。

6. 红外吸收光谱的官能团区和指纹区的频率范围分别为_____cm^{-1} 和_____cm^{-1}。

7. 下列水溶液浓度均为 $0.01\ mol \cdot kg^{-1}$:(1) CH_3COOH;(2) $C_6H_{12}O_6$;(3) Na_3PO_4;(4) KBr;(5) Na_2SO_4。试排出它们的凝固点由低到高的顺序:_____。

8. 已知弱酸 H_2A 的解离常数分别为 $K_{a1}^{\ominus}=1.3\times10^{-3}$、$K_{a2}^{\ominus}=2.9\times10^{-6}$,计算 $0.10\ mol \cdot L^{-1} HA^-$ 溶液的 pH =_____。

9. 钢样 1.000 0 g,测定其中的 Mn,经一系列操作后,定容至 250.0 mL,测得吸光度为 $1.00\times10^{-3}\ mol \cdot L^{-1}$ KMnO$_4$ 溶液吸光度的 1.5 倍,则钢样中 Mn($M(Mn)=54.94\ g \cdot mol^{-1}$)的含量(%)为_____。

10. 已知:$E^{\ominus}(BrO^-/Br^-)=0.76V$,$E^{\ominus}(Br_2/Br^-)=1.07\ V$,则 $E^{\ominus}(BrO^-/Br_2)=$_____。由此可知,Br_2 在碱性溶液中将发生的反应为(写出反应式)_____ _____,该反应的平衡常数 $K^{\ominus}=$_____。

11. 称取 0.189 1 g 纯 $H_2C_2O_4 \cdot 2H_2O$,用 $0.100\ 0\ mol \cdot L^{-1}$ NaOH 溶液滴定至终点,耗去 35.00 mL,计算说明该草酸_____结晶水(填"失去"或"没有失去")。如果按 $H_2C_2O_4 \cdot 2H_2O$ 形式计算,NaOH 浓度会引起的相对误差为_____($M(H_2C_2O_4 \cdot 2H_2O)=$ 126.1 $g \cdot mol^{-1}$)。

12. $NH_4H_2PO_4$ 水溶液的质子平衡式为_____。

三、计算题(共 30 分)

1. 含有 $NaNO_2$ 和 $NaNO_3$ 的固体试样 4.000 g,制备成 500.0 mL 溶液,取出其中 25.00 mL 试液与浓度为 $0.120\ 0\ mol \cdot L^{-1}$ Ce^{4+} 标准溶液 50.00 mL 在强酸中作用,过量的 Ce^{4+} 用 31.40 mL $0.043\ 00\ mol \cdot L^{-1}$ 硫酸亚铁铵溶液滴定至终点。相应的反应方程式为

$$2Ce^{4+}+HNO_2+H_2O = 2Ce^{3+}+NO_3^-+3H^+$$

$$Ce^{4+}+Fe^{2+} = Ce^{3+}+Fe^{3+}$$

(1) 若将第一步反应式作为原电池的电池反应,写出该原电池的电极反应,并计算该电池反应的 $\Delta_r G_m^{\ominus}$ 和 $K^{\ominus}$(已知 $E^{\ominus}(Ce^{4+}/Ce^{3+})=1.44\ V$,$E^{\ominus}(NO_3^-/HNO_2)=0.934\ V$);

(2) 计算试样中 $NaNO_2$ 的质量分数($M(NaNO_2)=69.00\ g \cdot mol^{-1}$,$M(NaNO_3)=$ 85.00 $g \cdot mol^{-1}$);

(3) 若该滴定反应的条件电极电势 $E^{\ominus\prime}(Ce^{4+}/Ce^{3+})=1.44\ V$,$E^{\ominus}(Fe^{3+}/Fe^{2+})=0.68\ V$,计算滴定反应的条件平衡常数 $K^{\ominus\prime}$。

2. 称取 Pb、Sn 合金试样 0.200 0 g,用酸溶解后,准确加入 50.00 mL $0.030\ 00\ mol \cdot L^{-1}$ EDTA 和 50.00 mL 水,加热煮沸 2 min,使 EDTA 与 Pb^{2+}、Sn^{4+} 配位完全。而后用二甲酚橙作指示剂,用 $0.030\ 00\ mol \cdot L^{-1}$ Pb^{2+} 标准溶液 21.00 mL 滴定过量的 EDTA 至终点;再加入足量 NH_4F(利用 F^- 置换 SnY 中的 Y^{4-}),而后用上述 Pb^{2+} 标准溶液 12.00 mL 滴定至终点。计算试

样中 Pb、Sn 的质量分数。(已知 $M_{Pb} = 207.2 \text{ g} \cdot \text{mol}^{-1}$，$M_{Sn} = 118.7 \text{ g} \cdot \text{mol}^{-1}$。)

3. 将 50.0 mL 含 0.950 g $MgCl_2$ 的溶液与等体积的 1.80 $\text{mol} \cdot \text{L}^{-1}$ 氨水混合，问所得溶液中应加入多少克固体 NH_4Cl 才可防止生成 $Mg(OH)_2$ 沉淀？此时溶液的 pH 为多少？

(已知 $M(MgCl_2) = 95.0 \text{ g} \cdot \text{mol}^{-1}$，$M(NH_4Cl) = 53.5 \text{ g} \cdot \text{mol}^{-1}$，$K_b^{\ominus}(NH_3 \cdot H_2O) = 1.75 \times 10^{-5}$，$K_{sp}^{\ominus}(Mg(OH)_2) = 1.80 \times 10^{-11}$。)

4. 某气相色谱柱的理论塔板数 $N = 3\,136$，吡啶及 2-甲基吡啶在该柱上分离的调整保留时间分别为 8.5 min 和 9.3 min，惰性空气的保留时间为 0.2 min。计算该色谱柱对吡啶和 2-甲基吡啶的容量因子、选择性因子及分离度。

四、问答题（共 15 分）

1. 按熔点由高到低排列以下晶体物质，并说明具体理由：

金刚石，H_2O，H_2S，Cl_2，Br_2，MgO，NaCl，$AlCl_3$

2. 用价键理论和晶体场理论完成下表：

配合物		CoF_6^{3-}	$Co(NH_3)_6^{3+}$
磁矩 $\mu/\text{B.M.}$		4.9	0
未成对电子数 n			
价键理论	中心原子杂化轨道类型		
	配合物类型		
晶体场理论	t_{2g}、e_g 轨道电子排布		
	配合物类型		

3. 高效液相色谱中，什么是正相色谱，什么是反相色谱？试判断如果用 C18 柱分离对羟基苯甲酸甲酯、对羟基苯甲酸丙酯和对羟基苯甲酸丁酯，流动相为甲醇/水(80∶20)，三者的出峰顺序如何？使用什么检测器进行定量检测比较合适？

—— 参 考 答 案 ——

一、选择题

1. C　2. B　3. B　4. C　5. A　6. B　7. D　8. A　9. A　10. C　11. D　12. C　13. D　14. B　15. C　16. B　17. B　18. D　19. A　20. B　21. D　22. B　23. B　24. D　25. C

二、填空题

1. 不变，无；2. >，<；3. $CaF_2 + 2H^+ =\!=\!= Ca^{2+} + 2HF$，$1.2 \times 10^{-2}$；4. $Cr_2O_7^{2-} + 14H^+ + 6e^- =\!=\!=$

$2Cr^{3+}+7H_2O$，$E=E^{\ominus}+(2.303RT/6F)\lg\{[Cr^{3+}]^2/([Cr_2O_7^{2-}][H^+]^{14})\}$；5. 锐线，灯电流；

6. $4\,000\sim1\,300,1\,300\sim600$；7. （3）$Na_3PO_4$　（5）Na_2SO_4　（4）KBr　（1）CH_3COOH　（2）$C_6H_{12}O_6$；

8. 4.21；9. 2.06；10. 0.45 V，$Br_2+2OH^-\mathop{=\!=\!=}BrO^-+Br^-+H_2O$，$3.2\times10^{10}$；11. 失去，$-14.3\%$；

12. $[H^+]+[H_3PO_4]\mathop{=\!=\!=}[NH_3]+[HPO_4^{2-}]+2[PO_4^{3-}]+[OH^-]$

三、计算题

1. （1）正极：$Ce^{4+}+e^-\mathop{=\!=\!=}Ce^{3+}$；负极：$HNO_2+H_2O\mathop{=\!=\!=}NO_3^-+3H^++2e^-$

$E^{\ominus}=1.44$ V -0.934 V $=0.506$ V；$\Delta_rG_m^{\ominus}=-nFE^{\ominus}=-2\times96\,500\times0.506$ J $\cdot$ mol$^{-1}=$

-97.7 kJ $\cdot$ mol^{-1}

$\lg K^{\ominus}=nE^{\ominus}/0.059\,2$ V $=2\times0.506$ V$/0.059\,2$ V $=17.1$；$K^{\ominus}=1.3\times10^{17}$

（2）$w(NaNO_2)=\dfrac{\frac{1}{2}(0.120\,0\times50.00-0.043\,00\times31.40)\times10^{-3}\times69.00}{\frac{25.00}{500.0}\times4.000\,0}=0.802\,1$

（3）$\lg K^{\ominus}{}'=1\times(1.44-0.68)/0.059\,2=12.84$；$K^{\ominus}{}'=6.9\times10^{12}$

2. $w(Sn)=\dfrac{12.00\times10^{-3}\times0.030\,00\times118.7}{0.200\,0}=0.213\,7$

$w(Pb)=\dfrac{(50.00-21.00-12.00)\times10^{-3}\times0.030\,0\times207.2}{0.200\,0}=0.528\,4$

3. $c(Mg^{2+})=(0.950\text{ g}/95.0\text{ g}\cdot\text{moL}^{-1})/0.100\,0$ L $=0.100$ mol $\cdot$ L^{-1}，$c(NH_3\cdot H_2O)=$

0.900 mol $\cdot$ L^{-1}

$c(OH^-)=\sqrt{\dfrac{1.80\times10^{-11}}{0.100}}=1.34\times10^{-5}$ mol $\cdot$ L^{-1}，$pOH=4.87$，$pH=14-4.87=9.13$

$c(NH_4^+)=K_b\cdot c(NH_3\cdot H_2O)/c(OH^-)=(1.75\times10^{-5}\times0.900\,/1.34\times10^{-5})$ mol $\cdot$ L$^{-1}=$

1.18 mol $\cdot$ L^{-1}

$m(NH_4Cl)=1.18$ mol $\cdot$ L$^{-1}\times0.100\,0$ L$\times53.5$ g $\cdot$ moL$^{-1}=6.31$ g

4.

$R=\dfrac{\sqrt{N}}{4}\left(\dfrac{\alpha-1}{\alpha}\right)\left(\dfrac{k}{k+1}\right)$ 或 $R=\dfrac{\sqrt{N}}{4}\left(\dfrac{\alpha-1}{\alpha}\right)\left(\dfrac{k_2}{k_2+1}\right)$

$k_1=t'_{R1}/t_M=8.5/0.2=42.5$

$k_2=t'_{R2}/t_M=9.3/0.2=46.5$

$\alpha=t'_{R2}/t'_{R1}=9.3/8.5=1.09$

$R=\dfrac{\sqrt{N}}{4}\left(\dfrac{\alpha-1}{\alpha}\right)\left(\dfrac{k_2}{k_2+1}\right)=\dfrac{\sqrt{313\,6}}{4}\left(\dfrac{1.09-1}{1.09}\right)\left(\dfrac{46.5}{46.5+1}\right)=14\times0.082\,6\times0.979=1.13$

四、问答题

1. 熔点：金刚石$>MgO>NaCl>AlCl_3>H_2O>H_2S>$ $Br_2>Cl_2$

金刚石是原子晶体,熔点最高。MgO、NaCl、$AlCl_3$ 为离子晶体,熔点高于分子晶体;其中 MgO 中离子电荷高、半径小,晶格能最大;而 $AlCl_3$ 中 Al^{3+} 电荷高、半径小,极化能力很大,且 Cl^- 又有一定的变形性,故极化作用很强,共价成分很大,离子晶体中熔点最低。H_2O、H_2S、Cl_2、Br_2 均为分子晶体,H_2O、H_2S 为极性分子,H_2O 还有氢键,熔点最高;Cl_2、Br_2 为非极性分子,随相对分子质量减小,色散力降低,熔点降低。

2.

配合物		CoF_6^{3-}	$Co(NH_3)_6^{3-}$
磁矩 μ/B.M.		4.9	0
未成对电子数 n		4	0
价键理论	中心原子杂化轨道类型	sp^3d^2	d^2sp^3
	配合物类型	外轨型	内轨型
晶体场理论	t_{2g}、e_g轨道电子排布	$t_{2g}^4e_g^2$	$t_{2g}^6e_g^0$
	配合物类型	高自旋	低自旋

3. 正相色谱:固定相的极性>流动相的极性

反相色谱:流动相的极性>固定相的极性

当固定相为 C18 柱,流动相为甲醇/水(80∶20),则为反相色谱,其出峰顺序为极性大的先出峰,极性小的后出峰。

对羟基苯甲酸甲酯,对羟基苯甲酸丙酯,对羟基苯甲酸丁酯为极性的有机同系物,极性大小与相对分子质量大小有关,相对分子质量小极性大,相对分子质量大极性小,所以出峰顺序为对羟基苯甲酸甲酯最先出峰,对羟基苯甲酸丁酯最后出峰,对羟基苯甲酸丙酯居中。

对羟基苯甲酸酯类化合物因分子中含有苯环和羧基,因此存在共轭双键生色团,同时与双键靠近的羟基是助色团,因此具有强紫外吸收,因此使用紫外检测器比较合适。

模拟试卷 2 及参考答案

—— 模拟试卷 2 ——

一、是非题（正确的在括号内画"√"，错误的在括号内画"×"，共 10 分）

1. 在给定条件下燃烧 4g H_2，分别用下列反应方程式 $H_2(g) + \frac{1}{2}O_2(g) \rightleftharpoons H_2O(l)$，$2H_2(g) + O_2(g) \rightleftharpoons 2H_2O(l)$ 所表达的反应在反应进度 $\xi = 1$ mol 时产生的热量是相同的。

（　　）

2. 在一定温度下，改变溶液的 pH，水的离子积常数不变。（　　）

3. $K_2[Ni(CN)_4]$ 与 $Ni(CO)_4$ 均为抗磁性，所以这两种配合物的空间构型都是平面四边形。（　　）

4. 3p 电子的径向分布图有 3 个峰。（　　）

5. 移取一定体积钙溶液，用 0.020 00 mol·L^{-1} EDTA 溶液滴定时，消耗 25.00 mL；另取相同体积的钙溶液，将钙定量沉淀为 CaC_2O_4，过滤，洗净后溶于稀 H_2SO_4 中，以 0.020 00 mol·L^{-1} $KMnO_4$ 溶液滴定至终点，应消耗溶液体积 10.00 mL。（　　）

6. 置信水平越高，测定的可靠性越高。（　　）

7. 一有色溶液对某波长光的吸收遵守比尔定律。当选用 2.0 cm 的比色皿时，测得透射比为 T，若改用 1.0 cm 的比色皿，则透射比应为 $T^{1/2}$。（　　）

8. 若两种酸 HX 和 HY 的溶液有同样的 pH，则这两种酸的浓度相同。（　　）

9. AB_2 型的共价化合物，A 原子总是以 sp^2 杂化轨道与 B 物质形成共价键。（　　）

10. 同一周期中，原子半径从左到右逐渐减小，电负性从右到左却逐渐增大。（　　）

二、选择题（单选题，把正确答案序号填入括号内，共 30 分）

1. 下列各数中，有效数字为四位的是（　　）

A. $c(H^+) = 0.010\ 3$　　　　　　B. pH = 10.42

C. $w(MgO) = 19.96\%$　　　　　　D. $pK_a^{\ominus} = 11.80$

2. 难溶电解质 $CaCO_3$ 在浓度为 0.1 mol·L^{-1} 的下列溶液中的溶解度最大的是（　　）

A. $Ca(NO_3)_2$　　　B. HAc　　　C. Na_2CO_3　　　D. KNO_3

3. 使人体血液 pH 维持在 7.35 左右的主要缓冲溶液系统是（　　）

A. NaAc+HAc　　（$K_a^{\ominus}(HAc) = 1.76 \times 10^{-5}$）

B. $NaHCO_3 + H_2CO_3$　　（$K_{a1}^{\ominus}(H_2CO_3) = 4.3 \times 10^{-7}$）

C. $Na_2CO_3 + NaHCO_3$　　（$K_{a2}^{\ominus}(H_2CO_3) = 5.6 \times 10^{-11}$）

D. $NH_4Cl + NH_3 \cdot H_2O$　　（$K_b^{\ominus}(NH_3 \cdot H_2O) = 1.77 \times 10^{-5}$）

4. 下列稀溶液,渗透压最大的是 （　　）

A. $0.02\ mol \cdot L^{-1}\ NaCl$　　　　B. $0.01\ mol \cdot L^{-1}\ CaCl_2$

C. $0.02\ mol \cdot L^{-1}\ HAc$　　　　D. $0.03\ mol \cdot L^{-1}$ 葡萄糖

5. 一元弱酸溶液的 $c(H^+)$ 通常用简式 $c(H^+)=\sqrt{c \cdot K_a^\ominus}$ 进行计算,但需满足下列条件

（　　）

A. $cK_a^\ominus \leqslant 20K_w^\ominus$　　　　B. $cK_a^\ominus \geqslant 20\ K_w^\ominus$

C. $c/K_a^\ominus \geqslant 500$　　　　D. B+C

E. A+C

6. 某一弱酸型指示剂(HIn)的 $pK^\ominus(HIn)=4.0$,它的理论变色范围是 （　　）

A. $2.0\sim 3.0$　　B. $3.0\sim 5.0$　　C. $4.0\sim 5.0$　　D. $9.0\sim 11.0$

7. CaF_2 的饱和溶液浓度为 $2.0\times 10^{-4}\ mol \cdot L^{-1}$,它的溶度积常数是 （　　）

A. 3.2×10^{-11}　　B. 4×10^{-8}　　C. 8×10^{-12}　　D. 2.6×10^{-9}

8. 汽车尾气无害化反应 $NO(g)+CO(g) \rightleftharpoons \dfrac{1}{2}N_2(g)+CO_2(g)$ 的 $\Delta_r H_m^\ominus(298.15\ K)<0$,

要有利于取得有毒气体 NO 和 CO 的最大转化率,可采取的措施是 （　　）

A. 低温低压　　B. 高温高压　　C. 低温高压　　D. 高温低压

9. 下列溶液中 OH^- 浓度最大的是 （　　）

A. $0.1\ mol \cdot L^{-1}\ NH_3 \cdot H_2O$ 溶液

B. $0.1\ mol \cdot L^{-1}\ NH_4Cl$ 溶液

C. $0.1\ mol \cdot L^{-1}\ NH_3 \cdot H_2O+0.1\ mol \cdot L^{-1}\ NH_4Cl$ 溶液

10. 用 $0.1\ mol \cdot L^{-1}KI$ 和 $0.08\ mol \cdot L^{-1}AgNO_3$ 两种溶液等体积混合,制成溶胶,下列电解

质对它的聚沉能力最强的是 （　　）

A. NaCl　　　　B. Na_2SO_4　　　　C. $MgCl_2$　　　　D. Na_3PO_4

11. 难挥发物质的水溶液,在保持沸腾时,它的沸点 （　　）

A. 不断上升　　B. 不变　　C. 不断下降

12. 按有效数字运算规则,$(0.254+0.536\ 8) \times 0.12$ 应该等于 （　　）

A. 0.094 90　　B. 0.094 9　　C. 0.095　　D. 0.095 0

13. 在下列多元酸或混合酸中,用 NaOH 标准溶液滴定时出现两个滴定突跃的是（　　）

A. H_2S（$K_{a1}^\ominus=1.3\times 10^{-7}$,$K_{a2}^\ominus=7.1\times 10^{-15}$）

B. $H_2C_2O_4$（$K_{a1}^\ominus=5.9\times 10^{-2}$,$K_{a2}^\ominus=6.4\times 10^{-5}$）

C. H_3PO_4（$K_{a1}^\ominus=7.6\times 10^{-3}$,$K_{a2}^\ominus=6.3\times 10^{-8}$,$K_{a3}^\ominus=4.4\times 10^{-13}$）

D. HCl+一氯乙酸（一氯乙酸的 $K_a^\ominus=1.4\times 10^{-3}$）

14. 设 AgCl 在水中,在 $0.01\ mol \cdot L^{-1}\ CaCl_2$ 中,在 $0.01\ mol \cdot L^{-1}\ NaCl$ 中及在 $0.05\ mol \cdot L^{-1}$

$AgNO_3$ 中的溶解度分别为 s_0,s_1,s_2 和 s_3,这些量之间的正确关系是 （　　）

A. $s_0>s_1>s_2>s_3$　　　　　　　　B. $s_0>s_2>s_1>s_3$

C. $s_0 > s_1 = s_2 > s_3$ D. $s_0 > s_2 > s_3 > s_1$

15. 在硫化氢水溶液中各离子浓度的关系是   (   )

A. $c(S^{2-}) = 2c(H^+)$ B. $c(HS^-) \approx c(H^+)$

C. $c(H_2S) \approx c(H^+) + c(HS^-)$ D. $c(H_2S) \approx c(S^{2-})$

16. 下列热力学数据中,数值为 0 的是   (   )

A. $\Delta_f H_{m,298\ K}^{\ominus}(I_2, g)$ B. $S_{m,298\ K}^{\ominus}(石墨)$

C. $\Delta_f H_{m,298\ K}^{\ominus}(H^+, aq)$ D. $\Delta_f H_{m,298\ K}^{\ominus}(金刚石)$

17. 在 $0.05\ mol \cdot L^{-1}$ HCN 溶液中,若有 0.01% 的 HCN 解离,则解离常数为   (   )

A. 5×10^{-10} B. 5×10^{-8} B. 5×10^{-6} D. 5×10^{-7}

18. 下列溶液的 pH 近似计算不受溶液浓度影响的是   (   )

A. HCN   B. NaCN   C. NH_4Cl D. $NaHCO_3$

19. 已知石墨标准燃烧焓变为 $-393.7\ kJ \cdot mol^{-1}$,金刚石标准燃烧焓变为 $-395.8\ kJ \cdot mol^{-1}$,则 C(金刚石)→C(石墨)反应的标准焓变是   (   )

A. $-789.5\ kJ \cdot mol^{-1}$ B. $+2.1\ kJ \cdot mol^{-1}$

C. $-2.1\ kJ \cdot mol^{-1}$ D. $+789.5\ kJ \cdot mol^{-1}$

20. 滴定分析的相对误差一般要求为 0.1%,滴定时耗用标准溶液的体积应控制在

      (   )

A. 10 mL 以下   B. 10~15 mL   C. 20~30 mL   D. 5~20 mL

21. 在电位法中作为指示电极,其电位应与待测离子的浓度   (   )

A. 成正比   B. 符合扩散电流公式的关系

C. 的对数成正比   D. 符合能斯特方程的关系

22. 离子选择电极的电位选择性系数可用于   (   )

A. 估计电极的检出限   B. 估计共存离子的干扰程度

C. 校正方法误差   D. 估计电极的线性响应范围

23. 用氟离子选择电极测定水中(含有测量的 Fe^{3+}, Al^{3+}, Ca^{2+}, Cl^-)的氟离子时,应选用的离子强度调节缓冲液为   (   )

A. $0.1\ mol \cdot L^{-1}$ KNO_3 B. $0.1\ mol \cdot L^{-1}$ HCl

C. $0.5\ mol \cdot L^{-1}$ 柠檬酸钠(pH 调至 5~6)   D. $0.1\ mol \cdot L^{-1}$ HAc-NaAc

24. 用玻璃电极测量溶液的 pH 时,采用的定量分析方法为   (   )

A. 工作曲线法   B. 标液校正比较法

C. 待测溶液加标法   D. 增量法

25. 在符合朗伯-比尔定律的范围内,有色物的浓度、最大吸收波长、吸光度三者的关系是

      (   )

A. 增加,增加,增加   B. 减少,不变,减少

C. 减少,增加,增加   D. 增加,不变,减少

26. 荧光物质发射波长 λ_{em} 和激发波长 λ_{ex} 的关系为   (   )

A. $\lambda_{em}>\lambda_{ex}$ B. $\lambda_{em}=\lambda_{ex}$ C. $\lambda_{em}<\lambda_{ex}$ D. 不确定

27. 双波长分光光度计与单波长分光光度计的主要区别在于   （   ）

A. 光源的种数   B. 检测器的个数

C. 吸收池的个数   D. 使用的单色器的个数

28. 原子吸收分光光度法定量分析,有时采用标准加入法,其目的主要是   （   ）

A. 提高灵敏度   B. 提高精密度

C. 减少基体干扰   D. 减低检出限

29. 在色谱分析法中,用于待测组分定性参数是   （   ）

A. 保留时间   B. 分配比

C. 分配系数   D. 分离度

30. 分子不具红外活性者,必须是   （   ）

A. 分子的偶极矩为零   B. 分子没有振动

C. 非极性分子   D. 分子振动时没有偶极矩变化

三、填空题（1—5题,每空格2分;6—10题,每空格1分,共30分）

1. 在恒容绝热容器中液态水气化成为蒸汽,把容器中的 H_2O 看成系统,则此过程中 $W($ $)0,\Delta U($ $)0$。（本小题括号内填写"＞""＝"或"＜"）

2. 对于吸热反应,温度越高,反应的平衡常数越（   ）。

3. 零级反应速率常数 k 的量纲（单位）是（   ）。

4. 电位分析时,用（   ）方程可表达待测溶液活度与指示电极的电极电势的关系。为了使标准溶液与试样溶液的活度系数尽可能接近,常采用在试样溶液和标准溶液中均加入一种对测定无干扰的（   ）剂方法加以调节。

5. 表面活性剂能（   ）,使极性相差较大的物质也能相互分散,稳定存在。

6. 分子的外层电子跃迁,若由低能态向高能态进行,则可能发生光的（   ）;反之则可能发生光的（   ）。

7. 在紫外-可见分光光度计中,在可见光区使用的光源是（   ）灯,用的棱镜和比色皿的材质可以是（   ）;而在紫外光区使用的光源是（   ）灯,用的棱镜和比色皿的材质是（   ）。

8. 按流动相的相态不同,可将色谱法分为（   ）和（   ）,前者流动相为（   ）。

9. 红外吸收光谱可以分为官能团区和指纹区,其中官能团区可分为三个区域,分别为波数范围在（   ）cm^{-1} 的含氢单键伸缩振动区,波数范围在（   ）cm^{-1} 的三键或累积双键伸缩振动区,以及波数范围在（   ）cm^{-1} 的双键伸缩振动区;指纹区的波数范围是（   ）一般是由（   ）的伸缩振动及其他弯曲振动所产生的吸收。

10. 色谱峰越窄, 理论塔板数就越(　　), 柱效能就越(　　)。

四、计算题（共 30 分）

1. 在含有 Zn^{2+} 的氨水溶液中平衡时已有一半 Zn^{2+} 形成 $[Zn(NH_3)_4]^{2+}$, 此时游离 NH_3 的浓度为 $4.3×10^{-3}$ mol·L^{-1}, 求 $K_f^{\ominus}([Zn(NH_3)_4]^{2+})$（不考虑 Zn^{2+} 的水解并假定配位仅生成 $[Zn(NH_3)_4]^{2+}$）。

2. 已知反应 $N_2(g)+3H_2(g)\Longrightarrow 2NH_3(g)$ 在 298 K 的 $\Delta_r U_m^{\ominus}=-9.2×10^4$ J·mol^{-1}, 试计算该反应在 298 K 的 $\Delta_r H_m^{\ominus}$。

3. 已知蔗糖在水溶液中的酶催化分解反应 $C_{12}H_{22}O_{11}+H_2O\Longrightarrow 2C_6H_{12}O_6$ 是一级反应。在 298 K 时的反应速率常数 $k=5.7×10^{-5}$ s^{-1}。

（1）初始浓度为 1 mol·dm^{-3} 的蔗糖水溶液, 分解掉 10% 需要多少时间？

（2）如果上述反应活化能为 $1.10×10^5$ J·mol^{-1}, 在什么温度下反应速率常数是 $5.7×10^{-6}$ s^{-1}?

4. 在 Ca 元素的原子吸收光谱分析中, 一份试样溶液给出的吸光度值为 0.435, 将 1 mL 100 mg·L^{-1} 的 Ca 标准溶液加入 9 mL 的试样溶液中, 测得溶液的吸光度值为 0.835, 求试样中 Ca 的浓度是多少。

——参　考　答　案——

一、是非题

1. × 2. √ 3. × 4. × 5. √ 6. × 7. √ 8. × 9. × 10. ×

二、选择题

1. C 2. B 3. B 4. A 5. D 6. B 7. A 8. C 9. A 10. C 11. A 12. C 13. C 14. B 15. B 16. C 17. A 18. D 19. C 20. C 21. D 22. B 23. C 24. B 25. B 26. A 27. D 28. C 29. A 30. D

三、填空题

1. =, =; 2. 大; 3. mol·L^{-1}·s^{-1}; 4. 能斯特, 总离子强度调节; 5. 降低表面张力; 6. 吸收, 发射; 7. 钨, 玻璃, 氘, 石英; 8. 气相色谱法, 液相色谱法, 气体（或填: 液相色谱法、气相色谱法、液体）; 9. 4 000~2 500, 2 500~1 900, 1 900~1 300, 1 300~600, 非含氢单键; 10. 高, 高

四、计算题

1. 因为一半 Zn^{2+} 形成 $[Zn(NH_3)_4]^{2+}$, 所以 Zn^{2+} 与 $[Zn(NH_3)_4]^{2+}$ 两者的平衡浓度相等。

$K_f^\ominus = c([Zn(NH_3)_4]^{2+})/[c(Zn^{2+}) \cdot c^4(NH_3)] = (4.3\times10^{-3})^{-4} = 2.9\times10^9$

2. $\Delta_r H_m^\ominus = \Delta_r U_m^\ominus + p^\ominus \Delta V = \Delta_r U_m^\ominus + \Delta n \cdot RT = [-9.2\times10^4 + (2-4) \times8.314\times298] J \cdot mol^{-1} = -97 \times10^3 J \cdot mol^{-1}$

3. $t = \dfrac{1}{k} \ln \dfrac{1}{1-x} = \dfrac{1}{5.7\times10^{-5} s^{-1}} \ln \dfrac{1}{1-0.1} = 1\ 848\ s$

$$\ln \dfrac{k_2}{k_1} = \dfrac{E_a}{R}\left(\dfrac{1}{T_1} - \dfrac{1}{T_2}\right)$$

$$\ln \dfrac{5.7\times10^{-5}}{5.7\times10^{-6}} = \dfrac{1.10\times10^5 J \cdot mol^{-1}}{8.314}\left(\dfrac{1}{298\ K} - \dfrac{1}{T_2}\right)$$

$T_2 = 314.3\ K$

4. $\dfrac{0.435}{0.835} = \dfrac{10x}{9x+1\times100\ mg \cdot L^{-1}}$

$(8.35-3.915)x = 43.5\ mg \cdot L^{-1}$

$x = 9.81\ mg \cdot L^{-1}$

补 充 资 料

一、附录

二、元素周期表

郑重声明

高等教育出版社依法对本书享有专有出版权。任何未经许可的复制、销售行为均违反《中华人民共和国著作权法》，其行为人将承担相应的民事责任和行政责任；构成犯罪的，将被依法追究刑事责任。为了维护市场秩序，保护读者的合法权益，避免读者误用盗版书造成不良后果，我社将配合行政执法部门和司法机关对违法犯罪的单位和个人进行严厉打击。社会各界人士如发现上述侵权行为，希望及时举报，本社将奖励举报有功人员。

反盗版举报电话　（010）58581999　58582371　58582488
反盗版举报传真　（010）82086060
反盗版举报邮箱　dd@hep.com.cn
通信地址　北京市西城区德外大街4号
　　　　　高等教育出版社法律事务与版权管理部
邮政编码　100120